Mathematik im Kontext

Herausgegeben von
D. Rowe, Mainz, Deutschland
K. Volkert, Köln, Deutschland

Die Buchreihe Mathematik im Kontext publiziert Werke, in denen mathematisch wichtige und wegweisende Ereignisse oder Perioden beschrieben werden. Neben einer Beschreibung der mathematischen Hintergründe wird dabei besonderer Wert auf die Darstellung der mit den Ereignissen verknüpften Personen gelegt sowie versucht, deren Handlungsmotive darzustellen. Die Bücher sollen Studierenden und Mathematikern sowie an Mathematik Interessierten einen tiefen Einblick in bedeutende Ereignisse der Geschichte der Mathematik geben.

Weitere Bände in der Reihe http://www.springer.com/series/8810

Sebastian Linden

Die Algebra des Omar Chayyam

2. Auflage

Springer Spektrum

Sebastian Linden
Braunschweig, Deutschland

ISSN 2191-074X   ISSN 2191-0758   (electronic)
Mathematik im Kontext
ISBN 978-3-662-55346-6   ISBN 978-3-662-55347-3   (eBook)
DOI 10.1007/978-3-662-55347-3

Die Deutsche Nationalbibliothek verzeichnet diese Publikation in der Deutschen Nationalbibliografie; detaillierte bibliografische Daten sind im Internet über http://dnb.d-nb.de abrufbar.

Springer Spektrum
1.Aufl.: Erste Auflage erschienen unter: Linden, Sebastian: Die Algebra des Omar Chayyam, München: Edition Avicenna 2012
2.Aufl.: © Springer-Verlag GmbH Deutschland 2017

Planung: Dr. Annika Denkert

Gedruckt auf säurefreiem und chlorfrei gebleichtem Papier

Springer Spektrum ist Teil von Springer Nature
Die eingetragene Gesellschaft ist Springer-Verlag GmbH Deutschland
Die Anschrift der Gesellschaft ist: Heidelberger Platz 3, 14197 Berlin, Germany

Das Weltrad, unter dem verdutzt wir stehen,
müsst ihr als Zauberlampe euch besehen;
die Sonne ist das Licht, die Welt das Haus,
und wir die Schatten, die sich wirbelnd drehen.

Vorwort

Damals, als der Nahe Osten noch fern und Globalisierung eine Angelegenheit nur der wagemutigsten Handelsreisenden, der wissensdurstigsten Gelehrten und der mächtigsten Armeen war, da waren in Persien die Seldschukenfürsten an die Herrschaft über ein Reich gelangt, so gigantisch in seiner Ausdehnung, so vielfältig in seiner Kunst und so fortgeschritten in seiner Wissenschaft, wie es die Menschheit nur selten gesehen hat. Das vielleicht brillanteste Kind dieser Zeit, dessen Leben und Genie auch nach eintausend Jahren weltweit ausstrahlt und Bewunderer in aller Welt inspiriert, war der Universalgelehrte Omar Chayyam. Omar Chayyam brachte es in all jenen Gebieten, die die stetig Wundernden und Staunenden unter uns im Laufe der Zeit zu entdecken und zu bewandern bestrebt sind, zu großer Meisterschaft. Viel gerühmt sind seine Poesie, epochemachend seine Astronomie, gedanklich beweglich seine philosophischen Aufsätze, genial seine Beiträge zur Mathematik. Drei seiner mathematischen Texte sind erhalten. Zwei von ihnen behandeln die Klassifizierung und die geometrische Lösung algebraischer Gleichungen bis zum dritten Grad mithilfe von Kegelschnitten. Von diesen beiden Texten, von den Umständen ihrer Entstehung und von ihrem Autor berichtet dieses Buch.

Zur 2. Auflage

Für die vorliegende 2. Auflage habe ich Verbesserungen des historischen Teils vorgenommen, mein Vorgehen deutlicher dargestellt, Literatur ergänzt, manche Inhalte neu angeordnet und das Buch insgesamt klarer gegliedert. Als ungewöhnlich an dem vorliegenden Buch wird dem, der sich bereits mit der

Mathematik des islamischen Mittelalters beschäftigt hat, die Schreibweise der arabischen und persischen Eigennamen erscheinen. Diese ist auf intuitive Lesbarkeit angelegt und erhebt keinen Anspruch auf Wissenschaftlichkeit. Im Sachverzeichnis am Ende des Buches gebe ich hinter der im Fließtext verwendeten Schreibweise andere gebräuchliche Transkriptionen in Klammern an sowie, durch ein Semikolon abgetrennt, die Transliteration gemäß der *Encyclopædia Iranica*. Auch die Übersetzungen von Chayyams Texten erheben keinen Anspruch auf Wissenschaftlichkeit im Sinne einer kritischen Textausgabe. Daher habe ich für diese 2. Auflage auf die früheren Hinweise zur Transkription des persischen und arabischen Alphabets, zu den Eigennamen usw. verzichtet.

Die Zielsetzung des Buchs ist vielmehr, die Mathematik Omar Chayyams nachvollziehbar zu machen und sie aus der Person und ihrer Zeit heraus darzustellen. Meine Vorgehensweise fand ich während der Arbeit an der 2. Auflage in dem atmosphärischen Roman von Dževad Karahasan über Omar Chayyam und seine Esfahaner Zeit treffend beschrieben:

> Um eine Schlussfolgerung wirklich zu begreifen, musst du zumindest den Weg erahnen, der zu dieser Schlussfolgerung geführt hat, also die Logik des Mannes, der das gefolgert hat, weil das menschliche Urteil oder die Schlussfolgerung nicht zu trennen sind von dem, der sie ausgesprochen hat, vom Augenblick und den Umständen, unter denen das geschehen ist, schließlich von seinem Charakter und seinen Erfahrungen.

Die Logik von Chayyams mathematischen Beweisführungen freilich ist universell. Die Umstände, unter denen Omar Chayyam Mathematik betrieb, spielen jedoch erkennbar in seine Aufsätze hinein und waren tatsächlich ungewöhnlich. Im Augenblick von Chayyams Geburt hatte die islamische Kultur eine Blüte der Wissenschaften erlebt – Medizin, Philosophie, Astronomie und Mathematik hatten einen erstaunlichen Stand erreicht. Nun aber wurden die Tugenden der Vernunft immer weniger geachtet, stattdessen geächtet. Chayyams Lebenszeit markiert den Übergang zwischen einer ausgeprägten Kultur des Rationalen und einer sich festsetzenden Kultur der Unvernunft, des Traditionalismus, des geistigen Stillstands. Und so ist nicht nur Chayyams mathematisches Vermächtnis zeitlos, sondern auch seine Biografie ein stets aktuelles Lehrstück über die Gefahren, denen unsere Freiheit zum öffentlichen Gebrauch der Vernunft beständig ausgesetzt ist.

Braunschweig, Juni 2017 *Sebastian Linden*

Inhaltsverzeichnis

Verwendete Abkürzungen   xv

Teil I Omar Chayyam in seiner Zeit   1

1   **Überblick über Omar Chayyam und seine algebraische Arbeit**   3
    1.1   Omar Chayyam als Poet   3
    1.2   Omar Chayyam als Algebraiker   7
    1.3   Der Nutzen der geometrischen Konstruktionen   11
        1.3.1   Erkenntnistheorie und Praxis   13
        1.3.2   Eine Anwendung der geometrischen Konstruktion .   15
    Literaturverzeichnis   19

2   **Das Goldene Zeitalter**   23
    2.1   Ein Ritt durch die Geschichte   24
    2.2   Wissenschaft im Haus der Weisheit   33
    2.3   Theologische Entwicklungen   39
        2.3.1   Kausalismus: Die Motaseleh   40
        2.3.2   Okkasionalismus: Die Traditionalisten   41
    2.4   Wissenschaft in den persischen Dynastien   43
    Literaturverzeichnis   49

3   **Der Gelehrte von Neyschabur**   51
    3.1   Herkunft und Geburt Omar Chayyams   51
        3.1.1   Über Neyschabur   52
        3.1.2   Zum Geburtsdatum   55
    3.2   Stationen eines bewegten Lebens   56
        3.2.1   Die frühen Jahre   56
        3.2.2   Ruf nach Esfahan   60

3.2.3 Rückkehr nach Neyschabur 62

3.2.4 Die letzten Augenblicke 64

3.3 Was wir aus der *Algebra* über ihren Autor lernen 66

3.4 Omar Chayyams Weltbild 68

Literaturverzeichnis 78

Teil II Omar Chayyams algebraische Abhandlungen   **79**

4 Hinweise zu den Texten und ihrer Präsentation   **81**

4.1 Zur mathematischen Kommentierung 81

4.2 Zur Methode 81

4.3 Die Abhandlung über die Teilung eines Viertelkreises 82

4.4 Die Abhandlung über die Algebra und die Murhabala 83

Literaturverzeichnis 84

5 Über die Teilung eines Viertelkreises   **87**

5.1 Nachtrag (Autorschaft ungeklärt) 103

6 Über die Algebra und die Murhabala   **105**

6.1 Die Algebra und ihr Gegenstand 107

6.2 Die Gleichungen zweiten Grades 112

6.2.1 Die Binome 112

6.2.2 Die Trinome 115

6.3 Die Gleichungen dritten Grades 123

6.3.1 Lemmata zum Lösen der Gleichungen 123

6.3.2 Das kubische Binom 125

6.3.3 Die Trinome 127

6.3.4 Die Quadrinome 137

6.4 Probleme, die Inverse der Unbekannten beinhalten 152

Teil III Mathematischer Kommentar   **157**

7 Hinweise zum mathematischen Kommentar   **159**

8 Zur Teilung eines Viertelkreises   **163**

8.1 Zum Nachtrag 176

Literaturverzeichnis 178

9　Zur Algebra und der Murhabala　　　　　　　　　179

9.1　Zur Algebra und ihrem Gegenstand . . . .　181

9.2　Zu den Gleichungen zweiten Grades . . . .　192

　　9.2.1　Allgemeine Lösung im modernen Verständnis . . . .　192

　　9.2.2　Zu den Binomen . . . .　193

　　9.2.3　Zu den Trinomen . . . .　199

9.3　Zu den Gleichungen dritten Grades . . . .　205

　　9.3.1　Numerische Lösung der Gleichung dritten Grades　.　205

　　9.3.2　Die Kegelschnitte des Apollonius: Definition . . . . .　209

　　9.3.3　Die Kegelschnitte des Apollonius: Konstruktion . . .　219

　　9.3.4　Zu den Lemmata zum Lösen der Gleichungen . . . .　224

　　9.3.5　Zum kubischen Binom . . . .　227

　　9.3.6　Zu den Trinomen . . . .　229

　　9.3.7　Zu den Quadrinomen . . . .　247

9.4　Zu Problemen, die das Inverse der Unbekannten beinhalten　269

9.5　Zusammenfassung . . . .　272

Literaturverzeichnis . . . .　274

10　Zum Mythos Omar Chayyams　　　　　　　　　　275

Anhang　　　　　　　　　　　　　　　　　　　　　279

A　Beyharhis Biografiebericht　　　　　　　　　279

Literaturverzeichnis . . . .　281

B　Omar Chayyams Horoskop　　　　　　　　　283

B.1　Der 18. Mai 1048 . . . .　286

B.2　Der 20. Mai 1025 . . . .　289

Literaturverzeichnis . . . .　290

C　Berechnung der Quadratwurzel nach der Methode von Kuschyar　291

Literaturverzeichnis . . . .　294

Literaturverzeichnis　　　　　　　　　　　　　　295

Sachverzeichnis　　　　　　　　　　　　　　　299

Verwendete Abkürzungen

E Die *Elemente* von Euklid
Verwendungsbeispiel: Der 5. Satz des X. Buchs der Elemente wird abgekürzt als E:X§5.

D Die *Data* von Euklid
Verwendungsbeispiel: Der 4. Satz der Data wird abgekürzt als D:§4.

KS Die *Kegelschnitte* des Appollonius
Verwendungsbeispiel: Der 11. Satz des I. Buchs der Kegelschnitte wird abgekürzt als KS:I§11.

Algebra Die *Abhandlung über die Algebra und die Murhabala* von Omar Chayyam (Kapitel 6) wird oft einfach Algebra genannt.

Viertelkreis Die *Abhandlung über die Teilung eines Viertelkreises* von Omar Chayyam (Kapitel 5) wird oft einfach Viertelkreis genannt.

Teil I
Omar Chayyam in seiner Zeit

Kapitel 1
Überblick über Omar Chayyam und seine algebraische Arbeit

1.1 Omar Chayyam als Poet

Heute ist Omar Chayyam,[1] der wohl von 1048 bis 1121/22 lebte, vor allem als Dichter der *Rubaiyat* bekannt. Dies ist insofern kurios, als nicht geklärt werden konnte, ob er wenigstens einige der ihm zugeschriebenen, stets vierzeiligen Gedichte tatsächlich geschrieben hat (arabisch für «vierzeilig»: *rubaiyat*). Die Abb. 1.1 zeigt zwei Seiten aus dem ältesten gesichert datierten Manuskript, das vierzeilige Gedichte enthält, als deren Autor Omar Chayyam angegeben wird. Es befindet sich heute im Besitz der Universität von Oxford. Die *Rubaiyat* sind in Chayyams Muttersprache, in Persisch, verfasst, wohingegen alle philosophischen und mathematischen Aufsätze Omar Chayyams in der Wissenschaftssprache seiner Zeit, in Arabisch, verfasst sind. Das abgebildete Manuskript datiert aus dem Jahr 1460, also über dreihundert Jahre nach Omar Chayyam. Manuskripte aus Chayyams Lebzeit, die seine Autorschaft nachweisen würden, konnten bisher nicht gefunden werden. Es existieren nur Manuskripte, in denen die Autorschaft Chayyams nachträglich behauptet wird. Immer wieder haben moderne Übersetzer und Herausgeber versucht, in biografischen, sprachlichen, historischen und weltbildlichen Analysen dieser indirekten Quellen authentische *Rubaiyat* zu identifizieren und sie von den nicht authentischen zu trennen. FitzGerald (1859) hatte zunächst 75 Vierzeiler übersetzt, in einer späteren Ausgabe 110 (im Jahr 1868), dann wieder nur 101 (ab 1872). In Christensens Dissertation zur Authentizität der *Rubaiyat* blieben nur 14 Vierzeiler übrig, die der Autor mit gutem Gewissen Omar Chayyam zuschreiben mochte (1905). Die erste deut-

---

[1] Das ch in Chayyam wird gesprochen wie das ch in Buch.

sche Übersetzung von Rosen (1909) enthielt 93 Vierzeiler, spätere Ausgaben 122 (im Jahr 1912) und 152 (1929). Christian Rempis in Tübingen hielt 255 *Rubaiyat* für authentisch (1935), Arberry 252 (1952), Dashti 75 (1971). Tirtha hatte Chayyam zuvor über 1000 *Rubaiyat* zugeschrieben (1941). Die Liste ließe sich fortsetzen. Je nachdem, wie viele Manuskripte man kennt, was man von den Kopisten der Manuskripte weiß und für wie glaubwürdig man sie hält; abhängig auch davon, wie gut andere Quellen bekannt sind, in denen dieselben Vierzeiler anderen Autoren zugeschrieben werden; abhängig schließlich davon, was man von Omar Chayyam hält und welches Ziel man mit seiner Analyse verfolgt, kommt man zu unterschiedlichen Schlussfolgerungen über die Authentizität der *Rubaiyat*. Beispielhaft für die Probleme in den Analysen ist Dashtis Vorgehensweise: Er postulierte, dass Chayyam tatsächlich der Autor der *Rubaiyat* ist und suchte dann, auf der Grundlage von vorliegenden Berichten und Biografiedaten zu Omar Chayyam dessen Charakter zu ergründen und ihm daraufhin die passenden *Rubaiyat* zuzuschreiben.[2] Monteil (1998) wiederum vertraute nur einem einzigen Manuskript und nahm die Authentizität der 172 darin enthaltenen *Rubaiyat* an. Gleichzeitig schrieb er aber:

> Wie viele dieser Vierzeiler hat Chayyam wirklich geschrieben? Um ehrlich zu sein, wir wissen nichts darüber.[3]

Unabhängig von diesen Problemen aber hat diese chayyamische Poesie, seit sie der englische Privatgelehrte Edward FitzGerald (1859) für den Westen entdeckte, weltweit Wirkung entfaltet. Der kritische Rationalismus der Vierzeiler erstaunte die Leserinnen und Leser des viktorianischen Zeitalters.[4] Auch heute finden wir uns eigenartig berührt von der Kraft dieser Poesie, die etwas in uns anspricht, das spezifisch menschlich und doch so schwer in Worte zu fassen ist. Es entbrannte in der Folge von FitzGeralds erster Übersetzung eine regelrechte Chayyam-Euphorie; die Anzahl der publizierten Übersetzungen und Interpretationen explodierte förmlich.

---

[2] Die aus Chayyams wissenschaftlichen Aufsätzen entnehmbaren biografischen Daten werden bei Dashtis *Suche nach Omar Chayyam* allerdings nicht berücksichtigt.

[3] Monteil (1998, Seite 13)

[4] Die Geschichte der Verbreitung der Übersetzung FitzGeralds selbst ist erstaunlich. Der Preis des Bandes, der in geringer Auflage gedruckt worden war und zunächst in den Auslagen des Buchhandels versauerte, war teilweise auf einen Penny gesenkt worden, als er schließlich von einigen Lyrikern von Rang entdeckt wurde. Die FitzGerald-Ausgabe ist seitdem hundertfach nachgedruckt worden. Es sollte aber auf die bereits vor FitzGerald begonnene westliche Rezeptionsgeschichte hingewiesen worden sein. Sie begann wohl mit einer Übersetzung eines der *Rubaiyat* von Hyde 1760 ins Lateinische. Weitere bekannte frühe Übersetzungen stammen von Sir Jones (1771) und von Hammer-Purgstall (1818). Hammer-Purgstall nannte Chayyam den «Voltaire der persischen Poesie».

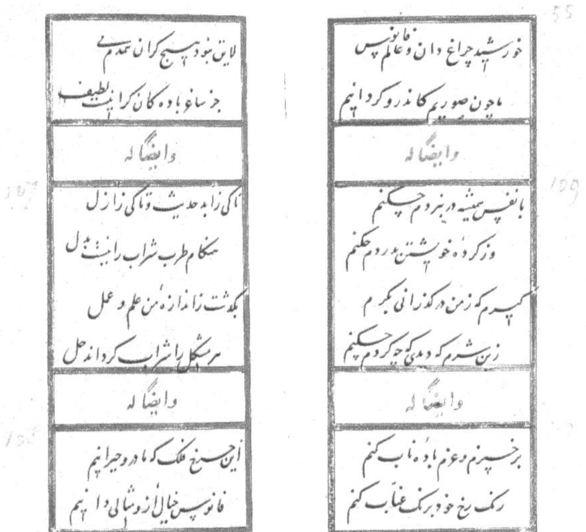

Abb. 1.1 Aus einem 1460 datierten Manuskript der *Rubaiyat*
(Ms. Ouseley 140, Bodleian Library Oxford)

In der Chayyam-Bibliografie von Potter aus dem Jahr 1929 wurden bereits mehrere Hundert Ausgaben der *Rubaiyat* aufgeführt. In der aktuellsten vorliegenden Chayyam-Bibliografie von Coumans (2010) aus dem Jahr 2010 finden sich über 1000 *Rubaiyat*-Ausgaben. Übersetzungen und Studien der schon damals bekannten philosophischen und noch mehr der wissenschaftlichen Arbeiten Omar Chayyams waren aber von Beginn an rar, und nur wenige Fachleute scheinen sich hierfür interessiert zu haben. In Großbritannien und in den USA gründeten sich Omar-Chayyam-Clubs, in denen in unterschiedlich seriöser Ausprägung Chayyams Lyrik rezitiert und diskutiert wurde. Es wurde beispielsweise darauf hingewiesen, dass der Londoner Omar-Chayyam-Club eher der gastronomischen Befriedigung des elitären Mitgliederkreises als der Auseinandersetzung mit der Poesie der *Rubaiyat* diente. Anders verhielt es sich mit dem Club in Boston, der einige hervorragende Ausgaben und Kommentare der *Rubaiyat* editierte und in dem auch William Story (1850–1930), Professor für Mathematik an der Universität in Worcester, aktives Mitglied war. Ein deutscher Chayyam-Club wurde 1934 von Christian Rempis in Tübingen gegründet und existierte nur für kurze Zeit. Den an die Macht geratenen Nationalsozialisten passte die Fundamentalismus- und Autoritarismuskritik Omar Chayyams, und wohl noch mehr die libertäre Zusammensetzung des Clubs, nicht ins Weltbild. Auch die heute noch populäre

Übersetzung der *Rubaiyat* von Friedrich Rosen wurde aus den Buchläden entfernt.[5] Die Verbreitung und Rezeption der Vierzeiler, das Wirken der genannten Clubs und noch sehr viel mehr über Omar Chayyam kann in der umfassendsten aktuell vorliegenden Chayyam-Monografie von Aminrazavi (2005) nachgelesen werden.

Bezeichnend für die moderne Rezeption Omar Chayyams ist, dass der Autor auch dieses gerade genannten Buches, dessen erklärte Absicht es ist, eine umfassende Einleitung zu Person und Gesamtwerk vorzulegen, bereits im Untertitel seiner Arbeit, *The Life, Poetry, and Philosophy of Omar Khayyam*, den *Mathematiker* Omar Chayyam schlicht ignoriert. Es gereicht dem Autor zwar zur Ehre, dass er diese Auslassung einräumt und wie im Folgenden zitiert zu entschuldigen bittet:

> Chayyams mathematisches Genie und sein Vermächtnis wurden von westlichen Mathematikern in Europa und in Amerika gebührend beachtet. Der hohe Grad an Spezialisierung dieser Arbeiten hindert uns jedoch an einer ausgiebigeren Diskussion, die ihre technischen Aspekte weiter untersuchte.[6]

Doch so hoch, wie Aminrazavi befürchtet, ist das Hindernis nicht. Wir werden in der Auseinandersetzung mit Chayyams Mathematik feststellen, dass diese weder zu spezialisiert noch zu technisch, sondern im Gegenteil grundlegend, elegant und für den modernen Leser mit mathematischer Bildung gymnasialen Niveaus erstaunlich leicht verständlich ist.

---

[5] Siehe Aminrazavi (2005, Seite 274). Rempis hat eine Übersetzung der *Rubaiyat* herausgegeben (1935), in der er auch eine wortwörtliche Prosa-Übersetzung der jeweils zugrunde liegenden persischen Handschrift bot. Der eingangs des Buchs zitierte Vierzeiler ist diesem Buch entnommen. Die *Rubaiyat*-Ausgabe von Rosen ist noch auf besondere Art zu Ruhm gelangt: Sie diente in der ersten Hälfte des 20. Jahrhunderts einer Art Manuskriptfabrik in Teheran als Vorlage für die Fälschung weiterer vermeintlicher *Rubaiyat*-Manuskripte, die vor ihrer Aufdeckung Aufsehen erregten und den Fälschern wohl hohe Erlöse bescherten, siehe Dashti (1971, Seiten 8–9).

[6] Aminrazavi (2005), Seite 203. Tatsächlich werden zwar die beiden algebraischen Abhandlungen Omar Chayyams auf etwas weniger als vier Seiten diskutiert. Weite Teile dieser Passage sind allerdings direkt dem Buch von Burton (2003) entnommen. Eine Bemerkung Aminrazavis deutet darauf hin, dass er die Authentizität der Abhandlung über die *Teilung eines Viertelkreises* infrage stellt (bei ihm Seite 202). Gründe für diese Vermutung werden nicht angegeben.

1.2 Omar Chayyam als Algebraiker

Es verhält sich mit den vermeintlichen Verständnisschwierigkeiten von Omar Chayyams algebraischen Abhandlungen nicht viel anders als mit den mathematischen Texten der alten Griechen: Die Ausdrucksweise ist ungewohnt. Jene der Autoren und wohl auch jene der Übersetzer. Durch seine etwas prosaischere Ausdrucksweise ist die Arbeit Omar Chayyams sogar einfacher zu lesen als zum Beispiel die *Elemente* des Euklid, die sich durch eine extreme Sachlichkeit und herausragende Struktur auszeichnen. Es ist nicht der hohe Grad an Abstraktion, der die Chayyam-Freunde und -Interpreten an der Lektüre seiner mathematischen Arbeiten hindert, es ist vielmehr die Ermangelung einer Ausgabe dieser Arbeiten, die die etwas umständliche Ausdrucksweise des Autors in eine moderne Sprache übersetzt. Der moderne Leser benötigt für das Verständnis der algebraischen Aufsätze Omar Chayyams in der Tat nicht mehr als die Kenntnis der Diskussion von Kurven bis zur dritten Potenz von x im kartesischen Koordinatensystem sowie einige algebraische Grundtechniken. Abiturienten sollten mit dem Verständnis von Chayyams Methode keinerlei Probleme haben, wenn nur einmal ihre moderne Formulierung verstanden ist. Die Lektüre dieser mathematischen Arbeiten lohnt sich dann doppelt: Die Freunde der Poesie und der Person Omar Chayyams erfahren so einiges Interessantes über den Autor; die Freunde der Mathematik erkennen, vielleicht zum ersten Mal, den engen Zusammenhang der Mathematik der islamischen Mathematik mit der modernen Schulmathematik.

Von Omar Chayyam sind zwei Arbeiten zur Algebra überliefert. Die mathematische Disziplin der Algebra, das Lösen von Gleichungen, war 200 Jahre vor Chayyams Lebzeit in ihrer heutigen Form vom persischen Mathematiker Charasmi (ca. 780–840) geschaffen worden, der sich auf grundlegende Arbeiten des Inders Aryabhata (476–550) hatte stützen können. Die erste der beiden algebraischen Arbeiten Omar Chayyams ist ein kurzer Aufsatz über die Lösung einer speziellen kubischen Gleichung ($x^3 + 200x = 20x^2 + 2000$) mithilfe des Schnitts zweier Kegelschnitte. Chayyam verweist darin auf ein Problem in dem schon damals mehr als tausend Jahre alten Buch des Archimedes (287–212 v. Chr.) über *Kugel und Zylinder*. Archimedes hatte sich die Aufgabe gestellt, eine Kugel in einem vorgegebenen Verhältnis zu teilen. Die Analyse der Aufgabenstellung führte ihn auf ein Problem, das, algebraisch formuliert, der Lösung einer kubischen Gleichung gleichkommt. Archimedes versprach an dieser Stelle seines Buches, die Lösung nachzureichen. Diese konnte aber nicht gefunden werden. Das Fehlen dieser Lösung hat die islamischen Mathematiker besonders fasziniert und sie schon ab dem frühen 9. Jahrhundert zur Beschäftigung mit kubischen Gleichungen motiviert. Es war schließlich der persische Mathematiker Abu Dschafar Chasen (900–971), der die Methode zur geometrischen Lösung kubischer Gleichungen erkannte, die Chayyam dann perfektionierte.

Dies ist ein typisches Beispiel für die islamische Mathematik jener Epoche: Im Studium der alten griechischen Texte fanden die islamischen Mathematiker ungelöste Probleme oder Lücken, die sich aus der Abschrift und Übersetzung der Manuskripte ergaben, und versuchten, diese zu lösen oder die fehlenden Teile zu ergänzen. Sie nutzten dabei auch ihre Kenntnisse der indischen Mathematik, die ihnen über die nahe Grenze bekannt geworden war und die neuartige Rechentechniken mitbrachte; anders als die Mathematik der Griechen, bei denen aller Anwendbarkeit ihrer Ergebnisse zum Trotz der Erkenntnisgewinn das höherrangige Ziel gewesen zu sein scheint. Von den Indern übernahmen die islamischen Mathematiker beispielsweise das Dezimalsystem.

Wie sehr die erste Arbeit Omar Chayyams, die Abhandlung *Über die Teilung eines Viertelkreises*, in der Wissenschaftstradition seiner direkten Vorgänger des 9. bis 11. Jahrhunderts verankert ist, erkennt man schon daran, dass Omar Chayyam in ihr diese Autoren reichlich zitiert. Die gesamte Arbeit ist in einem bescheidenen Ton gehalten, der Omar Chayyams Respekt vor den Leistungen seiner «achtenswerten Vorgänger», wie er sie dort nennt, zum Ausdruck bringt. Sowohl der Inhalt als auch der bescheidene Ton der Arbeit deuten darauf hin, dass es sich um die erste Arbeit eines jungen Wissenschaftlers handelt, der bemüht ist, die Aufmerksamkeit und Anerkennung der wissenschaftlichen Gemeinschaft zu erlangen.

Doch bereits in dieser Arbeit kündigt der junge Autor ein großes Projekt an, das über die bis dahin geübte Vorgehensweise, alle Probleme dieser Art einzeln zu betrachten, hinausgehen wird: die systematische Lösung aller algebraischen Gleichungen bis zum dritten Grad, das heißt, in moderner Schreibweise, die Lösung der allgemeinen kubischen Gleichung $ax^3 + bx^2 + cx + d = 0$ mit rationalen Koeffizienten. Dieses Projekt ist in seiner späteren Abhandlung *Über die Algebra und die Murhabala* dann tatsächlich realisiert. Omar Chayyam löste also nicht mehr nur einzelne Probleme, in denen Vorzeichen oder gar Zahlenwerte der Koeffizienten vorgegeben waren, sondern er löste die allgemeine kubische Gleichung, indem er sie nach und nach für jede der möglichen Vorzeichenkombinationen der Koeffizienten löste.

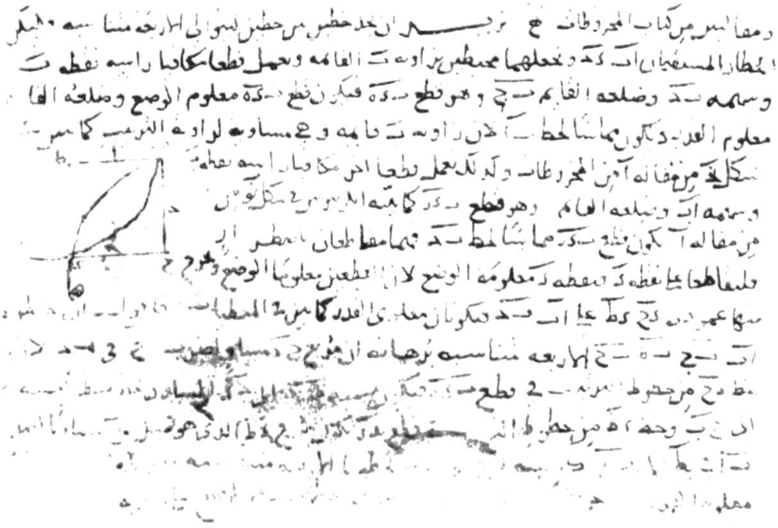

Abb. 1.2 Aus einem 1144 datierten Manuskript der *Algebra*
(Ms. arabe 2458, Bibliothèque Nationale de France)

Er war der Erste, der diese systematische Untersuchung durchführte, und seine gesamte Behandlung des Themas ist von großer Wissenschaftlichkeit. Die ausgeprägte Systematik seiner Behandlung der kubischen Gleichungen wird in der tabellarischen Übersicht im mathematischen Kommentarteil erkennbar.[7] In Ermangelung einer analytischen Lösungsformel für x, die erst Jahrhunderte später gefunden werden konnte,[8] löste er die Gleichungen auf geometrische Weise. Er erkannte, dass die Schnittpunkte zweier Kegelschnittkurven – also von Parabeln, Ellipsen, Kreisen und Hyperbeln – Gleichungen dritten Grades genügen.

Es ist unbestritten, dass Omar Chayyam der Autor dieser algebraischen Arbeiten ist. Seine Autorschaft geht zum einen aus den darin getroffenen biografischen Angaben hervor, die den Autor als Omar Chayyam erkennen lassen. Zum anderen datieren die ältesten erhaltenen Handschriften aus der ersten Hälfte des 12. Jahrhunderts, also wenigstens beinahe aus Chayyams Lebzeit, und die in den Handschriften getroffene Angabe Omar Chayyams als Autor kann daher als recht zuverlässig gelten. Die Abb. 1.2 zeigt einen Seitenausschnitt aus einer 1144 datierten Handschrift der *Algebra* aus dem Bestand

---

[7] Seite 273.

[8] Siehe Seite 207.

der Französischen Nationalbibliothek in Paris.[9] Wie alle erhaltenen philosophischen und mathematischen Aufsätze Omar Chayyams ist dieses Manuskript in der Wissenschaftssprache seiner Zeit, in Arabisch, verfasst, wohingegen die *Rubaiyat* in Persisch, Chayyams Muttersprache, verfasst sind.

In den Beweisen seiner Lösungen berücksichtigte Omar Chayyam die Bedingungen an die Koeffizienten für die Existenz keiner, einer oder mehrerer Lösungen, und dies zumeist fehlerfrei. Was dem heutigen Leser dieser Abhandlung überraschend erscheint, ist Chayyams konsequente Nichtberücksichtigung negativer Lösungen. Chayyam gibt stets nur die positiven Lösungen der kubischen Gleichung an. Dies ist jedoch keine Unzulänglichkeit seiner Methode. Das Problem erwächst aus dem Umstand, dass die ersten Potenzen der Unbekannten von den frühen Algebraikern in der Tradition des Aristoteles als «messbare» geometrische Objekte veranschaulicht wurden. Und so veranschaulichte sich auch Chayyam die Unbekannte x als eine Strecke, x^2 als eine Fläche und x^3 als einen Quader. Negative Strecken, Flächen und Quader sind aber nicht veranschaulichbar. Das Bestreben nach Veranschaulichung der gesuchten «Objekte» x, x^2 und x^3 macht Chayyam die Akzeptanz negativer Lösungen daher unmöglich.

Bemerkenswert ist in diesem Zusammenhang jedoch, dass Omar Chayyams Lösungen der kubischen Gleichungen deutlich aufzeigen, wie nah seine Denkweise bereits dem erst Jahrhunderte später von Descartes etablierten Koordinatensystem mit seinen in alle Richtungen ins Unendliche ausgedehnten Achsen kam. Hätte Omar Chayyam seine Konzepte noch ein wenig weiter gedacht und sich von der Bedingung der Anschaulichkeit zu lösen vermocht, so hätte er womöglich den Abstraktionsgrad des Koordinatensystems erreicht, mithilfe dessen sich die Ausführung seiner Lösungen um so vieles einfacher gestaltet. Zweifelsfrei war er ja um Abstraktion und Allgemeingültigkeit seiner Ergebnisse bemüht, wie das gesamte Unterfangen aber auch viele einzelne Bemerkungen in seiner *Algebra* zeigen. Über eine symbolische Ausdrucksweise verfügte er ebenfalls, wenn auch noch nicht so formalisiert, wie wir sie heute kennen. Vor dem Hintergrund der Nähe seiner Methodik zur Lösung im Koordinatensystem bleibt unklar, ob Chayyam die negativen Lösungen tatsächlich nicht gesehen hat – oder ob er sie sah, aber zurückwies, da sie keinen messbaren Größen entsprachen. Einige Bemerkungen in der Abhandlung über die Algebra und die Murhabala deuten darauf

---

[9] Es handelt sich um eine Seite des Manuskripts [B] aus der Auflistung auf Seite 83. Dargestellt ist in der Abbildung das Lemma 1, vgl. Seite 123 und den zugehörigen mathematischen Kommentar auf Seite 224.

hin, dass er sie gesehen haben muss.[10] Betrachtet man Chayyams Lösungen im kartesischen Koordinatensystem, so fragt man sich, wie Chayyam in der Lage war, seine Lösungen ohne Koordinatensystem zu finden und darzustellen. Eine in höchstem Maße erstaunliche Leistung. Chayyam war wohl tatsächlich

> der originellste und daher größte der sarazenischen Mathematiker.[11]

1.3 Der Nutzen der geometrischen Konstruktionen

Dass die allgemeine, reelle kubische Gleichung $ax^3 + bx^2 + cx + d = 0$ mithilfe von Kegelschnitten gelöst werden kann, ist in moderner Notation klar: Man betrachte die Hyperbel $y = -d/x$ und die Parabel $y = ax^2 + bx + c$ in einem kartesischen Koordinatensystem. Die Schnittpunkte der beiden Kurven müssen die reellen Lösungen der Gleichung sein.[12] Die Verwendung eines rechtwinkligen Koordinatensystems aber war Omar Chayyam unbekannt. Er verwendete stattdessen die elementargeometrische Notation des Apollonius von Perge (262–ca. 190 v. Chr.). Seine Lösungsmethode bestand darin, für jede mögliche Vorzeichenkombination der Koeffizienten Kegelschnittkurven aufzufinden, deren Schnittpunkte Lösungen der Gleichung sind. Was aber war überhaupt der Nutzen dieses Vorhabens?

Diese Frage stellte schon der dänische Wissenschaftshistoriker Hieronymus Zeuthen (1839–1920) im Jahr 1896 in einem Aufsatz, in dem er sich intensiv mit den «algebraischen» Sätzen in Euklids *Elementen* und mit der Bedeutung von geometrischen Konstruktionen in der griechischen Mathematik

---

[10] Siehe beispielsweise die Lösung der Gleichung (XVI), in der Chayyam explizit das in den negativen Zahlenbereich hineinreichende Intervall «zwischen A und I» (entsprechend $[-a_2, \sqrt[3]{a_0}]$ im gewählten kartesischen Koordinatensystem) als den Bereich möglicher Lösungen nennt, ohne dann allerdings die in diesem Intervall mögliche negative Lösung anzugeben. Die entsprechenden Abbildungen sind die Abb. 6.21 und 9.12 auf Seite 132 und 239.

[11] Story (1919, Seite 13). Vergleichbare Hochachtung zollte der Wissenschaftshistoriker George Sarton (1927), der Omar Chayyam im I. Band seines monumentalen Werks zur Geschichte der Wissenschaften als «einen der größten Mathematiker des Mittelalters» bezeichnete. Sarton betitelte diesen I. Band mit *From Homer to Omar Khayyam*, woraus bereits seine Wertschätzung für Chayyam spricht.

[12] Der Beweis, dass $y = -d/x$ eine Hyperbel ist, wird später im Kapitel über die Kegelschnitte des Apollonius geführt, siehe Gleichung (9.33) auf Seite 215 (setze dort $d = -a^2/2$).

auseinandersetzte.[13] Hierin schoss Zeuthen zwar übers Ziel hinaus, indem er wie einige andere Autoren auch die Auffassung formulierte, dass diese «algebraischen» Abschnitte in Euklids Werk algebraische Aussagen im modernen Sinne enthielten.[14] Die Frage nach der grundsätzlichen Bedeutung der geometrischen Konstruktionen, darin inbegriffen die Bedeutung geometrischer Lösungen der Gleichungen dritten Grades mithilfe der Kegelschnitte, stellt sich aber natürlich dennoch.

Die Auffassung, Euklid habe in den benannten Abschnitten tatsächliche algebraische Aussagen getroffen, erscheint übrigens deswegen wenig gerechtfertigt, da sich in keinem der Werke Euklids eigentlich algebraische Ausdrücke finden. Schon Woepcke bemerkte hierzu in seiner Übersetzung der *Algebra* Omar Chayyams:

> Man hört manchmal und denkt des Öfteren, dass die Griechen Gleichungen dritten Grades konstruiert hätten. Diese Meinung enthält, wenn schon nicht einen Fehler, dann eine Ungenauigkeit. Es stimmt, dass die griechischen Geometer bestimmte geometrische Probleme gelöst haben, die, auf ihren algebraischen Ausdruck geführt, einer Gleichung dritten Grades entsprechen. Aber man kommt schnell darin überein, dass es etwas ganz anderes ist, ein solches Problem geometrisch zu lösen oder anzuerkennen, dass dieses Problem von einer Gleichung dritten Grades abhängt; unter anderen geometrischen Problemen auch einige dritten Grades zu lösen oder die Gleichungen dritten Grades systematisch hinzuschreiben, sie eine nach der anderen zu konstruieren, die Spezialfälle ihrer Lösungen zu diskutieren und dies alles mit dem erklärten Ziel, mithilfe dieser allgemeinen Theoreme implizit jedes beliebige Problem jederzeit lösen zu können. Dies findet man bei den Griechen nirgends.[15]

Die Griechen konnten also keine algebraischen Gleichungen dritten Grades lösen, da sie über gar keine algebraische Vorstellung des Problems verfügten.

---

[13] Diesem Artikel sind einige der hier präsentierten Gedanken zur Bedeutung der geometrischen Konstruktionen in der griechischen Mathematik entnommen. Auch Berggren (2011) widmet dem Sinn euklidischer Konstruktionen einen lesenswerten Abschnitt (bei ihm 3§1).

[14] Gemeint sind das gesamte II. Buch von Euklids *Elementen* und die Paragraphen §56–62 der *Data*. Zur Frage dieser modernen Interpretation der genannten Abschnitte siehe insbesondere Unguru (1975).

[15] Woepcke (1851, Seite xii).

1.3.1 Erkenntnistheorie und Praxis

Schon in Euklids *Elementen* haben viele geometrische Konstruktionen wenig bis keinen praktischen Nutzen, obwohl sie mit Zirkel und Lineal praktisch konstruierbar gewesen wären. Keinen direkten praktischen Nutzen hatte für die alten Griechen auch die Konstruktion der Kegelschnitte Hyperbel und Parabel, da sie keine Geräte zum Zeichnen derselben besaßen und damit auf eine ungenaue punktweise Konstruktion angewiesen gewesen wären.[16] Es sei denn, sie haben reale Kegel angefertigt und durchgeschnitten, was allerdings recht unpraktikabel erscheint. Geometrische Konstruktionen waren für die Griechen vielmehr ein theoretisches Mittel zur Erweiterung der Erkenntnis oder dafür da, möglichst sparsam mit den vorausgesetzten Annahmen umzugehen. Die Konstruktionen mit dem dazugehörigen Beweis für ihre Richtigkeit dienten einer verbreiteten These zufolge dazu, die Existenz desjenigen, was konstruiert werden sollte, sicherzustellen.[17] So konnten die Griechen ja beispielsweise auf geometrischem Weg neben Hilfssätzen zum Beweis weiterer Sätze auch Größen konstruieren, die sie arithmetisch nicht als Zahl akzeptieren konnten, nämlich die irrationalen Zahlen wie etwa $\sqrt{2}a$ als Diagonale eines Quadrats der Seitenlänge a. Die Konstruierbarkeit, nah verwandt der «Messbarkeit» von Größen, ist in der Mathematik der Griechen von überragender Bedeutung.[18] Auch bei Chayyam hat die Konstruktion der Lösungen der Gleichungen dritten Grades die Funktion eines Existenzbeweises: Was konstruiert werden kann, existiert. Sowohl in der Abhandlung über die *Algebra* als auch in der Behandlung des *Viertelkreises* finden sich zahlreiche Beweise von «nützlichen Eigenschaften» von Kegelschnitten und von Chayyams Dreieck, die keinen direkten praktischen Nutzen in der Lebenswelt haben, die jedoch die Konstruktion der Lösungen vereinfachen.

Doch die Konstruierbarkeit der Lösungen dient bei Chayyam nicht allein dem Beweis der Existenz, sie hat auch praktischen Nutzen. Denn während die Griechen die Kegelschnitte nicht tatsächlich konstruieren konnten, hatten die islamischen Mathematiker eben solche Geräte zur Konstruktion von Kegelschnitten entwickelt. Die Abb. 1.3 zeigt einen Nachbau eines solchen In-

---

[16] Für die Ellipse stand mit der Gärtnerkonstruktion eine exakte Konstruktionsweise zur Verfügung.

[17] Die letzten beiden Sätze sind teils wortgetreue Zitate aus dem Artikel von Zeuthen (1896) und dem Buch von Berggren (2011, Seite 77).

[18] Negative Zahlen freilich lassen sich in diesem Sinne – als negative Längen einer Strecke – nicht konstruieren. Hierzu bedarf es in einem höheren Abstraktionsgrad einer in positive und negative Richtung beliebig ausgedehnten Koordinatenachse.

struments, das von Abu Sahl Kuhi (ca. 940–1000) entwickelt worden war. Die Funktionsweise dieses Zirkels wird im Abschnitt über die Kegelschnitte des Apollonius ab Seite 220 genauer besprochen. Mit diesem Instrument besaßen die islamischen Mathematiker die Möglichkeit, die Existenz der Lösungen der Gleichungen dritten Grades, die sie algebraisch formulieren, aber auf algorithmischen Wege nicht lösen konnten, nicht nur zu beweisen, sondern diese auch tatsächlich beliebig exakt zu konstruieren. Die islamischen Mathematiker waren fast ohne Ausnahme ebenfalls Astronomen, und daher vermutlich mindestens ebenso sehr an den tatsächlichen Lösungen ihrer Probleme interessiert wie am akademischen Erkenntnisgewinn. Darüber hinaus waren viele der islamischen Mathematiker auch in Kunst und Architektur aktiv, wo die konkrete Konstruktion von geometrischen Proportionen ebenfalls wichtig war. Hierauf hat der türkische Wissenschaftler Alpay Özdural hingewiesen, der auch überzeugende Indizien für eine architektonische Tätigkeit Omar Chayyams zusammengetragen hat.[19]

Im Vergleich mit den Mathematikern seiner Epoche, die er seine «achtenswerten Vorgänger» nennt, zeichnet Chayyam vor allem aus, dass er sich nicht mit der Lösung von Spezialfällen zufriedengegeben, sondern eine systematische, allgemeine Lösungsmethode entwickelt hat. Dies ist, was Story meinte, als er Chayyam den «originellsten Mathematiker» seiner Epoche nannte.[20] Insbesondere wegen dieses Erkenntnisstrebens, das zum rein praktischen Nutzen seiner Mathematik für Astronomie und Architektur hinzukommt, sah Omar Chayyam sich selbst mit zunehmendem Selbstbewusstsein eher in der Tradition der klassischen griechischen Autoren als der seiner direkten Vorgänger und Zeitgenossen.[21] Andersherum scheint auch folgender Gedanke nicht abwegig: Da Mathematiker zu Omar Chayyams Lebzeiten als «Philosophen» geschimpft und gar verfolgt wurden,[22] ist es gewiss keine unbegründete Annahme, dass es eine Notwendigkeit der Zeit war, die Betreibung von Mathematik, der «Ersten der Wissenschaften»,[23] zum Zwecke des reinen Erkenntnisgewinns unter den Schirm der Praxistauglichkeit zu stellen, ihr Betreiben also aus ihrem praktischen Nutzen heraus zu begründen.

Der allgemeine Anspruch, der den Aspekt des Existenzbeweises mit umfasst, spiegelt sich übrigens auch in der Wortwahl der *Algebra* Omar Chay-

---

[19] Özdural (1995, 1998), siehe im mathematischen Kommentar ab Seite 167.

[20] Story (1919), vgl. Seite 11.

[21] Siehe hierzu die Bemerkungen ab Seite 179.

[22] Siehe Abschnitt 3.4, darin zum Beispiel auf Seite 77 das Zitat von Nadschm al-Din Rasi.

[23] Seite 107.16.

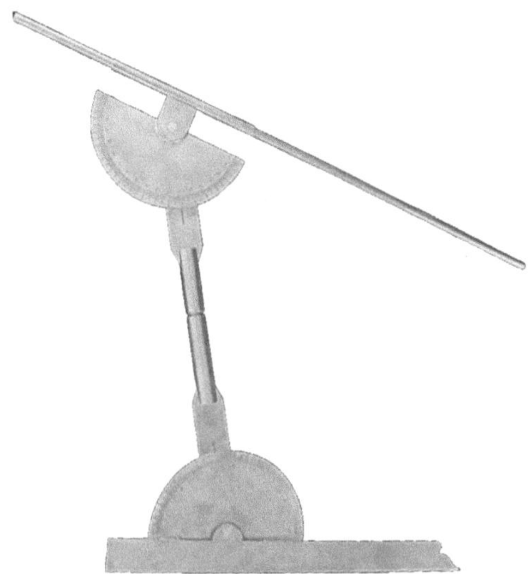

Abb. 1.3 Nachbau von Abu Sahl Kuhis Kegelschnittzirkel
(Sezgin, 2003, Band III, Seite 151)

yams wieder, in der von geometrischen und numerischen «Beweisen» (*burhan*), nicht aber von Konstruktionen oder von Lösungen gesprochen wird.

1.3.2 Eine Anwendung der geometrischen Konstruktion

Als ein typisches modernes Beispiel für das Auftreten von kubischen Gleichungen in physikalischen und technischen Aufgabenstellungen kann die Berechnung der Eintauchtiefe einer Kugel der Massendichte ρ_K in Wasser gelten. Die Massendichte von Wasser werde mit ρ_W bezeichnet. Die beschriebene Situation ist in der Abb. 1.4 (links) skizziert, worin r der Radius der Kugel ist und die Eintauchtiefe der Kugel mit der Höhe h der eingetauchten, stationären Kugel über der Wasseroberfläche beschrieben wird. Grundlegende Überlegungen (Stichwort: archimedisches Prinzip[24]) führen dann auf die Gleichung:

$$\left(\frac{h}{r}\right)^3 = 3\left(\frac{h}{r}\right)^2 + 4\left(\frac{\rho_K}{\rho_W} - 1\right). \tag{1.1}$$

---

[24] Es ist eine Arbeit Omar Chayyams über das archimedische Problem überliefert. Ein Fragment dieser Arbeit ist von Rosen (1925) ins Deutsche übersetzt worden.

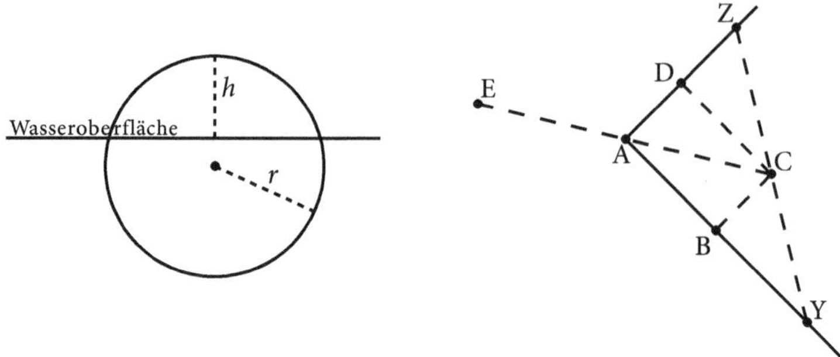

Abb. 1.4 Eintauchende Kugel (links) und KS:II§4 (rechts)

Die Eintauchtiefe der Kugel wird also durch eine kubische Gleichung der Form $x^3 = bx^2 + d$ beschrieben, worin $x = h/r$, $b = 3$ und $d = 4\left(\frac{\rho_K}{\rho_W} - 1\right)$.

Wir wollen zunächst annehmen, dass b und d positive rationale Zahlen seien, x werde gesucht. Omar Chayyam lehrt uns, zur Lösung wie folgt und mithilfe von Abb. 1.5 vorzugehen:

1 Zeichne eine Strecke der rationalen Länge b. Dies ist elementargeometrisch mithilfe eines Lineals und eines Zirkels möglich, wie auf Seite 184 gezeigt werden wird (dort Abb. 9.1). Diese Strecke sei AB.

2 Konstruiere nun ein Quadrat der Fläche d/b. Dies geht wie folgt: Zeichne eine Gerade der Länge 1 und senkrecht darauf eine Gerade der (rationalen) Länge d/b. Du erhältst ein Rechteck der Fläche d/b. Hieraus kannst du elementargeometrisch mit Zirkel und Lineal ein Quadrat derselben Fläche konstruieren, wie Euklid im II. Buch seiner *Elemente* gezeigt hat.[25] Die Seite dieses Quadrats sei die Strecke BC. Lege diese Strecke senkrecht zu AB in den Punkt B.

3 Bilde das Rechteck ABCD. Dieses hat dann die Fläche $AB \cdot BC = \sqrt{db}$.

4 Zeichne eine Hyperbel, die durch den Punkt C geht und die die Verlängerungen von AB und AD zu Asymptoten habe. Wie dies geht? Schaue in Apollonius' Buch über die *Kegelschnitte* nach, II. Buch, Satz 4. Dort findest du die Abb. 1.4 rechts und folgende Anweisung: Ziehe die Strecke AC und verlängere diese um sich selbst über A hinaus bis zum Punkt E. Die

---

[25] Für diese Konstruktion siehe Seite 196, Abb. 9.2.

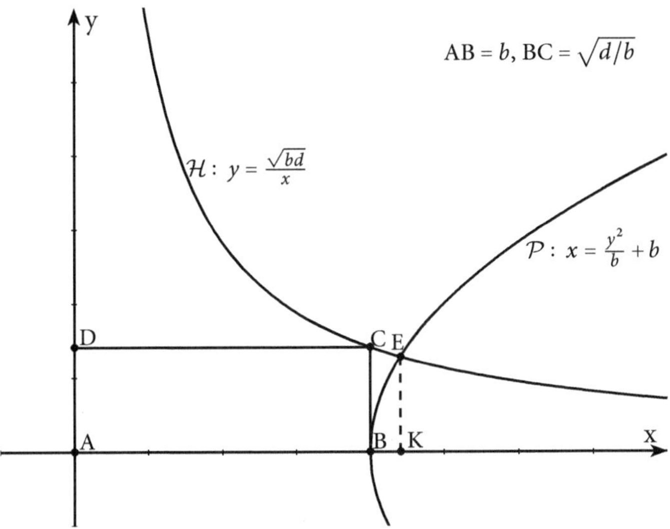

Abb. 1.5 $x = AK$ ist Lösung der Gleichung $x^3 = bx^2 + d$

Länge der Strecke EC wird später der *Durchmesser* $2a$ der Hyperbel genannt werden: $2a = EC$. Verlängere AD um sich selbst bis zum Punkt Z.
Verbinde Z mit C und verlängere diese Strecke, bis sie die Verlängerung
der Strecke AB schneidet. Dieser Schnittpunkt sei der Punkt Y. Dann ist
der *Parameter* $2p$ der Hyperbel gegeben durch $2p = (ZY)^2/2a$. Diese Herleitung gilt bis hierhin ganz allgemein für alle Winkel $\angle$ (DAB). Im Falle
eines rechten Winkels vereinfacht sich die Angelegenheit aber wesentlich,
und man liest aus der Abb. 1.4 (rechts) ab, dass $2p = 2a = EC = AB \cdot BC =$
$\sqrt{db}$. Setze nun diese Werte in die Gleichungen (9.37) und (9.38) ein (Seiten 221 und 222) und bestimme die Winkel α und β (die Strecke AS ist am
Kegelschnittzirkel per Konstruktion vorgegeben). Beachte die Abb. 9.7
(rechts, Seite 221) und stelle die Winkel α und β am Kegelschnittzirkel
ein: $\angle (bcd) = \alpha$ und $\angle (gab) = \beta$. Orientiere den Zirkel entlang der Win-
kelhalbierenden des Winkels $\angle$ (DAB) der Zeichnung 1.4 und setze den
Zeichenstift in den Punkt C. Zeichne nun die Hyperbel.

5 Sehr gut! Zeichne nun eine Parabel, deren Achse die Verlängerung von
AB über B hinaus ist. Ihr Scheitelpunkt sei B, ihr Parameter sei $2p = AB$.
Entnimm wieder den Gleichungen (9.37) und (9.38) die Winkel $\alpha = \beta$, die
am Kegelschnittzirkel einzustellen sind. (Die Parabel ist *definiert* durch

$\alpha = \beta$). Orientiere dann den Zirkel entlang der Achse der Parabel und setze den Stift im Scheitelpunkt auf. Zeichne die Parabel.

6 Du siehst: Hyperbel und Parabel schneiden sich. Nenne diesen Schnittpunkt E. Fälle von E das Lot EK auf die Achse der Parabel. (Du erhältst Chayyams Abb. 6.23 auf Seite 134). Die Länge der Strecke AK ist die exakte Lösung der Gleichung.

Die Lösung im kartesischen Koordinatensystem (Abb. 1.5)

In der modernen Schulmathematik würden wir diese Lösung der Gleichung $x^3 - bx^2 = d$ wie folgt formulieren: Zeichne in ein kartesisches Koordinatensystem die Hyperbel

$$\mathcal{H}: y = \frac{\sqrt{bd}}{x}$$

und die Parabel

$$\mathcal{P}: x = \frac{y^2}{b} + b.$$

Der x-Achsenabschnitt ihres Schnittpunkts ist die Lösung der Gleichung.

Der aufmerksame Leser wird bemerkt haben, dass in Gleichung (1.1) der Koeffizient d negativ sein muss, damit die Gleichung tatsächlich die schwimmende Kugel beschreibt. Denn für $d = 0$ schwebt die Kugel in beliebiger Tiefe im Wasser, für $d > 0$ geht sie unter. Das obige Lösungsverfahren kann Chayyam für $d < 0$ aber nicht anwenden, da wir in Schritt 2 ein Quadrat «negativen» Flächeninhalts zeichnen müssten. Omar Chayyam löst diese Gleichung daher für $d < 0$ mithilfe anderer Kurven.[26] Zur Übung mag sich der Leser die Frage stellen und beantworten, wieso uns dieser «negative Flächeninhalt» heute nicht stört, wenn wir die Lösung wie gezeigt im kartesischen Koordinatensystem zeichnen. In der Hyperbelgleichung müsste schließlich die Wurzel aus einer negativen Zahl gezogen werden.

Dies war ein Beispiel für die Lösungsmethode Omar Chayyams, an dem die Konstruktion der Lösung nachvollzogen werden kann. Der Beweis, dass der x-Achsenabschnitt AK tatsächlich eine Lösung ist, steht noch aus. Dieser wird in der Abhandlung und im mathematischen Kommentarteil nachgeholt. Statt des physikalischen Problems der schwimmenden Kugel hätte ein ein-

---

[26] Siehe ab Seite 130.

faches Beispiel aus der Astronomie genauso gut zur Anschauung dienen können – denn viele Probleme an Kreis und Kugel, etwa am Himmel, reduzieren sich auf kubische Gleichungen. Historisch relevante Beispiele sind die Teilung einer Kugel in einem gegebenen Verhältnis, die etwa von Archimedes in seiner Arbeit über *Kugel und Zylinder* besprochen wurde, oder die hierzu ähnliche Aufgabe der Teilung eines Kreisbogens in einem gegebenen Verhältnis, die Omar Chayyam in seiner Abhandlung über den *Viertelkreis* löste. Ein weiteres Beispiel ist die Konstruktion eines regelmäßigen 7-Ecks.

Im Kommentarteil auf Seite 273 findet sich die gesamte Chayyamsche Lösungsmethode knapp und übersichtlich in tabellarischer Form zusammengefasst. Ein Blick hierauf mag sich bereits an dieser Stelle lohnen. Dort findet man die am Vorzeichen der Koeffizienten orientierte Systematik der Chayyamschen Lösungsmethode sowie Seitenverweise auf die Lösungen und die moderne Formulierung seiner Lösungen. In der letzten Spalte dieser Tabelle findet sich auch die Übersetzung von Chayyams Lösung der kubischen Gleichung und der Kegelschnittkurven in die moderne Notation im kartesischen Koordinatensystem, wie sie gerade exemplarisch für die schwimmende Kugel hergeleitet wurde.

Die folgenden zwei Kapitel halten Einblicke in Omar Chayyams Leben und Epoche bereit. Der ausschließlich mathematisch interessierte Leser kann direkt zu den Teilen II und III springen.

Literaturverzeichnis

Chayyam O. (1144) Ms. arabe 2458, Bibliothèque Nationale de France, Paris

Chayyam O. (1460) Ms. Ouseley 140, Bodleian Libraries, Oxford

Aminrazavi M. (2005) *The Wine of Wisdom: The Life, Poetry and Philosophy of Omar Khayyam.* Oneworld Publications, Oxford

Arberry A. J. (1952) *Omar Khayyam.* Murray, London

Berggren J. L. (2011) *Mathematik im mittelalterlichen Islam.* Springer, Heidelberg

Burton D. M. (2003) *The History of Mathematics.* Mac Graw-Hill, New York

Christensen A. (1905) *Recherches sur les Rubā'iyāt d'Omar Ḥayyām.* Carl Winter's Universitätsbuchhandlung, Heidelberg

Coumans J. (2010) *The Rubáiyát of Omar Khayyám. Bibliography.* Leiden University Press, Amsterdam

Dashti A. (1971) *In Search of Omar Khayyam.* George Allen & Unwin Ltd, London

FitzGerald E. (1859) *Rubaiyat of Omar Khayyam, the Astronomer-Poet of Persia.* Bernard Quaritch, London

Hammer-Purgstall J. v. (1818) *Geschichte der schönen Redekünste Persiens.* Wien

Hyde T. (1760) *Veterum Persarum et Parthorum et Medorum Religionis Historia,* zweite Auflage. E Typographeo Clarendoniano, Oxford

Jones W. (1771) *A Grammar of the Persian Language.* London

Monteil V.-M. (1998) *Omar Khayyâm: Quatrain, Hâfez: Ballades.* Actes Sud, Arles

Özdural A. (1995) *Omar Khayyam, Mathematicians, and Conversazioni with Artisans.* Journal of the Society of Architectural Historians 54(1):54–71

Özdural A. (1998) *A Mathematical Sonata for Architecture. Omar Khayyam and the Friday Mosque of Isfahan.* Technology and Culture 39(4):699–715

Potter A. (1929) *A Bibliography of the Rubaiyat of Omar Khayyam.* Ipgen and Grant, London

Rempis C. H. (1935) *'Omar Chajjām und seine Vierzeiler. Nach den ältesten Handschriften aus dem Persischen verdeutscht.* Verlag der deutschen Chajjām-Gesellschaft, Tübingen

Rosen F. (1909) *Die Sinnsprüche Omars des Zeltmachers. Rubaijat-i Omar-i Khajjam.* Deutsche Verlagsanstalt, Stuttgart und Berlin, 1912 erschien eine II., vermehrte Auflage; 1919 erschien die vom Autor als vollständig angesehene III. Auflage

Rosen F. (1925) *Ein wissenschaftlicher Aufsatz 'Umar-i Khayyaāms.* Zeitschrift der Deutschen Morgenländischen Gesellschaft 79:133–135

Sarton G. (1927) *Introduction to the History of Science. Volume I – From Homer to Omar Khayyam.* The Williams & Wilkins Company for the Carnegie Institution of Washington, Baltimore

Sezgin F. (2003) *Wissenschaft und Technik im Islam I–V.* Institut für Geschichte der Arabisch-Islamischen Wissenschaften an der Johann Wolfgang Goethe-Universität, Frankfurt a.M.

Story W. E. (1919) *Omar Khayyàm as a Mathematician.* Rosemary Press, Needham (MA)

Tirtha S. G. (1941) *The Nectar of Grace. Omar Khayyam's Life and Works.* Allahabad

Unguru S. (1975) *On the need to rewrite the history of Greek mathematics.* Archive for History of Exact Sciences 15(1):67–114

Woepcke F. (1851) *L' algèbre d'Omar Khayyam*. Duprat, Paris

Zeuthen H. G. (1896) *Die geometrische Konstruktion als ‚Existenzbeweis' in der antiken Geometrie*. Mathematische Annalen 47:222–228

Kapitel 2
Das Goldene Zeitalter

Beschäftigt man sich mit der Mathematik der islamischen Welt, so hört man oft von der «Mathematik der Araber». Diese Zuschreibung wird den historischen Umständen nicht gerecht, geht aber natürlich zurück auf die Eroberungen der Araber in den Jahren nach Muhamad. In einer ungeheuren Dynamik unterwarfen die Araber Staaten und Völker und vereinten sie in einem gigantischen Reich, dem Kalifat. Die Abb. 2.2 zeigt die Etappen dieser Eroberungswelle. Ihre Triebfeder war der Koran und die Sprache, in der er verfasst worden war: die arabische. Der Islam wurde die Klammer, die das Reich zusammenhielt. In diesem Buch geht es um die Algebra Omar Chayyams, nicht um die militärisch-politische und die Kulturgeschichte der islamischen Reiche von den Anfängen im 7. Jahrhundert bis zu Omar Chayyams Lebenszeit im 11. und frühen 12. Jahrhundert. Für eine Darstellung hiervon sei auf die Literatur verwiesen.[1] Ein Aspekt allerdings, der für das Verständnis der islamischen Wissenschaften von Wichtigkeit ist, soll im folgenden Abschnitt dennoch genauer betrachtet werden. Es ist der wachsende Einfluss der traditionsstarken persischen Kultur auf das Kalifat, der spätestens mit der Übernahme der Macht durch die Dynastie der *Abbassiden* in der Mitte des 8. Jahrhunderts spürbar wurde. Das oft so benannte Goldene Zeitalter des Islam war eben kein Goldenes Zeitalter allein der Araber, aber auch keines allein der Perser. Es war der in der islamischen Expansion geschaffene Zusammenhalt riesiger Räume und Kulturen, gestärkt durch den zunehmenden Einfluss des in Jahrhunderten gewachsenen persischen Sinns für Staatswesen, Wissenschaft und Kunst, der dieses einzigartige Aufblühen des Geisteslebens ermöglichte.

---

[1] Eine ausführliche Darstellung bietet Frye (1975), eine knappe Halm (2007). Es ist anregend, die gesamte Weltgeschichte einmal aus der Perspektive des Ostens nachzuvollziehen, hierzu sei das Buch von Frankopan (2016) empfohlen.

2.1 Ein Ritt durch die Geschichte

Abb. 2.1 Chosro gegen Afraßiab
(Baysonghori Ms., 1430)

Die arabischen Eroberer konnten im Jahr 642 von der inneren und äußeren Schwäche des persischen Sassanidenreichs profitieren. Zwar hatte das Perserreich nur einhundert Jahre zuvor, unter dem noch heute sagenumwobenen persischen Großkönig Chosro Anuschirwan (531–579), den absoluten Höhepunkt seiner politischen, militärischen und kulturellen Macht erreicht. Die Abb. 2.1 etwa zeigt eine Szene aus der Regentschaft Chosros, in der die von ihm angeführte Armee der Perser gegen Afraßiab in den Krieg zieht. Afraßiab ist eine iranische Sagengestalt aus dem *Schahnameh*, dem «Buch der Könige» des persischen Dichters Ferdoßi aus dem 11. Jahrhundert, kann aber als Verkörperung der türkischen Fürsten gelten, die das Sassanidenreich von ihren Ländern Vorder- und Zentralasiens aus permanent bedrohten.[2] Nach Jahrhunderten von Abwehrkämpfen im Westen gegen das (Ost)Römische Reich und gegen die permanenten Angriffe an seinen zentralasiatischen Grenzen im Norden und Nordosten hatte Chosro das Sassanidenreich konsolidiert und den gesamten persischen Golf unter seine Kontrolle gebracht, zudem hatte der hochgebildete König im Innern seines Reichs Entwicklungen in Kunst und Wissenschaft gefördert.[3]

Doch hatten die vielen Jahrhunderte an Abwehrkämpfen in Ost und West die staatserhaltenden Kräfte im Reich ermüdet. Hinzu kamen zahllose innere Machtkonflikte zwischen den mächtigen Adelsfamilien, die ebenfalls Wun-

---

[2] Womöglich ist Afraßiab identisch mit dem von den Türken als ihr Urvater angesehenen *Alp Er Tunga*. Der ewige Kampf Chosros gegen die dunkle Bedrohung aus dem Nordosten ist Grundlage für einige der großartigsten Episoden dieses legendären Buches.

[3] Nach der Schließung der Akademie von Athen im Jahr 529 suchten gar die letzten griechischen Neuplatoniker kurzzeitig Zuflucht im intellektuellen Zentrum des Perserreichs, der Akademie von Gundischabur.

den im Staatsgefüge hinterlassen hatten und eine souveräne Ausübung der Zentralmacht behinderten. Ebenso scheint die von Chosro initiierte Armeereform zur militärischen Schwächung des Perserreichs beigetragen zu haben. In dieser Reform wurde die Armee in vier Hauptarmeen aufgeteilt, deren Kommandeure eine große Befehlsautonomie besaßen. Diese Autonomie und fehlende Kooperation der befehlshabenden Cliquen führte zu einem nicht hinreichend koordinierten Verteidigungsverbund des Reichs. Die Zerschlagung nur einer dieser Hauptarmeen an der Grenze reichte aus, den Weg ins Landesinnere ungeschützt zu lassen. Dies war genau das, was beim Angriff der Araber eintrat.

Die folgende Abb. 2.3 zeigt nicht die exakten Grenzen des Sassanidenreichs, sondern etwas, das im Zusammenhang mit dem oben Gesagten wichtiger erscheint: Die Perserreiche waren seit den Zeiten Kurosch des Großen (ca. 590–530 v. Chr.) eine hegemoniale Macht in Zentralasien. Von der iranischen Hochebene aus kontrollierten sie über die Jahrhunderte hinweg ein mal mehr, mal weniger ausgedehntes Gebiet zwischen Kleinasien im Westen und dem Aralsee und dem Indus im Osten, zwischen dem Kaspischen Meer im Norden und dem Persischen Golf im Süden. In diesen Herrschaftsgebieten wurde die persische Sprache zur vorherrschenden Sprache und die persische Kultur zur vorherrschenden Kultur. Durch ihre zentrale Lage waren die Perserreiche politisch und militärisch permanenten Bedrohungen von umliegenden Mächten ausgesetzt, und ihre Grenzen variierten beständig. Zugleich aber profitierten die Wissenschaft, die Kunst und die Philosophie innerhalb der persischen Staatswesen ungemein von den zahllosen Einflüssen aus den verschiedenen angrenzenden Kulturen. Dies waren so verschiedene Kulturen wie die der Griechen (und später die der Römer) im Westen, die der Türken im Nordosten, die der Chinesen im Osten und die der Inder im Südosten. Schon der griechische Historiker Herodot (ca. 490–424 v. Chr.) hatte über die Offenheit der Perser berichtet:

> Kein Volk ist fremden Sitten so zugänglich wie das persische. [...] Alle Genüsse und Vergnügungen, die sie kennenlernen, führen sie bei sich ein.[4]

Diese ständige Befruchtung ihrer Ideen von außen hat die Kultur in den persischen Hoheitsgebieten im Laufe der Zeit immer wieder zu Höchstleistungen getrieben. In den Kernzonen der persischen Reiche, etwa im heutigen Irak, im Iran, in Usbekistan und in Turkmenistan, befinden sich einige der bedeutendsten Denkmäler der Kulturgeschichte.

---

[4] Herodot (1979, Band 1, 135).

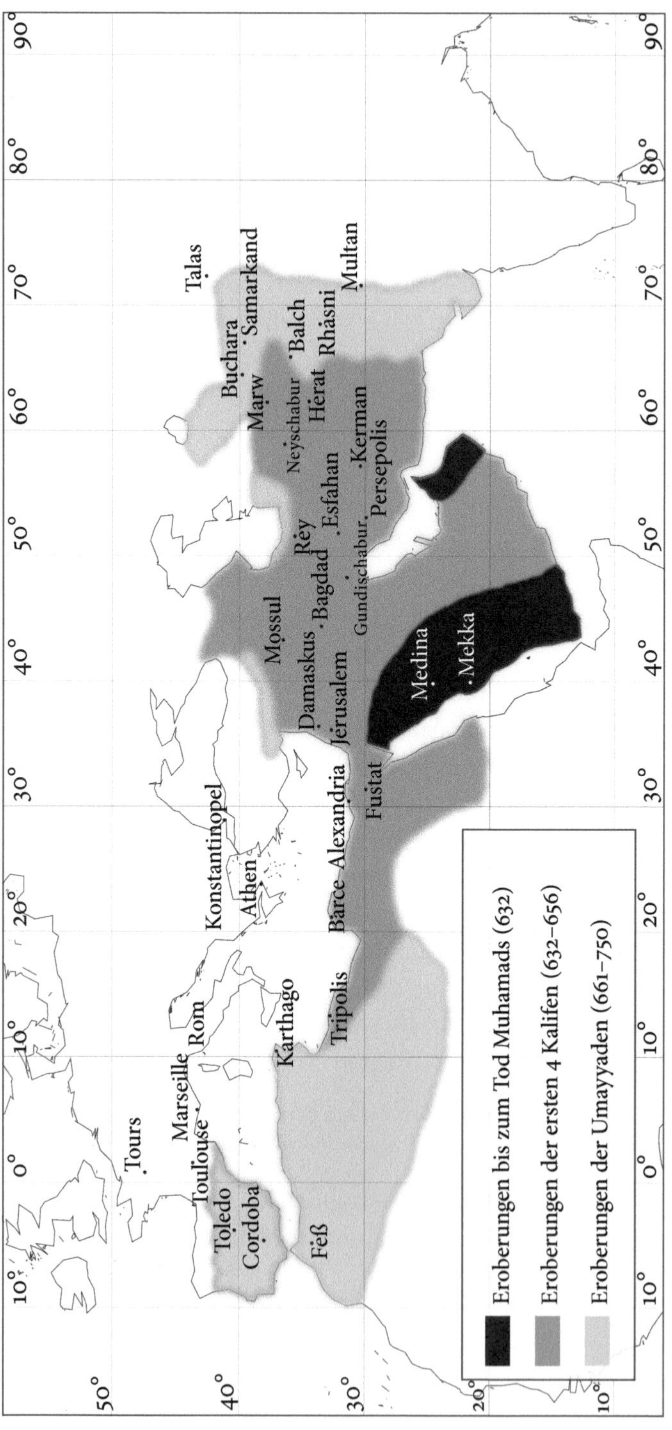

Abb. 2.2 Die Ausbreitung des Islam (Skizze)

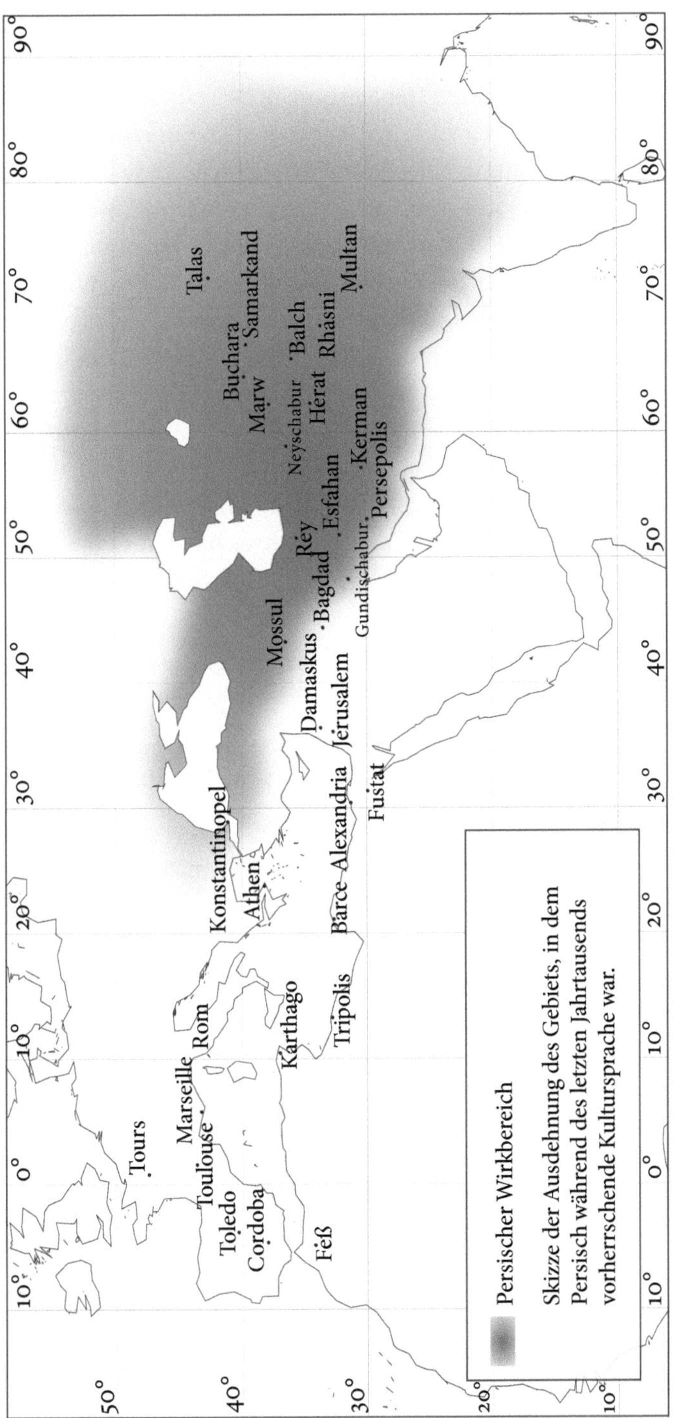

Abb. 2.3 Der Wirkbereich der persischen Sprache und Kultur (Skizze)

Doch die persische Kultur nahm nicht nur Einflüsse aus den umliegenden Kulturen auf; sie entwickelte auf natürliche Weise selbst eine Strahlkraft und wirkte in die umliegenden Gebiete hinein. Es ist diese «Wirkzone» der persischen Kultur, die in der Abb. 2.3 angedeutet ist. Eine solche Darstellung zeigt die zentrale Bedeutung der persischen Kultur in Zentralasien besser, als eine politische Karte mit spezifischen Staatsgrenzen es vermöchte. Die in der Abbildung dargestellte Wirkzone umreißt das Gebiet, in dem die persische Sprache im letzten Jahrtausend vorrangige lokale Kultursprache gewesen ist.[5]

Als die Araber im Jahr 642 die erwähnte Schwäche der persischen Armee ausnutzten und das Sassanidenreich handstreichartig einnahmen, eroberten sie eine in Jahrhunderten bewährte, stetig optimierte Administration von Weltrang. Bis zum Jahr 750 fiel das gesamte Sassanidenreich in die Hände der Araber. Um wie viel glücklicher kann ein Eroberer sein, der selbst keinerlei Erfahrung mit der Aufrechterhaltung von Stabilität und mit der Durchsetzung von Zentralmacht in einem Weltreich hat, als eine solche Administration zu übernehmen? Frye schrieb 1975 zur Bedeutung der Eroberung des Sassanidenreichs für das islamische Reich:

> Das Erbe des sassanidischen Iran, das den Arabern zufiel, war enorm. Denn die Araber eroberten das gesamte Sassanidenreich, während sie vom Byzantinischen Reich nur abseits gelegene Provinzen übernahmen. Das Persische Reich präsentierte den Arabern eine vollständig ausgeführte Vorlage für imperiales Herrschen, und die Araber entlehnten dem sassanidischen Iran mehr als irgendeiner anderen Quelle.[6]

Es war die einzig mögliche Konsequenz der Eroberung des persischen Sassanidenreichs durch die Araber, dass zwar die formale Macht dem Eroberer oblag, die tatsächliche Ausübung der Macht aber weitgehend in die Hände des geübten, gut eingespielten persischen Verwaltungsapparats überging; und damit in die Hände des persischen Adels, der die Kontrolle innehatte über diese Reichsverwaltung. Und dies war genau das, was geschah. Schnell übernahmen Perser Funktionen in den Schaltstellen des Reichs, und die politische Macht über das islamische Weltreich ging mehr und mehr zu den Persern über. Mit dem Kalifat der Abbassiden, die seit dem Jahr 750 die Geschäfte im Reich führten, wurden die Perser schließlich vollends dominant. Die Abbassiden hatten im islamischen Bürgerkrieg die herrschende Umayyaden-Familie besiegt und sich dabei insbesondere auf die persischen Reiterverbände aus der

---

[5] Der dunkelgraue Bereich in dieser Karte gibt dennoch recht genau die Ausdehnung des Sassanidenreichs unter Chosro an. Hinzu kam noch die gesamte arabische Küste des Persischen Golfs. Die Karte basiert auf einer Abbildung von Robson und Steddal (2009, Seite 433).

[6] Frye (1975, Seite 7).

Region Chorasan stützen können. Zwar beriefen sich auch die Abbassiden auf ihre Herkunft aus der Familie Muhamads,[7] doch der persische Einfluss war nun nicht mehr zu negieren. Viel zitiert ist der angebliche Ausspruch des siebenten Abbassiden-Kalifen Mamun (786–833), dessen Mutter eine Perserin war:

> Die Perser haben während tausend Jahren geherrscht und brauchten uns Araber nicht einen einzigen Tag. Wir beherrschen sie nun für ein oder zwei Jahrhunderte und kommen ohne sie nicht einen Tag zurecht.[8]

Deutlicher kann der Einfluss der persischen Beamtenschaft und Aristokratie in der Machtstruktur des Kalifatsstaats kaum ausgedrückt werden. Über den Inhalt des Zitats hinaus zeigt auch der Umstand, dass Mamun der Sohn einer Perserin war, den Einfluss der persischen Aristokratie im Kalifatsstaat, wenn man den üblichen Sinn und Nutzen politisch arrangierter Eheschließungen jener Zeit berücksichtigt. Weiterer Ausdruck der verschobenen Gewichte innerhalb des islamischen Reichs ist, dass das Kalifat nun seinen Sitz von Damaskus in das ehemalige Perserreich verlegte, nämlich in die neugegründete «Stadt des Friedens» nahe des älteren Örtchens Bagdad, nur wenige Kilometer östlich der vormaligen Hauptstadt des Sassanidenreichs, Seleukia-Ktesiphon (persisch *Tisfun*). Der Sieg der Abbassiden über die vormalige Herrscherdynastie der Umayyaden führte übrigens neben der faktischen Machtübernahme durch die Perser auch zu einer Spaltung des Reichs in West und Ost: Im Westen machten sich zunächst Spanien und Portugal selbstständig, später auch Marokko und weitere Teile des Maghreb.[9] In der folgenden Betrachtung spielt aber nur der Osten des islamischen Reichs eine wesentliche Rolle, der unter den Abbassiden von seinem arabischen Charakter verlor und in dem es zu einer ausgeprägten Förderung von Kunst und Wissenschaften kam. Unter dem Abbassiden-Kalifen Mamun wurde in Bagdad das *Haus der Weisheit* gegründet, und auf der Grundlage der Sammlung und Übersetzung wissenschaftlicher Manuskripte erlebte die islamische Welt im Folgenden eine ungeahnte Blütezeit der Wissenschaften und des Rationalismus. Das Goldene Zeitalter begann.

Auf die Entwicklung jener Wissenschaften von der Gründung des Hauses der Weisheit (826) bis zur Zeit Omar Chayyams soll im nächsten Abschnitt

---

[7] Die Abbassiden (*Banu al-Abbas*, die «Söhne des Abbas») waren die erklärten Nachkommen eines Onkels des Muhamad, al-Abbas.

[8] Eine zuverlässige Quelle dieses Ausspruchs konnte allerdings nicht gefunden werden.

[9] *Al Maghreb* ist Arabisch für «der Westen».

detaillierter eingegangen werden. Gleichzeitig florierte auch der Handel, Bagdad und Samarkand wurden zu blühenden Zentren des islamischen Reichs. Zunehmend zogen sich die wohlhabenden Bürger dabei aus dem Kriegshandwerk zurück, und die Armee versorgte sich mit zum Islam konvertierten Soldaten aus den nordöstlichen und dort angrenzenden Gebieten des Reichs, der Heimat der Turkvölker. Diese Entwicklung sollte Folgen haben.

Ab dem frühen 10. Jahrhundert hatten die Abbassiden-Kalifen zunehmend mit Aufständen im Reich zu kämpfen. Auf die Abspaltung der Westteile des Reichs wurde bereits hingewiesen. Im Osten des Reichs konnte sich die persische Dynastie der Samaniden etablieren und die Herrschaft über ein weites Gebiet in Zentralasien errichten, das sich über Chorasan, das heutige Afghanistan, Pakistan und Transoxanien erstreckte.[10] Die Hauptstadt dieses Samanidenreichs war Buchara. Samarkand, Neyschabur und Herat, später auch Talas, waren weitere große Zentren. Dem Kalifen in Bagdad blieb nichts anderes übrig, als diese Dynastie islamischer Perser schließlich anzuerkennen, da er über keine hinreichend große Machtbasis mehr verfügte, um ihre Autonomie infrage zu stellen. Das Samanidenreich muss demnach formal noch zum islamischen Reich, also zum Kalifat, gerechnet werden, da die Herrscher den Kalifen als Oberhaupt der islamischen Welt respektierten. In der faktischen Machtausübung waren sie jedoch in der Tat unabhängig von der Zentralregierung. So führten sie beispielsweise wieder die persische Sprache als Amtssprache ein. In einem Erlass der Samaniden hieß es angeblich:

> In dieser Region ist die Sprache Persisch, und die Könige dieses Reichs sind persische Könige.

Insgesamt zeichnet sich die Herrschaft der Samaniden durch eine Rückbesinnung auf persische Traditionen und persische Kultur aus. So war es auch im Auftrag der samanidischen Herrscherfamilie, dass der Dichter Ferdoßi sich an sein *Schahnameh*, das «Buch der Könige», machte. In diesem Buch, das größte je von einer Einzelperson geschriebene Epos, hielt Ferdoßi die Erinnerung an die große Vergangenheit der Perserreiche wach und erfüllte die persische Sprache, die durch die arabische Sprache zunehmend zurückgedrängt worden war, mit neuem Leben.

Jenseits der westlichen Grenze des Samanidenreichs etablierte sich ab dem frühen 10. Jahrhundert die persische Dynastie der Buyiden, die ihr Herr-

---

[10] *Oxus* ist der griechische Name für den *Amur Darya*, ein Zufluss des Aralsees und mit einer Länge von 2400 km einer der größten Flüsse Zentralasiens. Er erhielt seinen griechischen Namen während des Feldzugs Alexanders des Großen (365–323 v. Chr.). Als Transoxanien wird dann das direkt östlich an diesen Fluss angrenzende Gebiet bezeichnet.

schaftsgebiet 945 gar bis Bagdad ausdehnte und schließlich die Abbassiden-
dynastie unterwarf. In diesem Moment war das Kalifat politisch praktisch
vollkommen vernichtet. Der Osten des ehemaligen islamischen Weltreichs
wurde von nun an von den persischen Fürsten beherrscht. Der Kalif firmier-
te nur mehr als geistiges Oberhaupt. Während dieses iranischen Zwischen-
spiels blühten die rationalen Wissenschaften weiter auf, begünstigt durch die
tolerantere Ausrichtung der Herrschaft in Fragen der Koranauslegung. In
den Reichen der Samaniden und der Buyiden lebten und wirkten die meisten der Mathematiker und Astronomen, die Omar Chayyam in seinen Abhandlungen seine «achtenswerten Vorgänger» nennt: Teils zogen diese ins
nun von den Buyiden beherrschte Bagdad, teils verblieben sie in den Zentren
der Perserreiche, in Neyschabur, Marw und Rey. Dieses Zwischenspiel, die
darin handelnden wissenschaftlichen Akteure sowie die Auswirkungen der
wechselnden theologischen Grundströmungen auf die Ausübung von Wissenschaft sind Gegenstand der nachfolgenden Abschnitte. Zunächst reiten
wir jedoch weiter durch die Geschichte.

Das iranische Zwischenspiel kam zu seinem Ende aufgrund einer Entwicklung, die bereits angesprochen wurde: In den Armeen der Araber- und der
Perserreiche hatten sich immer weniger Araber und Perser engagiert. Stattdessen strömten zum Islam konvertierte Türken auf die gut besoldeten Stellen
in den Armeen und stiegen nach und nach in Rang und Bedeutung auf. Der
Ploetz schrieb 1951 in der unnachahmlichen Diktion seiner Zeit:

> Die Türken spielen für das ausgehende persische und arabische Reich die gleiche
> verhängnisvolle Rolle wie die Germanen für das Römerreich. Sie sind teils Feinde,
> teils Bundesgenossen, teils Soldtruppen der in der überfeinerten Kultur verweich-
> lichten Herrenschicht, die nun auf das Kriegshandwerk verächtlich herabsieht. So
> steigen türkische Sklaven über das Kommando in der Leibgarde zu den höchsten
> militärischen und zivilen Stellen auf und erlangen [...] die tatsächliche Macht im
> Kalifenreich.[11]

Und so kam es. Von Osten nach Westen rollten die Türken Zentralasien,
den Nahen Osten und Kleinasien auf. Zuerst wich die Oberherrschaft der
Samaniden in der zweiten Hälfte des 10. Jahrhunderts der türkischen Dynastie der Rhasnawiden. Zwar waren die Rhasnawiden weniger auf den Erhalt
der persischen Traditionen und Sprache bedacht als die Samaniden, sie nahmen dennoch einige namhafte persische Gelehrte an ihren Hof mit, darunter Abu Nassr Manßur ebn Irak und seinen Schüler Abu Reyhan Biruni, die
dort weiter arbeiten konnten. Auch Ferdoßi suchte die Protektion des Rhas-

---

[11] Ploetz (1951, Seite 442).

nawidenherrschers Mahmud von Rhasna (999–1030), in der Hoffnung auf Entlohnung für sein Werk. Rhasna jedoch hatte auch für die Literatur wenig Sinn, und die Legende berichtet, dass er dem Dichter statt der versprochenen Goldmünze für jeden Vers nur eine Silbermünze gegeben habe. Seine Interessen lagen woanders: Er war der Erste, der sich den Titel des *Sultan* verlieh, was so viel bedeutet wie «Macht» oder «Herrschaft».

Auch Buchara, die ehemalige Hauptstadt der Samaniden, fiel in die Hände der Türken, 999 in die Hände der Karachaniden, dann schließlich in die des türkischen Fürsten *Seldschuk*. Im Jahr 1037 eroberte dieser Seldschuk auch die Stadt Neyschabur, Geburtsstadt Omar Chayyams, die er zur Hauptstadt seines Reichs ernannte. Schätzungen zufolge war Neyschabur mit einer Einwohnerzahl von etwa 125 000 zu dieser Zeit eine der zehn größten Städte der Welt und muss ein strahlendes Zentrum von Macht und Kultur gewesen sein. Von hier aus zog der Seldschuken-Clan im Jahr 1039 gegen die Rhasnawiden und schlug diese in der Schlacht von Dandanrhan (1040) vernichtend. Die Rhasnawiden verloren die größten Teile ihres Reichs, darunter ganz Chorasan. Der Eroberungsdrang der Seldschuken aber war ungebrochen. Toghrol Beyk, Seldschuks Enkel, stürzte 1055 die Dynastie der Buyiden und erlangte die vollständige Herrschaft über die Gebiete des ehemaligen Perserreichs sowie Kleinasien, darunter Aleppo, im Norden Armenien und im Süden Jerusalem, das Schauplatz der Kreuzzüge werden sollte. Heinz Halm schreibt in seiner kurzen Übersicht über die Geschichte der islamischen Welt zu dieser türkischen Expansion:

> Im Jahre 1055 zogen die aus Zentralasien nach Iran eingedrungenen Türken unter ihrem Herrscher Toghrol Beyk aus der Familie Seldschuk in Bagdad ein. Der Kalif al-Rhaem war gezwungen, den Türken als «Sultan des Ostens und Westens» anzuerkennen und ihm die Führung der Staatsgeschäfte zu überlassen. Damit beginnt das Sultanat der Groß-Seldschuken, das sich von Zentralasien und Afghanistan über ganz Iran und Irak erstreckte und nach dem Sieg über den byzantinischen Kaiser Romanos IV. Diogenes 1071 bei Mantzikert auch Kleinasien in den Machtbereich des Islam brachte – die erste bedeutende kriegerische Eroberung seit dem Stillstand der Expansion des Kalifenreichs im 8. Jahrhundert.[12]

Weitere Ausdehnungen unter dem Nachfolger Toghrol Beyks, seines Neffen Alp Arslan, ließen im Jahr 1072 den Seldschukenfürsten Malik-Schah an die Macht über ein Reich gelangen, dessen Ausdehnung und politische Macht nur mit dem Reich der Sassaniden unter Chosro vor der islamischen Eroberung im Jahr 642 vergleichbar war. Das Reich der Seldschuken unter Malik-Schah umfasste Charasm, Transoxanien, Chorasan, ganz Persien, Armenien,

---

[12] Halm (2007, Seite 49).

Aserbaidschan, Georgien, Irak, Syrien und Anatolien. Es ist diese Zeit des Sultanats der Seldschuken, in die, vermutlich im Jahr 1048, Omar Chayyam hineingeboren wurde. Unter den Seldschuken, denen die vorerst letzte Vereinigung der islamischen Welt östlich des Mittelmeers geglückt war, erstrahlte das Goldene Zeitalter ein letztes Mal und brachte in Omar Chayyam den vielleicht größten seiner Mathematiker hervor. Die zeitgleich fortschreitende Dogmatisierung des Islam jedoch bedeutete das Ende der rationalen Wissenschaften im Islam, und Omar Chayyam wurde so zum Letzten der großen Rationalisten der östlichen islamischen Welt.

2.2 Wissenschaft im Haus der Weisheit

In atemberaubender Geschwindigkeit hatten die ersten Kalifen zum ausgehenden 8. Jahrhundert ein islamisches Weltreich geschaffen. Mithilfe des persischen Know-hows in Verwaltungsfragen und der Unterstützung durch die Reiterverbände aus Chorasan konnten die Abbassiden eine starke Zentralmacht errichten; ein funktionierendes Steuersystem garantierte einen beständig gut ausgestatteten Finanzhaushalt des Reichs. Die Errichtung der neuen Hauptstadt Bagdad durch den zweiten Abbassiden-Kalifen Mansur (754–775), konzipiert als strahlender Mittelpunkt der neuen Pracht, unterstrich diesen Geltungswillen. Die damit verbundene Abkehr von Damaskus als Hauptstadt des islamischen Reichs symbolisierte zugleich die Verschiebung der Macht von den Arabern zu den Persern. Einher mit dieser Machtverschiebung ging auch eine Neuorientierung in der Machtausübung: Militärische Expansionen fanden nicht mehr statt, stattdessen wurde altes persisches Hofleben zelebriert. Al-Mansurs Sohn, Mahdi, hielt ab 775 nach sassanidischem Vorbild in Bagdad prachtvoll Hof und förderte nach dem gleichen Vorbild Kultur und Wissenschaft. Diese Förderung auch des rationalistischen Geisteslebens sollte charakteristisch werden für die ersten Abbassiden-Kalifen. Da auch der Handel florierte, prosperierte das Reich in jeder Hinsicht. Die Pracht und der Glanz der Herrschaft Mahdis und seines Nachfolgers Harun Raschid (Kalif 786–809) sind verewigt in den Geschichten aus 1001 Nacht. Die Herrschaft Raschids stellt ohne Zweifel den Höhepunkt der politischen, militärischen und wirtschaftlichen Macht des Kalifenreichs dar.

Raschids Sohn Mamun, den er mit einer persischen Konkubine gezeugt hatte, wurde zunächst Gouverneur der persischen Gebiete des Reichs und wählte Marw in Chorasan als seinen Sitz. Die Vereinbarung war, dass Mamun anschließend Kalif in Bagdad werden sollte; und seine vorherige Regentschaft in Chorasan sollte Persien noch stärker als bereits zuvor in die Geschäfte des Kalifats mit einbeziehen helfen. Im fernen Bagdad jedoch schickte sich Mamuns Bruder an, die vereinbarte Thronfolgeregelung zu brechen, woraufhin Mamun in einem Feldzug gegen ihn zog und schließlich Bagdad einnahm. Er wurde damit anerkannter Kalif des gesamten Reichs (811), und der Einfluss der Perser in die Reichsgeschäfte war erneut gestärkt. Marw wurde gar zum Sitz des Kalifen; infolge von Aufständen zog der Hof jedoch bereits 819 wieder nach Bagdad, um die Situation dort zu beruhigen, und Mamun nahm zahlreiche Gelehrte aus Marw mit, darunter seinen Hofastronomen Mußa ebn Shakir. Mamun veranlasste schließlich im Jahr 826 die Gründung des berühmten *Hauses der Weisheit* in Bagdad. Dieses Haus der Weisheit war die erste große Akademie der islamischen Welt und nach dem Vorbild der 271 gegründeten persischen Akademie von Gundischabur modelliert, die, im Südwesten des heutigen Iran gelegen, das intellektuelle Zentrum des Sassanidenreichs gewesen war. Die Verlegung dieses intellektuellen Zentrums des Reichs in das politische Machtzentrum weist auf den hohen Stellenwert hin, der der wissenschaftlichen Tätigkeit unter Mamun beigemessen wurde.

Die Akademie von Gundischabur hatte sich in Jahrhunderten durch die Übersetzung und das Studium von Arbeiten über Medizin, Astronomie und Philosophie verschiedener Herkunft und Sprachen, beispielsweise aus dem Aramäischen, dem Griechischen, aber auch dem Chinesischen und dem Indischen ausgezeichnet. Die Kenntnisse, die die persischen Wissenschaftler etwa im Studium der indischen und chinesischen Mathematik gewonnen hatten, sollten sich nun im Haus der Weisheit als fruchtbarer Boden für das Entstehen einer islamischen Wissenschaft erweisen. Zahlreiche Gelehrte, Übersetzer und wohl auch technisches und Verwaltungspersonal der Akademie von Gundischabur wurden abgeworben und gingen nach Bagdad, wo in einem regelrechten Sammlungs- und Übersetzungsprogramm alte griechische Manuskripte aus Kleinasien und Ägypten zusammengetragen wurden. Wie bereits in Gundischabur und am Hofe Mamuns in Marw entstand ein multikulturelles Forschungszentrum. Die Gelehrten trafen auch in Bagdad Wissenschaftler verschiedener Sprachen und Herkunft. Hier konnten die persischen Mathematiker ihre Kenntnisse der indischen und chinesischen Wissenschaften mit den Erkenntnissen der alten Griechen in Verbindung setzen, denen sie nun erstmals begegneten. Aufbauend hierauf entwickelten die Mathematiker im Haus der Weisheit die moderne Arithmetik und die Algebra, wichtige Beiträge wurden auch zu Astronomie und Medizin geliefert. In Phi-

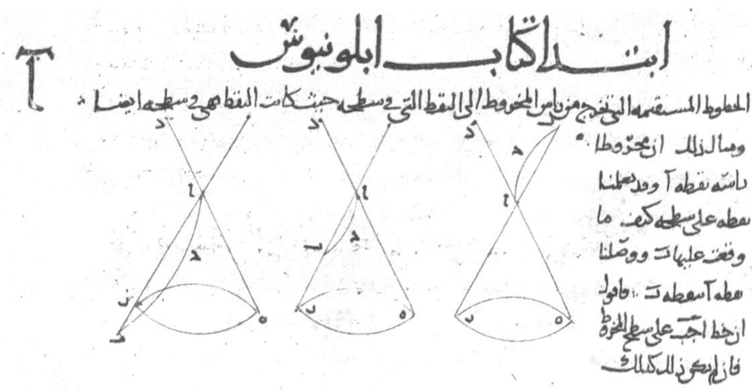

Abb. 2.4 §1 der *Kegelschnitte* des Apollonius in einem 1070 datierten arab. Manuskript
(Ms. Marsh 667, Bodleian Library Oxford)

losophie und Theologie kam es ebenfalls zu einer dynamischen Entwicklung,
auf deren Kernpunkte die nächsten Abschnitte hinweisen werden. Zunächst
sollen jedoch von den zahlreichen Gelehrten, die in den ersten Jahren nach
der Gründung 826 den Ruf des Hauses der Weisheit mehrten, einige jener
Mathematiker und Astronomen genannt werden, die das Fundament errichteten, auf dem die späteren islamischen Gelehrten, darunter Omar Chayyam,
ihre Arbeiten aufbauen konnten. Besonders wichtig für die Entwicklung der
Mathematik war die Arbeit der

Banu Mußa («Söhne des Moses», frühes 9. Jh.)

Muhamad, Ahmad und Hassan waren die drei Söhne des bereits erwähnten
persischen Ingenieurs und Astronomen Mußa ebn Shakir. Gebürtig aus Chorasan war Mußa ebn Shakir als Hofastronom am Hofe Mamuns in Marw tätig
und hoch angesehen gewesen, bevor Mamun als Kalif nach Bagdad ging. Mußa ebn Shakir folgte ihm dorthin und trug maßgeblich zur Gründung und
Ausstattung des Hauses der Weisheit bei. Die Sprachbegabung seiner Söhne
veranlasste Mamun der Erzählung nach, sie damit zu beauftragen, in den Pro-
vinzen des Reichs Manuskripte zu sammeln und ihre Übersetzung zu beauf-
sichtigen. Sie bereisten unter anderem Byzanz und kauften dort zahlreiche
antike Manuskripte. Auf die Initiative dieser Brüder gehen einige der wichtigsten Übersetzungen griechischer Manuskripte zurück, die im Haus der
Weisheit angefertigt wurden. Ahmad ebn Mußa besorgte insbesondere, ge-

meinsam mit Hilal ebn Abi al-Himsi, die Übersetzung der ersten vier Bücher der *Kegelschnitte* des Apollonius, die Chayyam benötigte. Die Abb. 2.4 zeigt die ersten Zeilen des 1. Satzes im I. Buch der *Kegelschnitte* aus einer 1070 datierten arabischen Übersetzung dieser Arbeit.[13] Die Banu Mußa sind insbesondere für ihr umfangreiches *Buch über geniale Instrumente* berühmt geworden, in dem sie 100 Maschinen und deren Funktionsweise im Detail beschrieben. Ebenso waren sie die Entdecker und Förderer des sprachtalentierten Sabet ebn Rharreh.

Sabet ebn Rharreh (826–901)

Assyrischen Ursprungs. Der Erzählung nach[14] wurde sein Sprachtalent von den Banu Mußa auf einer ihrer Reisen entdeckt. Im Haus der Weisheit besorgte er zahlreiche wichtige Übersetzungen griechischer Texte, darunter der *Elemente* des Euklid, von Archimedes' Arbeit über *Kugel und Zylinder* (eine Überarbeitung der vorherigen Übersetzung von Honain ebn Eßhagh) sowie der Arbeiten über die *Kreismessung* und *Über die Teilung des Kreises in sieben gleiche Teile* desselben Autors.

Honain ebn Eßhagh (frühes 9. Jh.)

Gebürtiger Syrer christlichen Glaubens. Seine aufwendige Suche nach Manuskripten wurde von Berggren (2011) als repräsentatives Beispiel für die Vorgehensweise der Gelehrten des Hauses der Weisheit und für ihre Probleme in der Zusammenstellung vollständiger Vorlagen herangezogen. Honain ebn Eßhagh habe sich auf der Suche nach einem bestimmten Manuskript eines griechischen Mediziners befunden und darüber Folgendes berichtet:

> Ich suchte selbst mit großem Eifer überall in Mesopotamien, in Syrien, in Palästina und in Ägypten, bis ich nach Alexandria kam. Ich fand nichts, nur in Damaskus fand ich die Hälfte des Buches. Was ich aber gefunden hatte, waren weder aufeinanderfolgende Kapitel noch waren sie vollständig. Gabriel [ein Kollege Honain ebn Eßhaghs] fand ebenfalls einige Abschnitte dieses Buches, die nicht die gleichen waren, die ich gefunden hatte.[15]

---

[13] Dieser 1. Satz lautet in der Übersetzung von Czwalina (1967): «Eine gerade Linie, die den Scheitel einer Kegelfläche mit einem Punkt der Kegelfläche verbindet, liegt ganz in der Kegelfläche.»

[14] Berggren (2011, Seite 5–6).

[15] Ebd. Seite 4.

Von Honain ebn Eßhagh stammen erste Übersetzungen der *Elemente* und der *Data* des Euklid, der Arbeit über *Kugel und Zylinder* des Archimedes sowie der *Sphärik* des Menelaos (griechischer Mathematiker, ca. 70–140).

Charasmi (ca. 780–835)

Gebürtig, wie schon sein Name vermuten lässt, aus der iranischen Provinz Charasm im westlichen Zentralasien. Kam schon früh nach Bagdad und schrieb zwischen 813 und 833 ein Buch über die *Algebra*, in dem er Gleichungen zweiten Grades mithilfe der geometrischen Konstruktionen des Euklid löste, sowie ein Buch über das *Rechnen mit den indischen Zahlen*. Charasmi gilt damit als Begründer der modernen Algebra und der Arithmetik. Das Buch des antiken griechischen Mathematikers Diophantos, der über die Algebra schrieb, scheint ihm nicht bekannt gewesen zu sein. Es wurde wohl erst von Busdschani (940–998) ins Arabische übersetzt. Das Wort «Algorithmus» selbst geht auf den Namen dieses großen persischen Gelehrten zurück, mit dem die europäischen Autoren Jahrhunderte später einige Schwierigkeiten gehabt zu haben scheinen: al-Charasmi → al-Charatmi → al-Gharatmi → Alghoratmi → Alghoritmus (Lateinisierung). Aus dem Vorwort zu Charasmis algebraischer Abhandlung:

> Die Zuneigung zur Wissenschaft, mit der Gott den Imam Mamun ausgezeichnet hat, [...] die Freundlichkeit und Güte, die er den Gelehrten entgegenbringt, die Bereitwilligkeit, mit der er sie in der Erhellung der Dunkelheit und der Beseitigung von Problemen unterstützt, hat mich zum Verfassen einer kurzen Arbeit über das Rechnen durch Ergänzen und Gegenüberstellen [«Algebra» und «Al-Murhabala»] ermutigt, mit der Beschränkung auf das, was beim Rechnen am einfachsten und am nützlichsten ist, und das, was Menschen oft benötigen in Erbschaftsfällen, Hinterlassenschaften, Aufteilungen, Rechtsstreitigkeiten und im Handel, [...] oder in der Landvermessung, beim Ausheben von Kanälen, in geometrischen Berechnungen und weiteren zahlreichen Fragen aller Art.[16]

Bemerkenswert ist vor allem im Zusammenhang mit Omar Chayyams späterer *Algebra* dann der 1. Satz von Charasmis eigentlicher Abhandlung:

> Wenn ich betrachtete, was normalerweise in Berechnungen gesucht wird, fand ich, dass es immer eine Zahl ist.[17]

---

[16] Zitiert nach Rosen (1831).
[17] Ebd.

Das Gesuchte nennt Charasmi in seiner Arbeit auch die «Unbekannte», oder die «Sache».[18] Entsprechend seiner Feststellung, dass das Gesuchte in der Algebra immer eine Zahl sei, gibt Charasmi dann in seiner Abhandlung in der Tat die numerischen Lösungen der Gleichungen bis zum zweiten Grad, das sind $x^2 + cx = d$, $x^2 + d = cx$ und $cx + d = x^2$. Den Beweis der Richtigkeit dieser Lösungen gibt er aber auf geometrische Weise. In diesen Beweisen drückt er sich dabei zumeist wie folgt aus: «Werde das Quadrat durch ein quadratisches Rechteck repräsentiert [...]». Warum es aber möglich ist, oder besser: dass es äquivalent ist, anstelle des Quadrats einer Zahl genauso gut ein tatsächliches geometrisches Quadrat zu betrachten, wird von ihm nicht gezeigt. Omar Chayyam machte 200 Jahre später auf diese Ungenauigkeit aufmerksam und schrieb bewusst, dass das Gesuchte in der Algebra sowohl Zahlen als auch geometrische Objekte sein können. Besonders in der Abhandlung über den *Viertelkreis* ist Omar Chayyams Bemühen erkennbar, den Zusammenhang zwischen Geometrie und Algebra zu begründen. In seiner späteren *Algebra* dann betont Chayyam ganz deutlich diese prinzipielle Unterschiedlichkeit von Zahl und geometrischem Objekt und zeigt dann ihre Äquivalenz. Omar Chayyams algebraische Abhandlung ist somit in jeder Hinsicht die Vervollkommnung der grundlegenden Arbeit Charasmis.

Mahani (9. Jh.)

Gebürtig aus der persischen Provinz Kerman. Schrieb Kommentare zu Euklid und Archimedes und bearbeitete die von Honain ebn Eßhagh angefertigte Übersetzung der *Sphärik* von Menelaos. Im Studium der Arbeit des Archimedes über *Kugel und Zylinder* bemerkte er die ungelöste Aufgabe der Teilung einer Kugel in einem gegebenen Verhältnis. Er führte das Problem auf eine kubische Gleichung zurück, konnte diese aber nicht lösen. Omar Chayyam erwähnt die Arbeit Mahanis in beiden seiner algebraischen Abhandlungen (Seiten 96.4 und 106.7).

---

[18] Die maurischen Spanier transkribierten dieses arabische *schey* in lateinischen Buchstaben mit *xey*, da das *x* bei ihnen ausgesprochen wird wie bei uns das *sch*. Hieraus entwickelte sich abkürzend die Gewohnheit, x für «die Unbekannte» zu schreiben.

Für eine Gesamtdarstellung der im Haus der Weisheit erbrachten wissenschaftlichen Leistungen sei an dieser Stelle auf die Literatur verwiesen.[19] Die Gründung des Hauses der Weisheit und der damit verbundene Aufschwung der rationalen Wissenschaften, ebenso aber auch ihr späteres Verschwinden, hingen eng mit Entwicklungen in der islamischen Theologie zusammen, die, nicht unähnlich der Situation im mittelalterlichen Europa, geistige Strömungen orientierte und kanalisierte – wenn nicht gar diktierte.

2.3 Theologische Entwicklungen

Die Biografie Omar Chayyams wird kaum verstanden werden können, ohne die hauptsächlichen Entwicklungen in der islamischen Theologie wenigstens einmal angeschaut zu haben. Chayyams Klagen über engstirnige Zeitgenossen und über die Hindernisse, die ihm in der Ausübung der rationalen Wissenschaften in den Weg gelegt werden, sind in seinen algebraischen Abhandlungen so markant und so pointiert platziert und formuliert, dass wir besser begreifen wollen, worauf genau sie sich beziehen mögen. Ebenso verhängnisreich wie die Vorherrschaft widerstreitender theologischer Schulen auf das Schicksal des Einzelnen wirkte, so schicksalhaft war sie für die gesamte Wissenschaftskultur der islamischen Welt.

Die Frage, um die die Theologie des Islam sich seit ihrem Beginn dreht, ist die Frage nach der Willensfreiheit des Menschen. Oder andersherum: die Frage nach der göttlichen Vorherbestimmtheit allen menschlichen Tuns. Die schließliche Beantwortung dieser Frage durch die Kleriker sollte von herausragender Bedeutung für die langfristige Orientierung der islamischen Gesellschaften sein. Dass dieses Problem eine so herausragende Rolle einnimmt, folgt automatisch aus der Formulierung eines ewigen und unveränderlichen Gottes im Koran. Im Angesicht der Vergänglichkeit und der ständigen Veränderungen aller Erscheinungen der tatsächlichen Welt, in der der Mensch sich befindet, ist es offensichtlich, nach dem göttlichen Plan zu fragen. Ist dieser göttliche Plan ewig und unveränderlich wie sein Schöpfer? Oder ist er veränderlich wie die Welt, in der er umgesetzt wird? Kann gar auf den Plan eingewirkt werden?

Grundlegende Texte zu dieser Frage schrieb im Haus der Weisheit der Universalgelehrte al-Kindi (ca. 800–873), der Texte von Aristoteles, Platon und

---

[19] Ein guter Ausgangspunkt ist sicher das fünfbändige Werk von Fuat Sezgin (2003).

des Neuplatonismus studiert und übersetzt hatte. Al-Kindi scheint sich weder für die eine noch für die andere der obigen Auffassungen endgültig entschieden zu haben. Seine Schriften wurden jedoch zur Grundlage der späteren theologischen Debatten.

2.3.1 Kausalismus: Die Motaseleh

Eine bedeutende theologische Schule war die rationalistische Schule der *Motaseleh*. Diese theologische Strömung nahm seit der Machtübernahme durch die Abbassiden eine führende Rolle im Kalifatstaat ein. Die Vertreter dieser Schule gingen als Prämisse ihres Denkens vom freien Willen des Menschen aus. Sie nahmen in ihr Weltbild auch Elemente aus der griechischen Philosophie auf, von der sie durch die im Haus der Weisheit übersetzten Manuskripte Kenntnis erhalten hatten. Dass sie diese Elemente in ihre Koraninterpretationen integrierten, zeigt, wie offen sie für neue Ideen und auch fremdsprachige Traditionen und Erkenntnisse waren. Das Haus der Weisheit muss zu Beginn des 9. Jahrhunderts ein anregender Ort für Studium und Diskussion gewesen sein. Zu der Schule der Motaseleh schreibt Halm:

> Neben der Annahme des freien Willens vertraten die Motaseleh einen von allen anthropomorphen Vorstellungen gereinigten Gottesbegriff, der dem gestaltlosen «Einen» der griechischen Philosophie nahe kam; sie bestritten daher sogar die Ewigkeit der göttlichen Attribute, von denen im Koran die Rede ist; sogar der Koran selber als Gottes Wort durfte keine Ewigkeit beanspruchen.[20]

Freilich wurde die göttliche Offenbarung im Koran als solche nicht angezweifelt. Aber es wurde anerkannt, dass diese Offenbarung durch den Menschen selbst bereichert werden konnte, namentlich durch das Erkennen der göttlichen Wahrheit im irdischen Geschehen. Diese Interpretation fordert den Menschen geradezu auf, sein Erkenntnisvermögen auszuschöpfen oder schlicht: seinen Verstand zu benutzen. Die Grundzüge dieser Auffassung finden sich in Omar Chayyams Weltbild wieder, zu dem er sich in seinen algebraischen Abhandlungen wiederholt äußert und bekennt.[21] Es überrascht wenig, dass Mamun, der Förderer der Wissenschaften, auch Förderer und Schutzherr dieser theologischen Schule war.

---

[20] Halm (2007, Seite 35).
[21] Vgl. Abschnitt 3.4 ab Seite 68.

2.3.2 Okkasionalismus: Die Traditionalisten

Der rationalistischen Schule der Motaseleh stand eine theologische Auffassung entgegen, in der der Koran direkt von Gott erschaffen, ewig und unveränderbar ist. Auch sammelten die Anhänger dieser Schule die Aussprüche des Propheten Muhamad (die *hadiß*), die kanonisiert wurden und gemeinsam mit dem Koran als Anleitung Gottes zum guten islamischen Leben galten. Dialektik und Diskurs, Nachdenken und Argumentieren waren und sind in dieser Lesart des Koran unnötig und werden im Allgemeinen gering geschätzt; denn alles, was wir wissen müssen, steht bereits im Koran oder ist in den *hadiß* gesagt worden. Die einzig richtige geistige Beschäftigung des wahrhaft Gläubigen kann demnach nur das Lesen und Verstehen des Koran und der Aussprüche des Propheten sein. Auch sollte der islamische Gläubige dieser Lesart zufolge sein alltägliches Leben am Leben des Propheten Muhamad ausrichten, der das perfekte Leben des wahrhaft Gläubigen vorgelebt habe. Entsprechend wurden neben den Aussprüchen des Muhamad auch dessen Gewohnheiten (die *sunna*) niedergeschrieben und kanonisiert. Diese traditionalistische Interpretation des Koran ist seitdem als «Sunnismus» bekannt.

Dass der Konflikt zwischen diesen beiden theologischen Schulen kein rein akademischer Streit zwischen Gelehrten war, sondern im Gegenteil Auswirkungen auf die Gestalt der islamischen Gesellschaften haben musste, wird unmittelbar klar, wenn man den Gedanken der Ewigkeit und Unveränderlichkeit des göttlichen Plans weiterdenkt. Wenn alles, was in der Welt passiert, und alles, was der Mensch tut, genauso geschieht, wie es schon seit Ewigkeiten vorherbestimmt ist, dann heißt dies doch nichts anderes als: Nichts, was passiert, und nichts, was der Mensch tut, hat eine Ursache außer Gott. Diese Auffassung wird *Okkasionalismus* genannt, und sie ist das Gegenteil des Prinzips von Ursache und Wirkung, nach dem alles, was geschieht, eine Ursache hat. Das Prinzip von Ursache und Wirkung aber ist das Grundprinzip der rationalen Wissenschaften. Das Ziel der Wissenschaften ist das Auffinden und Beschreiben der kausalen Zusammenhänge in der Welt. Die dogmatische Auffassung von der Ewigkeit und Unveränderlichkeit Gottes aber negiert diesen kausalen Zusammenhang *a priori* und sieht in allem, was geschieht, die göttliche Einwirkung am Werk. Gott ist die Ursache von allem.

Die ersten Abbassiden-Kalifen waren Förderer der Motaseleh und ihrer rationalistischen Koranauslegung, die andere Kausalitäten als einen allmächtigen Gott allein zulässt und das Ausüben von Wissenschaft im Haus der Weisheit gestattet. So förderlich die vernunftfreundliche religiöse Haltung Mamuns für die Tätigkeiten im Haus der Weisheit war, so wenig tolerant zeigte sich der Kalif gegenüber den Okkasionalisten. Er leitete eine regelrechte Inquisition gegen die Vertreter des traditionalistischen Islam ein, die bis 848 andauerte. Das brutale und rücksichtslose Vorgehen dieser Inquisition wird seinen Teil zur Radikalisierung der traditionalistischen Schule beigetragen haben und erschwerte eine Versöhnung der Denkarten. Nachdem der Kalif Motewakel, der auch ein Halb-Perser war, sich 848 von den Motaseleh abwandte und die Inquisition gegen die Okkasionalisten beendete, befand sich die zunehmend dogmatisierte, traditionalistische Lehre von der Allmacht Gottes und der Unveränderlichkeit seiner Offenbarung auf dem Vormarsch:

> Die Verwerfung der Ewigkeit der göttlichen Attribute durch die Motaseleh hat sich nicht durchgesetzt; der Glaube an die Unerschaffenheit des Koran trug den Sieg davon. Vielleicht die folgenreichste theologische Weichenstellung war jedoch der Sieg des Okkasionalismus. [...] «Neben der umfassenden Kausalität Gottes ist keine andere Form von Kausalität vorstellbar.» (U. Rudolph) Als Vollender des islamischen Okkasionalismus lässt sich der Iraker al-Aschari (873–935) namhaft machen, der sich in scharfer Wendung von seinen motaselitischen Lehrmeistern [...] abgewandt hatte; seine Vorstellungen wurden später von dem berühmten Theologen Rhasali (1058–1111) in modifizierter Form aufgegriffen und verbreitet und gehören seitdem zum Standardrepertoire der sunnitischen Theologie.[22]

Einmal die Oberhand gewonnen, schlugen die Okkasionalisten mit ebenso rabiaten Mitteln zurück, wie sie zuvor verfolgt worden waren. Das Ausüben von Wissenschaft wurde zunehmend erschwert; «Philosoph», als Sammelbegriff für die raisonnierenden Wissenschaftler, galt bald als Schimpfwort, und der Vorwurf des «Philosophierens» wurde zum lebensbedrohenden Vorwurf der Blasphemie.

Der in obigem Zitat erwähnte Rhasali war übrigens ein Zeitgenosse Omar Chayyams. Chayyam selbst griff den Okkasionalismus in seinen wissenschaftlichen Arbeiten scharf an, und es existiert eine Legende über ein Treffen der beiden. Bevor aber im Kapitel 3 diese und weitere Ereignisse in Omar Chayyams Leben dargestellt werden, soll zunächst das Schicksal der rationalistischen Denkschule und ihrer Vertreter bis zu Chayyams Lebzeit weiter verfolgt werden.

---

[22] Halm (2007, Seite 37). Es wird manchmal, auch von Halm, darauf hingewiesen, dass die Lehren der Motaseleh im Schiismus wieder aufgegriffen worden wären. Die Schiiten blieben aber über Jahrhunderte eine Minderheit in der islamischen Welt, erst im 16. Jahrhundert etablierte sich deren Lehre als Staatsreligion des iranischen Safawidenreichs.

2.4 Wissenschaft in den persischen Dynastien

Während die Schule der Motaseleh im Zentrum des islamischen Reichs ab etwa 850 mit Macht zurückgedrängt war und die Okkasionalisten den Sieg davontrugen, gewann sie unter der Herrschaft der persischen Dynastien im Osten zeitweise wieder an Einfluss. Während sich die Samaniden zum Sunnismus bekannten, waren im Schiismus der Buyiden wesentliche Elemente des Rationalismus der Motaseleh übernommen worden, und die gesellschaftliche Grundhaltung dieses Schiismus' begünstigte die Ausübung der rationalen Wissenschaften. Doch auch die sunnitischen Samaniden bemühten sich um eine Renaissance der persischen Kultur und Sprache, und hierzu gehörte eben auch eine vergleichsweise offene und tolerante religiöse Haltung. Durch diese Umstände begünstigt, begann unter der Herrschaft der Samaniden und der Buyiden, besonders ab der Eroberung Bagdads durch Letztere im Jahr 945, das, was man das goldene persische Zeitalter nennen kann.

In den Reichen der Samaniden und der Buyiden wurden die im Haus der Weisheit gelegten wissenschaftlichen Grundlagen angewandt, weiterentwickelt und ausgefeilt, darunter die «Kunst der Algebra». Während die Tätigkeiten im Haus der Weisheit hauptsächlich die Sammlung und Übersetzung von Manuskripten und die Kanonisierung der in ihnen enthaltenen Erkenntnisse zum Gegenstand gehabt hatten, zeichnete sich die neue Wissenschaftskultur in den Reichen der Samaniden und der Buyiden durch eine Vielzahl eigener und neuer Beiträge in Medizin, Astronomie und Mathematik aus. Zu den bekanntesten und einflussreichsten Wissenschaftlern dieser Zeit gehören so illustre Gestalten wie der geniale Rationalist *Abu Ali Sina* und der kaum weniger berühmte Astronom *Abu Reyhan Biruni*. Im Folgenden werden einige herausragende Köpfe dieser Zeit benannt, um Anknüpfungspunkte für eine weitergehende Beschäftigung mit dem Thema zu bieten. Die Auflistung benennt vor allem die Mathematiker und Astronomen, auf deren Arbeiten Omar Chayyam in seinen beiden algebraischen Abhandlungen mal mehr, mal weniger detailliert eingeht.

Abu Ali Sina (ca. 980–1037)

Gebürtig aus der Gegend von Buchara, der Hauptstadt der Samaniden. Abu Ali Sina (gesprochen «ßina») ist im Westen unter dem Namen Avicenna geläufig. Dieser große Gelehrte ist vorrangig bekannt für seine Schriften zur

Medizin und für seine rationalistische Philosophie. Seine Texte hatten großen Einfluss auf die europäische Renaissance, insbesondere seine medizinischen Texte fanden Eingang in die westliche Heilkunde und waren in Europa bis in die Renaissance hinein Pflichtlektüre für alle Mediziner. Für die spätere lateinische Scholastik wurde insbesondere Sinas philosophische Unterscheidung von Essenz und Existenz (Wesen und Sein) bedeutsam:

> Abu Ali Sina stand mit seiner rationalistischen [...] Philosophie oft im Gegensatz zur islamischen Orthodoxie. Seine drei großen philosophischen Werke sind die seit dem 12. Jahrhundert in Teilen ins Lateinische übersetzte Enzyklopädie *asch-Schifa* («Heilung der Seele vom Irrtum»), das *Nadscha* («die Rettung») und, als sein reifstes Werk, die vermutlich zeitlich letzte vierteilige Abhandlung *al-Ischarat wa at-Tanibihat* («Beweise und Behauptungen»). Die größte Wirkung hatte Sina durch ein auch im Westen weitverbreitetes medizinisches Handbuch.[23]

Als Buchara im Jahr 999 in die Hände der Türken fiel, verließ Abu Ali Sina die Stadt und zog danach viele Jahre lang von Ort zu Ort, ohne ein langfristig stabiles Auskommen zu finden. Er kam dabei nach Neyschabur und nach Marw. Wie auch Ferdoßi suchte Abu Ali Sina im Zuge der großen politischen Veränderungen unter anderem die Protektion des Herrschers der Rhasnawiden, der aber nicht wirklich als Förderer der Wissenschaften angesehen werden kann. So ging Abu Ali Sina schließlich nach Rey (ca. 1014–1021), wo die Buyiden herrschten. Rey hatte einen ausgezeichneten wissenschaftlichen Ruf, hier hatte zuvor der persische Gelehrte Abu Dschafar Chasen gewirkt (s. u.).

Nachdem auch Rey in die Hände der Türken fiel, verbrachte Abu Ali Sina die weiteren Jahre seines Lebens unter dem Schutz der Buyiden in Esfahan. In dieser Zeit in Esfahan kam er zu hohem gesellschaftlichem Ansehen und verfasste sein medizinisches Handbuch sowie zahlreiche wissenschaftliche Werke. Die Eroberung Esfahans durch die Türken und das Ende der persischen Dynastien erlebte er nicht mehr. Auch Omar Chayyam ist er nie begegnet; wird dieser dennoch oft als «Schüler Sinas» bezeichnet, so ist damit gemeint, dass er Schüler im Geiste gewesen ist, was sein hohes Ansehen unter den Zeitgenossen zum Ausdruck bringt.

Abu Dschafar Chasen (900–971)

Gebürtig aus Chorasan, seines Zeichens Mathematiker und Astronom. Er war an den Hof der Buyiden gerufen worden, wo er einen hochpräzisen Himmelsatlas zusammenstellte. Chasen verfasste einen ausführlichen Kommen-

---

[23] Hogen und Conradi (2004, Seite 142).

tar des *Almagest* des Ptolemäus und kommentierte ausführlich das X. Buch der *Elemente* des Euklid. Er entwickelte ein Modell des Sonnensystems, das ohne Exzentrizitäten und ohne Epizyklen auskam; in einem seiner Bücher gab er auch Sternradien an, ohne aber mitzuteilen, wie er diese erhalten hat.[24] Omar Chayyam berichtet in seinen algebraischen Abhandlungen, dass es Abu Dschafar Chasen gewesen sei, der die Methode zur Lösung der kubischen Gleichung erkannte.

Abu Reyhan Biruni (973–1048)

Gebürtig aus Charasm. War ein Schüler des Abu Nassr Manßur ebn Irak und gilt als einer der größten Universalgelehrten seiner Epoche. Der genannte Lehrer befasste sich gemäß der Aussagen Omar Chayyams in seiner Abhandlung über den Viertelkreis auch mit der Lösung kubischer Gleichungen. In Buchara arbeitete Abu Reyhan Biruni gemeinsam mit Abu Ali Sina, ging aber später zurück in seine Heimat. Als Charasm von den Rhasnawiden erobert wurde (1017), nahmen diese ihn sowie neben Abu Nassr Manßur ebn Irak zahlreiche weitere Gelehrte als Gefangene in ihre Hauptstadt Rhasni mit. Dort verfasste er unter anderem ein berühmtes Handbuch zur Astronomie. Insgesamt soll Abu Reyhan Biruni über 100 Bücher geschrieben haben, darunter Werke zur Geologie, zur Geschichte, zur Geografie und zur Medizin. Er entwickelte die Methode, nach der aus der Beobachtung eines Bergs bekannter Höhe aus einer gegebenen Entfernung der Radius der Erde bestimmt werden kann.[25] Von ihm stammt auch eine Übersetzung der *Elemente* des Euklid ins Arabische. Eine sehr wichtige Arbeit Abu Reyhan Birunis ist ein Lehrbuch zur Astronomie, das er zugleich in einer arabischen und in einer persischen Variante vorgelegt hat. Dieses Buch trug wesentlich zur Aufwertung des Persischen als Wissenschaftssprache bei.

Abu Sahl Kuhi (10. Jh.)

Persischer Geometer aus Tabaristan, einer iranische Region südlich des Kaspischen Meeres, der unter den Buyiden in Bagdad lebte und arbeitete. Er befasste sich besonders mit kubischen Gleichungen sowie Gleichungen noch

---

[24] Emilia Calvo (2014, Seite 1192).
[25] Er erhielt als Ergebnis $r = 6339{,}6\,\text{km}$. Man vergleiche dies mit dem heutigen Wert.

höheren Grades und löste einige von ihnen. Im intensiven Studium der *Kegelschnitte* des Apollonius kam ihm schließlich die Idee für seinen Kegelschnittzirkel, der in Abb. 1.3 gezeigt ist und dessen Funktionsweise auf Seite 221 im Zusammenhang mit der geometrischen Lösung kubischer Gleichungen eingehender besprochen werden wird. Omar Chayyam nennt seinen Namen im *Viertelkreis* in einer Auflistung weiterer namhafter Mathematiker und Astronomen, «die unter der Herrschaft Asud al-Dohlehs in der Stadt des Friedens lebten».[26] Einige davon sollen im Folgenden genannt werden.

Abu al-Dschud (ein Zeitgenosse Abu Reyhan Birunis)

Über diesen Mathematiker und Astronomen liegen nur wenige biografische Informationen vor, wir wissen von ihm hauptsächlich aus einem Verweis auf eine 969 datierte Arbeit über das regelmäßige Achteck. Diese ist Bestandteil eines Manuskripts, in dem einige Aufgaben bearbeitet werden, die Abu Reyhan Biruni gestellt haben soll.[27] Nachweislich der Aussagen Omar Chayyams versuchte Abu al-Dschud eine erste Auflistung und einen systematischen Lösungsversuch der kubischen Gleichungen. Er kann damit als ein Vorgänger Omar Chayyams in diesem Unternehmen angesehen werden. Chayyam weist in seiner Arbeit aber auf die Lücken in Abu al-Dschuds Lösung hin.[28]

---

[26] Seite 96.30 f.

[27] Siehe Hogendijk (1987, Seite 175).

[28] Rashed und Vahabzadeh haben auf Seite 88 ihres Buchs darauf hingewiesen, dass der «weniger talentierte, über die Maßen kritische und ungenierte Mathematiker al-Schanni» Abu al-Dschud in einer Arbeit einen «inkompetenten Plagiator» genannt hätte. Auf diesen Plagiatsstreit scheint sich Omar Chayyam zu beziehen, als er am Ende seines Kommentars der Arbeiten Abu al-Dschuds schreibt (Seite 142.36):

> Und dennoch bemerkte der, der es gelöst hat, trotz seines Ruhms und seines mathematischen Vermögens nicht, dass es verschiedene Fälle gibt, und auch nicht, dass es in dieser Gattung unlösbare Fälle gibt. Dieser berühmte Mann ist Abu al-Dschud oder al-Schanni. Gott allein weiß es.

Omar Chayyam war sich also selbst nicht sicher, wer nun wirklich der Autor jener Arbeit war, die er kommentierte.

Busdschani (940–998)

Gebürtig aus Bosghan in Chorasan, ging er 959 an den Hof der Buyiden in Bagdad. Er lieferte wichtige Beiträge zur Trigonometrie, von ihm stammt zum Beispiel die erste Formulierung der Identität $\sin(\alpha \pm \beta) = \sin\alpha\cos\beta \pm \cos\alpha\sin\beta$. Berühmt war er für einen von ihm kompilierten *Sidsch*,[29] der aber nicht erhalten ist. Auf die Arbeiten Busdschanis geht auch die wohl erste Erwähnung negativer Zahlen in einer Arbeit der islamischen Mathematiker zurück. Omar Chayyam konnte sich aber nicht dazu durchringen, negative Zahlen als Lösungen algebraischer Gleichungen anzuerkennen. In der Algebra übersetzte Busdschani, vielleicht als Erster, die Arbeiten von Diophantos ins Arabische und schrieb einen Kommentar zu Charasmis Algebra.

Bereits in dieser stichpunktartigen Übersicht zu den Biografien der Gelehrten der Samaniden- und der Buyidenreiche wird die zunehmend chaotische politische Situation im ehemaligen Kalifat des Ostens erkennbar. Vor den von Nordosten einfallenden Türken flüchteten die Wissenschaftler nach Westen, einige von ihnen wurden gefangen genommen. Mit der schlussendlichen Eroberung der Perserreiche und der gesamten islamischen Welt zwischen Mittelmeer und Indus durch die Seldschuken ging langfristig die Traditionalisierung der Theologie und damit verbunden eine Verkrustung des geistigen Nährbodens der rationalen Wissenschaften einher. Mit dem Eifer der Konvertierten hingen die türkischen Herrscher der dogmatischen Interpretation des Koran an. Unter ihrer Herrschaft vollendete der Prediger Rhasali den Okkasionalismus, der nun auch in die Gebiete im Osten kam und dort das reichhaltige Geistesleben zerstörte. Einen symbolischen Höhepunkt dieser Entwicklung markierte die rituelle Verbrennung der philosophischen Schriften Abu Ali Sinas im Jahr 1150 in Bagdad. Dieses Ereignis war keinesfalls nur eine punktuelle Begebenheit, sondern, im Kontext der gerade skizzierten Entwicklung betrachtet, Ausdruck der nunmehr etablierten Vorherrschaft der Philosophie- und Wissenschaftsfeindlichkeit in der islamischen Welt östlich des Mittelmeers.[30]

---

[29] Siehe Seite 175.

[30] Die islamischen Wissenschaften «wanderten» jedoch infolge dieser Entwicklung in den Westen der islamischen Welt, über den Maghreb nach Spanien, wo bis ins späte Mittelalter hinein Manuskripte übersetzt und studiert wurden. Europa verdankt dieser Entwicklung wesentliche Anschübe seiner Renaissance.

Es ist diese sich verändernde Welt, in die Omar Chayyam im Jahr 1048 hineingeboren wurde. Er genoss noch die Vorzüge einer rationalistischen Bildung
und studierte die Arbeiten der alten Griechen und seiner direkten Vorgänger.
Schon früh galt Omar Chayyam als Schüler und ebenbürtiger Nachfolger Abu
Ali Sinas in den rationalen Wissenschaften. Doch seine Heimat wurde von
den Seldschuken erobert, die wenig Sinn für Kunst und Wissenschaft, sondern größeres Interesse an Eroberung und Pracht zeigten. Der Rationalismus
genoss keinen Rückhalt mehr, weder im Klerus noch im säkularen Machtap-
parat. Die Protektion, die Omar Chayyam am Hofe Malik-Schahs in Esfahan,
wo er ein Observatorium gründete und wohl auch zur Architektur der Freitagsmoschee beitrug, zunächst noch genoss, schwand bald. Die ihm zunehmend feindlich entgegenstehende öffentliche Meinung zwang Omar Chayyam zur Flucht aus Esfahan und schließlich zum Schweigen. Mit dem Leben Omar Chayyams ging das große Zeitalter der persischen Rationalisten
zu Ende.

Literaturverzeichnis

Baysonghori Ms. (1430) Shahnameh. Ms., Golestan Palast, Teheran

Berggren J. L. (2011) *Mathematik im mittelalterlichen Islam.* Springer, Heidelberg

Emilia Calvo (2014) *Khāzin: Abū Jafar Muḥammad ibn al-Ḥusayn al-Khāzin al-Khurāsānī.* The Biographical Encyclopedia of Astronomers, Springer Reference 11:1191–1192

Frankopan P. (2016) *Licht aus dem Osten. Eine neue Geschichte der Welt.* Rowohlt, Berlin

Frye R. N. (1975) *The Golden Age of Persia. The Arabs in the East.* Weidenfeld & Nicolson, London

Halm H. (2007) *Der Islam. Geschichte und Gegenwart,* 7. Auflage. C.H. Beck, München

Herodot (1979) *Historien. Deutsche Gesamtausgabe.* Stuttgart

Hogen H., Conradi E. (2004) *Der Brockhaus, Philosophie: Ideen, Denker und Begriffe.* Brockhaus, Mannheim

Hogendijk J. P. (1987) Abu'l-Jud's answer to a question of al-Biruni concerning the regular heptagon. In: From deferent to equant: a volume of studies in the ancient and medieval near East in honor of E.S. Kennedy, Academy of Sciences, New York, S. 175–184

Marsh Ms. (1070) Conica. Book 1–7. Ms. Marsh 667, Bodleian Libraries, Oxford

Ploetz K. (1951) *Auszug aus der Geschichte,* 24. Auflage. A.G. Ploetz, Verlagsbuchhandlung für Aufbau und Wissen, Bieleleld

Rashed R., Vahabzadeh B. (1999) *Al-Khayyam Mathématicien.* Albert Blanchard, Paris

Robson E., Steddal J. (Hrsg.) (2009) *The Oxford Handbook of The History of Mathematics.* Oxford University Press, Oxford

Rosen F. (1831) *The Algebra of Mohammed ben Musa.* Oriental Translation Fund, London

Sezgin F. (2003) *Wissenschaft und Technik im Islam I–V.* Institut für Geschichte der Arabisch-Islamischen Wissenschaften an der Johann Wolfgang Goethe-Universität, Frankfurt a.M.

Kapitel 3
Der Gelehrte von Neyschabur

3.1 Herkunft und Geburt Omar Chayyams

Eines der wenigen zeitgenössichen Dokumente, die überhaupt Eckdaten zu Omar Chayyams Leben bereithalten, ist ein Bericht des persischen Geschichtsschreibers Beyharhi (11. Jh.), dessen Geschichtsbuch *Tarich-e Beyharhi* Biografien zahlreicher Personen sowie Berichte über verschiedene Begebenheiten in den persischen Dynastien des 9.–12. Jahrhunderts enthält. Ein Manuskript des Berichts Beyharhis über Omar Chayyam befindet sich im Besitz der Bibliothek Preußischer Kulturbesitz in Berlin und wurde bereits im Jahr 1912 von Jacob und Wiedemann ins Deutsche übertragen. Eine dem modernen Sprachgebrauch angeglichene Übersetzung des Berichts ist im Anhang dieses Buches wiedergegeben.[1] Es wird empfohlen, diesen Text vor der weiteren Lektüre der nächsten Abschnitte vollständig zu lesen, da er die Grundlage für diese Abschnitte ist. Der Beginn dieses Berichts sei aber direkt hier zitiert, da er wichtige Angaben zu Omar Chayyams Herkunft und Geburt enthält:

> Omar ebn Ibrahim al-Chayyam stammte aus Neyschabur durch seine Geburt, seine Väter und seine Großväter. [...] Sein Horoskop waren die Zwillinge; die Sonne und der Merkur waren über dem Grade des Aszendenten, im dritten der Zwillinge, Merkur war weniger als 16 Minuten von der Sonne und der Jupiter in der Triplizität, indem er sie beide betrachtete (sich im Aspekt befand).[2]

Der Name (al-)Chayyam kann als «(der) Zeltmacher» übersetzt werden. Der Name «Omar, Sohn des Ibrahim dem Zeltmacher» deutet daher auf eine bürgerliche Herkunft des zukünftigen großen Gelehrten hin. Das Wort «Zelt» sollte den Leser aber nicht fehlleiten. Es kann ebenso verstanden wer-

---

[1] Ab Seite 279.
[2] Seite 279.

den als «Tuch», was den direkten Zusammenhang des Berufs des Vaters mit seinem Wohnort etabliert: Neyschabur, gelegen an der berühmten Seidenstraße, war ein internationaler Umschlagplatz für Waren aller Art, auch von Tuch. Nicht wenige der Händler entlang der Seidenstraße gelangten durch diesen internationalen Handel zu einigem Wohlstand.

3.1.1 Über Neyschabur

Über Omar Chayyams Geburtsstadt, die zentrale Metropole der Region Chorasan, wurde bereits im vorhergehenden Kapitel berichtet. Teile der persischen Region Chorasan, «Das Land, aus dem die Sonne kommt», liegen heute im Iran, in Afghanistan, in Tadschikistan, in Turkmenistan und in Usbekistan. Neyschabur selbst liegt im Nordosten des heutigen Iran unweit der turkmenischen Grenze. Die Stadt wurde durch ihre günstige Lage an der Seidenstraße unter der Dynastie der Samaniden zu einem der wichtigsten Handelszentren der persischsprachigen Welt und muss so etwas wie ein persischer *melting pot* der Kulturen gewesen sein: Es zogen nicht nur Handelsleute aus Vorderasien und Ägypten, Indien und China durch Neyschabur. In den Straßen der Stadt konnte man auch Europäern und Russen, gar Skandinaviern begegnen. Die Einwohnerzahl der Stadt im Jahr 1000 wird auf etwa 125 000 geschätzt, womit sie zu den damals größten Städten der Welt zählt.

Begünstigt durch den Wohlstand und die vergleichsweise aufgeklärte Herrschaft der persischen Lokalfürsten entwickelte sich Neyschabur auch zu einem der angesehensten Wissenschaftsstandorte seiner Zeit. Die Bibliothek der Akademie von Neyschabur wurde, nach der in Bagdad, zur zweitgrößten der Welt, und die dort vorliegenden Manuskripte aller Sprachen und Herkünfte zogen die Wissenschaftler aus der gesamten islamischen Welt an. Vom großen wissenschaftlichen Ruhm der Stadt zeugt zum Beispiel, dass Abu Ali Sina in seinen Wanderjahren, nachdem er Buchara verlassen musste (999), in Neyschabur Halt machte und an der örtlichen Akademie lehrte. Diese durch Abu Ali Sina bestärkte rationalistische Lehrtradition an den Schulen von Neyschabur sollte für den jungen Omar Chayyam von besonderer Bedeutung sein, da er so schon früh mit Abu Ali Sinas Gedankengut und den antiken griechischen Texten in Kontakt kommen und sich dafür begeistern konnte, obwohl er Abu Ali Sina nie begegnete.

Mit dem beginnenden Ansturm der Türken im frühen 11. Jahrhundert erlebte Neyschabur dann aber, wie gesamt Ostpersien, turbulente Zeiten; ver-

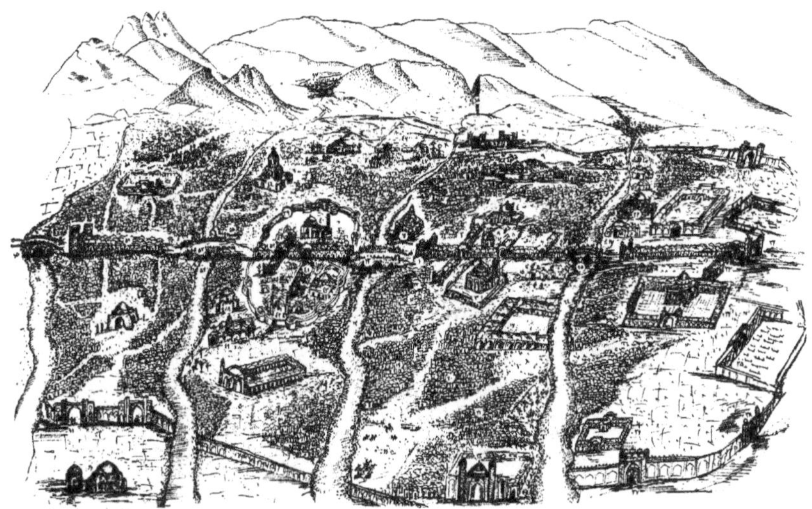

Abb. 3.1 Rekonstruktion des alten Neyschabur im 11. Jahrhundert
(Zeichnung von Fayegh Tohidi in Kiani (1987/88))

schiedene Clans und Herrscherhäuser eroberten nacheinander die Stadt. Erst mit der Einnahme Neyschaburs durch die Seldschuken im Jahr 1037 kam die Stadt wieder für einige Jahrzehnte zur Ruhe. Die Seldschuken ernannten die Stadt zur Kapitale ihres Reichs, von der aus sie das weitere Vordringen ihrer Truppen nach Westen dirigierten. Diese Ausdehnung nach Westen veranlasste Toghrol Beyk, den Enkel Seldschuks, schon im Jahr 1042 die Hauptstadt zu verlegen; seine Wahl fiel zunächst auf Rey unweit der heutigen iranischen Hauptstadt Teheran, im Jahr 1051 schließlich auf Esfahan. Neyschabur blieb aber ein Hochzentrum der persischsprachigen Wissenschaften und ein wichtiger Verwaltungssitz des östlichen Reichs.

Als das Seldschukenreich infolge der Eroberung Bagdads (1055) und der Eroberung von Anatolien in der Schlacht von Mantzikert Ausmaße eines Weltreichs annahm, beschloss Malik-Schah, seit 1072 König des Reichs, Esfahan als strahlendes politisches und kulturelles Zentrum der Seldschukenherrschaft zu etablieren und rief viele Gelehrte aus den Teilen seines Reichs nach Esfahan, darunter einige aus Neyschabur. Auch Omar Chayyam, der sich zu dieser Zeit bereits einen außerordentlichen wissenschaftlichen Ruf erworben haben muss, gehörte zu den Gelehrten, die nach Esfahan gingen. Allerdings weilte er zu dieser Zeit schon nicht mehr in Neyschabur, sondern hatte sich auf Wanderschaft begeben.

Trotz des Weggangs zahlreicher führender Persönlichkeiten des örtlichen Geisteslebens blieb Neyschabur ein begünstigtes Handels- und Kulturzentrum der persischen Welt, erlebte jedoch weiterhin wechselhafte politische Zeiten. Die Auflösung des Seldschukenreichs nach dem Tode Malik-Schahs im Jahr 1092 führte zu erneuten Kämpfen zwischen rivalisierenden Clans, deren dramatischer Höhepunkt sich für Neyschabur im heute manchmal sogenannten Mongolensturm ereignete. Überlieferungen zufolge soll Dschingis Chan dem damaligen Schah von Charasm, der auch über Neyschabur herrschte, im Jahr 1218 nichts anderes als die Aufteilung der Welt unter den beiden vorgeschlagen haben. Durch tölpelhafte Diplomatie wurde jedoch der legendäre Zorn des Mongolenherrschers entfacht. Beide Gesandte Dschingis Chans, die mit Gold, Edelsteinen und weiteren Luxusgütern beladen zum Schah unterwegs waren, wurden von Lokalfürsten hingerichtet. Dschingis Chan soll auf diese Vorfälle hin geschworen haben, im Reich des Schahs solle kein Stein auf dem anderen bleiben. Er machte dies auf brutale Weise wahr, und Neyschabur traf es besonders schlimm. Dort tötete ein persischer Grenzsoldat im Jahr 1221 zu allem Überfluss einen Schwiegersohn des Dschingis Chan. In ihrer rasenden Wut über diesen Vorfall soll die Witwe veranlasst haben, dass alle (!) Einwohner der Stadt getötet werden sollten. Der Überlieferung zufolge wurde dieser Befehl in die Tat umgesetzt, über Hunderttausend seien gestorben. Die Schädel sämtlicher Opfer sollen als Zeichen des Horrors in Pyramiden in den Straßen der Stadt aufgetürmt worden sein.

Dies war aber nur eine der großen Verwüstungen in der Geschichte der Stadt. Auch durch Erdbeben ist sie mehrmals verheerend zerstört, aber immer wieder neu aufgebaut worden. Sie erreichte jedoch niemals wieder den Weltrang, den sie zur Zeit der persischen Dynastien zwischen dem 9. und 12. Jahrhundert innehatte. Die Ruinen der alten Stadt Neyschabur, in der der junge Omar Chayyam aufwuchs, liegen verschüttet etwas außerhalb des modernen Neyschabur und konnten im 20. Jahrhundert teilweise freigelegt werden. Abb. 3.1 zeigt den Versuch einer Rekonstruktion der alten Stadt Neyschabur auf der Grundlage dieser Ausgrabungen. Dargestellt sind die zentralen Punkte der Stadt, Moscheen, Paläste, Sammelplätze und so weiter; die zahllosen Wohn- und Geschäftshäuser der Stadt sind nur skizziert. Neyschabur ist mit etwa 200 000 Einwohnern auch heute eine der wohlhabenderen Städte des Iran. Dort kann die Grabstätte Omar Chayyams besichtigt werden, auf der im Jahr 1963 nach Plänen des iranischen Architekten Hushang Seyhoun ein Mausoleum errichtet worden ist.

3.1.2 *Zum Geburtsdatum*

In den biografischen Informationen, die Beyharhi überliefert, finden sich nicht nur Angaben zur Herkunft Omar Chayyams. Der astronomisch Bewanderte kann den Aussagen des Biografen auch Angaben über Omar Chayyams Geburtsdatum entnehmen. Lange Zeit wurden diese astronomischen Angaben nicht beachtet, noch 1935 schrieb Christian Rempis in der *Rubaiyat*-Ausgabe der deutschen Omar-Chayyam-Gesellschaft, dass «das Jahr [von Chayyams] Geburt nirgendwo überliefert» sei.[3] Erst der Chayyam-Kenner Swami Govinda Tirtha vermutete 1941, dass diese Zeilen wertvolle Informationen enthalten könnten. Die von ihm durchgeführte Analyse gilt bis heute vielen anderen Autoren als Grundlage ihrer Betrachtungen. Mithilfe eines geeigneten Computerprogramms sind wir heute in der Lage, diese Angaben schnell und mit weit weniger Aufwand zu überprüfen, als es für Tirtha der Fall war. Diese Angaben sind

1 die Position der Sonne am Himmel,
2 die Position des Merkur in Bezug auf die Sonne,
3 die Position des Jupiter in Bezug auf die Sonne,

wie sie von Neyschabur aus zum Zeitpunkt der Geburt Omar Chayyams zu beobachten waren. Die Analyse dieser Angaben ist umfangreich und kann im Anhang nachgelesen werden.[4] Ihr Ergebnis ist leider nicht eindeutig. Man erhält zwei mögliche Geburtstage, den 20.05.1025 und den 18.05.1048, von denen aber keiner alle drei von Beyharhi gestellten Bedingungen gleichzeitig und vollständig erfüllt. Die Planetenkonstellation am 18. Mai 1048 erfüllt die Merkurbedingung (2) überhaupt nicht, die Konstellation am 20. Mai 1025 erfüllt die Jupiterbedingung (3) nicht genau. Chayyams Geburtsdatum kann also auf der Basis dieses Horoskops nicht mit zufriedenstellender Genauigkeit bestimmt werden. Müsste einer dieser beiden Tage allein anhand der Angaben des Horoskops ausgewählt werden, so spricht für den 20. Mai 1025, dass die Angabe der Merkurbedingung (2) im anderen Fall völlig sinnlos wäre. Sie würde um mehrere 100 Prozent jenseits der damaligen Kenntnis der genauen Position von Merkur liegen. Andere Quellen zu Omar Chayyams Biografie, die im folgenden Abschnitt behandelt werden, sprechen aber für ein späteres Geburtsjahr und favorisieren somit eher den 18. Mai 1048.

---

[3] Rempis (1935, Seite 5).
[4] Ab Seite 283.

3.2 Stationen eines bewegten Lebens

Die verwertbare Materialmenge an Zeitzeugenberichten oder anderen zeitgenössischen Berichten, die Omar Chayyam wenigstens beiläufig erwähnen,
ist recht überschaubar. Es haben sich aber über die Jahrhunderte, parallel
zur Mythenbildung um Omar Chayyam, vielerlei Legenden um seine Person
und sein Leben gebildet, und es existieren zahlreiche Anekdoten, die man
sich über ihn erzählt und die seine besondere Klugheit und seine kritische
Haltung gegenüber einer dogmatischen Geisteshaltung zum Ausdruck bringen sollen. Hinweise zu seiner Person können aber auch seinen algebraischen
Arbeiten entnommen werden. Diese sind dabei weniger reich an konkreten
biografischen Daten über das Leben ihres Autors als an ausführlichen Schil-
derungen seines Weltbilds. Den Äußerungen zu seinem Weltbild ist daher ab
Seite 68 ein eigener Abschnitt gewidmet.

3.2.1 Die frühen Jahre

Die beste sekundäre Quelle zur Biografie Omar Chayyams ist noch der Bericht von Beyharhi, der ein Schüler Chayyams war und diesen also persönlich
kannte. Diesem Bericht können der Geburtsort und mit Einschränkungen
das Geburtsdatum Omar Chayyams entnommen werden, und er enthält weitere, auch anekdotische Berichte aus dessen Leben. Insbesondere werden
Chayyams außerordentliche Korankenntnisse und seine Vielseitigkeit in der
Interpretation der Koranverse betont. Über seine frühen Jahre in Neyschabur berichtet Beyharhi jedoch nichts. Ähnlich verhält es sich mit dem nächst-
jüngeren vorliegenden Biografiebericht. Es handelt sich um Auszüge aus dem
Buch *Tarich al-Hukama* (der «Geschichte der gelehrten Männer») von al-
Rhefti (1172–1248), der Chayyam selbst nie begegnet ist. Sein verbrämter Bericht zeigt sehr deutlich, wie sich schon wenige Jahre nach Chayyams Tod
die allgemein herrschende Meinung zu Chayyam und zur rationalen Wissenschaft an sich verändert hatte. Der Bericht ist recht kurz und kann hier in
voller Länge zitiert werden:

> Omar, Imam von Chorasan und der gelehrteste Mann seiner Zeit, lehrte die grie-
> chischen Wissenschaften. Er behauptete, dass der Mensch den universellen Gott
> durch die Reinheit seiner körperlichen Handlungen und des menschlichen Geis-
> tes erreichen solle. Er ermahnte die Menschen auch, in Übereinstimmung mit der
> griechischen Disziplin die zivilen Rechte zu achten und zu befolgen. Die späteren
> Sufis sahen einige scheinbare Inhalte seiner Gedichte und interpretierten sie als mit

ihren eigenen Doktrinen übereinstimmend und diskutierten sie in ihren öffentlichen und internen Versammlungen. Die versteckten Andeutungen in seinen Gedichten waren aber eine beißende Kritik am Glauben und ein verwirrtes Durcheinander. Und da die Leute seiner Zeit ihn seines Glaubens wegen anklagten und enthüllten, was er von seinen Geheimnissen verbarg, fürchtete er für sein Leben und hielt Zunge und Schreibrohr im Zaum. Er machte die Pilgerfahrt, aber nur zu seinem Schutz und nicht aus Überzeugung. Als er Bagdad erreichte, scharten sich seine ehemaligen Schüler um ihn und baten ihn, dass er ihnen von der antiken Philosophie sprechen solle. Er zog sich zum Gebetsort zurück und verbrachte dort seine Tage und seine Nächte. Er bewahrte seine Geheimnisse und gab sie nicht frei. In der Sternkunde und Philosophie war er unerreicht, und auf ihn wurde das Sprichwort gemünzt: «Hätte er nur seinen guten Ruf bewahrt!» Von ihm stammen auch feine Dichtungen, deren verborgener Sinn sich aus den verhüllten Dingen zeigt und deren ursprüngliche Absicht die Trübe ihres verbergenden Sinnes (noch weiter) trübt.[5]

Gemein ist den Berichten Beyharhis und al-Rheftis, und übrigens auch allen weiteren Berichten, das ungeteilte Lob der wissenschaftlichen und philosophischen Kenntnisse Omar Chayyams. Das Genie seines Intellekts ist also unbestritten, schon als Junge muss Chayyam außergewöhnliches Talent gezeigt haben. Seine Herkunft aus einer Familie von Tuchhändlern muss ihn zunächst ebenfalls für eine Karriere im Handel prädestiniert haben. Aber es ist leicht vorstellbar, dass ein Junge von enormer Belesenheit und auffälligen mathematischen und logischen Fähigkeiten in dieser Kulturstadt, in der die Akademie mit ihren Lehrern und Schülern integraler Bestandteil des öffentlichen Lebens war, schnell entdeckt wurde.

Zu seiner Ausbildung in der Akademie von Neyschabur gehörte sicherlich auch das intensive Studium der in der Bibliothek verfügbaren Übersetzungen der griechischen Manuskripte sowie der Schriften Abu Ali Sinas, der wenige Jahrzehnte zuvor wenigstens kurze Zeit in Neyschabur gelebt und gelehrt hatte. Es wird gemeinhin davon ausgegangen, dass Chayyam zu einem gewissen Zeitpunkt, vermutlich schon als sehr junger Mann, von Neyschabur wegging und dabei ähnlich wie vor ihm Abu Ali Sina durch verschiedene Städte zog. Er ist dabei unter anderem nach Buchara gekommen, wie Beyharhi berichtet. Dort habe er in Diensten des Königs Schams al-Molk gestanden, der jedoch 1073/74 von Malik-Schah unterworfen wurde. Ebenso wird berichtet, dass Chayyam sich auf der Suche nach wissenschaftlichen Manuskripten auch nach Balch begeben habe.[6] Insbesondere habe er dabei Manuskripte der *Kegelschnitte* des Apollonius gesucht, was auf eine intensive Auseinandersetzung Chayyams mit der Theorie der Kegelschnitte schon zu dieser Zeit hinweist.

---

[5] Übersetzt nach Tirtha (1941, Seite LVI) und nach Rempis (1935, Seite 19).

[6] Vgl. Aminrazavi (2005, Seite 22).

Es kann nur spekuliert werden, dass sich Chayyam schon in Neyschabur mit
der Lösung kubischer Gleichungen befasste; der Tonfall seiner Arbeit über
den *Viertelkreis* jedenfalls weist auf einen sehr jungen Autor hin, der sich zum
einen in der wissenschaftlichen Gemeinschaft einen Namen machen will, der
aber zum anderen sich selbst ebenso wie die Gelehrtenschaft offenbar von der
Richtigkeit und dem Nutzen seiner Ideen zum engen Zusammenhang von
Geometrie und Algebra überzeugen will. Für die in dieser Arbeit über den
Viertelkreis angekündigte große Abhandlung über die Lösung kubischer Gleichungen mithilfe der *Kegelschnitte* des Apollonius benötigte Chayyam dann
aber zahlreiche Sätze aus dessen Buch, was seine Suche nach Manuskripten
oder Teilen hieraus erklären würde. Im vorigen Kapitel wurde geschildert,
wie aufwendig sich die Suche nach Manuskripten gestalten konnte und dass
insbesondere die Rekonstruktion der *Kegelschnitte* eine besondere Heraus-
forderung war.

Omar Chayyam erwähnt in seiner Abhandlung über den *Viertelkreis*, dass
er einige Arbeiten aus dem Bestand der «Bibliothek der Samanidenkönige»[7]
studiert habe, womit vermutlich die Bibliothek in Buchara gemeint ist. Auf
seiner Suche nach Manuskripten und seiner Bewanderung der Bibliotheken,
die ihn in verschiedene Städte und Gebiete des Reichs führte, muss Omar
Chayyam vielfältig in Kontakt mit lokalen Gelehrten getreten sein, Wissenschaftlern wie Theologen. Die zunehmende Dogmatisierung des Islam, die
mehr und mehr das öffentliche Leben im islamischen Reich bestimmte, mag
ihm dabei manch unangenehme oder gar feindselige Gesellschaft eingebracht
haben. Womöglich sind es solche Erlebnisse während seiner Reise, auf die
sich seine folgenden Bemerkungen in seiner *Algebra* beziehen:

> Jedoch habe ich mich nicht anhaltend mit der Zusammenstellung dieser Aufga-
> ben befassen können, auch habe ich ihnen nicht beharrlich meine Aufmerksamkeit
> widmen können, abgelenkt wie ich war durch die Wechselhaftigkeit unserer Zeit.
> Denn wir erleben das Siechtum der Männer der Wissenschaften, mit Ausnahme
> einer kleinen Gruppe, deren Umfang so klein ist wie ihr Kummer groß und deren
> einzige Sorge es ist, Zeit aufzutreiben, um diese der Vollendung und der sicheren
> Kenntnis der Wissenschaft widmen zu können. Die meisten aber, die sich heute den
> Anschein von Gelehrtheit geben, bemänteln das Falsche mit dem Wahren, kom-
> men niemals über den Betrug und die gelehrte Prahlerei hinaus und nutzen ihr
> weniges Wissen für rein weltliche und schändliche Zwecke. Wenn sie aber einem
> begegnen, der sich allein um die Wahrheit bemüht, der die Ehrlichkeit bevorzugt
> und die Falschheit und die Lüge mit Nachdruck ablehnt, so verkaufen sie ihn als
> einen Dummkopf und verhöhnen ihn.[8]

---

[7] Seite 97.4.
[8] Seite 106.24.

Chayyam berichtet, direkt anschließend an diese Textstelle, dass er dann aber doch einen Förderer gefunden habe, den «Imam Abu Tahir». Eine definitive Identifikation dieser Person ist schwierig. Man findet teilweise die Lesart, dass es sich um einen samarkandischen Rechtsgelehrten gehandelt habe; Rempis (1935) meint, dass es sich um «Abu Tahir ebn Aliyak» handele. In jedem Fall aber sind sich die meisten Autoren einig darüber, dass diese Episode von Chayyams Leben, in der er unter dem Schutz besagten Abu Tahirs gestanden hat, *vor* seiner Berufung an den Esfahaner Hof des Sultans Malik-Schah stattgefunden haben muss, die nach einhelligen Berichten im Jahr 1074 erfolgte. Im Hause Abu Tahirs habe Chayyam seine *Algebra* geschrieben. Diese Lesart hat den Vorzug, dass in ihr erst diese große algebraische Abhandlung ihrem Autor den Ruf des großen Jahrhundertgenies einbrachte, der wiederum die Berufung an den Hof des Großsultans rechtfertigte. Beyharhi schreibt ja, Malik-Schah habe Omar Chayyam «zu seinem Vertrauten» gemacht.[9] Auch während seiner Esfahaner Zeit ab 1074 muss Chayyam jedoch weiterhin guten Kontakt zu seinem ehemaligen Gönner gepflegt haben, denn er schrieb später in seiner *Antwort auf drei philosophische Probleme*, er habe diese Arbeit für den «obersten Rechtsgelehrten der Provinz Fars, Abu Tahir», geschrieben, dem er in Fars im «73. Jahr» begegnet sei. Die Region Fars ist die südlich von Esfahan gelegene Stammprovinz der Perser (Fars ↔ Pars), das muslimische Jahr 473 entspricht unserem Jahr 1080/81. Ausgeschlossen werden sollte also keinesfalls, dass sich Omar Chayyams Äußerungen noch auf eine Zeit *nach* 1074 beziehen könnten.

Hat Omar Chayyam seine *Algebra* tatsächlich in den 60er- oder frühen 70er-Jahren des 11. Jahrhunderts geschrieben, und ist er tatsächlich im Jahr 1048 geboren, so muss sein Genie in der Tat schon in jungen Jahren umfassend gewesen sein. In der Lektüre der *Algebra* und in den entsprechenden mathematischen Kommentaren wird eine große Reife des Autors und seine nicht geringe Selbstsicherheit im Umgang mit komplizierten mathematischen und philosophischen Konzepten deutlich. Für einen Mann Anfang bis Ende Zwanzig ist das eine herausragende Leistung. Der Ruf eines solch umfassenden Genies an den königlichen Hof erscheint dann nur zwangsläufig. Aufgrund der schwierigen Bestimmung des Geburtsjahrs Omar Chayyams auf der Grundlage der Angaben Beyharhis kann Chayyams erst junges Alter bei der Niederschrift der Algebra allerdings nicht als sicher gelten.

---

[9] Dieses und folgendes Zitat aus Beyharhis Bericht, Seite 279 f.

3.2.2 Ruf nach Esfahan

In jedem Fall aber wurde Omar Chayyam im Jahr 1074 vom Sultan Malik-Schah und dessen Großwesir Nesam al-Molk an den Hof in Esfahan gerufen, wo er mit dem Bau eines Observatoriums und der Erstellung eines neuen, präziseren Sonnenkalenders beauftragt wurde. Dies kann dem Bericht von Beyharhi entnommen werden, aber auch dem Geschichtsbuch eines gewissen ebn al-Atir, der für das Jahr 1074 Folgendes notierte:

> In diesem Jahr [1074] beriefen Nesam al-Molk und der Sultan Malik-Schah eine Anzahl der angesehensten Sternkundigen, die das Neujahr auf den Eintritt der Sonne in den Widder festsetzten. Denn das Neujahr war vordem der Zeitpunkt, zu dem die Sonne die Hälfte der Fische durchlaufen hatte. Und diese Tat des Sultans ward der Anfang der neuen Zeitrechnung. Im selben Jahre ward vom Sultan Malik-Schah auch die Gestirnbeobachtung begonnen, und es kam eine Anzahl der berühmtesten Sternkundigen zu diesem Unterfangen zusammen, darunter Omar ebn Ibrahim Chayyam [...] und andere. Und es wurden große Summen für die Sache ausgegeben: Die Gestirnbeobachtungen wurden fortgeführt, bis der Sultan im Jahre 1092 starb. Doch nach seinem Tode war es aus damit.[10]

In welch hoch angesehenes Amt Omar Chayyam mit seiner Berufung zum Hofastronomen gelangte, erkennt man, wenn man berücksichtigt, welche herausragende Bedeutung den Sterndeutern an den persischen Höfen traditionell zukam. Die Herrscher der Perserreiche setzten seit jeher viel daran, die genauestmöglichen Himmelsbeschreibungen zu besitzen, damit auf dieser Grundlage die bestmöglichen Horoskope angefertigt werden konnten. Denn die günstige oder ungünstige Position der Himmelskörper bestimmte der Überlieferung und dem Glauben zufolge den Ausgang der königlichen Aktivitäten und damit über Wohl und Wehe von Land und Nation. Einer der ersten deutschen Persienreisenden, Engelbert Kaempfer, schrieb Jahrhunderte später über den Einfluss der Horoskope auf die Handlungen der Könige am persischen Hof:

> Ohne die Hofsterndeuter befragt zu haben, wird der Großkönig weder Platz nehmen noch aufstehen, noch ausreiten, noch sonst irgendwas unternehmen.[11]

Zu dieser traditionell großen Bedeutung der Astrologie gesellte sich zur Zeit Omar Chayyams eine weitere, weltliche Notwendigkeit der Beschäftigung mit dem Sternhimmel: Der islamische Kalender, der sich als Mondkalender schon prinzipiell nicht zur akkuraten Bestimmung von Jahreszeiten eignete, war

---

[10] Übersetzung von Rempis (1935, Seite 14).
[11] Hinz (1977, Seite 108).

durch seine zunehmende Ungenauigkeit ein immer größeres Problem für die Landwirtschaft des Landes geworden. So konnten etwa Zeitpunkte für die Aussaat mit dem geltenden Kalender nicht genau genug bestimmt werden. Die Anfertigung eines neuen, präzisen Kalenders war also auch eine wirtschaftliche Anforderung der Zeit. Und so beauftragte Malik-Schah die Astronomen seines Reichs, einen solchen Kalender zu konstruieren und stellte beträchtliche Summen für dieses Unterfangen bereit. Eine Rolle bei der Entscheidung für den Bau des großen Observatoriums in Esfahan mag auch der Wunsch des Herrschers nach Verewigung seines Ruhms gespielt haben. Mit dem neuen, präzisen Kalender begann mit Malik-Schah eine neue Zeitrechnung, in der Malik-Schah nicht nur Herrscher über den Raum, sondern auch Herrscher über die Zeit wurde.

Während Chayyam den Überlieferungen zufolge ein wenig schreibfaul war, wird er in Esfahan genötigt gewesen sein, in seiner gut bezahlten Stellung mehr zu tun als nur eigenbrötlerisch Studien zum reinen Erkenntnisgewinn zu betreiben. Neben Lehrtätigkeiten wurden von ihm *praktisch nutzbare* Ergebnisse gefordert. Und so stammen wohl die meisten seiner wissenschaftlichen und philosophischen Arbeiten aus seiner Zeit in Esfahan (1074–1092). Ebenso scheint sich Omar Chayyam auch in der Architektur betätigt zu haben, worüber im Zusammenhang mit der Besprechung seiner Arbeit über den *Viertelkreis* genauer berichtet wird (ab Seite 167). Auch die in der *Algebra* enthaltenen Lösungen kubischer Gleichungen sind nicht nur abstrakte Theoreme, sondern müssen durch die Existenz von Kegelschnittzirkeln und durch die damit verbundene tatsächliche Konstruierbarkeit der Lösungen für die Astronomen am Observatorium von Esfahan von großem praktischem Nutzen gewesen sein.

Womöglich ist ja die Abhandlung zur *Algebra* sogar erst in Esfahan vervollständigt worden. Omar Chayyams Klagen über jene, «die sich heute den Anschein von Gelehrtheit geben»,[12] könnten sich dann ebenso gut auf die Menschen bei Hofe beziehen. Diese Interpretation ist umso passender, als gerade am Hof die Theologen und Schönredner großen Einfluss besaßen und die von Chayyam monierten «weltlichen und schändlichen»[13] Zwecke sicherlich besondere Prioritäten besaßen.

---

[12] Vgl. Seite 58.
[13] Ebd.

3.2.3 *Rückkehr nach Neyschabur*

Neben dem Bericht von al-Rhefti deuten auch weitere Quellen und Indizi-
en darauf hin, dass Omar Chayyam durch seine rationalistischen Ansichten
bei Hofe mehr und mehr in Ungnade der Mächtigen fiel. Als die Protektion
durch den Sultan und dessen Großwesir durch die schnell aufeinanderfolgenden Tode der beiden im Jahr 1092 wegfiel, war seine Position alles andere als
gesichert, und Chayyam musste sich wieder auf Wanderschaft begeben. Wie
al-Rhefti berichtet, habe Chayyam dabei auch die Wallfahrt nach Mekka unternommen, um seinen guten Glauben zu beweisen. Diese Wallfahrt habe er
aber nur gezwungenermaßen unternommen, und selbst auf dieser Wallfahrt
habe er es nicht unterlassen, griechische Philosophie zu lehren. Es kann vermutet werden, dass diese Wallfahrt ihm vielleicht das Leben rettete; zu einer
angesehen öffentlichen Stellung gelangte Chayyam aber nie wieder. Aus der
Zeit nach 1092 sind keine weiteren wissenschaftlichen und philosophischen
Aufsätze von ihm mehr erhalten.[14] Er hatte tatsächlich «seine Zunge und sein
Schreibrohr im Zaum» gehalten. Er ging schließlich zurück nach Neyschabur, wo er in Zurückgezogenheit seine letzten Jahre verbrachte. Beyharhi berichtet, er sei noch einmal an das Krankenbett eines der Prinzen der Seld-
schukenfamilie gerufen worden, Sultan *Sendscher*, dessen Familie über Chorasan herrschte. Der Sultan, noch im Knabenalter, habe sich aber erbost gezeigt über das Verhalten des Gelehrten und ihn «gehasst».

Omar Chayyam scheint seinen Lebensunterhalt in den letzten Jahren mit
Privatunterricht verdient zu haben. So hat er noch im Jahr 1113/14 Schüler auf-
genommen, unter anderem seinen späteren Biografen Beyharhi. Über einen
anderen seiner Schüler lohnt es auch, kurz zu berichten. Bereits im vorigen
Kapitel fiel im Abschnitt über die zunehmende Dominanz der theologischen
Schule des Okkasionalismus der Name des Rechtsphilsophen Rhasali (1058–
1111). Dieser Rhasali war eine der wichtigsten Figuren des islamischen Geisteslebens zu Chayyams Lebzeit und lehrte ab etwa 1080 in Neyschabur, ging
dann aber, wohl im Jahr 1085, an den Hof in Esfahan und einige Jahre später
schließlich als «oberster Lehrer» nach Bagdad. Er gilt bis heute als eine der
wichtigsten Figuren der islamischen Theologie. Wichtig im vorliegenden Zu-

---

[14] In seiner Abhandlung *Über die Kenntnis der grundlegenden Prinzipien der Existenz*
schreibt Chayyam, er habe die «Ehre gehabt, beim König Fakhr al-Malik sein» zu dürfen,
der ihn um diese Arbeit gebeten habe. Es handelt sich wohl um den Sohn des 1092 verstor-
benen Großwesirs Nesam al-Molk, sodass nicht auszuschließen ist, dass Chayyam auch
nach 1092 zumindest für eine Weile noch die Protektion von dessen Familie genoss.

sammenhang ist in seinem Wirken vor allem, dass er ein regelrechter Feind der rationalistischen Auffassungen der Motaseleh war[15] und in öffentlichen Predigten die Verfolgung der gottlosen «Philosophen» propagierte. Eines seiner berühmtesten Werke, das Buch *Über die Inkohärenz der Philosophen*, ist eine Kritik eben jenes «philosophischen» Skeptizismus. Aufbauend auf den in diesem Werk gelegten Grundlagen und in seiner Funktion als oberster Rechtsgelehrter der Universität von Bagdad kanonisierte Rhasali den Okkasionalismus, der forthin die dominante Lehre in der islamischen Epistemologie wurde. Die Lehren des Rhasali sind noch heute Standard-Lernstoff etwa in den Schulen der Islamischen Republik Iran. Wir können uns vorstellen, dass Omar Chayyam und Rhasali ausreichend geistige Reibungspunkte hatten und sich am Hof in Esfahan wohl mehr als nur ein Streitgespräch lieferten. Auffällig ist dabei schon im Bericht Beyharhis, dass sich Rhasali aber durchaus von Chayyam in wissenschaftlichen Fragen unterrichten ließ: Beyharhi berichtet, Rhasali sei eines Morgens zu Chayyam gekommen, um sich über gewisse astronomische Zusammenhänge ausführlich belehren zu lassen. Diese Begebenheit mag sich in Esfahan zugetragen haben, wahrscheinlich aber später in Neyschabur, wo Rhasali sich im Jahre 1106 wieder für kurze Zeit aufhielt, um an der örtlichen Akademie zu lehren. Während er sich aber privat von Omar Chayyam in den Wissenschaften und der Philosophie unterrichten ließ, predigte er öffentlich weiterhin gegen die gottlosen «Philosophen» und forderte das schärfste Vorgehen gegen ihre rationalen Methoden. Es kann daher angenommen werden, dass der folgende Bericht des Geschichtsschreibers Rhaswini aus dem Jahr 1276, dessen Inhalt Teil der Legende Omar Chayyams geworden ist, sich auf Rhasali bezieht:

> [Es] wird erzählt, dass einer der Rechtsgelehrten täglich vor Sonnenaufgang zu Omar kam, um bei ihm Philosophie zu hören, dass er aber hinging und ihn bei den Leuten in Verruf brachte. Da rief Omar eine Anzahl Paukenschläger und Trompeter zu sich, versteckte sie in seinem Haus und befal ihnen, als der Rechtsgelehrte wie gewöhnlich zum Unterricht kam, die Pauken zu schlagen und die Trompeten zu blasen. Nun kamen die Leute von allen Seiten zusammen, und Omar sprach: «Ihr Leute von Neyschabur, dieser euer Lehrer kommt jeden Tag zu dieser Zeit zu mir, um bei mir Philosophie zu hören. Zu euch aber redet er in der Art, die ihr alle kennt. Bin ich wirklich so, wie er sagt, warum nimmt er dann mein Wissen an? Und wenn nicht, warum verleumdet er dann seinen Meister?»[16]

Ansonsten liegen die letzten Jahre Omar Chayyams aufgrund der dünnen Faktenlage im Dunkeln. Er veröffentlichte nichts mehr und «bewahrte seine

---

[15] Siehe Seite 40.

[16] Zitiert nach Rempis (1935, Seite 21) aus Rhaswinis Buch über die *Wunder der Lebewesen und seltsame Dinge*.

Geheimnisse und gab sie nicht frei», wie al-Rhefti schrieb. Die Vorstellung, dass der zum Schweigen gebrachte große Gelehrte in der Rückgezogenheit seines Altersruhesitzes in Neyschabur jene berühmten *Rubaiyat* geschrieben hat, die noch Jahrhunderte später eine so große Anziehungskraft auf Skeptiker und Freidenker ausübt, ist eine reizvolle Vorstellung und nicht bar jeder Wahrscheinlichkeit. Wohin anders als in die Poesie kann der freie Geist in Zeiten der gesellschaftlichen Beklemmung flüchten? Es wird aber wohl für alle Zeit nur eine Vorstellung bleiben, da Beweise für diese poetische Betätigung des Mathematikers und Philosophen Omar Chayyam nicht in Sicht sind.

3.2.4 Die letzten Augenblicke

Zu Omar Chayyams Tod kann als sicher gelten, dass er in seiner Geburtsstadt Neyschabur starb und begraben liegt. Der persische Autor und Poet Nesami Arusi (frühes 11. Jh.) berichtet in seinem Buch *Tschahar Marhaleh* («Die vier Reden»), dass er Omar Chayyam im Jahr 1114 in Marw getroffen habe. Dabei habe er ihn Folgendes sagen hören:

> «Mein Grab wird an einem Orte sein, wo jedes Jahr die Bäume zweimal Blüten über mich streuen werden.» Mir kamen diese Worte ganz unmöglich vor, wiewohl ich wusste, dass ein solcher Mensch nichts Eitles sagt. Als ich im Jahre 30 in Neyschabur ankam, waren es vierzehn Jahre her, dass dieser Große sein Antlitz im Schleier des Staubes verborgen hatte und diese niedere Welt seiner beraubt war. Und da er mein Lehrer war, wallfahrte ich an einem Freitag zu ihm und nahm jemanden mit, dass er mir seinen Staub zeige. Er führte mich zum Friedhof Hira hinaus, und wir wandten uns zur Linken. Am Fuße einer Gartenmauer sah ich sein Grab liegen, und Birnen- und Pfirsichbäume hatten ihre Häupter aus jenem Garten herübergestreckt und so viele Blütenblätter über seinen Staub gestreut, dass sein Grab unter den Blüten verborgen war.[17]

Unmöglich kamen dem Chronisten Chayyams Worte wohl vor, da er sich keinen irdischen Platz vorstellen konnte, an dem die Blüten *zweimal* im Jahr fallen, und ihm also nichts übrig blieb, als Chayyam die blasphemische Eitelkeit zu unterstellen, er werde im Paradies begraben werden. Als er dann zwei verschiedene Bäume, Birne und Pfirsich, an seinem Grab sah, ging ihm sein Missverständnis auf. Wenn mit dem «Jahre 30» das Jahr 530 des islamischen Kalenders gemeint ist, entspricht dies in unserem Kalender dem Jahr 1135/36. Ist weiterhin die Angabe der «vierzehn Jahre» akkurat, erhält man Chayyams Todesjahr zu 1121/22. Dies entspricht auch der Inschrift auf Chayyams Grab

---

[17] Rempis (1935, Seite 22).

und scheint eher für den 8. Mai 1048 als Geburtsdatum zu sprechen. Denn wäre sein Geburtsjahr das Jahr 1025, so hätte Omar Chayyam über 90 Lebensjahre erreicht, was zwar mit der Legende übereinstimmt, er sei in hohem Alter und in Frieden gestorben, angesichts der im Vergleich zu heute geringeren Lebenserwartung der Menschen jener Zeit aber auch unwahrscheinlich erscheint. Auch mit 77 Jahren erreichte Chayyam ein stolzes Alter, und über die letzten Augenblicke Omar Chayyams berichtet Beyharhi:

> Mir erzählte die Schwiegermutter des Imam Muhamad al-Bagdadi, dass er [Omar Chayyam] sich die Zähne mit einem goldenen Zahnstocher zu reinigen pflegte, während er emsig die *Metaphysik* des Abu Ali Sina studierte. Als er zu dem Abschnitt «über das Eine und das Viele» kam, legte er den Zahnstocher zwischen zwei Blätter.[18]

Die Bildhaftigkeit dieser zunächst seltsam anmutenden Worte ist nicht zu unterschätzen. Die Zahnpflege mithilfe eines Zahnstochers ist Bestandteil der rituellen Waschung des Körpers vor dem Gebet oder vor dem Besuch der Moschee. Die Gleichzeitigkeit dieser religiösen Handlung mit dem Studium der philosophischen Schriften drückt erneut die auch von al-Rhefti berichtete Weltanschauung Omar Chayyams aus, Gott könne nur gefunden werden durch die gleichzeitige «Reinheit der körperlichen Handlungen und des Geistes». Hier ist also wieder das Streben nach Gott auf dem Wege des Studiums der Wissenschaften und der Philosophie erkennbar, das heißt mit den Mitteln des Verstands. Der Zahnstocher zwischen den Buchseiten der *Metaphysik* Abu Ali Sinas, gleichsam neben dem Totenbett des großen Gelehrten, ist ein starkes Bild für diese Weltanschauung, die im Folgenden genauer erläutert werden wird (ab Seite 68). Beyharhi berichtet weiter:

> Da sagte er: «Rufe die Almosenpfleger, damit ich mein Testament mache.» Da machte er ein Testament, stand auf und betete und aß und trank nichts mehr, und als er das letzte Abendgebet gesprochen hatte, warf er sich anbetend nieder und sagte, als er danieder sank: «Oh Gott, Du weißt, dass ich, soweit es mir möglich war, Dich erkannt habe, und vergib mir. Denn in meiner Kenntnis von Dir besteht meine Annäherung an Dich.»[19]

---

[18] Seite 281.
[19] Seite 281.

3.3 Was wir aus der *Algebra* über ihren Autor lernen

Viele Herausgeber, Übersetzer und Kommentatoren haben versucht, aus den vermeintlich authentischen *Rubaiyat*, aus seinen philosophischen Schriften und aus Augenzeugenberichten Omar Chayyams Charakter und seine Lebensumstände zu rekonstruieren. Eingangs erwähnt wurde als Beispiel hierfür die Studie von Aminrazavi (2005). Beispielhaft sind auch die Interpretationen der persischen Autoren Ali Dashti (1971) und Sadegh Hedayat (1934). Es sind jedoch große Schwierigkeiten damit verbunden, wenn man das aus den *Rubaiyat* auf Omar Chayyam schließen will, da nicht geklärt werden kann, ob Omar Chayyam tatsächlich ihr Autor war.[20]

In der vorliegenden Darstellung wird bewusst nicht auf die *Rubaiyat* zurückgegriffen. Während diese Quelle wegfällt, sind die mathematischen Aufsätze Omar Chayyams eine neue Quelle, die vergleichsweise lange bekannt und deren Authentizität unstrittig ist und die die wohl wertvollsten erhaltenen Schriften des Autors sind. Allein aus den beiden algebraischen Abhandlungen lassen sich erhebliche Informationen zu Person und Leben des Autors entnehmen. Einige dieser Informationen sind bereits in den obigen Lebensbericht eingeflossen. Neben den enthaltenen biografischen Details ermöglicht auch die Kenntnis der zeitlichen Abfolge der beiden Arbeiten ein Nachvollziehen der persönlichen Entwicklung des Autors sowie seiner Beurteilung seiner Lebensumstände. So kann die bemerkenswerte Entwicklung Omar Chayyams vom jungen Autor des *Viertelkreises*, der im Schatten der Großen der Disziplin seine erste Arbeit abliefert, hin zum selbstbewussten Autor eines Meisterwerks, der *Algebra*, nachvollzogen werden, der sein wissenschaftliches Gewicht nicht verschweigt, das er zugleich zum Schutz gegen Angriffe vonseiten der Religiösen zu nutzen versucht. Diese Entwicklung wird in der aufmerksamen Lektüre der Abhandlungen und des Kommentarteils erkennbar werden und lässt sich an den folgend kurz benannten Linien festmachen:

1 In der *Algebra* schreibt Omar Chayyam, dass seine Lebensumstände ihn lange Zeit davon abgehalten hätten, die im *Viertelkreis* angekündigte große Arbeit zu verfassen. Nun aber habe er einflussreiche Freunde gefunden, insbesondere den Richter Abu Tahir, der ihm Schutz gewähre: ein Ausdruck gewachsenen Ansehens.

---

[20] Siehe Seite 3 f.

2 Omar Chayyams Verurteilung der orthodoxen Geisteshaltung ist im Ton schärfer geworden, was auf zunehmende Schwierigkeiten bei der Ausübung von Wissenschaft hinweist, eventuell auch auf persönliche Verfolgung. Gottesbezüge sind in der *Algebra* sehr viel seltener als im *Viertelkreis*. Siehe hierzu den folgenden Abschnitt zu Omar Chayyams Weltbild.

3 Die philosophischen Konzepte des Aristoteles werden in der *Algebra* mit größerer Präzision verwendet, spielen aber auch eine geringere Rolle für das Gesamtwerk als im *Viertelkreis*. Ein Hinweis auf die gewachsene Reife des Autors und darauf, dass er sich bei der Abfassung der *Algebra* weniger für die Philosophie interessierte als zuvor, sie nun aber besser beherrschte – er trennte Mathematik und Philosophie nun strenger voneinander und ist zu der Überzeugung gelangt, dass die Mathematik die «Erste unter den Wissenschaften» sei (Seite 107.16). Zu Omar Chayyams Umgang mit den philosophischen Begriffen des Aristoteles siehe den mathematischen Kommentar ab Seite 189.

4 Direkte Vorgänger aus den Disziplinen Mathematik und Astronomie werden in der *Algebra* nicht mehr zitiert, selbst Charasmi nicht. Dies war im *Viertelkreis* noch ganz anders. Die einzige Ausnahme ist Abu al-Dschud, der zwar gelobt wird, aber eigentlich nur deshalb Erwähnung findet, weil seine Diskussion einiger der Gleichungen unvollständig war. Womöglich aus Selbstschutz beansprucht Chayyam nunmehr unbescheiden und unzweideutig den Rang eines Jahrtausendgelehrten für sich und stellt seine wissenschaftlichen Leistungen in direkte Kontinuität mit den griechischen Autoren der Antike. Die ausführliche Kritik an Abu al-Dschud spricht für diese Hypothese – Chayyam erhebt seinen Rang über den seiner direkten Vorgänger und erreicht so eine Art Unantastbarkeit. Siehe hierzu insbesondere den mathematischen Kommentar ab Seite 180.

3.4 Omar Chayyams Weltbild[21]

Die beiden algebraischen Abhandlungen sind durchsetzt mit Bemerkungen Omar Chayyams zu seinen Lebensumständen und den Bedingungen wissenschaftlichen Lebens zu seiner Zeit. Insbesondere zu seinem Verständnis des Verhältnisses von Wissenschaft und Religion. In der Einleitung wurde dargestellt, wie sich zu Lebzeiten Chayyams die theologische Schule von der Unerschaffenheit des Koran, der Okkasionalismus, durchzusetzen begann, und wie diese Auffassung zur Dogmatisierung des islamischen Glaubens führte. Nicht wenige Autoren sind der Ansicht, dass es in den nachfolgenden Jahrhunderten vor allem diese Doktrin war, die die weitere Entwicklung der rationalen Wissenschaften in den islamischen Gesellschaften behinderte und erstickte. Chayyams wichtige Bemerkungen hierzu scheinen von den meisten zeitgenössischen Biografen, die seinen Charakter, seine Motivation und die Bedingungen seiner Arbeit vorrangig aus der ihm zugeschrieben Poesie abzuleiten versuchen, allerdings übersehen worden zu sein.

Dass Omar Chayyam an die Existenz eines Gottes glaubte, geht aus den zahlreichen Gottesbezügen in seinen beiden algebraischen Abhandlungen eindeutig hervor.[22] Auffällig ist, dass die Häufigkeit der Gottesbezüge in der ungleich längeren *Algebra* gegenüber dem *Viertelkreis* deutlich reduziert ist. Der Tonfall dieser Gottesbezüge aber ist, anders als manch andere Textstelle, frei von Zynismus und lässt keinen Zweifel an der Aufrichtigkeit seines Gottglaubens. Es wird im aufmerksamen Studium dieser Passagen jedoch auch klar, von was Chayyam eigentlich genau spricht, wenn er von Gott spricht: Gott und Wahrheit sind für ihn offenbar nur verschiedene Worte für dieselbe Sache. Sie unterscheiden sich lediglich in ihrem Gebrauch. Im religiösen Zusammenhang spricht er von Gott, in den Wissenschaften aber von Wahrheit. Die Gleichbedeutung von Gott und Wahrheit scheint vielleicht am deutlichsten in folgender Passage des *Viertelkreises* durch, die in mancherlei Hinsicht interessant ist:

> Dass Gott uns bewahre vor solcherlei Anschauungen, die uns in die Irre führen und uns daran hindern, die Wahrheit zu erkennen und unser Heil zu finden.[23]

---

[21] Dieser Abschnitt ist zugleich der Kommentar zu den Textstellen **Und Gott in der Höhe sei … Heil zu finden.** (93.32–92.6) und **Jedoch habe ich mich nicht … wir zu jeder Zeit.** (106.24–107.20).

[22] Siehe die Textstellen Seiten 87.1, 89.16, 92.33 f., 97.16, 102.25 f. und 106.38, 107.3, 107.20, 107.22, 111.23.

[23] Seite 93.4.

Die Anschauungen, vor denen wir bewahrt werden sollen, sollen weiter unten noch genauer betrachtet werden. Von größerem Interesse ist an dieser Stelle, dass die wissenschaftliche Wahrheit zu erkennen und religiöses Heil zu finden als unzertrennliche Einheit dargestellt werden: Allein die (Er-)Kenntnis Gottes ermöglicht die Erkenntnis der Wahrheit und andersherum. Dass Mehdi Aminrazavi (2005) in seiner sorgfältigen Studie von Chayyams Poesie und Philosophie ebenfalls zu dem Ergebnis kam, dass Wahrheit und Gott für Omar Chayyam dasselbe sind, rundet dieses Bild schon zu diesem frühen Zeitpunkt der Analyse angenehm ab und untermauert die Hypothese:

> [Chayyam] setzte Wahrheit mit Gott gleich, dessen Existenz er bewiesen hat, wenigstens zu seiner eigenen Zufriedenheit. Sein rational wissenschaftlicher Verstand konnte jedoch die religiösen Standardantworten auf die großen Rätsel der menschlichen Existenz nicht akzeptieren. Tatsächlich ging er noch weiter und stellte fest, dass niemand die Wahrheit in diesen Angelegenheit kennt und es daher keinen Sinn ergibt, hierum zu spekulieren. [...] Er macht sich nicht über das religiöse Gesetz lustig, sondern über den Eifer, mit dem die Leute ihm anhängen, indem er seine Kritik auf die Orthodoxie und ihre nachweisliche historische Tendenz, freies Denken zu unterbinden, richtet. Die Absicht seiner Kritik des religiösen Formalismus war womöglich, die Wahrheit zu enthüllen und nicht, sie zu leugnen.[24]

Die letzten Zeilen dieses Zitats, zu Omar Chayyams Dogmatismuskritik, nehmen Schlussfolgerungen vorweg, die sich aus der Lektüre der algebraischen Aufsätze erst noch ergeben werden. Aber festgehalten werden kann, dass das Streben nach der Wahrheit für Omar Chayyam dasselbe ist wie das Streben nach Gott – eine bei Rationalisten aller Epochen und Kulturen häufig anzutreffende «religiöse» Haltung. Ebenso wie für viele andere Rationalisten ist das Ausüben von Wissenschaft für Chayyam damit eine Art religiöser Handlung gewesen; die enge Verwebung von Gottesbezügen und wissenschaftlichen Aussagen und Aufgabenstellungen in seinen algebraischen Abhandlungen zeigt dies. Es erscheint nicht zu viel spekuliert, dass er es als gottesgläubiger Mensch als seine Pflicht und Würde verstand, mit den ihm gegebenen Methoden des Verstands nach der Wahrheit zu streben. Begründet findet man diese Annahme etwa in der Abhandlung über die *Teilung eines Viertelkreises*, wo Omar Chayyam die Rechtfertigung und Aufforderung für seine wissenschaftliche Tätigkeit direkt aus dem Koran bezieht, indem er wörtlich den elften Vers der 93. Koransure zitiert:

> Denn von seinen Wohltaten zu sprechen, bedeutet, dem Wohltäter seinen großen Dank zu sagen. Und dies ist, was er offenbarte: «Über die Gaben deines Herrn sollst du dankbar sprechen.»[25]

---

[24] Aminrazavi (2005, Seite 282).

[25] Seite 92.35. Diese und alle weiteren Koranübersetzungen nach Maher (2004).

Beyharhis Bericht zufolge war Chayyam ein exzellenter Kenner des Koran und der verschiedenen Interpretationen seiner Verse und in der Lage, selbst geschulten Theologen Mängel in ihrer Interpretation aufzuzeigen. Chayyam selbst sei Anhänger einer Interpretationsschule gewesen, die er «allen anderen vorzog» und die sich von jener der Schultheologen offenbar unterschied.[26] Wie ist dann – auf den Spuren Chayyams – dieses so auffällig platzierte Koranzitat zu interpretieren?

Die 93. Sure ist mit «Der glorreiche Morgen» überschrieben und spricht davon, dass das Jenseits besser sein wird als das Diesseits (Vers 4), dass uns aber bereits im Diesseits Gott vieles gibt (Vers 5). Anschließend ist von den diesseitigen Gaben die Rede: Insbesondere habe Gott den Menschen «als Waise gefunden und in seine Obhut genommen» (Vers 6), er habe ihn «umherirrend gefunden und ihn recht geleitet» (Vers 7); er habe uns «arm gefunden und uns reich gemacht» (Vers 8). In den Versen 9 und 10 schließlich wird der Leser aufgefordert, «die Waise nicht zu unterdrücken» und «den Bettler nicht hart abzuweisen.»

Es ist also in dem Zitat von den Gaben die Rede, die man jenen, die die Gaben Gottes noch nicht erhalten haben – der Waise und dem Bettler – zukommen lassen soll. In der schulmäßigen Interpretation ist die gemeinte Gabe Gottes der rechte Glaube, das heißt, der Islam ist es, der den Menschen recht leitet und ihn reich macht. Verse 9, 10 und 11 sind dann die Aufforderung, den rechten Glauben zu verbreiten. Andere mögliche Übertragungen des 11. Verses ins Deutsche sind: «Aber erzähle deinen Landsleuten wieder und wieder von der Gnade deines Herrn!» (von Paret) und «Und sprich überall von der Gnade deines Herrn.» (von Rassoul). Sie betonen den Aspekt des Verbreitens. Was aber hätte ein solcher missionarischer Aufruf in einem wissenschaftlichen Aufsatz zu suchen? Für die Antwort muss man zum einen Beyharhis Mitteilung berücksichtigen, wonach Chayyam zu besonderer Koranauslegung neigte, zum anderen den Kontext, in den Chayyam den 11. Vers dieser Sure stellt: Der Vers folgt direkt auf die Textstelle, in der Chayyam seinen Leser auffordert, sich die mathematischen Begriffe, die er, Omar Chayyam, einführt, «anzueignen» und zu «vervollkommnen». Direkt im Anschluss an den Vers verwahrt sich Chayyam gegen den Vorwurf der Aufschneiderei.[27] Dies lässt eigentlich nur eine mögliche Lesart dieser Textstelle zu: Die Gabe, für die Omar Chayyam Gott Dank sagt, ist das Vermögen zum Betreiben dieser Wissenschaft, also das Vermögen der Vernunft. Die mögliche Auf-

---

[26] Siehe Seite 279.

[27] Vgl. das Chayyam-Zitat auf Seite 74.

schneiderei besteht dann darin, dass Chayyam mit der Überlegenheit seiner Ratio, »seiner Gabe Gottes«, prahlen könnte. Diese Interpretation der Sure ist vollständig kohärent. Denn die Vernunft befähigt den Menschen zum aufmerksamen Studium seiner Umwelt; er kann sich so in ihr zurechtfinden, seine «Verirrung beenden» und wird durch seine Erkenntnisse «bereichert». Die Befähigung des Menschen zu dieser Erkenntnis ist die Gabe Gottes an den Menschen. Nun beinhaltet Vers 11 die Aufforderung, von den Gaben des Herrn zu sprechen, aber Chayyam verbreitet in seiner Abhandlung nicht den Gottesglauben, wie es die schulmäßige Interpretation der Sure verlangt, sondern wissenschaftliche Erkenntnis, also die Früchte der Verwendung seiner Vernunft, der wahren Gabe Gottes!

Die Wahl dieser Sure ist ein genialer Kniff. Zum einen bezieht Chayyam damit direkt aus dem Koran die Aufforderung, von dem rationalen Erkenntnisvermögen des Menschen, sprich: von den rationalen Wissenschaften, zu sprechen und zu schreiben. Es kann nur vermutet werden, dass diese Rechtfertigung eine notwendig gewordene Selbstverteidigung des Mathematikers und Philosophen war, der seine rationale Disziplin zunehmender öffentlicher Ächtung und Verfolgung ausgesetzt sah. Das Zitat diente in dieser Interpretation dann wohl dazu, jenen Koranfetischisten den Wind aus den Segeln zu nehmen, die alle Philosophie, die sich nicht ausschließlich mit dem Koran und den Gewohnheiten des Propheten Muhamad auseinandersetzte, als gottlos straften und verfolgen ließen. Die Notwendigkeit einer solchen Selbstverteidigung zeigt dann auch, wie weit die rationalen Wissenschaften in der islamischen Welt bereits zu Chayyams Lebzeiten in die Ecke gedrängt worden waren.

Zum anderen ist dieses Zitat insoweit klug gewählt, als dass der Koran hier explizit nicht fordert, vom Herrn zu sprechen, sondern von seinen Gaben. Auch soll von den diesseitigen Gaben gesprochen werden, nicht von den jenseitigen. Indem Chayyam vom Streben nach rationaler Erkenntnis der diesseitigen Welt spricht und schreibt, erfüllt er also den Willen Gottes; er täte dies nicht, wenn er von Gott und vom Jenseitigen spräche, das heißt, wenn er Theologie betriebe. Dies ist also ein indirekter Vorwurf an die orthodoxen Geistlichen seiner Zeit, dass es in Wirklichkeit sie seien, die gottlos handelten. Indem der Mensch sein Vernunftvermögen verwendet, nähert er sich dem Göttlichen im Diesseits.[28] Beyharhi spricht dieses Weltbild Chayyams an, als er dessen letzte Worte auf dem Sterbebett wie bereits zitiert angibt:

---

[28] Das Motiv der Erkundung und des Auskostens des Diesseits ist auch eines der Hauptmotive der berühmten *Rubaiyat*, die Chayyam zugeschrieben werden.

> Du weißt, dass ich, soweit es mir möglich war, Dich erkannt habe, und vergib mir.
> Denn in meiner Kenntnis von Dir besteht meine Annäherung an Dich.[29]

Ebenfalls spricht Beyharhi hier den für die Entwicklung von Chayyams Weltbild so wichtigen Begriff der «Kenntnis» Gottes an, der in Chayyams früherer Abhandlung über den *Viertelkreis* noch nicht auftaucht, in seiner späteren *Algebra* aber erkennbar an Bedeutung gewonnen hat. Dies ist einer der Punkte, in denen zwischen dem *Viertelkreis* und der Algebra eine deutliche Entwicklung stattgefunden hat.

In der *Algebra* sind die direkten Gottesbezüge seltener. Während Chayyam sein Weltbild, wonach nicht von Gott selbst, sondern von der Gabe Gottes gesprochen werden soll, im *Viertelkreis* nur über den Umweg eines Koranzitats darstellte, formuliert er es in der *Algebra* unumwunden und in eigenen Worten. Er schreibt über seine wissenschaftlichen Ergebnisse, sie seien das,

> was ich mit Sicherheit in den Wissenschaften ergründet habe und mich dem Sitz
> des Erhabenen näherbringt.[30]

Hierin ist deutlicher als zuvor das Bestreben ausgedrückt, dem Göttlichen auf dem Wege der rationalen Wissenschaften näherzukommen. Dies bestätigt die Ergebnisse der obigen Analyse. Es tritt aber nun das erwähnte neue, vormals nur in Andeutungen erkennbare Element des Weltbilds Omar Chayyams zutage: Dieses zusätzliche Element ist die Überzeugung, dass nur die im Studium der weltlichen Erscheinungen gewonnenen Erkenntnisse auch wirkliche, das heißt gesicherte Erkenntnisse sind. Dieser im *Viertelkreis* noch nicht explizit ausgesprochene, sehr moderne Gedanke findet sich in der *Algebra* vielfach.[31] Diese Anschauung impliziert freilich, dass der Versuch, die Göttlichkeit direkt zu erkennen, nur ungesicherte Erkenntnisse erlaubt und damit Spekulation bleiben muss. Mit Sicherheit kann also nur vom Diesseits gesprochen werden – von dem, was Gott geschaffen hat. Unser Erkennen Gottes ist also immer nur eine Annäherung an ihn. Und diese Annäherung, die Erkundung der diesseitigen Welt, der Natur und ihrer Erscheinungen, geschieht mit den gesicherten Methoden der Vernunft, also mit wissenschaftlichen Methoden. Aus rein praktischen Gründen kann man daher vom Standpunkt der Wissenschaften aus auch die Begriffe Gott und Natur in gleichbedeutender Weise verwenden, da nur das Studium der Natur die Annäherung an eine Erkenntnis Gottes ermöglicht und eine größere Annäherung als durch

---

[29] Siehe Seite 281.

[30] Seite 107.13.

[31] Siehe Seiten 106.21, 106.31, 107.13.

dieses Studium nicht erreicht werden kann. Dieses Motiv, dass nur das Diesseits mit Sicherheit und direkt erlebbar ist, dass andererseits über alles, was vor und nach dem diesseitigen Leben ist, nur spekuliert werden kann, ist wie erwähnt eines der Hauptmotive der *Rubaiyat*. Die Idee aber, dass wir Gott oder gleichbedeutend die Wahrheit nicht direkt, sondern nur durch ihre Manifestierung im Hier erkennen können, ist natürlich keine exklusive Auffassung Chayyams sondern eine Tradition der persischen Rationalisten, aber beispielsweise auch in der deutschen Ideengeschichte nicht unbekannt. Wir erwähnen Goethe, der wie Chayyam sowohl in der Poesie als auch in den Wissenschaften nach dem Erkennen der Welt strebte. Goethe schrieb in seinem *Versuch einer Witterungslehre:*

> Das Wahre, mit dem Göttlichen identisch, lässt sich niemals von uns direkt erkennen, wir schauen es nur im Abglanz, im Beispiel, Symbol, in einzelnen und verwandten Erscheinungen; wir werden es gewahr als unbegreifliches Leben und können dem Wunsch nicht entsagen, es dennoch zu begreifen. Dieses gilt von allen Phänomenen der fasslichen Welt [...].

Formulierungen dieser Idee finden sich auch in Goethes dramatischen Inszenierungen, besonders eindrucksvoll etwa zu Beginn des II. Teils des Faust-Dramas, als Faust erkennt, dass er nicht die Sonne direkt anschauen, sondern nur ihren farbigen Abglanz, den Regenbogen, bewundern und mit wissenschaftlichen Methoden untersuchen kann. Es ist aber kein Zufall, dass dieses Motiv des Abglanzes des Göttlichen sich ganz besonders durch Goethes *West-Östlichen Diwan* zieht wie durch kaum ein anderes seiner Werke. Die Quelle dieser Inspiration finden wir im Gedankengut der persischen Dichter.

Aus der Perspektive der Wissenschaften, das heißt unter praktischen Gesichtspunkten, kann man aus dieser Anschauung die Konsequenz ziehen, von Natur und Gott als von gleichbedeutenden Dingen zu sprechen. Diese Gleichbedeutung der Begriffe findet in der europäischen Ideengeschichte ihren Ausdruck in Spinozas berühmter Formel *deus sive natura* («Gott beziehungsweise die Natur») von der Austauschbarkeit von Gott und Naturgesetz und stellt das religiöse Bekenntnis vieler Rationalisten der Geschichte und wohl der Mehrzahl zeitgenössischer Naturwissenschaftler dar. Prominentes Beispiel ist Albert Einstein, der 1929 in einem Telegramm kurz und knapp bekannte:

> Ich glaube an Spinozas Gott, der sich in der gesetzlichen Harmonie des Seienden offenbart, nicht an einen Gott, der sich mit Schicksalen und Handlungen der Menschen abgibt.[32]

---

[32] Zitiert nach Drewermann (2002, Seite 726).

Dieser Gott freilich hat wenig zu tun mit dem Gott der großen Schriftreligionen; dies zunächst, weil er sich, wie von Einstein festgestellt, nicht mit dem Schicksal des Einzelnen befasst; vor allem aber, weil die Natur offensichtlich beständig veränderlich und wandelbar ist, wohingegen der Gott der Schriftreligionen als ewig und unwandelbar gilt.

Wie passt aber nun Omar Chayyams religiöses Bekenntnis in den Kontext seiner mathematischen Arbeit? Wäre ein solches Bekenntnis zum rationalistischen Weltbild in einer philosophischen Schrift nicht viel besser aufgehoben gewesen als in einem Buch über die Lösung kubischer Gleichungen? Vielleicht fürchtete Omar Chayyam die Wirkung eines solch offenen Bekenntnisses in einem philosophischen Aufsatz, da er erwartete, dass dieser von den zeitgenössischen Theologen gelesen und seine Kritik erkannt würde. Vielleicht hoffte er, dass seine algebraischen Arbeiten nur von seinen Schülern und von wenigen weiteren Spezialisten gelesen würden, sodass seine offene Kritik an der Schriftreligion nur an die «richtigen» Leute geraten würde. Jene, die für solcherlei Ideen empfänglich wären oder zumindest Verständnis dafür aufbringen könnten. Denn im inhaltlichen Zusammenhang der Algebra und angesichts von Chayyams Lebensumständen kann man seine Ausführungen kaum anders lesen denn als eine Kritik der dogmatischen Theologie, die den Koran als von Gott erschaffen auffasst und seine Auslegung als die einzige gottgerechte Betätigung des Geistes akzeptierte.

Aus den folgenden zwei Zitaten, jeweils eines aus jeder seiner Abhandlungen, wird deutlich erkennbar werden, dass die hier motivierte These, Omar Chayyam übe in seinen wissenschaftlichen Arbeiten direkte Kritik an der orthodoxen Theologie seiner Zeit, keine reine Spekulation ist. Vielen, die sich einzig mit Omar Chayyams Poesie auseinandersetzen, entgeht, dass diese unverhohlene Kritik an religiös-dogmatischer Engstirnigkeit durchaus nicht nur in seinen Vierzeilern formuliert ist – sofern diese überhaupt von ihm stammen –, sondern eben auch in seinen mathematischen Aufsätzen. Mehr noch: Dadurch, dass sie nicht in lyrisch-symbolischer Form, sondern im Kontext und mit den Mitteln der Sprache der Wissenschaft ausgedrückt wird, wirkt sie um einiges schärfer. Schon im *Viertelkreis* heißt es, direkt anschließend an die oben zitierte Selbstverteidigung:

> Und dass der Leser nicht denke, es sei Liebe an der Aufschneiderei, die bei dieser Gelegenheit die Zunge führt, denn dies ist gemeinhin der Fall bei den Sittenlosen, den Selbstgefälligen und den Selbstzufriedenen. Die Selbstzufriedenheit ist das Vorrecht der niederen Leute, denn ihre Seele kann von den Wissenschaften nur einen winzigen Teil begreifen. Und wenn sie diesen einmal begreifen, glauben sie, dass dieses Wenige alle Wissenschaften umfasst und in sich vereint. Dass Gott uns

bewahre vor solcherlei Anschauungen, die uns in die Irre führen und uns daran
hindern, die Wahrheit zu erkennen und unser Heil zu finden.[33]

Wie schon das Koranzitat, so ist auch dies eine für eine mathematische Abhandlung überaus ungewöhnliche Einlassung, die sich, insbesondere da sie
direkt auf das obige Koranzitat folgt, nur auf eine Weise lesen lässt: Mit den
«niederen Leuten», die schnelle und simple Antworten und Erklärungen verlangen und die sich an das Wenige klammern, das sie begriffen haben, meint
Chayyam offenbar seine orthodoxen Zeitgenossen – jene Religiösen, die aus
ihren einfachen Regeln allgemeine Gesetze und einen umfassenden Wahr-
heitsanspruch ableiteten und die mit ihrem Macht- und Sendungsbewusst-
sein das unabhängige, freie Denken zu ersticken begonnen hatten. Es kann
auch spekuliert werden, ob die theologische Hauptfigur des Islam, der Vertreter des Okkasionalismus Rhasali persönlich gemeint ist. Wären mit den «niederen Leuten» einfach Ungebildete gemeint, etwa die einfache Stadt- und
Landbevölkerung, so wäre diese Einlassung eine Überheblichkeit solcher Art,
die Chayyam doch gerade vernichtend zu kritisieren im Begriff ist. Während
nun Chayyam tatsächlich großes wissenschaftliches Selbstbewusstsein hatte,[34] deutet in seinen Texten und in den vorliegenden Berichten aber wenig
darauf hin, dass er derart arrogant gewesen wäre. Beyharhi schreibt zwar,
Chayyam hätte ein «schlechtes Naturell» gehabt und sei «mürrisch» gewesen. Aber es darf vermutet werden, dass diese wenig wohlwollende Zuschreibung auf eine eher akademische Abneigung oder auf das frühere Lehrer-
Schüler-Verhältnis zwischen den beiden zurückgeht. Eine solch beleidigende
Schärfe gegenüber Menschen, die sich nicht wehren können, würde jedoch
sicher auch Beyharhi Chayyam nicht unterstellen. Sie wäre eines Gelehrten
des Formats Omar Chayyams unwürdig.

Einige Jahre später, bei der Abfassung der *Algebra*, war die Situation in
Chayyams Umfeld offenbar nicht besser geworden. Er schreibt, dass er für einige Zeit an der Ausübung der Wissenschaft gehindert worden sei.[35] Erst die
finanzielle Unterstützung und Gastfreundschaft Abu Tahirs ermöglichte die
materielle Unabhängigkeit, die Chayyam für seine Forschungen benötigte. In
der *Algebra*, die er während dieses Gastaufenthalts schrieb, wiederholt und
verschärft Chayyam dann seine aus dem *Viertelkreis* bekannte Klage:

Denn wir erleben das Siechtum der Männer der Wissenschaft, mit Ausnahme einer
kleinen Gruppe, deren Umfang so klein ist wie ihr Kummer groß, und deren ein-

---

[33] Seiten 92.36–93.6.
[34] Siehe Seite 179.
[35] Siehe Seite 106.28.

zige Sorge es ist, Zeit aufzutreiben um diese darauf verwenden zu können, sich der
Vollendung und der sicheren Kenntnis der Wissenschaft zu widmen. Die meisten
aber, die sich heute den Anschein von Gelehrtheit geben, bemänteln das Falsche
mit dem Wahren, kommen niemals über den Betrug und die gelehrte Prahlerei
hinaus und nutzen ihr weniges Wissen für rein weltliche und schändliche Zwecke.
Wenn sie aber einem begegnen, der sich allein um die Wahrheit bemüht, der die
Ehrlichkeit bevorzugt und die Falschheit und die Lüge mit Nachdruck ablehnt, so
verkaufen sie ihn als einen Dummkopf und verhöhnen ihn.[36]

Diese Worte klingen noch unversöhnlicher. Man kann Omar Chayyams Mut
nur bewundern, angesichts des aufflammenden Dogmatismus' um ihn herum eine solch unverhohlene Kritik engstirniger Geisteshaltung zu veröffent-
lichen. Selbst, wenn er sie in einer mathematischen Abhandlung versteckt.

Dass aus Omar Chayyams späteren Lebensabschnitten keine wissenschaftlichen Aufsätze mehr überliefert sind, kann als Hinweis darauf verstanden
werden, dass ihm die weitere Ausübung dieser Wissenschaft schließlich vollends untersagt oder unmöglich wurde. So sind wir für die restlichen Lebensjahre Omar Chayyams auf Berichte von Dritten angewiesen, aus deren
Tonfall sich jedoch einiges herauslesen lässt. Aus dem Bericht des Chayyam-
Biografen al-Rhefti (1172–1248) war bereits zitiert worden:

Und da die Leute seiner Zeit ihn seines Glaubens wegen anklagten und enthüllten,
was er von seinen Geheimnissen verbarg, fürchtete er für sein Leben und hielt Zunge und Schreibrohr im Zaum.[37]

Dieses schon kurz nach seiner Lebzeit sich etablierende Bild von «Chayyam,
dem Ungläubigen» verfestigte sich schnell. Während Chayyam weiterhin als
größter Gelehrter seiner Zeit galt, wurde er zunehmend als ein verwirrter
Anhänger einer unnützen Denkschule verunglimpft. Der genannte al-Rhefti
berichtete weiter:

In der Sternkunde und Philosophie war er unerreicht, und auf ihn wurde das
Sprichwort gemünzt: «Hätte er nur seinen guten Ruf bewahrt!» Von ihm stammen auch feine Dichtungen, deren verborgener Sinn sich aus den verhüllten Dingen zeigt und deren ursprüngliche Absicht die Trübe ihres verbergenden Sinnes
(noch weiter) trübt.[38]

Was hier scheinbar harmlos als verborgener und trüber Sinn bezeichnet wird,
ist nichts anderes als der Vorwurf der Blasphemie – zu Zeiten orthodoxer Ty-
rannei ein lebensbedrohender Vorwurf. Chayyams Suche nach der Wahrheit
mit den Mitteln des Verstands wurde nicht mehr angenommen; sie wurde

---

[36] Seite 106.28–106.38.
[37] Siehe Seite 56.
[38] Ebd.

als gotteslästerlicher Akt, als häretischer Zweifel an der Allweisheit Gottes
aufs Härteste verfolgt. Ein erschreckender Ausdruck dieses grundsätzlichen
Wandels in der islamischen Welt, die während mehrerer Jahrhunderte groß-
artige wissenschaftliche Leistungen in Medizin, Astronomie und Mathematik
hervorgebracht hatte, war – wie bereits erwähnt – die öffentliche Verbrennung der Schriften Abu Ali Sinas im Jahr 1150 in Bagdad. Chayyam und den
Anhängern des Rationalismus der vorangegangen Jahrhunderte wurde vor-
gehalten, die im Koran präsentierten Wahrheiten über alle für die mensch-
liche Existenz relevanten Fragen nicht eingesehen zu haben. Bereits hundert
Jahre nach dem Tode Chayyams finden wir die folgende, gnadenlose Darstellung eines gewissen Nadschm al-Din Rasi, der Chayyam in seinem Buch
Merßad al-Ebad («Der Wachtturm des Gläubigen») als zur wahren Erkenntnis Unfähigen beschreibt:

> Den Philosophen, Säkularisten und Materialisten fehlt der Glaube und die mysti-
> sche Erkenntnis, und so sind sie verwirrt und verloren. Einer unter diesen, die für
> das Lernen und das Gelehrtsein blind sind, war Omar Chayyam.[39]

An der Dominanz des Dogmas von der Unerschaffenheit des Koran hat sich
in zahlreichen islamischen Ländern bis heute wenig geändert, dasselbe gilt für
die Bewertung Omar Chayyams durch die religiösen Autoritäten. Die Tatsache, dass Omar Chayyam von zahlreichen autokratischen und diktatori-
schen Regimes weltweit verteufelt wird, mag ihren Teil beigetragen haben zur
großen Anziehungs- und Wirkungskraft, die die ihm zugeschriebene Poesie
auf Freidenker und Liberale weltweit ausübt. Auf das Verbot der *Rubaiyat*-
Ausgabe von Rosen durch die Nationalsozialisten etwa wurde hingewiesen.[40]
Chayyam wird gefeiert als unabhängiger Denker und als Verfechter der Vernunft und der Lebenslust, wobei hier unter Lebenslust neben einer Prise Ero-
tik vor allem die Lust am Erkunden der diesseitigen Welt zu verstehen ist.

---

[39] Zitiert nach Dashti (1971, Seite 221).
[40] Siehe Seite 5 f.

Literaturverzeichnis

Aminrazavi M. (2005) *The Wine of Wisdom: The Life, Poetry and Philosophy of Omar Khayyam*. Oneworld Publications, Oxford

Dashti A. (1971) *In Search of Omar Khayyam*. George Allen & Unwin Ltd, London

Drewermann E. (2002) *Im Anfang ... Die moderne Kosmologie und die Frage nach Gott*. Walter Verlag, Düsseldorf und Zürich

Hedayat S. (1934) *Taranehaye Khaijam*. Teheran

Hinz W. (Hrsg.) (1977) *Am Hofe des persischen Großkönigs*. Erdmann, Tübingen, Basel

Jacob G., Wiedemann E. (1912) *Zu Omer-i-Chajjâm*. Der Islam III:42–62

Kiani M. J. (Hrsg.) (1987/88) *Schahrhaye Iran*, Vol 2. Teheran

Maher M. (2004) *Der Koran*, 5. Auflage. Beck, München

Rempis C. H. (1935) ʿOmar Chajjām und seine Vierzeiler. Nach den ältesten Handschriften aus dem Persischen verdeutscht. Verlag der deutschen Chajjām-Gesellschaft, Tübingen

Rosen F. (1909) *Die Sinnsprüche Omars des Zeltmachers. Rubaijat-i Omar-i Khajjam*. Deutsche Verlagsanstalt, Stuttgart und Berlin, 1912 erschien eine II., vermehrte Auflage; 1919 erschien die vom Autor als vollständig angesehene III. Auflage

Tirtha S. G. (1941) *The Nectar of Grace. Omar Khayyam's Life and Works*. Allahabad

Teil II
Omar Chayyams algebraische Abhandlungen

Kapitel 4
Hinweise zu den Texten und ihrer Präsentation

4.1 Zur mathematischen Kommentierung

In diesem II. Teil werden die beiden algebraischen Aufsätze Omar Chayyams in deutscher Sprache vorgelegt. Am inneren Rand der Übersetzungen befindet sich ein Zeilenzähler, am äußeren Rand befinden sich an gegebener Stelle Verweise auf den mathematischen Kommentarteil als Seitenangabe neben dem Verweiszeichen: ▸ . Alle mathematischen Kommentare zu den Abhandlungen befinden sich im III. Teil des Buchs ab Seite 157. In jenem III. Teil findet sich auf der angegebenen Seite als erste Orientierungshilfe am äußeren Rand dasselbe Verweiszeichen, das auf den Beginn des jeweiligen Kommentars zeigt. Zur weiteren Orientierung ist jeder Kommentar weiterhin mit einer Überschrift versehen, die Anfang und Ende der kommentierten Textstelle sowie die zugehörigen Seiten- und Zeilenzahlen aufruft. Ein Kommentar kann sich auf verschiedene Textstellen beziehen.

4.2 Zur Methode

Bevor in den beiden folgenden Abschnitten Hinweise zu den vorherigen, fremdsprachigen Ausgaben dieser Abhandlungen sowie zu den handschriftlichen Manuskripten gegeben werden, ist ein Hinweis zur Methode angebracht: Ich habe die beiden Abhandlungen nicht aus dem Arabischen ins Deutsche übersetzt, da ich nur über sehr grundlegende Kenntnisse des Arabischen und des Persischen verfüge. Diese Kenntnisse würden keineswegs ausreichen, die handschriftlichen Manuskripte in zufriedenstellender Art und

Weise ins Deutsche zu übertragen. Die Texte wurden vielmehr aus den im Folgenden genannten englisch- und französischsprachigen Texten, vor allem aus den französischsprachigen Ausgaben von Woepcke und von Rashed und Vahabzadeh ins Deutsche übertragen. Ich erhebe keinerlei Anspruch auf eine kritische Übersetzung, die der Grammatik und dem Vokabular der Originale besonders treu wäre, die dem Kenntnisstand aktueller Methoden der Übertragung mittelalterlicher arabischer Texte ins Deutsche entspräche oder die Kenntnisse besonderer historischer Umstände der Abfassung oder Niederschrift der Manuskripte berücksichtigt, die über das im I. Teil Gesagte hinausgehen. Da in diesem Buch die Mathematik der Arbeiten im Vordergrund stehen soll, erscheint diese Vorgehensweise aber gerechtfertigt. Zumal grundsätzliche Kenntnisse des Arabischen genügen, um die wenigen scheinbaren mathematischen Unstimmigkeiten in den Abhandlungen, wie etwa das Auftauchen falscher Streckenabschnitte in Gleichungen oder völlig falsche Beziehungen zwischen Größen, durch einen vergleichenden Blick in das Manuskript (dies insbesondere im Fall des Viertelkreises) oder aber in den arabischen Text der kritischen Ausgabe von Rashed und Vahabzadeh als Unstimmigkeiten der Übersetzungen zu identifizieren.

4.3 Die Abhandlung über die Teilung eines Viertelkreises

Rashed und Vahabzadeh zufolge befindet sich das einzige bekannte Manuskript im Besitz der Universitätsbibliothek zu Teheran. Dieses Manuskript war zunächst von Mossaheb (1961) als Faksimile abgedruckt und ins Persische übersetzt worden. Tirtha (1941) verwies auf ein Manuskript dieses Aufsatzes, aus dem im August 1931 Auszüge im «*Sharq Magazine*, Tehran» in persischer Übersetzung veröffentlicht worden seien. Diese Zeitschrift konnte in einer Recherche allerdings nicht identifiziert werden. Übersetzungen ins Englische von Amir-Moéz (1963), ins Russische von Krasnova und Rosenfeld (1963) und ins Französische von Rashed und Djebbar (1981) folgten. Die letztgenannte Übersetzung wurde von Rashed und Vahabzadeh (1999) erneut herausgebraucht. Sie enthält nachweislich des Faksimile-Abdrucks von Mossaheb einige wenige mathematische Ungenauigkeiten.

4.4 Die Abhandlung über die Algebra und die Murhabala

Rashed und Vahabzadeh nennen sieben Manuskripte, die als Grundlage ihrer kritischen Ausgabe dienten. Diese werden hier rein informativ angeführt, ohne die ausführliche Diskussion von Rashed und Vahabzadeh (1999, Seite 109 ff.) zu wiederholen. Die Abkürzungen dienen der Orientierung in der Abb. 4.1, die einen Versuch der Rekonstruktion der Manuskript-Chronologie darstellt und auf einer entsprechenden Abbildung von Rashed und Vahabzadeh basiert. Der Zeitpfeil in der Abbildung trägt zur Orientierung Jahreszahlen des christlichen Kalenders.

Ba Nationalbibliothek Paris, Arabische Sammlung Nr. 2461.
Datiert 1203 oder 1229

B Nationalbibliothek Paris, Arabische Sammlung Nr. 2458.
Datiert 1144

K Bibliothek der Universität Columbia (New York), Smith Or. 45(8).
Datiert ca. 13. Jh.

L Universitätsbibliothek Leiden, Or. 14.
Datiert ca. 13. Jh.

N Bibliothek des India Office (London), Loth 734.
Datiert ca. 16. Jh.

S Salar Lang Museum (Hyderabad), RI23.
Datiert 1700

P Bibliothek des Vatikan (Rom), Barb. Or. 36.
Datum unklar

Für mehr Informationen zu den Kopisten und den Eigenheiten der einzelnen Manuskripte konsultiere man die Ausgabe von Rashed und Vahabzadeh (1999). Die aufgrund der Ähnlichkeiten mancher der Manuskripte vermuteten Manuskripte [x] wurden nicht aufgefunden, weitere spätere Abschriften existieren, wurden aber nicht berücksichtigt.

Die erste Übersetzung der *Algebra* in eine westliche Sprache wurde vom deutschen Orientalisten Franz Woepcke angefertigt, der sie im Jahr 1851 in Paris ins Französische übertrug. Diese Ausgabe von Woepcke (1851) basierte auf den Manuskripten [B], [Ba] und [L]. Wiewohl dies Geschmackssache sein mag, erscheint seine Ausgabe noch immer die beste und systematischste, selbst wenn alle mathematischen Kommentare in Form von Fußnoten in den Text eingefügt sind, was die Lektüre ein wenig erschwert. Freilich ist aber diese Übersetzung aus dem Jahr 1851 nunmehr selbst ein historisches Do-

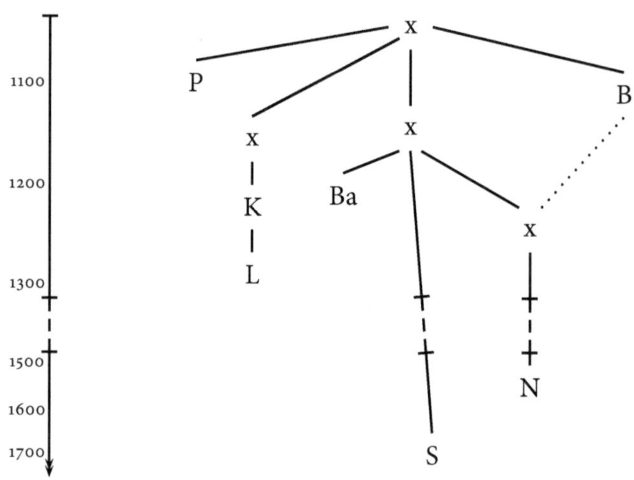

Abb. 4.1 Chronologie der sieben Manuskripte der Algebra

kument und wurde nie wieder neu gedruckt. Die *Algebra* wurde später von
Kasir (1931) und ein weiteres Mal von Winter und Arafat (1950) ins Englische übersetzt, schließlich ins Persische im genannten Buch von Mossaheb
(1961) und schließlich ins Russische von Krasnova und Rosenfeld (1963). Die
kritische Ausgabe des arabischen Texts und eine erneute Übersetzung ins
Französische schließlich besorgten Rashed und Vahabzadeh. Dieser letztgenannte Text ist Ausgangspunkt der vorliegenden Übersetzung.

Literaturverzeichnis

Amir-Moéz A. R. (1963) *A paper by Omar Khayyam.* Scripta Math 26:323–337
Kasir D. S. (1931) *The Algebra of Omar Khayyam.* New York
Krasnova S. A., Rosenfeld B. A. (1963) *Omar Khayyam pervy algebraicheskiy
    trakta.* Istoriko-matematicheskie issledovaniya 15:445–472
Mossaheb G. H. (1961) *Hakim Omare Khayyam as an Algebraist. Texts and
    Translation of Khayyam's Works on Algebra, with introductory chapters and
    commentaries.* Society for the Appreciation of Cultural Works and Digni-
    taries / Iranian National Commission for UNESCO, Teheran

Rashed R., Djebbar A. (1981) *L'œuvre algébrique d'al-Khayyâm*. Presses de l'Université, Alep

Rashed R., Vahabzadeh B. (1999) *Al-Khayyam Mathématicien*. Albert Blanchard, Paris

Tirtha S. G. (1941) *The Nectar of Grace. Omar Khayyam's Life and Works*. Allahabad

Winter H. J. J., Arafat W. (1950) *The Algebra of Umar Khayyam*. Journal of the Royal Asiatic Society of Bengal 16:27–78

Woepcke F. (1851) *L' algèbre d'Omar Khayyam*. Duprat, Paris

Kapitel 5
Über die Teilung eines Viertelkreises [▸ S. 163]

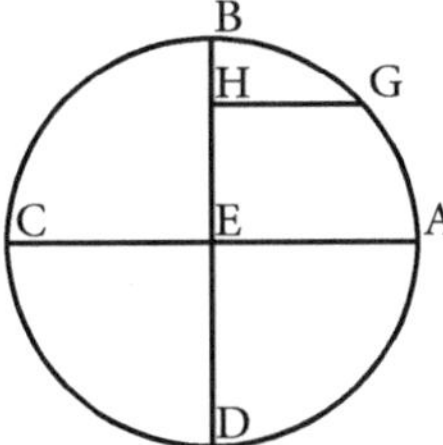

Abb. 5.1

Im Namen Gottes des Gütigen und des Barmherzigen, dem wir uns
anvertrauen und den wir anflehen um Errettung aus unserer Not.

Wir wollen das Viertel AB des Kreisbogens ABCD im Punkt G in zwei Teile
teilen und die Senkrechte GH auf BD derart errichten, dass das Verhältnis
von AE zu GH gleich sei dem Verhältnis von EH zu HB. E ist der Mittelpunkt
des Kreises, AE ist sein Radius (Abb. 5.1).   ▸ S. 164

Nehmen wir an, wir haben dies so weit ausgeführt, dass die Analyse uns
auf etwas Bekanntes geführt hat. Wir werden dann im Anschluss daran auf
die gleiche Weise die Figur wieder zusammensetzen. Wir zeichnen erneut
den Kreis ABCD um den Mittelpunkt E, und wir zeichnen AC und BD, die
sich in einem rechten Winkel schneiden. Wir errichten die Senkrechte GH
so, dass das Verhältnis von AE zu GH gleich dem Verhältnis von EH zu HB
ist. Wir zeichnen die beiden Senkrechten KGI und IBM und vervollständigen
das Rechteck IL, nachdem wir die Gerade BM gleich zu AE konstruiert haben
(Abb .5.2).

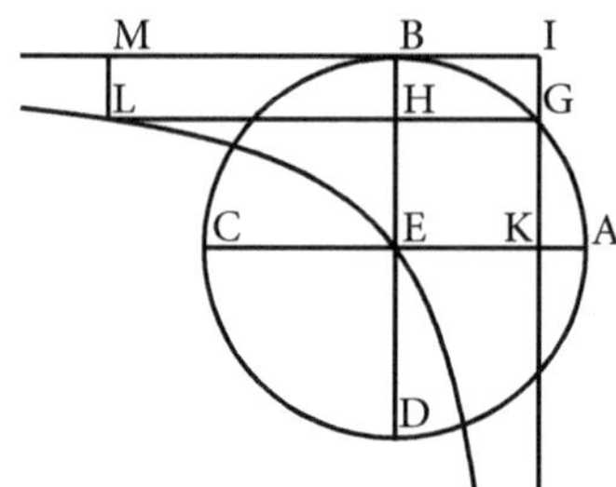

Abb. 5.2

Da das Verhältnis von AE zu GH gleich dem Verhältnis von EH zu HB ist, und
da BM gleich AE ist, ist das Verhältnis von BM zu GH gleich dem Verhältnis
von EH zu HB, und das Produkt von BM und HB ist gleich dem Produkt
von GH und EH, so wie es Euklid in Satz 16 des VI. Buchs seiner *Elemente*
gezeigt hat. Das Produkt von BM und HB ist jedoch das Rechteck BL, und   5
das Produkt von GH und EH ist das Rechteck HK, die Rechtecke BL und HK
sind demnach flächengleich. Fügen wir beiden gemeinsam das Rechteck HI
hinzu. Das Rechteck IE ist dann flächengleich mit dem Rechteck IL. Wenn
wir eine Hyperbel konstruieren, die keine der beiden Geraden KI und IM
berührt und die durch den Punkt E geht, so wie es Apollonius im 59. Satz   10
des I. Buchs seiner Arbeit über die *Kegelschnitte* und in den Sätzen 6 und 5
des II. Buchs dieser Arbeit gezeigt hat – diese Konstruktion erfolgt in der Tat
vermöge dieser drei Sätze –, so geht diese Hyperbel notwendigerweise durch
den Punkt L, wie es in der Umkehr des 8. Satzes des II. Buchs der Arbeit über
die *Kegelschnitte* gezeigt worden ist.   15

S. 161 ◄ Der Punkt E ist der Lage nach gegeben, die Gerade BM ist der Lage und
der Größe nach gegeben. In der Zusammensetzung der Figur allerdings ist
die Lage des Punktes L nicht gegeben. Wenn sie gegeben wäre, so wäre auch
die Lage des Punktes H gegeben, da die Gerade HL der Größe nach gegeben
ist, es wäre also die Größe der Geraden BH gegeben, und die ganze Figur wäre 20
gegeben. Und genauso ist die Lage der Geraden IK nicht gegeben, denn wäre
diese gegeben, so wäre der Punkt I der Lage nach gegeben, und wenn der
Punkt I der Lage nach gegeben wäre, so wäre die Gerade IB der Größe nach
gegeben, und wenn die Gerade IB der Größe nach gegeben wäre, so wäre die
Figur gegeben. So ist es aber nicht, da es unser Ziel ist, die Figur zu kennen.   25

Wenn also der Punkt L der Lage nach gegeben wäre oder wenn die Gerade IK der Lage nach gegeben wäre, so wäre es möglich, die Figur zusammenzusetzen. Keine der beiden jedoch ist leicht zu erkennen. Unter Vermeidung dieser ▸ S. 164 Vorgehensweise wird der Wissenschaftler, der das Buch über die *Kegelschnitte* studiert, über eine andere Methode an unser Ziel geführt. Oder er kann sich der Vorgehensweise bedienen, die ich nun darstellen werde.

Wenn ich die obige Methode ihrer Schwierigkeit zum Trotz vorgestellt habe, dann als Einführung und als Übung für den Schüler. Ich habe sie nicht zu Ende geführt und ihre Synthese aufgrund ihrer Schwierigkeit und der Notwendigkeit vieler Lemmata und Kegelschnitte nicht auf geometrische Weise durchgeführt. Von denen, die die *Kegelschnitte* kennen, möge diese Methode fertigstellen wer möchte, nachdem er sich die in der Folge dargestellte Vorgehensweise zu eigen gemacht habe. Diese Vorgehensweise, selbst wenn auch sie Lemmata zu Kegelschnitten benötigt, ist sehr viel einfacher als die Erstgenannte, und die Lemmata sind von allgemeinerer Nützlichkeit.

Ich sage, mit der Hilfe Gottes: Zeichnen wir die Figur erneut und nehmen wir in der Analyse an, dass wir bereits erreicht haben, was wir möchten, und dass das Verhältnis von AE zu GH gleich dem Verhältnis von EH zu HB ist (Abb. 5.3). Zeichnen wir durch den Punkt G die Tangente GI an den Kreis, so wie es Euklid in Satz 16 des III. Buchs der *Elemente* gezeigt hat. Verlängern wir EB so weit, bis sie die Tangente im Punkt I schneidet, und verbinden wir GE. Da das Dreieck EGI in G einen rechten Winkel hat und da wir durch G das Lot GH auf die Grundlinie gefällt haben, ist nach Satz 8 des VI. Buchs der *Elemente* das Verhältnis von EH zu HG gleich dem Verhältnis von HG zu HI. Das Quadrat von HG ist also gleich dem Produkt von EH und HI. Aber das Quadrat von HG ist gleich dem Produkt von DH und HB, das Produkt von DH und HB ist demnach gleich dem Produkt von EH und HI, das Verhältnis von HD zu EH ist also gleich dem Verhältnis von HI zu HB in der Folge dessen, was in Satz 16 des VI. Buchs der *Elemente* gezeigt worden ist. Durch Zerlegung erhalten wir, dass das Verhältnis von EC zu EH gleich dem Verhältnis von BI zu BH ist. Das Verhältnis von AE zu GH ist aber gleich dem Verhältnis von EH zu HB. Durch Umstellung ist das Verhältnis von AE zu EH gleich dem Verhältnis von GH zu HB. Aber das Verhältnis von CE zu EH ist gleich dem Verhältnis von BI zu BH, das Verhältnis von GH zu HB ist also gleich dem Verhältnis von BI zu HB. Und die Größen, deren Verhältnis zu ein und derselben Sache gleich groß ist, sind selber auch gleich, wie es in Satz 9 des V. Buchs der *Elemente* gezeigt worden ist. GH ist demnach gleich BI, und GE ist gleich EB. Die Summe von EG und GH ist also gleich der Geraden EI.

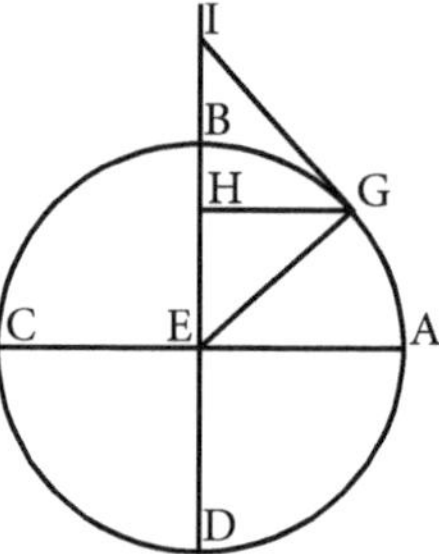

Abb. 5.3

Die Analyse hat auf ein rechtwinkliges Dreieck geführt, in dem die Hypotenuse gleich einer der dem rechten Winkel anliegenden Seite plus der in diesem Winkel auf der Hypotenuse errichteten Senkrechten ist. Mit jedem Dreieck dieser Eigenschaft, das wir zeichnen, können wir die Figur auf geometrische Weise zusammensetzen. Nun ist aber dieses Lemma, dass das Dreieck diese Eigenschaft hat, in derartigen Figuren überaus nützlich. Dieses Dreieck hat übrigens andere Eigenschaften, von denen wir einige darstellen werden, damit der Leser ihre Nützlichkeit in der Mehrheit derartiger Figuren erkennen möge.

Ich behaupte: Dieses Dreieck kann nicht gleichschenklig sein.

Beweis: Wenn die Seite EG gleich der Seite GI wäre, so wäre EH gleich HI, und die Senkrechte wäre beiden gleich. EI wäre also das Doppelte der Senkrechten, und die Summe aus EG und der Senkrechten wäre größer als die Grundseite. Jedoch hatten wir angenommen, dass diese ihr gleich sei. Dies ist ein Widerspruch.

Ich behaupte: EG ist kleiner als GI.

Beweis: Wenn sie in der Tat größer wäre, dann wäre EH größer als HI, und HG – die zwischen den beiden Geraden EH und HI die mittlere Gerade ist – wäre größer als HI. Jedoch haben wir angenommen, dass HG gleich IB ist. IB wäre demnach größer als IH, und das Teil wäre größer als das Ganze, was unmöglich ist.

Es wurde also bewiesen, dass das Dreieck den folgenden Eigenschaften entspricht: Die kleinere Seite plus die Senkrechte ist gleich der größten Seite. Was zu zeigen war.

Unter anderen Eigenschaften: Die größere der beiden den rechten Winkel einschließenden Seiten ist gleich der Summe der kleineren und desjenigen

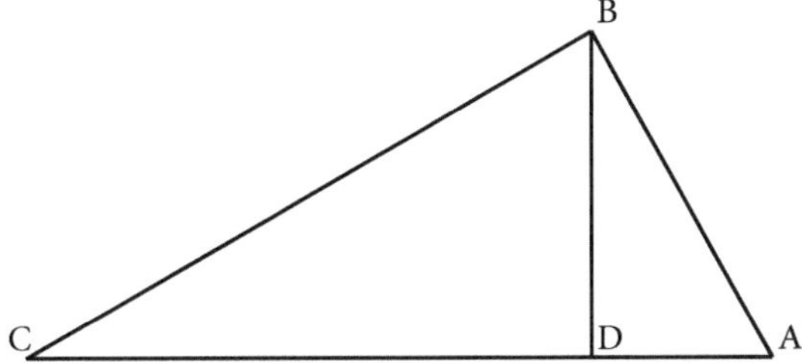

Abb. 5.4

Hypotenusenabschnitts, der begrenzt wird von der Senkrechten und der kleineren Seite. Nehmen wir als Beispiel die vorangehende Figur.

Ich behaupte: Die Summe von EG und EH ist gleich der Seite GI.

Beweis: Das Verhältnis von ED zu EH ist gleich dem Verhältnis von IB zu BH.
Durch Zusammensetzung der Geraden erhalten wir, dass das Verhältnis von DH zu HE gleich dem Verhältnis von IH zu HB ist. Durch Umstellung ist das Verhältnis von DH zu HI gleich dem Verhältnis von EH zu HB. Aber das Verhältnis von EH zu HB ist gleich dem Verhältnis von EG zu GH, und das Verhältnis von EG zu GH ist gleich dem Verhältnis von GI zu HI aufgrund der Ähnlichkeit der Dreiecke EGH und GHI. Das Verhältnis von GI zu HI ist somit gleich dem Verhältnis von DH zu HI, GI ist also gleich HD, und HD ist die Summe von EG und EH. Die Summe von EG und EH ist also gleich GI. Was zu beweisen war.

Nun, da dies vorgestellt ist, zeichnen wir das Dreieck ABC, dessen Winkel in B ein rechter sei, und errichten wir durch B die Senkrechte BD auf AC (Abb. 5.4). Wir nehmen an, dass die Seite AB, der Senkrechten BD hinzugefügt, gleich AC sei, bis dass die Analyse uns auf etwas Bekanntes führt. Anschließend setzen wir zusammen, um ein Dreieck mit den genannten Eigenschaften zu erhalten.   ▸ S. 165

Um uns von unseren außerordentlichen Vorgängern in dieser Kunst führen zu lassen, folgen wir dem Weg, den sie uns unter Zuhilfenahme der Ausdrucksweise der Algebraiker für diese Art von Problemen bereiteten. Es ist möglich, die Ausdrucksweise der Algebraiker nicht zu verwenden, die Vorgehensweise ist dieselbe, aber wenn man diese Ausdrücke verwendet, werden die Multiplikation und die Division vereinfacht.

Sei die Gerade AD von rationaler Länge, diese sei zehn. Sei die Gerade BD eine Unbekannte. Multiplizieren wir sie mit sich selbst, so haben wir ein Quadrat. Multiplizieren wir Zehn mit sich selbst, so haben wir Hundert. Addieren wir alles, so haben wir Hundert und ein Quadrat, das das Quadrat von AB ist, wie es in Satz 7 des I. Buchs der *Elemente* gezeigt worden ist. Und da das Verhältnis von AC zu AB aufgrund der Ähnlichkeit der Dreiecke ABC und ABD gleich ist zum Verhältnis von AB zu AD, ist das Produkt von AC und AD gleich dem Quadrat von AB. Wenn man also das Quadrat AB, das Hundert in der Zahl und ein Quadrat ist, durch AD teilt, so erhält man Zehn in der Zahl, plus ein Zehntel des Quadrats, das heißt AC. Aber wir haben vorausgesetzt, dass AC gleich der Summe von AB und BD sei, die Summe von AB und BD ist also Zehn in der Zahl plus ein Zehntel des Quadrats. Wenn wir hiervon BD, die die Unbekannte ist, abziehen, so bleibt Zehn in der Zahl plus ein Zehntel des Quadrats minus eine Unbekannte, das heißt, AB.

Multiplizieren wir dies mit sich selbst. Man erhält Hundert in der Zahl plus drei Quadrate plus ein Zehntel eines Zehntels eines Quadrat-Quadrats minus zwanzig Unbekannte und minus ein Fünftel eines Kubus' gleich Hundert in der Zahl plus ein Quadrat. Ergänzen wir die Teile und gleichen sie aus. Es bleiben zwei Quadrate plus ein Zehntel eines Zehntel Quadrat-Quadrats gleich zwanzig Unbekannte plus ein Fünftel eines Kubus'. Wir teilen alles durch eine Unbekannte, um uns auf die vier kleinsten Arten in dieser Relation zu führen. Aus der Division folgt ein Zehntel eines Zehntels eines Kubus' plus zwei Unbekannte sind gleich dem Fünftel eines Quadrats plus Zwanzig in der Zahl. Wir vervollständigen das Zehntel eines Zehntel Kubus', indem wir es mit Hundert multiplizieren, und ebenso werden die anderen Arten mit Hundert multipliziert. Es resultiert hieraus, dass ein Kubus plus zweihundert Unbekannte gleich zwanzig Quadraten plus Zweitausend in der Zahl ist.

Die Analyse hat uns also auf eine Beziehung zwischen vier Arten geführt, die wir aufgrund des Kubus nicht mit den Mitteln der ebenen Geometrie behandeln können. Hierfür benötigt man die Kegelschnitte.

Bevor wir uns jedoch an den Beweis dessen, was wir suchen, mithilfe der Kegelschnitte begeben, werden wir einen Begriff vorschlagen, der den Leser dieser Abhandlung dazu ermuntern wird, sich die Wissenschaft weiter anzueignen und die Größen, die ich einführen werde, zu vervollkommnen. Und Gott in der Höhe sei Dank gesagt für Seine Wohltaten an manchem seiner Diener, denn von Seinen Wohltaten zu sprechen, bedeutet, dem Wohltäter seinen großen Dank zu sagen. Und dies ist, was er offenbarte: «Über die Gaben deines Herrn sollst du dankbar sprechen». Und dass der Leser nicht denke, es sei Liebe an der Aufschneiderei, die bei dieser Gelegenheit die Zunge führt, denn dies ist gemeinhin der Fall bei den Sittenlosen, den Selbstgefälligen und den Selbstzufriedenen. Die Selbstzufriedenheit aber ist das Vorrecht der niederen Leute, denn ihre Seele kann von den Wissenschaften nur einen winzigen Teil begreifen. Und wenn sie diesen einmal begreifen, glauben sie, dass dieses Wenige alle Wissenschaften umfasst und in sich vereint. Dass Gott uns bewahre vor solcherlei Anschauungen, die uns in die Irre führen und uns daran hindern, die Wahrheit zu erkennen und unser Heil zu finden.

Ich sage: Das, was die Algebraiker Quadrat-Quadrat nennen, ist etwas in fortgesetzten Größen Gedachtes, das auf keine Art in einzelnen existiert. Aber die Terme Quadrat-Quadrat, Quadrat-Kubik und Kubik-Kubik, und jene darüber hinaus, werden fortgesetzte Größen genannt, in dem Sinne, dass die Anzahl dieser Größen genannt wird, wenn sie in Vielzahl erscheinen. Die Größen gehören der Art der Quanta an, wie sich der Autor der Ersten Philosophie [Aristoteles] zu zeigen die Mühe gemacht hat. Was jene Größen angeht, die die Algebraiker verwenden und die in einzelnen sowie in fortgesetzten Größen existieren, so sind diese vier: die Zahl, die Unbekannte, das Quadrat und der Kubus.

Die Zahl erachten wir als durch den Intellekt von aller Materie Abstrahiertem, und sie besitzt keine Existenz im Einzelnen, da die Zahl eine erfassbare, universelle Sache ist, die nur realisiert wird, wenn sie durch Materielles angegeben wird.

In Betreff der Unbekannten, so ist sie als fortgesetzte Größe als Gerade angegeben.

Das Quadrat wird angegeben als Rechteck gleich langer Seiten und rechter Winkel, dessen Seite die Gerade ist, die wir mit dem Begriff der «Unbekannten» benannt haben.

Der Kubus ist der von sechs quadratischen Flächen gleicher Seitenlänge und rechter Winkel begrenzte Körper, deren Seiten die Geraden sind, denen wir den Namen «die Unbekannte» gegeben haben. Eine dieser quadratischen Flächen ist das Quadrat, dem wir den Namen «Quadrat» gegeben haben. Man erhält ihn [den Kubus] also aus dem Produkt der Unbekannten mit sich selbst und dem Resultat hieraus mit der Unbekannten. Euklid hat angegeben, wie er zu konstruieren ist. Er hat es in Satz 17 des XIII. Buchs seiner *Elemente* gezeigt.

Das Quadrat-Quadrat, das bei den Algebraikern das Produkt des Quadrats mit sich selbst ist, hat keinerlei Bedeutung in den fortgesetzten Größen, denn, da das Quadrat eine Fläche ist, wie kann es mit sich selbst multipliziert werden? Die Fläche hat in der Tat zwei Dimensionen, und zwei Dimensionen mal zwei Dimensionen ist vier Dimensionen. Jedoch kann der Körper nicht mehr als drei Dimensionen haben. Alles, was der Algebra zugehörig ist, ist auch diesen vier Arten zugehörig. Und alle, die glauben, die Algebra sei ein Kunstgriff zur Bestimmung der unbekannten Zahlen, glauben das Unmögliche. Man darf keine Rücksicht nehmen auf die, die sich mit dem Anschein begnügen und anderer Meinung sind. Ohne Zweifel sind die Algebra und die Murhabala [das Umstellen und das Ergänzen] solche geometrischen Objekte, die im

S. 189 ◂ II. Buch der *Elemente* gezeigt worden sind, Sätze 5 und 6.

Und wer sagt: Ein Quadrat-Quadrat plus drei Quadrate ist gleich Achtundzwanzig in der Zahl, der hat die Zahl der Quadrate in zwei Hälften geteilt, hat sie mit sich selber multipliziert, zur Zahl hinzugefügt, und er hat aus dem Quadrat die Wurzel gezogen, die Fünfeinhalb ist, von der er die Hälfte der Zahl der Quadrate abgezogen hat. Es bleibt also Vier, die das Quadrat ist, und das Quadrat-Quadrat ist Sechzehn. Er glaubt, das Quadrat-Quadrat auf dem Wege der Algebra gefunden zu haben. Aber sein Urteil ist unzureichend, denn er hat nicht das Quadrat-Quadrat gefunden, sondern das Quadrat. Und es ist, als ob man ein Quadrat plus drei Wurzeln gleich Achtundzwanzig hätte. Er hat sodann die Wurzel durch die zweite Reduktion bestimmt, dann hat er postuliert, dass das Quadrat dieser Wurzel das Quadrat-Quadrat ist. Dies ist ein Mysterium, das dir weitere offenbaren wird.
Machen wir dort weiter, wo wir waren.

Wir sagen: Die ersten drei Arten, das heißt die Zahlen, die Wurzel und das Quadrat, wenn sie in einer Gleichung stehen, führen auf sechs Typen, nämlich drei Binome und drei Polynome.
Man kann ihre Unbekannten mithilfe des II. Buchs der *Elemente* finden, wie es in den Büchern der Algebraiker zitiert und kommentiert steht.
Aber wenn man den Kubus betrachtet und ihn gleich dem Rest setzt, so braucht man die Körper, und man braucht insbesondere die Kegel und ihre Schnitte, denn der Kubus ist ein Körper.

Die binomischen Gattungen sind drei an der Zahl:
Ein Kubus ist gleich Quadraten, das heißt, eine Wurzel ist gleich einer Zahl.
Ein Kubus ist gleich Wurzeln, das heißt, ein Quadrat ist gleich einer Zahl.
Ein Kubus ist gleich einer Zahl, und es gibt keinen anderen Lösungsweg als den zur Bestimmung des Kubus‘ geeigneten numerischen oder eben die geometrischen, vermöge derer man ein Parallelepiped gleich einem gegebenen Parallelepiped konstruiert. Man braucht zwangsläufig in derartigen Konstruktionen die *Kegelschnitte* oder Instrumente, für den, der das Buch über die

S. 171 ◂ *Kegelschnitte* nicht kennt.

Bezüglich der polynomischen Gattungen gibt es zwei Arten, trinomische und quadrinomische. Die Trinome sind:

Ein Kubus plus Quadrate gleich einer Zahl, was man nur mit Kegelschnitten lösen kann.

Ein Kubus plus Quadraten gleich Wurzeln, was äquivalent ist zu einem Quadrat plus Wurzeln gleich Zahlen.

Ein Kubus plus Zahlen gleich Wurzeln, was man nur mit Kegelschnitten lösen kann.

Ein Kubus plus Zahlen gleich Quadraten, was man nur mit Kegelschnitten lösen kann.

Ein Kubus plus Wurzeln gleich Zahlen, was man nur mit Kegelschnitten lösen kann.

Ein Kubus plus Wurzeln gleich Quadraten, was äquivalent ist zu einem Quadrat plus einer Zahl gleich Wurzeln.

Quadrate plus Wurzeln gleich einem Kubus, was äquivalent ist zu Wurzeln plus Zahlen gleich einem Quadrat.

Quadrate plus Zahlen gleich einem Kubus, was man nur mit Kegelschnitten lösen kann.

Wurzeln plus Zahlen gleich einem Kubus, was man nur mit Kegelschnitten lösen kann.

Es gibt also neun trinomische Gattungen: Drei davon werden mithilfe des II. Buchs der *Elemente* gelöst, und sechs können nur mithilfe der *Kegelschnitte* des Apollonius gelöst werden.

Die quadrinomischen Gattungen sind:

Ein Kubus gleich Quadraten plus Wurzeln plus eine Zahl.

Ein Kubus plus Wurzeln plus Zahlen gleich Quadraten.

Ein Kubus plus Quadrate plus Zahlen gleich Wurzeln.

Ein Kubus plus Quadrate plus Wurzeln gleich Zahlen.

Ein Kubus plus Quadrate gleich Wurzeln plus Zahlen.

Ein Kubus plus Wurzeln gleich Quadrate plus eine Zahl.

Ein Kubus plus eine Zahl gleich Quadraten plus Wurzeln.

Dies sind die sieben quadrinomischen Gattungen, von denen keine ohne Kegelschnitte gelöst werden kann. Aus diesen zusammengesetzten Gleichungen resultieren dreizehn Grundformen, die nur mit den Schnitten des Kegels gelöst werden, und eine binomische Grundform, die nur mit den Schnitten des Kegels gelöst werden kann, nämlich ein Kubus gleich einer Zahl.

▸ S. 181

Die alten Mathematiker, die unsere Sprache nicht sprachen, haben nichts von dem ihre Aufmerksamkeit gewidmet, oder wenigstens ist uns nichts da-

Abb. 5.5

von überliefert oder in unsere Sprache übersetzt worden. Und unter den zeitgenössischen, die unsere Sprache sprechen, ist der Erste, der von einer trinomischen Gattung dieser vierzehn Gattungen Gebrauch machte, al-Mahani der Geometer. Er betrachtete das Lemma, welches Archimedes im 4. Satz des II. Buchs seiner Arbeit über *Kugel und Zylinder* als gültig angenommen und verwendet hat. Dies ist, was ich nun darstellen werde.

Archimedes hat gesagt: Die beiden Geraden AB und BC sind von gegebener Größe und die eine die Verlängerung der anderen. Und das Verhältnis von BC zu CE ist gegeben, also ist CE gegeben, wie es in den *Data* [des Euklid] gezeigt worden ist. Er hat sodann gesagt: Setzen wir das Verhältnis von HC zu CE gleich dem Verhältnis des Quadrats von AB zum Quadrat von AH (Abb. 5.5). Er hat nicht erklärt, wie dies zu erkennen ist, da man hierzu zwingend die Kegelschnitte braucht. Und er hat in seinem Buch an keiner Stelle irgendetwas eingeführt, das auf Kegelschnitten basierte. Er hat dies als gültig angenommen. Der 4. Satz betrifft die Teilung einer Sphäre durch eine Ebene in einem gegebenen Verhältnis. Aber Mahani benutzte die Begriffe der Algebraiker, um die Sache zu vereinfachen. Da die Analyse auf Zahlen, Quadrate, und Kuben in einer Gleichung führte und er sie nicht mit Kegelschnitten lösen konnte, entschied er, dass es unmöglich sei.

S. 171 ◄

Die Lösung einer dieser Gattungen blieb diesem herausragenden Mann also verborgen, seiner außerordentlichen Beherrschung der Kunst zum Trotz, bis dass Abu Dschafar Chasen kam und eine Methode erkannte, die er in einer Abhandlung darstellte. Unterdessen löste Abu Nassr Manßur ebn Irak, Schützling des Kalifen und aus dem Land Charasm, das Lemma, das Archimedes benutzte, um die Kantenlänge des Heptagons im Kreis zu bestimmen, und das auf dem Quadrat mit der genannten Eigenschaft beruht. Er verwandte hierzu die Begriffe der Algebraiker. Die Analyse führte auf eine Gleichung der Gattung Kubus plus Quadrate gleich Zahlen, welche er mithilfe der Kegelschnitte löste. Dieser Mann ist, bei meinem Leben, in der Mathematik von einer überlegenen Klasse. Hier ist das Problem, vor dem Abu Sahl Kuhi, Abu al-Wafa Busdschani, Abu Hamid Saadschani und eine Gruppe weiterer Kollegen, die unter der Herrschaft Asud al-Dohlehs in der Stadt des Friedens lebten, machtlos standen; dieses Problem ist das Folgende: Wenn du zehn in zwei Teile teilst, ist die Summe ihrer Quadrate plus der Quotient aus größeren

und dem kleineren zweiundsiebzig. Die Analyse hat auf Quadrate gleich einem Kubus plus Wurzeln plus Zahlen geführt. Diese gelehrten Männer standen für eine lange Zeit ratlos vor diesem Problem, bis dass Abu al-Dschud es löste. Sie haben es in der Bibliothek der Samanidenkönige hinterlegt. Es sind also drei Gattungen, zwei Trinome und ein Quadrinom, der von uns studierten Gleichungen [die von den Genannten gelöst wurden]. Die einzige binomische Gleichung, ein Kubus gleich einer Zahl, wurde von unseren achtenswerten Vorgängern gelöst. In Betreff der zehn, die bleiben, ist uns keine Lösung erhalten noch irgendeine eingehendere Studie der Gattungen. Wenn die Zeit mir eine Ruhepause gönnt und wenn der Erfolg mich begleitet, so werde ich diese vierzehn Gattungen in all ihren Erscheinungen und Teilen in einer Abhandlung schriftlich niederlegen, in der ich die lösbaren von den unlösbaren unterscheiden werde, einige dieser Gattungen bedürfen nämlich bestimmter Konditionen, und in der ich ihnen einige Lemmata voranstellen werde, die von großer Nützlichkeit für die Prinzipien dieser Kunst sind. ▸ S. 173
Ich ersuche den Schutz und das Obdach des Herrn unseres Gottes, der uns beisteht in allen Dingen. Von Ihm kommen die Kraft und die Herrlichkeit. Gerühmt sei Seine Größe.

Kommen wir nach diesen Vorbemerkungen auf unser Problem zurück: Einen Kubus zu finden, der, hinzugefügt zu Zweihundert mal seiner Seite, gleich Zwanzig mal dem Quadrat seiner Seite plus Zweitausend ist.

Ziehen wir die Gerade AB gleich der Zahl der Quadrate, die Zwanzig ist, die Gerade EG gleich Zweihundert, und die Gerade EH gleich Eins (Abb. 5.6). Das Rechteck HG ist Zweihundert. Bilden wir ein Quadrat gleich dem Rechteck HG, wie es in Satz 14 des II. Buchs der *Elemente*]gezeigt worden ist. Sei die Seite dieses Quadrats, das ist die Wurzel aus Zweihundert, gleich AC und sei AC rechtwinklig auf AB. Und AD ist der Quotient der Zahl und der Zahl der Wurzeln. Er ist gleich Zehn, da die Zahl Zweitausend und die Zahl der Wurzeln Zweihundert ist, und da man, wenn man Zweitausend durch Zweihundert teilt, Zehn erhält. DB ist ebenso zehn. Konstruieren wir über DB den Halbkreis DKB, ziehen wir DE parallel zu AC, vervollständigen wir das Rechteck AE und konstruieren wir eine Hyperbel durch den Punkt D, die keine der Geraden AC und EC berührt, so wie es der vorzügliche Apollonius in Satz 59 des I. Buchs und in den Sätzen 5 und 6 des II. Buchs seines Werks über die *Kegelschnitte* gezeigt hat. Die Konstruktion kann tatsächlich allein mithilfe diese drei Sätze ausgeführt werden – diese Hyperbel sei der Kegelschnitt NDK und schneide den Kreis im Punkt K. Errichten wir in K die Senkrechte KL auf AB.

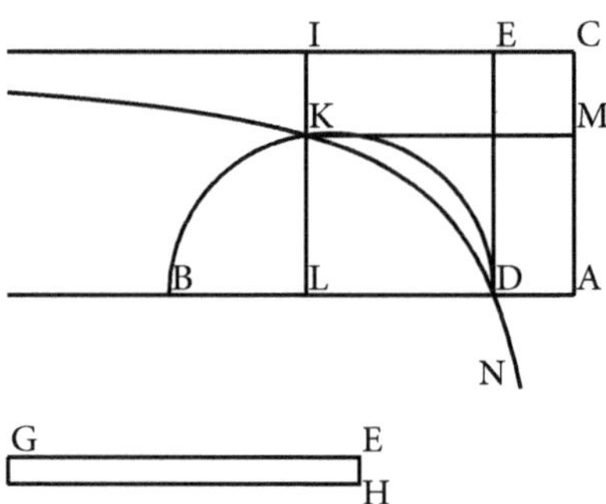

Abb. 5.6

Ich sage, dass AL die Seite eines solchen Kubus ist, dass, wenn man ihm zweihundertmal eine Seite hinzufügt, er gleich zwanzigmal dem Quadrat von AL
plus Zweitausend in der Zahl ist.

Beweis: Verlängern wir LK, bis sie die Gerade CE im Punkt I schneidet, und
ziehen wir KM parallel zu AL. Da KI parallel zu DE ist und KM parallel zu
AD, ist das Rechteck AE gleich dem Rechteck KC, denn die beiden Punkte
K und D liegen auf der Hyperbel, die keine der beiden Geraden AC und CI
berührt. Nun haben wir aber von beiden von ihnen zwei Geraden jeweils parallel zu den entsprechenden, vom anderen Punkt aus gezogenen Geraden,
zu jenen beiden Geraden gezogen, die niemals die Hyperbel berühren. Apollonius hat dies in Satz 12 des II. Buchs seines Werks über die *Kegelschnitte*
gezeigt. Der Kreis DKB ist der Lage nach gegeben, denn seine Lage und sein
Durchmesser, der DB ist, sind gegeben, und beide Geraden AC und CI sind
der Lage nach gegeben. Und der Punkt D ist der Lage nach gegeben. Demnach
ist der Kegelschnitt NDK der Lage nach gegeben. Da nun der Kreis DKB der
Lage nach gegeben ist, ist auch die Lage des Punktes K gegeben, ebenso jene
der Geraden KL. Also ist der Punkt L der Lage nach gegeben. Da nun aber
die Lage des Punktes A gegeben ist, ist die Gerade AL der Länge nach ge-
S. 161 ◄ geben. Dies sind offensichtliche Zusammenhänge nach dem Buch der *Data*.
Nun haben wir jedoch gezeigt, dass das Rechteck AE gleich dem Rechteck
KC ist. Entfernen wir EM, das beide gemeinsam haben. Es bleibt das Rechteck DM, gleich dem Rechteck KE. Fügen wir beiden zugleich das Rechteck
DK hinzu. Das Rechteck AK ist dann gleich dem Rechteck DI. Ihre Winkel
sind gleich, denn sie sind rechte Winkel. Ihre Seiten sind demnach umgekehrt
proportional zueinander, so wie es Euklid in Satz 14 des VI. Buchs der *Elemente* gezeigt hat. Das Verhältnis von AL zu LI ist gleich dem Verhältnis von

DL zu LK. Ihre Quadrate sind also ebenfalls proportional, und das Verhältnis des Quadrats von AL zum Quadrat von LI ist gleich dem Verhältnis des Quadrats von DL zum Quadrat von LK. Aber das Verhältnis von DL zu LK ist gleich dem Verhältnis von LK zu LB. Das Verhältnis des Quadrats von DL zum Quadrat von LK ist also gleich dem Verhältnis von DL zu LB. Es folgt hieraus zwangsläufig, dass das Verhältnis des Quadrats von AL zum Quadrat von LI gleich dem Verhältnis von DL zu LB ist. Das Produkt des Quadrats von AL und der Geraden LB ist also gleich dem Produkt des Quadrats von LI und der Geraden DL. Fügen wir beiden zugleich das Produkt des Quadrats von LI und AD hinzu. Das Produkt des Quadrats von LI und AL ist demnach gleich dem Produkt des Quadrats von LI und AD plus dem Produkt des Quadrats von AL und LB. Aber das Quadrat von LI ist gleich der Zahl seiner Seiten, das heißt Zweihundert, und AL ist die Seite des Kubus. Zweihundertmal die Seite des Kubus ist also gleich dem Produkt des Quadrats von LI und AD plus das Produkt des Quadrats von AL und LB. Aber das Produkt des Quadrats von LI und AD ist gleich der Zahl, wie wir oben gesagt haben, die Zweitausend ist. Zweitausend in der Zahl plus das Produkt des Quadrats von AL und LB ist also gleich zweihundert mal der Seite des Kubus'. Fügen wir beiden zugleich den Kubus von AL hinzu, der das Produkt des Quadrats von AL und AL ist. Der Kubus von AL plus zweihundert mal die Seite des Kubus ist folglich gleich Zweitausend in der Zahl plus das Produkt des Quadrats von AL und AL, plus das Produkt des Quadrats von AL und LB. Aber das Produkt des Quadrats von AL und AL plus das Produkt des Quadrats von AL und LB ist gleich dem Produkt des Quadrats von AL und AB, und AB, wie wir vorausgesetzt haben, ist Zwanzig. Das Produkt des Quadrats von AL und AB ist also zwanzig mal das Quadrat von AL. Der Kubus von AL plus zweihundert mal die Gerade AL ist also gleich Zweitausend in der Zahl plus zwanzig mal dem Quadrat der Seite des Kubus'. Was zu beweisen war.   ▸ S. 175

Nun, da dies vorgestellt ist, konstruieren wir erneut das Dreieck ABC (Abb. 5.7). AD sei rational, sei es Zehn, und DB sei gleich der Geraden AL, von der wir gezeigt haben, dass sie der Größe nach gegeben ist. Wenn ich der Größe nach gegeben sage, dann meine ich nicht, dass sie von gegebener Quantität ist, denn zwischen den beiden Bezeichnungen ist ein Unterschied. Wenn ich der Größe nach gegeben sage, dann meine ich natürlich das, was Euklid in seinem Buch der *Data* gemeint hat, nämlich dass man eine andere Größe finden kann, die ihr gleich ist.   ▸ S. 161

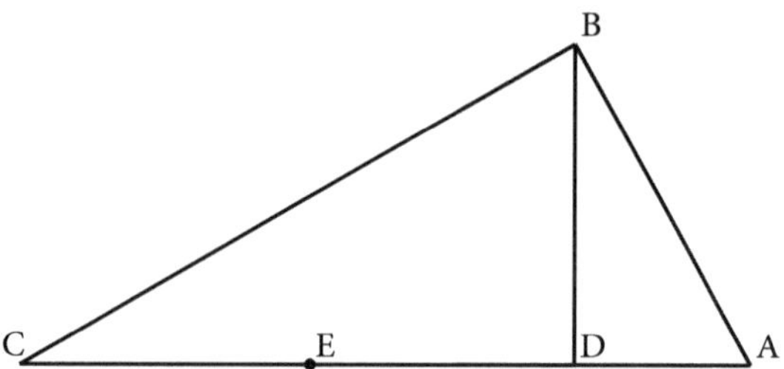

Abb. 5.7

In der Zusammensetzung (das heißt in der Synthese) setzen wir die Gerade AD gleich Zehn und BD senkrecht auf die Gerade AD und gleich der
Geraden AL der vorangegangenen Figur. Verbinden wir AB. Errichten wir
im Punkt B die Senkrechte BC, und verlängern wir AD so weit, bis sie diese Senkrechte im Punkt C schneidet. Das Dreieck ABC ist notwendigerweise
rechtwinklig (ich meine damit, dass der Winkel in B rechtwinklig ist), die Gerade AB plus die Senkrechte BD ist gleich der Hypotenuse AC, und die Gerade AB plus die Gerade AD ist gleich der Geraden BC. Was zu beweisen war.

Zeichnen wir erneut den Bogen AB des Kreises ABCD (Abb. 5.8), und legen wir in den Kreis die beiden Durchmesser AC und BD, die sich in rech-
tem Winkel schneiden. Der Kreismittelpunkt ist der Punkt E. Trennen wir
von der Geraden CD des Dreiecks ABC aus der vorhergehenden Figur die
Gerade CE gleich der Senkrechten BD ab. Teilen wir im Punkt H die Hälfte
des Kreisdurchmessers, der die Gerade EB dieser Figur ist, entsprechend dem
Verhältnis von AD zu DE des vorhergehenden Dreiecks (der Abb. 5.7), so wie
es Euklid in Satz 4 des VI. Buchs der *Elemente* gezeigt hat. Errichten wir die
Senkrechte HG, und verbinden wir EG. Ziehen wir vom Punkt G die Tangente an den Kreis, dies ist die Gerade GI. Verlängern wir anschließend EB
so weit, bis sie die Gerade GI im Punkt I schneidet. Das Dreieck EGI ist dann
dem Dreieck ABC der vorhergehenden Figur ähnlich.
Beweis: Der Winkel GEH ist gleich dem Winkel BAC, denn wenn dies nicht
so ist, dann ist einer der beiden größer. Sei dies BAC, und konstruieren wir
im Punkt E der Geraden EB einen Winkel gleich dem Winkel BAC. Sei dieser
KEL. Errichten wir im Punkt K eine Tangente an den Kreis, diese sei KL, die EI
im Punkt L schneidet. Das Dreieck EKL ist dann dem Dreieck ABC ähnlich,
da ihre Winkel gleich sind. Wenn wir vom Punkt K die Senkrechte KM auf

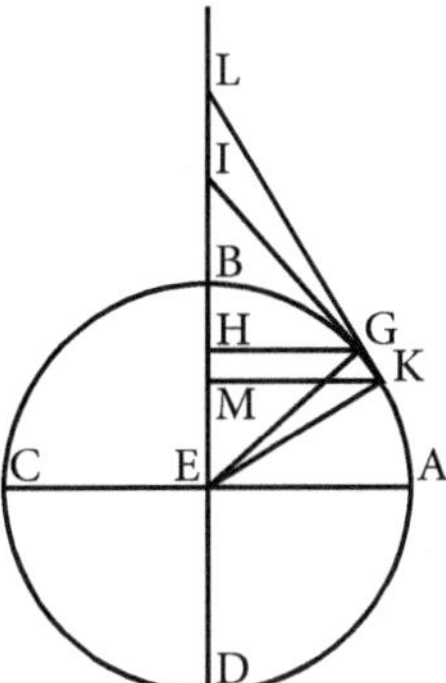

Abb. 5.8

EB errichten, so sind EK und KM zusammen gleich der Geraden EL. Aber
EB ist gleich EK, und BL ist gleich KM, und das Verhältnis von LM zu KM ist
gleich dem Verhältnis von CD zu DB. Das Verhältnis von ML zu LB ist also
gleich dem Verhältnis von DE zu CE. Durch Zerlegung ist das Verhältnis von
MB zu BL gleich dem Verhältnis von DE zu EC, und das Verhältnis von EC,
die gleich DB ist, zu DA ist gleich dem Verhältnis von BL, die gleich KM ist,
zu ME. Nach dem Verhältnis der Gleichheit ist also das Verhältnis von EM zu
MB gleich dem Verhältnis von AD zu DE. Aber wir haben das Verhältnis von
EH zu HB gleich dem Verhältnis von AD zu DE gemacht. Das Verhältnis von
EM zu MB ist also gleich dem Verhältnis von EH zu HB. Aber EM, die Erstgenannte, ist kleiner als EH, die Drittgenannte. Es folgt zwangsläufig, dass MB,
die Zweitgenannte, kleiner ist als HB, die Viertgenannte, demzufolge was im
V. Buch der *Elemente* gezeigt worden ist, in Satz 14. Aber sie ist größer. Dies
ist ein Widerspruch. Der Winkel GEH ist also weder kleiner als der Winkel
BAC des vorhergehenden Dreiecks ABC noch größer. Das Dreieck GEI ist also dem vorhergehenden Dreieck ABC ähnlich. EG und GH zusammen sind
also gleich EI, BI ist folglich gleich GH, und das Produkt von DH und HB ist
gleich dem Quadrat von HG. Ebenso ist das Produkt von EH und HI gleich
dem Quadrat von HG. Das Produkt von DH und HB ist demnach gleich dem
Produkt von EH und HI. Diese vier Geraden sind also proportional, wie es
in Satz 16 des VI. Buchs der *Elemente* gezeigt worden ist. Das Verhältnis von
DH, der ersten, zu HE, der zweiten, ist also gleich dem Verhältnis von HI, der
dritten, zu HB, der vierten.

Durch Zerlegung der Geraden ist dann das Verhältnis von DE zu EH gleich
dem Verhältnis von BI zu BH. Aber DE ist gleich AE und BI ist gleich GH.
Das Verhältnis von AE zu EH ist also gleich dem Verhältnis von GH zu HB.

Es ist also das Verhältnis von AE zu GH gleich dem Verhältnis von EH zu HB. Wir haben also den Viertelkreisbogen im Punkt G in zwei Teile geteilt, und wir haben von diesem Punkt die Senkrechte GH so errichtet, dass das Verhältnis von AE, die der halbe Kreisdurchmesser ist, zu GH gleich dem Verhältnis von EH zu HB ist. Was zu beweisen war.

Wer dies mittels der Berechnung erkennen möchte, verfügt über keinerlei Möglichkeiten, dies zu erreichen, wenn er Genauigkeit verlangt. In der Tat kann keines der Dinge, die nur mit den Kegelschnitten bestimmt werden können, analytisch mit Berechnungen gelöst werden. Wenn man sich jedoch mit Näherungen begnügt, so schlage man in den Sehnentafeln des Almagest nach oder in den Sinus- und Pfeiltafeln eines vertrauenswürdigen *Sidsch*. Oder man suche einen derartigen Bogen, dass das Verhältnis von Sechzig, welches als der halbe Kreisdurchmesser angenommen wird, zu seinem Sinus gleich dem Verhältnis seines Kosinus' zu der Höhe des Kreisabschnitts ist. Wir finden, dass dieser Bogen sehr nahe 57 Grad liegt, in Teilen, in denen der Kreis 360 Grad hat. Sein Sinus liegt nahe fünfzig Teilen, die Höhe des Kreisabschnitts liegt sehr nahe siebenundzwanzig Teilen plus einem Drittel, und sein Kosinus liegt nahe zweiunddreißig Teilen und zwei Dritteln. Man kann in der Genauigkeit noch mehr erreichen, bis dass die Abweichung sich über die Grenze der Wahrnehmbarkeit hinaus verringert.

Dies ist, was sich mir in Bezug auf dieses Problem ergeben hat, der Zerstreuung meiner Gedanken, der Ablenkungen meines Geistes und der Verlockungen von Beschäftigungen, die von solcherart Unternehmen ablenken, zum Trotz. Wäre nicht die ehrenhafte Gesellschaft gewesen, dass diese Ehre fortdauere, und das Recht dessen, der die Frage gestellt hat, dass Gott ihm seine Unterstützung weiter schenke, so wäre ich weit entfernt geblieben von all dem. Denn mein Streben gilt einzig dem, was mir am wichtigsten ist und dem ich all meinen Eifer widme. Wir lobpreisen Gott im Himmel und sagen ihm Dank, und wir bitten ihn um Geleit auf unserer Suche nach dem Guten. Er ist der Herr der Erhörung.

S. 175 ◄ Die Abhandlung ist beendet. Gesegnet sei das Siegel der Propheten.

5.1 Nachtrag (Autorschaft ungeklärt)

Aufgabe: Gegeben sei der Viertelkreis AB mit Mittelpunkt B, und wir wollen AB so teilen, wie du gelernt hast (Abb. 5.9). Konstruieren wir über AB ein Quadrat, dieses sei AE. Die beiden Geraden BE und ED sind von bekannter Lage, und der Punkt A ist von bekannter Lage. Konstruieren wir die Hyperbel, die durch den Punkt A geht und keine der beiden Geraden BE und ED berührt. Dies sei der Kegelschnitt AG. Er ist also der Lage nach gegeben. Ziehen wir die Gerade AC. Sie ist notwendigerweise tangential an den Kegelschnitt und liegt im Innern des Kreises. Es folgt notwendigerweise, dass die Hyperbel den Kreis schneidet. Sie schneide ihn im Punkt G, der der Lage nach gegeben ist. Errichten wir die beiden Senkrechten GH und GK. Ich sage, dass die Konstruktion fertig ausgeführt ist.

Beweis: Die beiden Punkte A und G liegen auf dem Kegelschnitt. Wir haben von beiden Punkten aus jeweils eine Gerade in Richtung der beiden Geraden, die den Abschnitt nicht schneiden (senkrecht auf diese Geraden) und jeweils eine Gerade parallel zu ihnen errichtet. Die Fläche GE ist also gleich der Fläche AE. Entfernen wir von beiden zugleich KE, das sie gemeinsam haben, so bleibt KH gleich KD. Diese beiden Flächen haben gleiche Winkel, ihre Seiten sind also umgekehrt proportional. Das Verhältnis von AD zu KG ist gleich dem Verhältnis von BK zu KA. Die Konstruktion ist fertig ausgeführt. 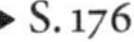 ▸ S. 176

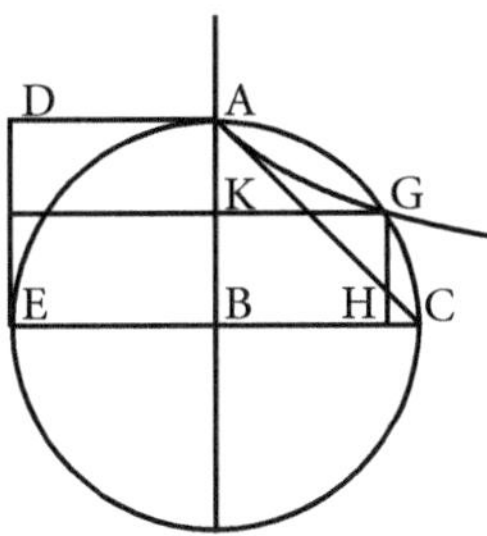

Abb. 5.9

Kapitel 6
Über die Algebra und die Murhabala

Inhaltsverzeichnis   ▸ S. 179

Vorrede 105
Die Algebra und ihr Gegenstand 107
Die Gleichungen zweiten Grades 112
    Die Binome 112
    Die Trinome 115
Die Gleichungen dritten Grades 123
    Nützliche Lemmata zum Lösen der Gleichungen dritten Grades 123
    Das kubische Binom 125
    Die Trinome 127
    Die Quadrinome 137
Probleme, die das Inverse der Unbekannten beinhalten 152

Vorrede

Einer der Begriffe, die man in jenem Teil des Wissens, der unter dem Namen der Mathematik bekannt ist, braucht, ist die Kunst der Algebra und der Murhabala, die die Bestimmung numerischer und geometrischer Unbekannter zum Ziel hat. Hierin finden sich viele Arten von Problemen, die eine Anzahl sehr schwieriger Theoreme verlangen und deren Lösung den meisten verborgen blieb, die sich damit beschäftigt haben. Von den antiken Autoren ist uns kein Text über diese Theoreme erhalten. Womöglich haben sie, nachdem sie sie studiert und untersucht haben, die Schwierigkeiten nicht überwunden. Vielleicht haben auch ihre Forschungen diese Untersuchungen nicht erfordert, oder vielleicht ist nichts von dem, was sie darüber geschrieben haben, in unsere Sprache übersetzt worden. Von den zeitgenössischen Autoren ist es Mahani gewesen, der sich veranlasst sah, mit der Algebra das Lemma des Archimedes zu studieren, welches dieser als gültig angenommen und im 4. Satz des II. Buches seines Werks über *Kugel und Zylinder* verwendet hat. Er erhielt Kuben, Quadrate und Zahlen in einer Gleichung, die er auch nach langer Überlegung nicht lösen konnte. Er schlussfolgerte also, dass es unmöglich sei. Dann kam Abu Dschafar Chasen und löste die Gleichung mithilfe der Kegelschnitte.

Nach ihm brauchten mehrere Geometer verschiedene Gattungen dieser Gleichungen, und manche lösten einige davon. Aber keiner von ihnen hat etwas über die Anzahl der Gattungen verlauten lassen noch irgendetwas über die Darstellung dieser Gattungen, noch etwas über ihre Beweisführung, abgesehen von zwei Gattungen, auf die ich zu sprechen kommen werde. Ich selber habe immer danach gestrebt und strebe noch immer danach, alle diese Gattungen mit Sicherheit zu kennen und mittels Beweisen für alle Gattungen die lösbaren von den unlösbaren Fällen zu trennen. Denn ich weiß nur zu gut, wie dringend man diese Theoreme braucht, wenn man es mit den Schwierigkeiten der Probleme zu tun hat. Jedoch habe ich mich nicht anhaltend mit der Zusammenstellung dieser Aufgaben befassen können, auch habe ich ihnen nicht beharrlich meine Aufmerksamkeit widmen können, abgelenkt wie ich war durch die Wechselhaftigkeit unserer Zeit.

Denn wir erleben das Siechtum der Männer der Wissenschaften, mit Ausnahme einer kleinen Gruppe, deren Umfang so klein ist wie ihr Kummer groß und deren einzige Sorge es ist, Zeit aufzutreiben, um diese der Vollendung und der sicheren Kenntnis der Wissenschaft widmen zu können. Die meisten aber, die sich heute den Anschein von Gelehrtheit geben, bemänteln das Falsche mit dem Wahren, kommen niemals über den Betrug und die gelehrte Prahlerei hinaus und nutzen ihr weniges Wissen für rein weltliche und schändliche Zwecke. Wenn sie aber einem begegnen, der sich allein um die Wahrheit bemüht, der die Ehrlichkeit bevorzugt und die Falschheit und die Lüge mit Nachdruck ablehnt, so verkaufen sie ihn als einen Dummkopf und verhöhnen ihn. Wir erflehen die Hilfe Gottes, ihm vertrauen wir uns an.

Als Gott mich mit dem Vertrauen unseres erlauchten und unvergleichlichen
Herrn, dem Richter der Richter, dem Imam, dem Herrn Abu Tahir beehrte –
dass der Herr seine Erhabenheit erhalte und jene, die ihn beneiden, ebenso
strafe wie seine Feinde –, da hatte ich bereits alle Hoffnung aufgegeben, einen
solchen Mann zu treffen, der alle praktischen Tugenden ebenso vollständig
besitzt wie die theoretischen: alle, vom tiefen Verständnis der Wissenschaften
über die Entschlossenheit im Handeln bis hin zum Streben nach dem Wohl
all seiner Gleichen. Seine Gegenwart hat mein Herz erfüllt, seine Gesellschaft
hat meinen Ruf gesteigert, meine Sache ist in seinem Licht noch größer geworden, und meine Kraft ist vermehrt durch seine Großzügigkeit und seine
Wohltaten. Hierdurch konnte ich also meine Forschungen dort aufgreifen,
wo die Unwägbarkeiten unserer Zeit mich unterbrochen hatten und darstellen, was ich mit Sicherheit in den Wissenschaften ergründet habe und mich
dem Sitz des Erhabenen näherbringt. So habe ich also begonnen, diese Gattungen der algebraischen Gleichungen aufzuzählen, denn die Mathematik ist
die Erste unter den Wissenschaften. Und ich erbete den Schutz der göttlichen
Einwirkung und hoffe, dass Gott mir beistehe in der Verfolgung dieses Ziels
meiner Forschungen und derer meiner Vorgänger in dieser Wissenschaft, die
wichtiger ist als die anderen. Ich halte fest die Hand meines schützenden Gottes, er ist der Herr der Erhörung, und ihm vertrauen wir zu jeder Zeit.   ▸ S. 68

6.1 Die Algebra und ihr Gegenstand

Mit dem Beistand Gottes sage ich: Die Algebra und die Murhabala sind eine
wissenschaftliche Disziplin. Ihr Gegenstand sind die Zahl und die messbare Größe, die unbekannt sind, bezogen auf eine bekannte Sache, durch die
sie bestimmt werden können. Und diese bekannte Sache ist entweder eine
Quantität oder ein unabhängig bestimmtes Verhältnis – und zwar auf eine
Weise, dass nur sie selber vorkommen und nichts Weiteres und die dir durch
ihr aufmerksames Studium gezeigt wird. Was man in dieser Kunst sucht, ist
der Zusammenhang zwischen den Gegebenen des Problems und der Unbekannten, die in der genannten Weise das Objekt der Algebra darstellt. Die
Algebra besteht darin, die mathematischen Methoden zu erkennen, vermöge
derer man die so beschriebene Bestimmung der Unbekannten entweder numerisch oder geometrisch vornehmen kann.   ▸ S. 181

Unter messbaren Größen verstehe ich die zusammenhängenden Größen,
von denen es vier gibt: die Linie, die Fläche, den Körper und die Zeit, wie man

sie allgemein in den *Kategorien* und detailliert in der *Metaphysik* (des Aristoteles) dargestellt findet. Manche betrachten den Ort als von einer Art, die von der Fläche in die Klasse der zusammenhängenden Größen eingeteilt wird. Aber eine genaue Betrachtung widerlegt diese Ansicht. Wir korrigieren also, dass der Raum eine Fläche bestimmten Zustands ist, deren genaue Bestimmung aber nicht das Thema ist, das wir hier behandeln. Es ist nicht üblich, die Zeit als eine der Größen zu nennen, mit denen sich die Algebra befasst. Es wäre jedoch gerechtfertigt, dies zu tun. Es ist Brauch bei den Algebraikern, in ihrer Kunst die Unbekannte, die bestimmt werden soll, die *Sache* zu nennen, ihr Produkt mit sich selber das *Quadrat*, ihr Produkt mit ihrem Quadrat *Kubus*, das Produkt ihres Quadrats mit sich selbst das *Quadrat-Quadrat*, das Produkt ihres Kubus mit sich selbst *Kubik-Kubus* und so fort, so weit, wie man möchte. Man weiß aus dem Buch der *Elemente* des Euklid, dass diese Grade in proportionalem Verhältnis zueinander stehen. Das heißt, dass das Verhältnis der Einheit zur Wurzel gleich ist dem Verhältnis der Wurzel zum Quadrat und gleich ist dem Verhältnis des Quadrats zum Kubus. Das Verhältnis der Zahl zu den Wurzeln ist also gleich dem Verhältnis der Wurzeln zu den Quadraten, gleich dem Verhältnis der Quadrate zu den Kuben und gleich dem Verhältnis der Kuben zu den Quadrat-Quadraten und so fort, so weit, wie man möchte.

Man muss wissen, dass diese Abhandlung nur für jene verständlich ist, die das Buch des Euklid über die *Elemente* und sein Buch über die *Data* beherrschen sowie die beiden Bücher des Werks des Apollonius über die *Kegelschnitte*. Wer keine Kenntnis dieser drei Bücher hat, hat keinen Zugang zum Verständnis dieser Abhandlung. Ich habe mich des Weiteren bemüht, in dieser Abhandlung nur auf diese drei Bücher zu verweisen.

S. 179 ◄

In der Algebra erfolgen die Lösungen, wie man weiß, nur mittels der Gleichung, das heißt mittels Gleichstellung dieser Grade untereinander. Und wenn der Algebraiker das Quadrat-Quadrat in der Geometrie verwendet, so ist dies bildhaft gemeint und nicht im strengen Sinne, denn es ist unmöglich, dass das Quadrat-Quadrat eine der messbaren Größen ist. Unter den Größen findet sich zunächst eine einzelne Dimension, das ist die Wurzel oder, bezogen auf ihr Quadrat, die Seite. Dann die zwei Dimensionen, das ist das Quadrat, das als Fläche eine messbare Größe ist. Schließlich die dritte Dimension, der Kubus, der die messbare Größe des von sechs Quadraten limitierten Körpers ist. Da nun keine weitere Dimension existiert, ist das Quadrat-Quadrat keine messbare Größe und noch weniger die Grade, die ihm folgen. Und wenn man in den messbaren Größen vom Quadrat-Quadrat spricht, so

meint dies nur die Anzahl seiner Teile, wenn man diese misst, aber nicht es
selbst als messbare Größe. Denn dies ist etwas anderes. Das Quadrat-Quadrat
ist also keine messbare Größe, weder im strengen noch im beiläufigen Sinne.
Es kann nicht verglichen werden mit der geraden und der ungeraden Zahl, die
im beiläufigen Sinne [messbare] Größen genannt werden, nämlich aufgrund
der Zahl, die zwischen je zwei geraden oder je zwei ungeraden Zahlen liegt.   ▸ S. 189

Die Gleichungen zwischen diesen vier geometrischen Graden, ich meine
die Zahlen, die Seiten, die Quadrate und die Kuben, die man in den Büchern
der Algebraiker findet, sind drei Gleichungen zwischen Zahlen, Seiten und
Quadraten. Wir werden jedoch eine Methode angeben, vermöge derer man
die Unbekannte in Gleichungen zwischen den *vier* Graden bestimmen kann,
über die hinaus keine weiteren unter den messbaren Größen gefunden werden können, das heißt zwischen der Zahl, der Sache, dem Quadrat und dem
Kubus. Was mithilfe der Eigenschaften des Kreises gezeigt werden kann, so
wie es in den beiden Büchern des Euklid, den *Elementen* und den *Data*, gezeigt wurde, werden wir auf einfache Art zeigen. Und was nur mit den Eigenschaften der Kegelschnitte gezeigt werden kann, zeigen wir anhand der
beiden Bücher der *Kegelschnitte*. Den Beweis dieser Gleichungen für den Fall,
dass das Gesuchte des Problems eine Zahl ist, haben sowohl ich als auch die
Gelehrten, die sich mit der Algebra befassten, nur gefunden, wenn sie die
drei ersten Grade umfassen, nämlich die Zahl, die Sache und das Quadrat.
Vielleicht werden andere, die nach uns kommen, mehr Erfolg haben. Für diese Gattungen werde ich die numerischen Lösungen zeigen, deren geometrische Nachweise sich mithilfe des Werks des Euklid führen lassen. Man beachte, dass der geometrische Beweis die numerische Lösung nicht ersetzt, wenn
das Gesuchte eine Zahl ist und keine messbare Größe. Man beachte auch, dass
Euklid, nachdem er im V. Buch die Sätze über die Verhältnisse der messbaren
Größen bewiesen hat, dies im VII. Buch wiederholt, indem er dieselben Sätze
über die Verhältnisse beweist für den Fall, dass das Gesuchte eine Zahl ist.

Die Gleichungen zwischen diesen vier Graden sind Binome oder Polynome. Es gibt sechs Gattungen von Binomen:

   i Eine Zahl ist gleich einer Wurzel   (I)

  ii Eine Zahl ist gleich einem Quadrat   (II)

 iii Eine Zahl ist gleich einem Kubus   (III)

  iv Wurzeln sind gleich einem Quadrat   (IV)

   v Quadrate sind gleich einem Kubus   (V)

  vi Wurzeln sind gleich einem Kubus   (VI)

Drei dieser Gattungen werden in den Büchern der Algebraiker angegeben. Sie sagen: Das Verhältnis der Sache zum Quadrat ist gleich dem Verhältnis des Quadrats zum Kubus. Es folgt daraus notwendigerweise, dass die Gleichung zwischen dem Quadrat und dem Kubus dieselbe ist wie die Gleichung zwischen der Sache und dem Quadrat. Und genauso ist das Verhältnis der Zahl zum Quadrat dasselbe wie das Verhältnis der Wurzel zum Kubus. Es folgt daraus ebenso, dass die Gleichung zwischen der Zahl und dem Quadrat dieselbe ist wie die Gleichung zwischen der Wurzel und dem Kubus. Aber sie haben dies nicht geometrisch gezeigt. Was die Zahl gleich einem Kubus angeht, so ist die einzige Methode zur Bestimmung seiner Seite die Induktion, wenn das Problem numerisch ist. Ist es geometrisch, ist es nur mithilfe der *Kegelschnitte* lösbar.

Unter den polynomen Gleichungen gibt es trinomische und quadrinomische. Die Trinome erscheinen in zwölf Gattungen. Die ersten drei sind:

(VII)   **i** Ein Quadrat und eine Wurzel sind gleich einer Zahl
(VIII)   **ii** Ein Quadrat und eine Zahl sind gleich einer Wurzel
(IX)   **iii** Eine Wurzel und eine Zahl sind gleich einem Quadrat

Diese drei Gattungen werden in den Büchern der Algebraiker angegeben und geometrisch gezeigt, nirgendwo aber numerisch. Die drei Folgenden sind:

(X)   **i** Ein Kubus und ein Quadrat sind gleich einer Wurzel
(XI)   **ii** Ein Kubus und eine Wurzel sind gleich einem Quadrat
(XII)   **iii** Ein Kubus ist gleich einer Wurzel und Quadraten

Die Algebraiker sagen, dass diese drei Gleichungen den vorgenannten äquivalent sind. Ein Kubus und ein Quadrat sind gleich einer Wurzel ist äquivalent zu: Ein Quadrat und eine Wurzel sind gleich einer Zahl. Und genauso für die beiden anderen. Aber sie haben den Beweis nicht angegeben für den Fall, dass das Gesuchte eine messbare Größe ist. Aber wenn das Gesuchte des Problems eine Zahl ist, so ist dieser Beweis einfach, aufgrund dessen, was in den *Elementen* gezeigt wurde. Ich werde diesen geometrischen Fall zeigen.

Die sechs Gattungen, die von den zwölfen noch ausstehen, sind:

(XIII)   **i** Ein Kubus und eine Wurzel sind gleich einer Zahl
(XIV)   **ii** Ein Kubus und eine Zahl sind gleich einer Wurzel
(XV)   **iii** Eine Zahl und eine Wurzel sind gleich einem Kubus
(XVI)   **iv** Ein Kubus und ein Quadrat sind gleich einer Zahl
(XVII)   **v** Ein Kubus und eine Zahl sind gleich einem Quadrat
(XVIII)   **vi** Eine Zahl und ein Quadrat sind gleich einem Kubus

In Bezug auf diese sechs Gattungen haben wir in den Büchern der Algebraiker nichts gefunden, abgesehen von einer lückenhaften Diskussion von einer von ihnen. Ich werde sie geometrisch, und nicht numerisch, diskutieren und beweisen. Der Beweis dieser sechs Gattungen kann allein mithilfe der *Kegelschnitte* erfolgen.

▸ S. 187

Was die quadrinomischen Gleichungen angeht, so zerfallen sie in zwei Klassen. In der ersten sind drei Grade gleich einem anderen. Sie umfasst vier Gattungen:

    i Ein Kubus und ein Quadrat und eine Wurzel sind gleich einer Zahl   (XIX)

    ii Ein Kubus und ein Quadrat und eine Zahl sind gleich einer Wurzel   (XX)

    iii Ein Kubus und eine Wurzel und eine Zahl sind gleich einem Quadrat   (XXI)

    iv Ein Kubus ist gleich einer Wurzel, einem Quadrat und einer Zahl   (XXII)

In der zweiten Klasse sind zwei Grade gleich zwei anderen. Sie umfasst drei Gattungen:

    i Ein Kubus und ein Quadrat sind gleich einer Wurzel und einer Zahl   (XXIII)

    ii Ein Kubus und eine Wurzel sind gleich einem Quadrat und einer Zahl   (XIV)

    iii Ein Kubus und eine Zahl sind gleich einer Wurzel und einem Quadrat   (XXV)

Dies sind die sieben quadrinomischen Gattungen, von denen wir keine anders lösen können als geometrisch. Einer unserer Vorgänger gebrauchte einen Spezialfall einer dieser Gleichungen, was ich erwähnen werde. Der Beweis dieser Gleichungen kann nur mithilfe der Kegelschnitte erfolgen. Wir werden im Folgenden nacheinander jede einzelne dieser fünfundzwanzig Gattungen darstellen, und mit der Hilfe Gottes werden wir sie beweisen. Wer sich Gott ehrlich anvertraut, der wird von ihm geführt und erfüllt.

▸ S. 184

S. 192 ◄ ## 6.2 Die Gleichungen zweiten Grades

6.2.1 Die Binome

(I) Erste Gattung der Binome: Eine Wurzel ist gleich einer Zahl.
Die Wurzel ist also notwendigerweise bekannt. Dies gilt sowohl für die Zah-
S. 193 ◄ len als auch für die messbaren Größen.

(II) Zweite Gattung der Binome (Abb. 6.1): Eine Zahl ist gleich einem Quadrat.
Numerische Lösung: Das numerische Quadrat ist also bekannt, denn es ist
gleich der Zahl, und es gibt keinen anderen Weg der Berechnung als den
der Iteration. Denn in der Tat weiß derjenige, der weiß, dass die Wurzel aus
Fünfundzwanzig gleich Fünf ist, dies nur auf diesem Wege und nicht mittels einer algebraischen Rechenregel. Man darf jene Algebraiker, die in dieser
Frage eine andere Meinung haben, nicht berücksichtigen. Die Inder besitzen
eine Methode, mit der man die Seiten der Quadrate und der Kuben bestimmen kann, die auf einer von wenigen Zahlen ausgehenden Induktion basiert.
Es handelt sich um die Quadrate von neun Zahlen, nämlich der Quadrate
von Eins, von Zwei, von Drei und so weiter, und die Produkte der einen mit
der anderen, das heißt von Zwei mit Drei und so weiter. Ich habe ein Buch
geschrieben, in dem ich die Exaktheit dieser Methode beweise und dass sie zu
dem Gesuchten führt. Ich habe sie außerdem in den Gattungen erweitert, um
die Seiten des Quadrat-Quadrats, des Kubik-Quadrats, des Kubik-Kubus und
so weit, wie man möchte, bestimmen zu können, was von meinen Vorgängern
keiner erreicht hat. Diese Beweise sind numerische Beweise, die auf den arith-
metischen Büchern des Werks der *Elemente* beruhen.

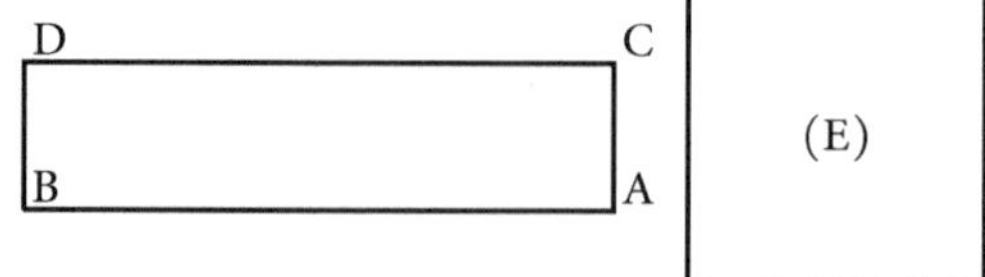

Abb. 6.1

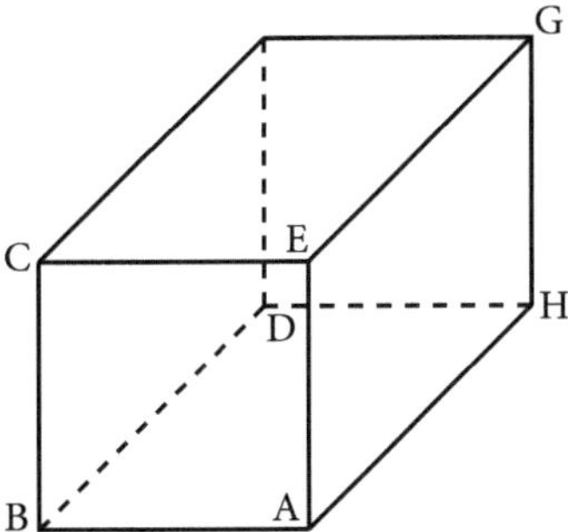

Abb. 6.2

Geometrischer Beweis und Konstruktion: Ziehen wir die Gerade AB gleich der
gegebenen Zahl und AC der Länge Eins so, dass sie senkrecht zu AB sei.
Vervollständigen wird das Rechteck AD. Man weiß, dass die Fläche AD also gleich der gegebenen Zahl ist. Konstruieren wir eine quadratische Fläche
5   gleich groß wie AD, dies sei das Quadrat E, so wie es Euklid in Satz 14 des
II. Buches seines Werks gezeigt hat. Das Quadrat E ist also gleich der gegebenen Zahl und bekannt, also ist seine Seite ebenfalls bekannt. Betrachte den
Beweis des Euklid. Wir erhalten, was wir suchten.   ▸ S. 193

Und jedes Mal, wenn wir in dieser Abhandlung sagen: Eine Zahl ist gleich
10   einer Fläche, so verstehen wir unter der Zahl ein rechtwinkliges Viereck, dessen eine Seite gleich Eins ist und dessen andere Seite gleiches Maß hat wie die
gegebene Zahl, und zwar in dem Sinne, dass jeder Teil seines Maßes gleich
der zweiten Seite sei, die wir Eins gesetzt hatten.

(III) Dritte Gattung der Binome (Abb. 6.2): Eine Zahl ist gleich einem Kubus.
15   *Numerische Lösung*: Wenn die Unbekannte eine Zahl ist, so ist ihr Kubus
bekannt, und es gibt keinen anderen Weg der Bestimmung seiner Seite als
den der Induktion, was ebenso für alle weiteren numerischen Potenzen gilt,
wie das Quadrat-Quadrat, den Quadrat-Kubus, den Kubik-Kubus, wie wir
erwähnt haben.
20   *Geometrische Lösung*: Zeichnen wir das Einheitsquadrat AD. Das heißt, dass
AB gleich BD ist und dass beide gleich Eins sein sollen. Errichten wir dann
auf der Fläche AD im Punkt B die Senkrechte BC dergestalt, dass sie gleich
der gegebenen Zahl sei, so wie es Euklid im XI. Buch seines Werks gezeigt
hat. Vervollständigen wir den Körper ABCDEGH. Das Maß dieses Körpers
25   ist dann gleich der gegebenen Zahl. Die Konstruktion dieses Körpers gege-

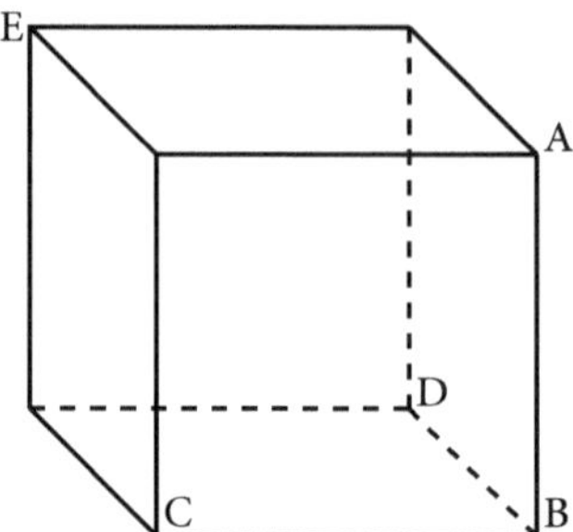

Abb. 6.3

bener Größe jedoch kann nur mithilfe der Eigenschaften der Kegelschnitte
ausgeführt werden. Wir verschieben sie demnach auf später, wenn wir die
notwendigen diesbezüglichen Lemmata eingeführt haben.

Und jedes Mal, wenn wir sagen: Eine Zahl ist gleich einem Körper, dann
meinen wir mit «Zahl» ein Parallelepiped, dessen Grundseite das Quadrat
der Einheit ist und dessen Höhe gleich der gegebenen Zahl ist.

S. 197 ◄

(IV) Vierte Gattung der Binome: Ein Quadrat ist gleich fünf seiner Wurzeln.
Die Zahl der Wurzeln ist also gleich der Wurzel der Zahl.
Numerische Lösung: Wenn man die Wurzel mit sich selber multipliziert, erhält
man das Quadrat. Aber wenn man diese Wurzel mit Fünf multipliziert, erhält
man auch das Quadrat. Sie ist also fünf.
Geometrische Lösung: Die geometrische Lösung ist der numerischen Lösung
gleich, wenn man eine quadratische Fläche gleich fünf ihrer Seiten zeichnet.

S. 198 ◄

(V) Fünfte Gattung der Binome (Abb. 6.3): Quadrate sind gleich einem Kubus. Dies ist äquivalent zu: Eine Zahl ist gleich einer Wurzel.
Numerische Lösung: Das Verhältnis der Zahl zur Wurzel ist gleich dem Verhältnis des Quadrats zum Kubus nach dem, was im VIII. Buch der *Elemente*
gezeigt wurde.
Geometrische Lösung: Zeichnen wir den Kubus ABCDE gleich einer bestimmten Anzahl seiner Quadrate, zum Beispiel gleich zwei Quadraten, und das
Quadrat sei AC. Wenn man also die Fläche AC mit zwei multipliziert, erhält
man den Kubus ABCDE. Wenn man sie andererseits mit BD multipliziert,
die die Seite des Kubus ist, erhält man den Kubus ABCDE. Also ist die Seite
BD gleich zwei. Dies ist, was wir wollten.

S. 198 ◄

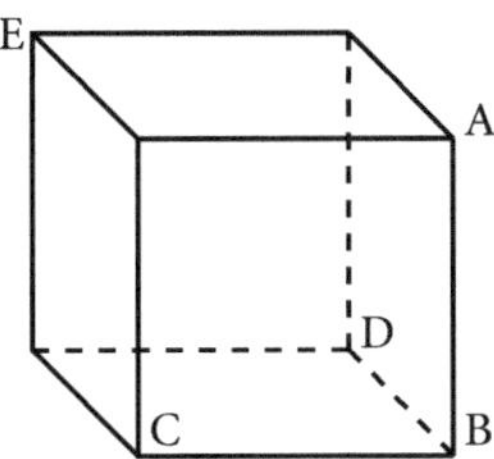

Abb. 6.4

Und jedes Mal, wenn wir in dieser Abhandlung sagen: Die Quadrate des Kubus, so meinen wir damit die Quadrate seiner Seiten.

(VI) Sechste Gattung der Binome (Abb. 6.4): Unbekannte sind gleich einem Kubus.

5   *Geometrische Lösung*: Wenn die Unbekannte eine Zahl ist, dann ist offensichtlich, dass dies dieselbe Gleichung ist wie: Eine Zahl ist gleich einem Quadrat. Zum Beispiel: Vier Wurzeln sind gleich einem Kubus, das ist dasselbe, wie wenn man sagte: Vier, eine Zahl, ist gleich einem Quadrat, unter Berücksichtigung der vorgenannten Verhältnisse.

10   *Geometrische Lösung*: Zeichnen wir den Kubus ABCDE, dessen Maß gleich viermal dem Maß seiner Seiten ist und dessen Seite AB sei. Wenn wir also seine Seite, AB, mit Vier multiplizieren, erhalten wir den Kubus ABCDE. Wenn man aber seine Seite mit seinem Quadrat multipliziert, also mit dem Quadrat AC, so erhält man den Kubus. Das Quadrat AC ist also vier.   ▸ S. 199

15   Nun, da wir die Binome besprochen haben, behandeln wir die ersten drei der zwölf trinomischen Gattungen.

6.2.2 *Die Trinome*

(VII) Erste Gattung der Trinome (Abb. 6.5 und 6.6): Ein Quadrat plus zehn seiner Wurzeln ist gleich Neununddreißig.

20   *Geometrische Lösung*: Multipliziere die Hälfte der Anzahl der Wurzeln mit sich selbst, addiere das Produkt zu der Zahl und subtrahiere von der Wurzel

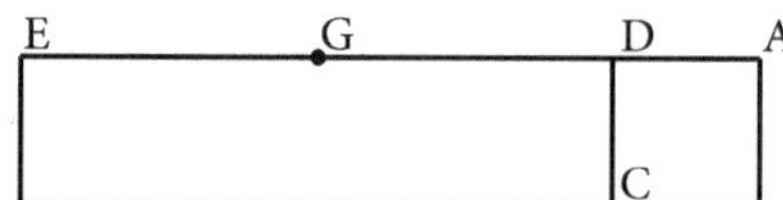

Abb. 6.5

dieser Summe die Hälfte der Zahlen. Was bleibt, ist die Wurzel des Quadrats.
Für die numerische Lösung braucht man zwei Bedingungen. Die Erste: dass
die Zahl der Wurzeln eine gerade Zahl ist, damit sie nämlich halbiert werden kann. Die Zweite: dass die Summe des Quadrats der Hälfte der Zahl
und der Zahl eine Quadratzahl ist. Andernfalls ist das Problem numerisch   5
nicht lösbar. Auf dem geometrischen Weg ist keines dieser Probleme absolut
unlösbar. Doch ist die numerische Lösung dieser Gattung einfach, wenn man
die geometrische Lösung studiert. Diese ist die Folgende:
Geometrische Lösung (Abb. 6.5): Betrachten wir das Quadrat AC, das so gewählt ist, dass es zusammen mit zehn seiner Wurzeln gleich Neununddreißig   10
ist. Zeichnen wir weiterhin das Rechteck CE gleich zehn der Wurzeln des
Quadrats. Die Gerade DE ist also Zehn. Teilen wir sie in zwei Hälften. Da wir
die Gerade DE in G in zwei Teile geteilt haben und da AD ihre Verlängerung
ist, ist das Produkt von EA und AD, welches die Fläche des Rechtecks BE ist,
plus das Quadrat von DG gleich dem Quadrat von GA. Aber das Quadrat   15
von DG, welches die Hälfte der Anzahl der Wurzeln ist, ist bekannt, und das
Rechteck BE, das gleich der gegebenen Zahl ist, ist bekannt. Das Quadrat von
GA ist also bekannt, und die Gerade GA ist bekannt. Zieht man von ihr GD
ab, so bleibt AD, die dann bekannt ist.
Weitere Lösung (Abb. 6.6 links): Zeichnen wir ein Quadrat ABCD und ver-   20
längern wir BA bis E so, dass EA ein Viertel der Anzahl der Wurzeln ist, das
heißt zweieinhalb. Verlängern wir DA bis G und machen wir GA gleich ei-

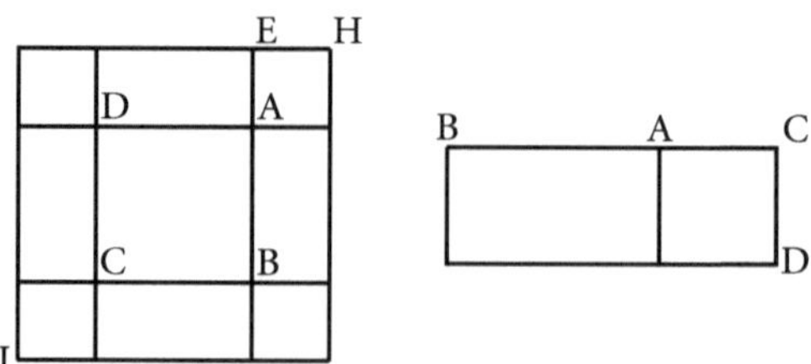

Abb. 6.6

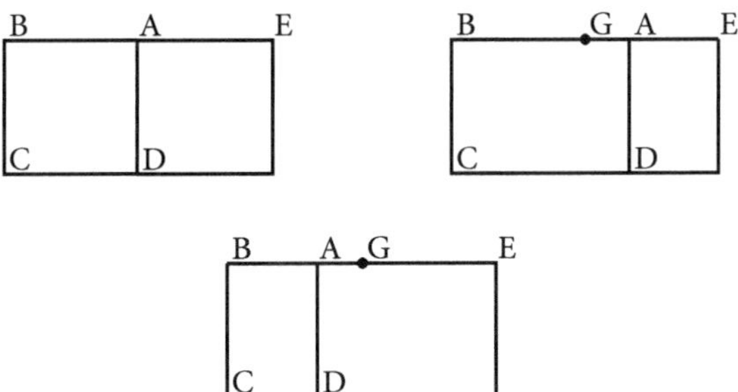

Abb. 6.7

nem Viertel der Anzahl der Wurzeln. Verlängern wir auf die gleiche Art die
Geraden aller Ecken des Quadrats. Wir erhalten die Fläche HI. Diese ist also
ein Quadrat, weil GE ein Quadrat ist, AC ein Quadrat ist und CI ein Quadrat
ist, so wie es im VI. Buch der *Elemente* gezeigt worden ist. Die vier Quadrate in den Winkeln des großen Quadrats sind also ein jedes das Quadrat von
Zweieinhalb. Ihre Summe ist also fünfundzwanzig, das Quadrat der Hälfte
der Anzahl der Wurzeln. Das Rechteck GB ist gleich zweieinhalb Wurzeln
des Quadrats AC, da GA gleich zweieinhalb ist. Die vier Rechtecke sind also
gleich zehn Wurzeln des Quadrats AC. Aber das Quadrat AC plus zehn seiner Wurzeln hatten wir gleich neununddreißig angenommen. Das Quadrat
HI ist also vierundsechzig. Ziehen wir seine Wurzel, und ziehen wir fünf ab,
so bleibt AB.

Weiterhin kann man so vorgehen (Abb. 6.6 rechts): AB sei zehn, und man suche ein Quadrat dergestalt, dass man, wenn man es zum Produkt seiner Seite
und AB addiert, die gegebene Zahl erhält. Sei E ein Parallelogramm gleich
der gegebenen Zahl, so wie wir es oben gesagt haben. Zeichnen wir an die
Gerade AB ein Parallelogramm gleich dem Rechteck E und lassen es um ein
Quadrat überstehen, so wie es Euklid in den *Elemente*n gezeigt hat. Dies sei
das Rechteck BD und AD das überstehende Quadrat. Seine Seite AC ist also
bekannt, so wie es in den *Data* gezeigt wurde.   ▸ S. 199

(VIII) Zweite Gattung der Trinome (Abb. 6.7 und 6.8): Ein Quadrat plus eine
Zahl ist gleich Wurzeln.

Geometrische Lösung: In dieser Gattung muss man verlangen, dass die Zahl
nicht größer sei als das Quadrat der Hälfte der Anzahl der Wurzeln, sonst ist
das Problem nicht lösbar. Wenn sie gleich dem Quadrat der Hälfte der Anzahl
der Wurzeln ist, dann ist die Hälfte der Anzahl der Wurzeln gleich der Wurzel

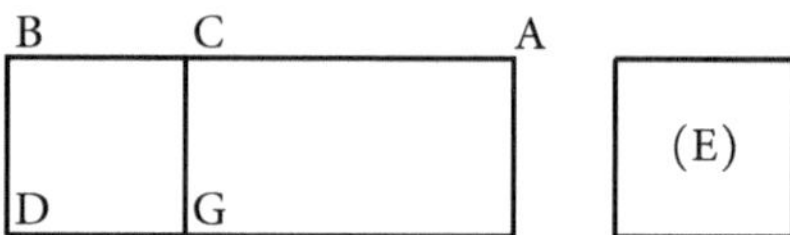

Abb. 6.8

des Quadrats. Wenn sie kleiner ist, ziehe man von ihr das Quadrat der halben
Anzahl der Wurzeln ab, ziehe hieraus die Wurzel und addiere es zur Hälfte
der Anzahl der Wurzeln oder ziehe es von ihr ab. Das, was nach der Addition
bleibt und das, was nach der Subtraktion bleibt, ist die Wurzel des Quadrats.
Die numerische Lösung lässt sich an der geometrischen nachvollziehen.
Geometrischer Beweis (Abb. 6.7): Zeichnen wir das Quadrat ABCD und an
dieses, an der Seite von AD, das Rechteck ED gleich der Zahl. Das Rechteck ED ist dann gleich zehn der Seiten des Quadrats AC, und folgerichtig ist
EB gleich zehn. In der ersten Abbildung (Abb. 6.7 oben links) sei AB gleich
der Hälfte von EB, in der zweiten (oben rechts) größer, in der dritten (unten) kleiner als die Hälfte von EB. In der ersten Abbildung ist AB also fünf. In
der zweiten und dritten Abbildung teilen wir EB im Punkt G derart, dass die
Gerade EB in G in zwei gleich große Teile und im Punkt A in zwei ungleich
große Teile geteilt werde. Das Produkt von EA und AB plus das Quadrat von
GA ist dann gleich dem Quadrat von GB, wie es im II. Buch der *Elemente* des
Euklid gezeigt worden ist. Das Rechteck EA mal AB ist gleich der Zahl, die
bekannt ist. Wenn wir sie vom Quadrat von GB, das die Hälfte der Anzahl der
Wurzeln ist, abziehen, bleibt das Quadrat GA, das damit also bekannt ist. In
der dritten Figur ziehe man GA von GB ab, in der zweiten füge man es zu GB
hinzu. Man erhält AB, das wir haben wollten. Dies kann auch auf andere Art
gezeigt werden, doch wir beschränken uns hier auf diese Art, in der Sorge,
abzuschweifen.
Konstruktion (Abb. 6.8): Wenn man beispielsweise die Gerade AB gleich Zehn
annimmt, und man möchte von ihr ein solches Teilstück abziehen, dass das
Produkt von AB und diesem Teilstück gleich dem Quadrat dieses Teilstücks
plus ein weiteres Rechteck ist, welches nicht größer sei als das Quadrat der
Hälfte von AB – es ist die gegebene Zahl gemeint, die das Rechteck E sei –,
wenn wir also von AB ein Teilstück abziehen wollen, sodass das Quadrat dieses Teilstücks plus das Rechteck E gleich dem Produkt von AB mit diesem
Teilstück sei, so zeichnen wir an die bekannte Gerade AB ein dem bekannten
Rechteck E gleiches Rechteck so, dass ein Quadrat fehlt. Dies ist möglich, da

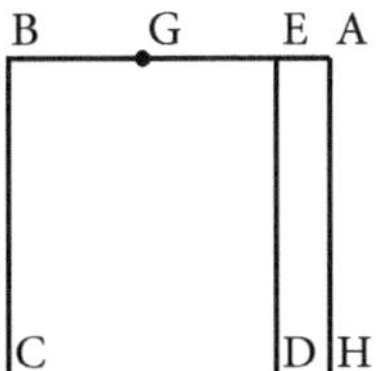

Abb. 6.9

das Rechteck E nicht größer ist als das Quadrat der Hälfte von AB. Dieses
Rechteck sei AG, das entstehende Quadrat sei CD, so wie es im VI. Buch der
Elemente gezeigt worden ist. Die Seite CB ist dann bekannt, so wie es im Buch
der *Data* gezeigt worden ist. Dies ist, was wir zeigen wollten.

5   Diese Gattung umfasst also verschiedene Fälle, von denen einige unlösbar
sind. Unter welchen Bedingungen sie numerisch gelöst werden kann, folgt
aus dem, was wir für die erste trinomische Gattung gezeigt haben.   ▸ S. 202

(IX) Dritte Gattung der Trinome (Abb. 6.9 und 6.10): Eine Zahl plus Wurzeln ist gleich einem Quadrat.

10 *Geometrische Lösung*: Man fügt der Zahl das Quadrat der Hälfte der Anzahl
der Wurzeln zu, zieht die Wurzel und fügt die Hälfte der Anzahl der Wurzeln
hinzu. Was übrig bleibt, ist die Wurzel des Quadrats.
Geometrischer Beweis (Abb. 6.9): Das Quadrat ABCH ist gleich fünf seiner
Wurzeln plus sechs Zahlen. Trennen wir von ihm die Zahl ab, die das Recht-
15 eck AD sei. Es bleibt das Rechteck EC, gleich der Anzahl der Wurzeln, die
Fünf sind. Die Gerade EB ist also fünf. Teilen wir sie in G in zwei gleich große
Teile. Die Gerade EB ist dann also in G in zwei gleich große Teile geteilt. Fügen
wir ihr die Verlängerung EA hinzu. Es ist also die bekannte Fläche BA mal AE,
die die Fläche AD ist, plus das bekannte Quadrat von EG gleich dem Quadrat
20 von GA. Das Quadrat von GA ist also bekannt, also ist GA bekannt. In der
Folge ist GB bekannt, und AE ist bekannt. Es gibt für diese Gattung weitere
Beweise, die zu finden eine gute Übungsaufgabe für den Leser ist.
Konstruktion (Abb. 6.10): Wenn aber EB, gleich der Anzahl der Wurzeln, gegeben ist und man ein Quadrat mit einer solchen Seite sucht, dass das Qua-
25 drat gleich einer Anzahl seiner Seiten plus der gegebenen Zahl sei, dann ist
das Quadrat ABCD jenes, das wir suchten. Sei die gegebene Zahl das Rechteck I, und H ein ihm flächengleiches Quadrat. Konstruieren wir ein Quadrat

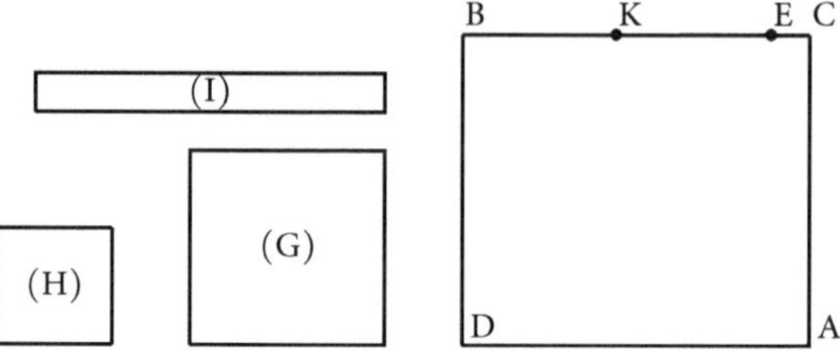

Abb. 6.10

gleich dem Quadrat H plus das Rechteck EH, das die Hälfte der Anzahl der Seiten ist. Dieses Quadrat sei das Quadrat G. Ziehen wir KC gleich der Seite von G, und vervollständigen wir das Quadrat ABCD. Das Quadrat ABCD ist

S. 204 ◄ jenes, das wir suchten.

Es wurde also gezeigt, dass weder die dritte noch die erste Gattung der Trinome unlösbare Fälle besitzen, während dies für die zweite Gattung anders ist, die zugleich mehrere Fälle erlaubt, was für die anderen beiden nicht zutrifft. Zeigen wir nun, dass die weiteren drei Gattungen den ersten dreien äquivalent sind.

(X) Vierte Gattung der Trinome (Abb. 6.11): Ein Kubus plus Quadrate ist gleich Wurzeln.
Zeichnen wir den Kubus ABCDE, verlängern wir AB bis nach G so weit, dass AG gleich der Zahl der Quadrate ist. Vervollständigen wir den Körper AGHICD als Verlängerung des Kubus AE, so wie man es kennt. Der Körper AI ist dann gleich der gegebenen Zahl der Quadrate. Der Körper BI, der der Kubus plus die gegebene Zahl der Quadrate ist, ist also gleich der gegebenen Zahl der Wurzeln. Die Wurzel ist die Seite des Kubus, das heißt AD. Das Rechteck K, mit AD multipliziert, ist also gleich der gegebenen Zahl der Seiten. Und das Rechteck HB, multipliziert mit AD, ergibt den Kubus plus

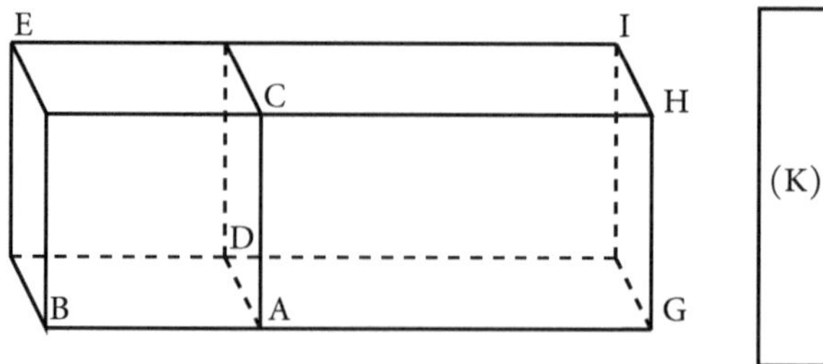

Abb. 6.11

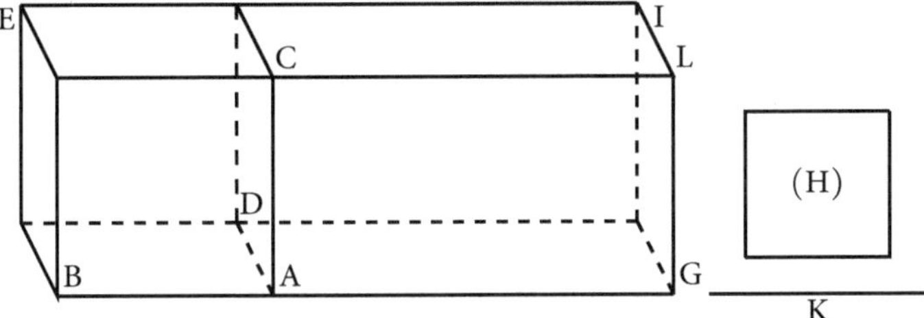

Abb. 6.12

die gegebene Zahl der Quadrate. Diese beiden Körper aber, der Körper BI und der auf K errichtete Körper der Höhe AD, sind gleich. Ihre Grundflächen sind also umgekehrt proportional zu ihren Höhen. Da aber ihre Höhen gleich sind, sind es auch ihre Grundflächen. Die Grundfläche HB ist aber gleich dem Quadrat CB plus das Rechteck HA, welches gleich der Zahl der Wurzeln dieses Quadrats ist, die für das Quadrat gegeben wurde. K, die Zahl der Wurzeln, ist also gleich dem Quadrat plus die Zahl der Wurzeln, die für das Quadrat gegeben war. Dies ist, was wir zeigen wollten.

▸ S. 204

Hier ist ein Beispiel dieser Gattung: Ein Kubus und drei Quadrate sind gleich zehn Wurzeln. Dies ist äquivalent zu: Ein Quadrat und drei Wurzeln sind gleich Zehn in der Zahl.

(XI) Fünfte Gattung der Trinome (Abb. 6.12): Ein Kubus und zwei Wurzeln sind gleich drei Quadrate. Dies ist äquivalent zu: Ein Quadrat plus Zwei ist gleich drei Wurzeln.

Geometrischer Beweis: Zeichnen wir den Kubus ABCDE, der, zu zweien seiner Wurzeln hinzugefügt, gleich drei Quadraten sei. Zeichnen wir ein Quadrat H gleich CB, und sei K gleich Drei. Das Produkt von H und K ist also gleich drei Quadraten der Wurzel des Kubus AE. Konstruieren wir auf AC ein Rechteck, das Zwei sei, und vervollständigen wir den Körper AGCLD. Dieser ist also gleich der Zahl der Wurzeln. Wenn man aber die Gerade GB mit dem Quadrat von AC multipliziert, erhält man den Körper BI, und der Körper AI ist gleich der Zahl der Seiten. Der Körper BI ist also gleich dem Kubus plus eine Zahl, die gleich der Zahl seiner Seiten ist. Der Körper BI ist also gleich der Zahl der Quadrate. Die Gerade GB ist demnach Drei, wie es in der vorherigen Behauptung gezeigt worden ist. Zugleich ist das Rechteck BL ein Quadrat plus Zwei. Ein Quadrat plus Zwei ist also gleich drei Wurzeln, weil das Rechteck BL das Produkt von AB und Drei ist. Was zu beweisen war.

▸ S. 204

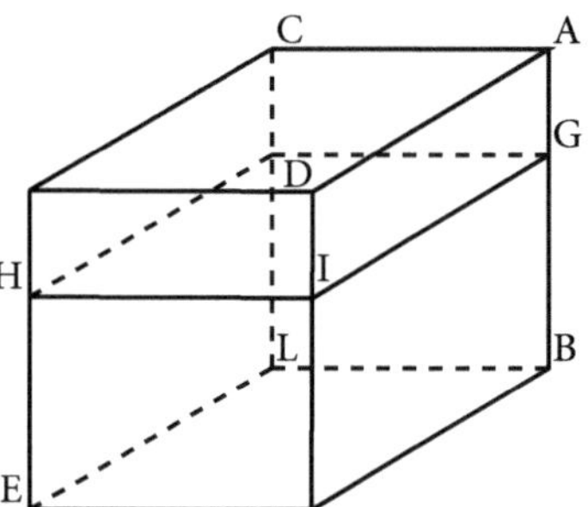

Abb. 6.13

(XII) Sechste Gattung der Trinome (Abb. 6.13): Ein Kubus ist gleich einem Quadrat plus drei Wurzeln. Dies ist äquivalent zu: Ein Quadrat ist gleich einer Wurzel plus drei Zahlen.

Geometrischer Beweis: Zeichnen wir den Kubus ABCDE, der gleich einem Quadrat plus drei seiner Seiten sei. Trennen wir von seiner Seite AB die Gerade AG ab, die gleich der Zahl der Quadrate ist, also Eins, und vervollständigen wir den Körper AGIHC. Der Körper AGHIC ist also gleich der gegebenen Zahl der Quadrate. Es bleibt der Körper GE gleich der gegebenen Anzahl der Seiten. Aber das Verhältnis dieser beiden Körper zueinander ist dasselbe wie das Verhältnis der Grundfläche GC zur Grundfläche GL, so wie es im XI. Buch der *Elemente* gezeigt worden ist, denn die beiden Höhen sind gleich. Das Rechteck GC ist aber gleich einem Mal die Wurzel des Quadrats DB, und das Rechteck GL ist gleich der Zahl der Wurzeln, die Drei ist. Das Quadrat CB ist also gleich einer Wurzel plus drei Zahlen. Was zu beweisen war.

S. 205 ◄

Solange diese Beweise in dieser geometrischen Form nicht verstanden sind, kann die Algebra keine wissenschaftliche Disziplin sein, auch wenn man in den Beweisen auf einige Schwierigkeiten trifft.

Nachdem wir diese Gattungen vorgestellt haben, die mit den Eigenschaften des Kreises, das heißt mithilfe des Werks von Euklid gelöst werden konnten, behandeln wir nun die Gattungen, die nur mithilfe der Eigenschaften der Kegelschnitte gelöst werden können. Dies sind vierzehn Gattungen. Eine ist ein Binom, ein Kubus gleich einer Zahl, sechs weitere sind die verbleibenden Trinome, schließlich die sieben Quadrinome.

6.3 Die Gleichungen dritten Grades

▸ S. 205

Beginnen wir, indem wir einige Lemmata einführen, die auf dem Buch über die *Kegelschnitte* des Apollonius beruhen. Wir tun dies zur Vorbereitung des Schülers und damit diese Abhandlung tatsächlich kein anderes Werk voraus-
5 setzt als die drei genannten, also die beiden Werke Euklids, die *Elemente* und die *Data*, und die beiden Bücher des Werks über die *Kegelschnitte*.

▸ S. 179

6.3.1 *Nützliche Lemmata zum Lösen der Gleichungen dritten Grades*

Lemma 1 (Abb. 6.14): Zwischen zwei Geraden zwei andere Geraden finden,
10 sodass die vier in kontinuierlichem Verhältnis stehen.
Seien die beiden Geraden AB und BC gegeben. Zeichnen wir sie so, dass sie in B einen rechten Winkel einschließen. Konstruieren wir eine Parabel mit B als Scheitelpunkt, BC als Achse und BC als Parameter. Der Kegelschnitt BDE ist dann der Lage nach gegeben, da sein Scheitelpunkt und seine Achse der
15 Lage nach gegeben sind und da sein Parameter der Lage nach gegeben ist. Der Kegelschnitt ist tangential zur Geraden BA, da der Winkel in B ein rech- ter Winkel und gleich dem Ordinatenwinkel ist, wie es in Satz 32 des I. Buches über die *Kegelschnitte* gezeigt worden ist. Konstruieren wir gleichermaßen ei- ne weitere Parabel mit B als Scheitelpunkt, aber mit AB als Achse und AB als
20 Parameter. Dies sei der Kegelschnitt BDG. Er ist tangential zur Geraden BA, so wie es Apollonius in Satz 56 des I. Buches der *Kegelschnitte* gezeigt hat. Der Kegelschnitt BDG ist tangential zur Geraden BC. Die beiden Parabeln schnei- den sich notwendigerweise. Ihr Schnittpunkt sei D. Der Punkt D ist also der

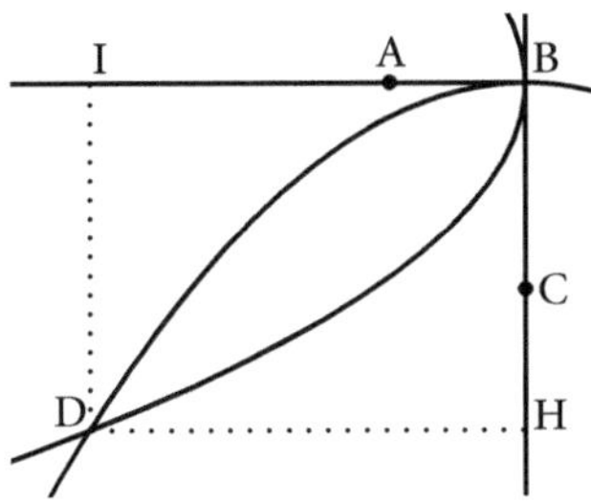

Abb. 6.14

Lage nach gegeben, da die beiden Kegelschnitte der Lage nach gegeben sind.
Fällen wir vom Punkt D die Lote DH und DI auf BC und AB. Sie sind der
Größe nach gegeben, so wie es in den *Data* gezeigt worden ist.
Ich behaupte, dass die vier Geraden AB, BH, BI und BC in kontinuierlichem
Verhältnis stehen.

Beweis: Das Quadrat von HD ist gleich dem Produkt von BH und BC, da die
Gerade DH eine Ordinate des Kegelschnitts BDE ist. Das Verhältnis von BC
zu HD (die gleich BI ist) ist also gleich dem Verhältnis von BI zu HB. Da nun
die Gerade DI eine Ordinate des Kegelschnitts BDG ist, ist das Quadrat von
DI (die gleich BH ist) gleich dem Produkt von BA und BI. Das Verhältnis
von BI zu BH ist also gleich dem Verhältnis von BH zu BA. Die vier Geraden
stehen also in einem kontinuierlichen Verhältnis zueinander, und die Gerade DH ist der Größe nach gegeben, da sie von einem Punkt gegebener Lage
in einem gegebenen Winkel auf eine Gerade gegebener Lage gezogen worden
ist. Aus dem gleichen Grund ist auch DI der Größe nach gegeben. Die beiden Geraden BH und BI sind also der Größe nach gegeben, und sie stehen
in der Mitte des Verhältnisses der beiden Geraden AB und BC, das heißt, das
Verhältnis von AB zu BH ist gleich dem Verhältnis von BH zu BI und gleich
dem Verhältnis von BI zu BC. Was zu beweisen war.

S. 224 ◄

Lemma 2 (Abb. 6.15): Wenn das Quadrat ABCD, die Grundfläche des rechtwinkligen Parallelepipeds ABCDE und ein Quadrat MH gegeben sind, auf
der Grundfläche MH ein rechtwinkliges Parallelepiped errichten, das dem
gegebenen Körper ABCDE [dem Volumen nach] gleich ist.

Machen wir das Verhältnis von AB zu MG gleich dem Verhältnis von
MG zu K. Machen wir anschließend das Verhältnis von AB zu K gleich dem
Verhältnis von GI zu ED. Ziehen wir GI in G senkrecht auf die Ebene MH,
und vervollständigen wir den Körper MGIH.
Ich behaupte, dass dieser Körper dem gegebenen Körper gleich ist.
Beweis: Das Verhältnis des Quadrats AC zum Quadrat MH ist gleich dem
Verhältnis von AB zu K, das Verhältnis des Quadrats AC zum Quadrat MH
ist dann gleich dem Verhältnis von GI, der Höhe des Körpers MIH, zu DE,
der Höhe des Körpers BE. Die beiden Körper sind also gleich, da ihre Grundflächen den Höhen umgekehrt proportional sind, wie es im XI. Buch der *Ele-*

S. 226 ◄

mente gezeigt worden ist.

Und jedes Mal, wenn wir «ein Körper» sagen, meinen wir damit das rechtwinklige Parallelepiped. Genauso meinen wir ein rechtwinkliges Parallelogramm, wenn wir «Fläche» oder «Ebene» sagen.

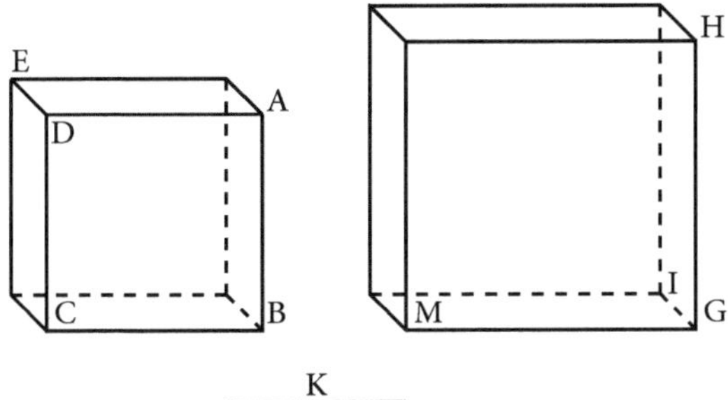

Abb. 6.15

Lemma 3 (Abb. 6.16): Wenn der Körper ABCD, der eine quadratische Grundfläche AC habe, [dem Volumen nach] gegeben ist, einen Körper mit quadra-
tischer Grundfläche und der gegebenen Höhe EI zu konstruieren, der dem
Körper ABCD gleich ist.

5   Machen wir das Verhältnis von EI zu BD gleich dem Verhältnis von AB
zu K. Nehmen wir zwischen AB und K eine Gerade, die in der Mitte ihres
Verhältnisses stehe. Diese sei EG. Zeichnen wir EG senkrecht auf EI, vervollständigen wir die Fläche IG, zeichnen wir HE senkrecht auf die Ebene IG,
und zwar so, dass sie gleich GE ist. Vervollständigen wir den Körper HEIG.

10   Ich behaupte, dass der Körper I, der die quadratische Grundfläche HG und
die gegebene Höhe EI hat, gleich dem gegebenen Körper D ist.
Beweis: Das Verhältnis des Quadrats AC zum Quadrat HG ist gleich dem
Verhältnis von AB zu K. Das Verhältnis des Quadrats AC zum Quadrat HG
ist also gleich dem Verhältnis von EI zu BD. Die Grundflächen der beiden
15   Körper sind also den Höhen umgekehrt proportional. Die beiden Körper
sind also gleich. Was zu beweisen war.   ▸ S. 227
Besprechen wir nun die dritte Gattung der Binome.

6.3.2 Das kubische Binom

(III) Dritte Gattung der Binome (Abb. 6.17): Ein Kubus ist gleich einer Zahl.
20   Setzen wir die Zahl gleich dem Körper ABCD, dessen Grundfläche AC, wie
wir gesagt haben, das Einheitsquadrat und dessen Höhe gleich der gegebenen Zahl ist. Konstruieren wir einen Kubus, der ihm gleich ist. Nehmen wir
zwischen den beiden Geraden AB und BD zwei Geraden, deren Verhältnis in

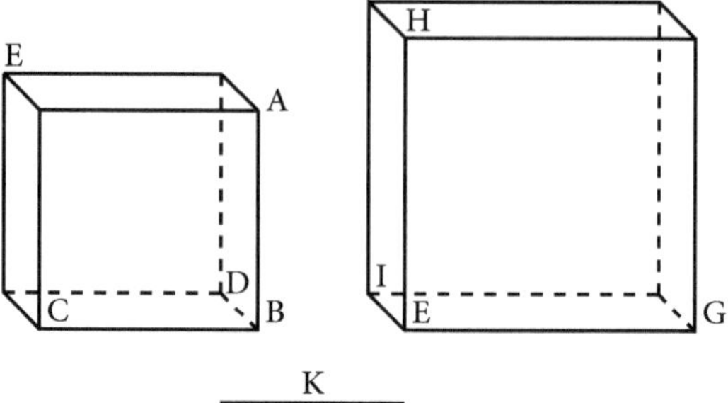

Abb. 6.16

der Mitte des kontinuierlichen Verhältnisses steht. Sie sind der Größe nach
gegeben, wie wir gezeigt haben. Seien sie E und G. Machen wir HI gleich der
Geraden E, konstruieren wir auf HI den Kubus IHKL. Dieser Kubus ist also
der Größe nach gegeben, und seine Seite ist der Größe nach gegeben.

Beweis: Das Verhältnis des Quadrats AC zum Quadrat IK ist gleich dem
Verhältnis des Doppelten von AB zu HK. Das Verhältnis des Doppelten von
AB zu HK ist gleich dem Verhältnis von AB zu G, also des Ersten zum Dritten im Verhältnis, aber es ist zudem gleich dem Verhältnis von HK, der Zweiten im Verhältnis, zu BD, der Vierten. Die Grundfläche des Kubus L und des
Körpers D sind also umgekehrt proportional zu ihren Höhen. Der Kubus und
der Körper sind also gleich. Was zu beweisen war.

Nun befassen wir uns mit den verbleibenden sechs Gattungen der Trinome.

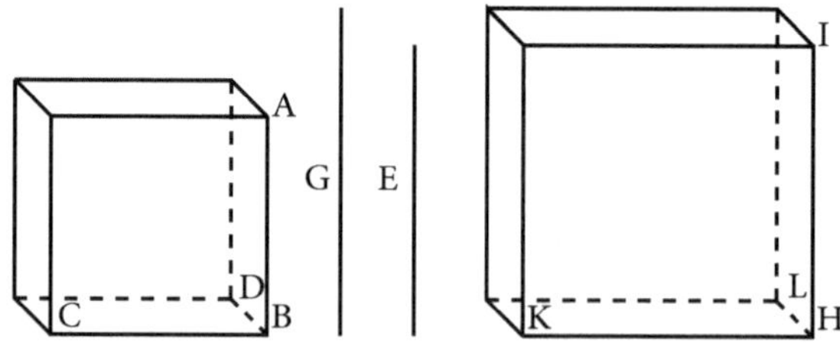

Abb. 6.17

6.3.3 Die Trinome

(XIII) Erste Gattung der sechs verbleibenden Trinome (Abb. 6.18): Ein Kubus plus Seiten ist gleich einer Zahl.

Sei AB die Seite eines Quadrats, welches gleich der Anzahl der Wurzeln ist, die gegeben ist. Konstruieren wir vermöge der Konstruktion, die wir vorhin gezeigt haben, einen Körper, dessen Grundfläche gleich dem Quadrat von AB und dessen Höhe gleich BC sei und der gleich der gegebenen Zahl ist. Zeichnen wir BC senkrecht auf AB. Du weißt übrigens, was die Zahl gleich einem Körper in unseren Ausführungen bezeichnet: Es ist ein Körper, dessen Grundfläche das Einheitsquadrat und dessen Höhe gleich der gegebenen Zahl ist, das heißt gleich einer Geraden, deren Verhältnis zur Seite der Grundfläche des Körpers gleich dem Verhältnis der gegebenen Zahl zur Einheit ist. Verlängern wir AB bis G, und konstruieren wir eine Parabel mit Scheitelpunkt B, BG als Achse und AB als Parameter. Dies sei der Kegelschnitt HBD. Der Kegelschnitt HBD ist also der Lage nach gegeben, wie wir oben gezeigt haben, und er liegt tangential an der Geraden BC. Konstruieren wir über BC einen Halbkreis. Er muss den Kegelschnitt schneiden, der Schnittpunkt sei D. Ziehen wir vom Punkt D, der, wie du weißt, der Lage nach gegeben ist, die beiden Senkrechten DG und DE auf BG und BC. Sie sind also der Lage und Größe nach gegeben. Die Gerade DG ist eine Ordinate des Kegelschnitts. Ihr Quadrat ist also gleich dem Produkt von BG und AB. Das Verhältnis von AB zu DG, die gleich BE ist, ist also gleich dem Verhältnis von BE zu ED, die gleich GB ist. Aber das Verhältnis von BE zu ED ist gleich dem Verhältnis von ED zu EC. Die vier Geraden AB, BE, ED und EC stehen also in einem kontinuierlichen Verhältnis zueinander, und in der Folge ist das Verhältnis

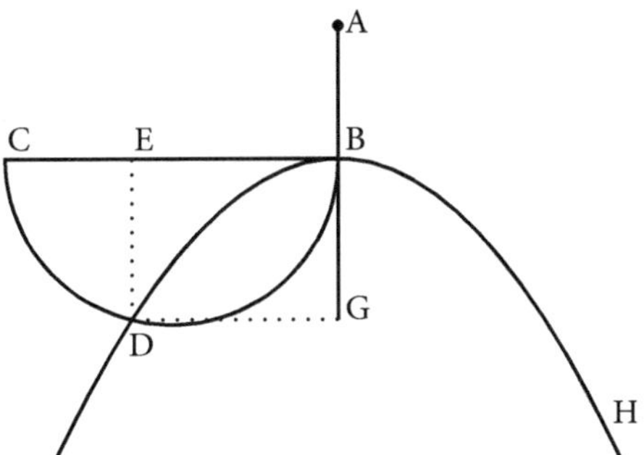

Abb. 6.18

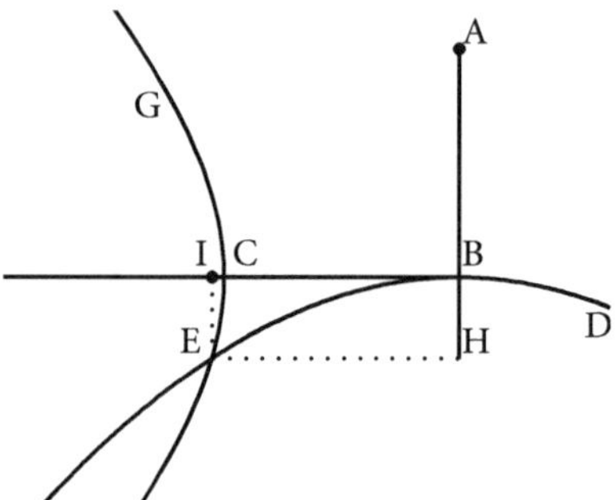

Abb. 6.19

des Quadrats von AB, der Ersten, zum Quadrat von BE, der Zweiten, gleich
dem Verhältnis von BE, der Zweiten, zu EC, der Vierten. Der Körper, dessen Grundfläche das Quadrat von AB und dessen Höhe EC ist, ist also gleich
dem Kubus von BE, da ihre Höhen umgekehrt proportional zu ihren Grundflächen sind. Fügen wir beiden Körpern den Körper hinzu, dessen Grundfläche das Quadrat von AB und dessen Höhe EB ist. Der Kubus von BE plus
dieser Körper sind also gleich dem Körper, dessen Grundfläche das Quadrat
von AB ist, den wir als der gegebenen Zahl gleich angenommen hatten. Aber
der Körper, dessen Grundfläche das Quadrat von AB, also die Zahl der Wurzeln, ist und dessen Höhe EB, also die Seite des Kubus ist, ist gleich der gegebenen Zahl der Seiten des Kubus von EB. Der Kubus von EB plus die gegebene Zahl seiner Seiten ist also gleich der gegebenen Zahl. Und dies ist, was wir
wollten.

Diese Gattung umfasst keine verschiedenen Fälle, und keines dieser Probleme ist unlösbar. Sie wurde mit den Eigenschaften des Kreises und der Pa-
S. 229 ◄ rabel gelöst.

(XIV) Zweite Gattung der sechs verbleibenden Trinome (Abb. 6.19): Ein Kubus und eine Zahl sind gleich Seiten.
Sei AB die Seite eines Quadrats, das gleich der Zahl der Wurzeln ist, und
konstruieren wir einen Körper, dessen Grundfläche das Quadrat von AB ist
und der gleich der gegebenen Zahl sei. Sei BC seine Höhe, senkrecht zu AB.
Konstruieren wir eine Parabel mit Scheitelpunkt B, der Verlängerung von AB
als Achse und deren Parameter AB ist. Dies sei der Kegelschnitt DBE. Er ist
der Lage nach gegeben. Konstruieren wir einen zweiten Kegelschnitt, nämlich
eine Hyperbel mit Scheitelpunkt C, der Verlängerung von BC als Achse und

deren Parameter und Durchmesser beide gleich BC sind. Dies sei der Kegelschnitt ECG. Er ist der Lage nach gegeben, wie Apollonius es in Satz 58 des I. Buchs der *Kegelschnitte* gezeigt hat. Diese beiden Kegelschnitte schneiden sich, oder sie schneiden sich nicht. Wenn sie sich nicht schneiden, ist das Problem unlösbar. Wenn sie sich aber schneiden, entweder durch Berührung in einem Punkt oder durch einen Schnitt in zwei Punkten, dann ist der Schnittpunkt der Lage nach gegeben. Dieser sei E. Fällen wir in E die beiden Lote EI und EH auf die Geraden BI und BH. Die beiden Lote sind also notwendigerweise der Lage und Größe nach gegeben. Aber die Gerade IE ist eine Ordinate. Das Verhältnis des Quadrats von IE zum Produkt von BI und IC ist also gleich dem Verhältnis des Parameters zum Durchmesser, so wie es Apollonius in Satz 21 des I. Buchs gezeigt hat. Nun sind aber Parameter und Durchmesser gleich. Das Quadrat von EI ist also gleich dem Produkt von BI und IC. Das Verhältnis von BI zu IE ist also gleich dem Verhältnis von IE zu IC. Aber das Quadrat von EH, die gleich BI ist, ist gleich dem Produkt von BH und BA, wie es im 11. Satz des I. Buchs des Werks über die *Kegelschnitte* gezeigt wurde.

Das Verhältnis von AB zu BI ist also gleich dem Verhältnis von BI zu BH und dem Verhältnis von BH, die gleich EI ist, zu IC. Die vier Geraden stehen also in einem kontinuierlichen Verhältnis zueinander. Das Verhältnis des Quadrats von AB, der Ersten, zum Quadrat von BI, der Zweiten, ist also gleich dem Verhältnis von BI, der Zweiten, zu IC, der Vierten. Der Kubus von BI ist also gleich dem Körper, dessen Grundfläche das Quadrat von AB und dessen Höhe CI ist. Fügen wir beiden zugleich den Körper hinzu, dessen Grundfläche das Quadrat von AB und dessen Höhe BC ist, den wir gleich der gegebenen Zahl konstruiert hatten. Der Kubus von BI plus die gegebene Zahl ist also gleich dem Körper, dessen Grundfläche das Quadrat von AB und dessen Höhe BI ist, der gleich der Zahl der Seiten des Kubus ist.

Wir haben gezeigt, dass diese Gattung verschiedene Fälle umfasst und dass sie unlösbare Probleme einschließt. Sie wurde gelöst mit den Eigenschaften zweier Kegelschnitte, der Parabel und der Hyperbel. ▸ S. 231

(XV) Dritte Gattung der sechs verbleibenden Trinome (Abb. 6.20): Ein Kubus gleich Seiten plus eine Zahl.

Sei AB die Seite eines Quadrats, das gleich der Zahl der Seiten ist, und konstruieren wir einen Körper, dessen Grundfläche das Quadrat von AB ist und der gleich der gegebenen Zahl sei. Seine Höhe BC sei senkrecht auf AB. Verlängern wir AB und BC, und konstruieren wir eine Parabel mit Scheitelpunkt in B, der Verlängerung von AB als Achse, und AB als Parameter. Dies sei die Parabel DBE. Sie ist der Lage nach gegeben und tangential an die Gerade BC, so wie es Apollonius in Satz 32 des I. Buchs der *Kegelschnitte* gezeigt hat.

Konstruieren wir einen weiteren Kegelschnitt, eine Hyperbel mit Scheitelpunkt B und der Verlängerung von BC als Achse, deren Parameter und Durchmesser gleich BC sei. Dies sei die Hyperbel GBE. Sie ist der Lage nach gegeben und tangential an die Gerade AB. Die beiden Kegelschnitte schneiden sich notwendigerweise. Sie mögen sich im Punkt E schneiden. Der Punkt E ist also der Lage nach gegeben. Fällen wir vom Punkt E die beiden Lote EI und EH. Sie sind der Lage und der Größe nach gegeben. Da die Gerade EH eine Ordinate der Hyperbel ist, folgt aus dem, was wir gesagt haben, dass ihr Quadrat gleich dem Produkt von CH und BH ist. Das Verhältnis von CH zu EH ist also gleich dem Verhältnis von EH zu HB. Aber das Verhältnis von EH, die gleich BI ist, zu HB, die gleich EI ist, die wiederum eine Ordinate des anderen Kegelschnitts ist, ist gleich dem Verhältnis von EI zu AB, die der Parameter des anderen Kegelschnitts ist. Die vier Geraden stehen also im kontinuierlichen Verhältnis: Das Verhältnis von AB zu HB ist also gleich dem Verhältnis von HB zu BI und dem Verhältnis von BI zu CH. Also ist das Verhältnis von AB, der Ersten, zum Quadrat von HB, der Zweiten, gleich dem Verhältnis von HB, der Zweiten, zu CH, der Vierten. Der Kubus von HB ist also gleich dem Körper, dessen Grundfläche das Quadrat von AB und dessen Höhe CH ist, da ihre Höhen umgekehrt proportional zu ihren Grundflächen sind. Dieser Köper aber ist gleich dem Körper, dessen Grundfläche das Quadrat von AB ist und dessen Höhe BC ist, den wir gleich der gegebenen Zahl konstruiert hatten, plus den Körper, der von einer Grundfläche gleich dem Quadrat von AB und der Höhe BH beschrieben wird, der gleich der Zahl der gegebenen Zahl der Seiten des Kubus von BH ist. Der Kubus von BH ist also gleich der gegebenen Zahl plus die gegebene Zahl seiner Seiten. Und dies ist, was wir wollten.

Wir haben gezeigt, dass diese Gattung keine verschiedenen Fälle umfasst und dass sie, ich meine ihre Probleme, nichts Unlösbares beinhaltet. Sie wurde mit den Eigenschaften zweier Kegelschnitte gelöst, einer Parabel und einer Hyperbel.

S. 235 ◄

(XVI) Vierte Gattung der sechs verbleibenden Trinome (Abb. 6.21): Ein Kubus und Quadrate sind gleich einer Zahl.

Sei die Gerade AB gleich der Zahl der Quadrate, und konstruieren wir einen

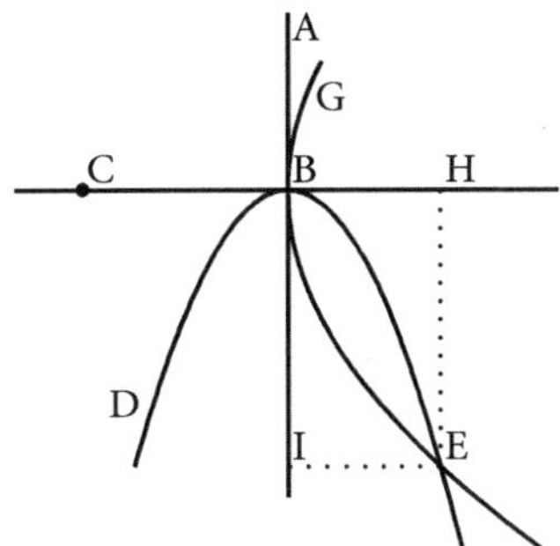

Abb. 6.20

Kubus gleich der gegebenen Zahl. Sei H seine Seite. Verlängern wir AB, zeichnen wir BI gleich H, und vervollständigen wir das Quadrat BIDC. Konstruieren wir eine Hyperbel durch den Punkt D, die BC und BI zu Asymptoten
habe. Dies sei der Kegelschnitt EDN, so wie es in den Sätzen 4 und 5 des
II. Buchs und Satz 55 des I. Buchs über die *Kegelschnitte* gezeigt worden ist.
Der Kegelschnitt EDN ist also der Lage nach gegeben, da der Punkt D der
Lage nach gegeben ist und da die beiden Geraden BC und BI der Lage nach
gegeben sind. Konstruieren wir nun eine Parabel mit Scheitelpunkt A, Achse
AI, und deren Parameter BC sei. Dies sei der Kegelschnitt AEK, der also der
Lage nach gegeben ist. Die beiden Kegelschnitte schneiden sich notwendiger-
weise. Mögen sie sich im Punkt E schneiden. Der Punkt E ist also der Lage
nach gegeben. Fällen wir durch diesen Punkt die beiden Lote EG und EL auf
die Geraden AI und BC. Sie sind der Lage und Größe nach gegeben.

Nun sage ich aber, dass der Kegelschnitt AEK den Kegelschnitt EDN unmöglich in einem solchen Punkt schneiden kann, dass das von diesem Punkt
auf die Gerade AI gefällte Lot auf I oder jenseits von I fällt.

Denn möge das Lot auf I fallen, wenn dies möglich ist. Sein Quadrat wäre
dann gleich dem Produkt von AI und IB, die gleich BC ist. Aber dieses Lot
ist gleich dem Lot DI. Das Quadrat von DI wäre also gleich dem Produkt
von AI und IB. Es ist aber auch gleich dem Produkt von BI mit sich selbst.
Dies aber ist unmöglich. Das Lot fällt also nicht auf I. Es kann aber auch
nicht auf einen Punkt jenseits von I fallen, da es dann kürzer wäre als ID,
und diese Unmöglichkeit wäre noch zwingender. Das Lot fällt also notwendigerweise auf einen Punkt zwischen A und I, so wie zum Beispiel EG. Das
Quadrat von EG ist aber gleich dem Produkt von AG und BC, und das Rechteck EB ist gleich dem Rechteck DB, wie es im 12. Satz des II. Buchs über die

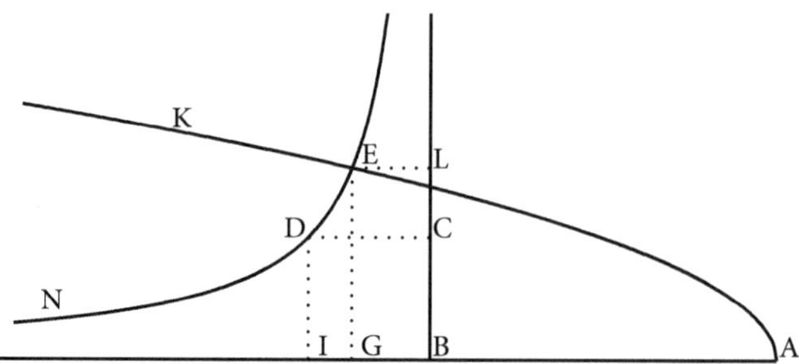

Abb. 6.21

Kegelschnitte gezeigt wurde. Das Verhältnis von EG zu BC ist also gleich dem Verhältnis von BC zu BG. Die vier Geraden AG, EG, BC und BG stehen also in kontinuierlichem Verhältnis miteinander. Das Verhältnis des Quadrats von BG, der Vierten, zum Quadrat von BC, der Dritten, ist also gleich dem Verhältnis von BC, der Dritten, zu AG, der Ersten. Der Kubus von BC, den wir gleich der gegebenen Zahl konstruiert hatten, ist also gleich dem Körper, dessen Grundfläche das Quadrat von BG und dessen Höhe AG ist. Dieser Körper, dessen Grundfläche das Quadrat von BG und dessen Höhe AG ist, ist aber gleich dem Kubus von BG plus den Körper, dessen Grundfläche das Quadrat von BG und dessen Höhe AB ist. Dieser Körper, dessen Grundfläche das Quadrat von BG und dessen Höhe AB ist, ist aber gleich der gegebenen Zahl der Quadrate. Der Kubus von BG plus die gegebene Zahl der Quadrate von BG ist also gleich der gegebenen Zahl. Was zu beweisen war.

Diese Gattung umfasst keine verschiedenen Fälle, und keines ihrer Probleme ist unlösbar. Sie wurde mithilfe der Eigenschaften zweier Kegelschnitte gelöst, einer Parabel und einer Hyperbel.

(XVII) Fünfte Gattung der sechs verbleibenden Trinome (Abb. 6.22): Ein Kubus plus Zahlen sind gleich Quadraten.
Sei AC die Zahl der Quadrate. Konstruieren wir einen Kubus gleich der gegebenen Zahl. Seine Seite sei H. Die Gerade H ist entweder gleich der Geraden AC, größer als sie oder kleiner. Wenn sie ihr gleich ist, ist das Problem unlösbar, denn die Seite des gesuchten Kubus kann nur gleich H sein oder kleiner oder größer. Wenn sie ihr gleich ist, dann ist das Produkt von AC und dem Quadrat dieser Seite gleich dem Kubus von H. Die Zahl wäre also gleich der Zahl der Quadrate, und man müsste ihr keinen Kubus hinzufügen. Wenn

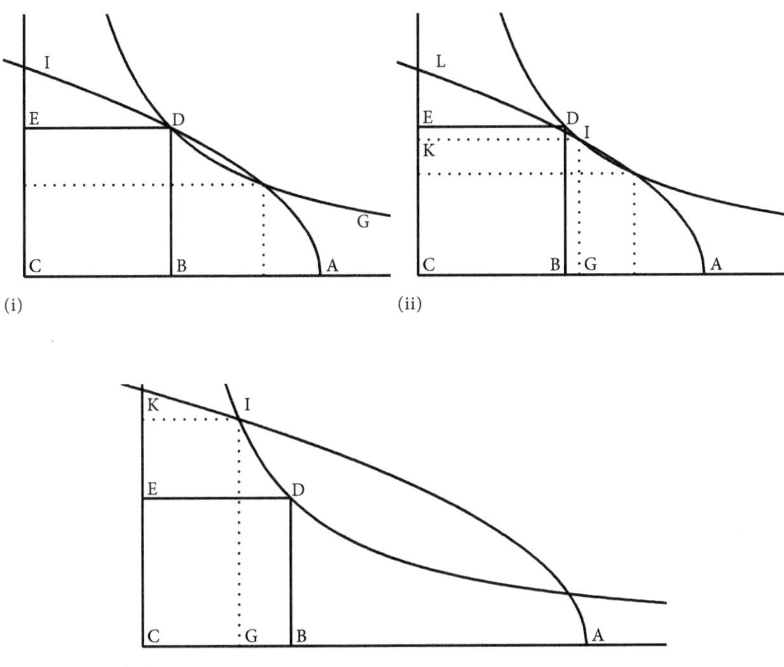

Abb. 6.22

die gesuchte Seite aber kleiner als H ist, ist das Produkt von AC und dem Quadrat dieser Seite kleiner als die gegebene Zahl. Die Zahl der Quadrate wäre also kleiner als die gegebene Zahl, und dies noch mehr, wenn man dieser etwas hinzufügte. Wenn die gesuchte Seite schließlich größer ist als H, wäre ihr Kubus größer als das Produkt von AC und ihrem Quadrat, und noch mehr, wenn man dem Kubus eine Zahl hinzufügt.

Wenn H größer als AC ist, ist die Unlösbarkeit dieser drei Fälle noch zwingender. Es ist also notwendigerweise H kleiner als AC, ansonsten ist das Problem unlösbar.

Trennen wir BC, gleich H, von AC ab. Die Gerade BC ist gleich AB oder größer als sie oder kleiner. Sie sei ihr in der ersten Abbildung (i) gleich, sie sei in der zweiten Abbildung (ii) größer als sie und in der dritten Abbildung (iii) kleiner als sie. Vervollständigen wir in den drei Abbildungen das Quadrat DC. Zeichnen wir eine Hyperbel durch den Punkt D, die AC und CE zu Asymptoten habe. Dies sei DG in der ersten Abbildung und DI in der zweiten und dritten Abbildung.

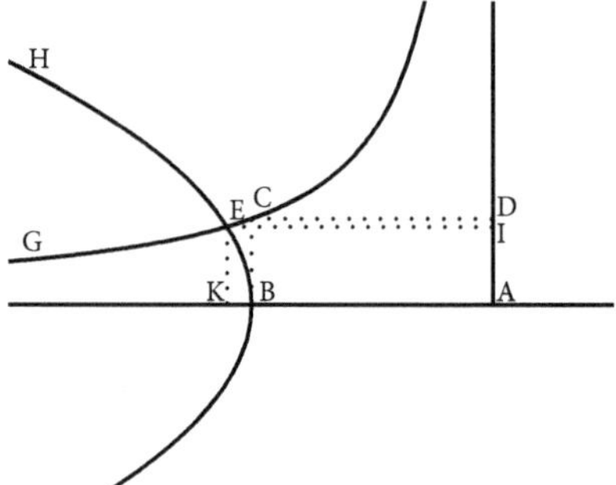

Abb. 6.23

Konstruieren wir eine Parabel mit dem Punkt A als Scheitelpunkt, AC als Achse und BC als Parameter. In der ersten Figur verläuft die Parabel durch den Punkt D, da das Quadrat von DB gleich dem Produkt von AB und BC ist. D liegt also auf der Parabel. Die Parabel trifft die Hyperbel in einem weiteren Punkt, wie dir schon die geringste Untersuchung zeigt. In der zweiten Abbildung liegt der Punkt D außerhalb der Parabel, da das Quadrat von DB größer ist als das Produkt von AB und BC. Wenn die beiden Kegelschnitte sich doch noch in einem weiteren Punkt treffen, entweder in einer Berührung oder in einem Schnitt [also in zwei Schnittpunkten], so fällt das von diesem Punkt gefällte Lot notwendigerweise zwischen die beiden Punkte A und B, und das Problem ist lösbar, ansonsten ist das Problem unlösbar.

Diese Berührung, oder dieser Schnitt, hat der berühmte Geometer Abu al-Dschud nicht gefunden. Er sagte, dass, wenn BC größer ist als AB, dann ist das Problem nicht lösbar. Er sieht sich hier in seiner Beurteilung widerlegt. Es ist auch diese Gattung der sechs Gattungen, die Mahani benötigte. Dies, damit du es weißt.

In der dritten Abbildung liegt der Punkt D im Innern der Parabel, und die Kegelschnitte schneiden sich in zwei Punkten. Fällen wir in allen Fällen vom gemeinsamen Punkt das Lot auf AB. Dieses sei in der zweiten Abbildung IG. Zugleich fällen wir von diesem Punkt ein weiteres Lot auf CE. Dieses sei IK. Das Rechteck IC ist dann gleich dem Rechteck DC, das Verhältnis von GC zu BC ist also gleich dem Verhältnis von BC zu IG. Aber IG ist eine Ordinate des Kegelschnitts AIL. Ihr Quadrat ist also gleich dem Produkt von AG und BC. Das Verhältnis von BC zu IG ist also gleich dem Verhältnis von IG zu GA. Die vier Geraden befinden sich also im kontinuierlichen Verhältnis: Das Verhältnis von GC zu CB ist gleich dem Verhältnis von CB zu IG und dem

Verhältnis von IG zu GA. Das Verhältnis des Quadrats von GC, der Ersten,
zum Quadrat von BC, der Zweiten, ist also gleich dem Verhältnis von BC,
der Zweiten, zu GA, der Vierten. Der Kubus von BC, der gleich der gegebenen Zahl ist, ist also gleich dem Körper, dessen Grundfläche das Quadrat
von GC und dessen Höhe GA ist. Fügen wir beiden zugleich den Kubus GC
hinzu. Der Kubus von GC plus die gegebene Zahl ist also gleich dem Körper,
dessen Grundfläche das Quadrat von GC und dessen Höhe AC ist, die gleich
der gegebenen Zahl der Quadrate ist. Dies ist, was wir suchten.

Für die beiden anderen Abbildungen gehe man analog vor. In der dritten
findet man notwendigerweise zwei Kuben, da jedes Lot von der Geraden CA
die Seite eines Kubus abtrennt, wie wir es gezeigt haben.

Wir haben gezeigt, dass diese Gattung verschiedene Fälle umfasst, von
denen einige unlösbar sind. Sie wurde mit den Eigenschaften zweier Kegelschnitte gelöst, einer Parabel und einer Hyperbel.   ▸ S. 240

(XVIII) Sechste Gattung der sechs verbleibenden Trinome (Abb. 6.23):
Ein Kubus ist gleich Quadraten plus eine Zahl.
Sei die Zahl der Quadrate gleich der Geraden AB, und konstruieren wir einen
Körper der Höhe AB, dessen Grundfläche ein Quadrat sei, und zwar so, dass
er gleich der gegebenen Zahl sei. Sei BC die Seite seiner Grundfläche, senkrecht auf AB. Vervollständigen wir das Rechteck DB. Konstruieren wir dann
eine Hyperbel, die durch den Punkt C geht, der der Lage nach gegeben ist, und
die AB und AD zu Asymptoten habe. Dies sei der Kegelschnitt CEG. Konstruieren wir einen weiteren Kegelschnitt, nämlich eine Parabel, deren Scheitelpunkt der Punkt A, deren Achse die Verlängerung von AB und deren Parameter AB sei. Sei dies die Parabel BEH. Diese beiden Kegelschnitte schneiden
sich notwendigerweise. Sie mögen sich in E schneiden. Der Punkt E ist also
der Lage nach gegeben. Fällen wir von diesem Punkt die beiden Lote EI und
EK auf AD und AB. Das Rechteck EA ist also gleich dem Rechteck CA. Das
Verhältnis von AK zu BC ist also gleich dem Verhältnis von AB zu EK, und
ihre Quadrate sind einander auch proportional. Aber das Quadrat von EK ist
gleich dem Produkt von KB und AB, da EK eine Ordinate des Kegelschnitts
BEH ist. Das Verhältnis des Quadrats von AB zum Quadrat von EK ist al-
so gleich dem Verhältnis von AB zu BK. Das Verhältnis des Quadrats von
BC zum Quadrat von AK ist also gleich dem Verhältnis von BK zu AB. Der
Körper, dessen Grundfläche das Quadrat von BC und dessen Höhe AB ist, ist
also gleich dem Körper, dessen Grundfläche das Quadrat von AK und dessen
Höhe KB ist, da die beiden Höhen den beiden Grundflächen umgekehrt pro-

portional sind. Fügen wir beiden zugleich den Körper hinzu, dessen Grundfläche das Quadrat von AK und dessen Höhe AB ist. Der Kubus von AK ist
also gleich dem Körper, dessen Grundfläche das Quadrat von BC und dessen
Höhe AB ist, den wir gleich der gegebenen Zahl konstruiert hatten, plus der
Körper, dessen Grundfläche das Quadrat von AK und dessen Höhe AB ist
und der gleich der gegebenen Zahl der Quadrate ist. Der Kubus von AK ist
also gleich der gegebenen Zahl seiner Quadrate plus die gegebene Zahl.

Diese Gattung umfasst keine verschiedenen Fälle, und keines dieser Probleme ist unlösbar. Sie wurde mithilfe der Eigenschaften zweier Kegelschnitte
gelöst, einer Parabel und einer Hyperbel.

Nachdem wir die trinomischen Gattungen abgeschlossen haben, behandeln wir nun die quadrinomischen Gattungen, in denen jeweils drei Terme
einem Term gegenüberstehen.

6.3.4 Die Quadrinome

(XIX) Erste Gattung der vier quadrinomischen Gattungen (Abb. 6.24):
Ein Kubus und Quadrate und Seiten sind gleich Zahlen.

Sei BE die Seite eines Quadrats, das gleich der gegebenen Zahl der Seiten
sei, und konstruieren wir einen Körper, dessen Grundfläche das Quadrat von
BE und der gleich der gegebenen Zahl ist. Seine Höhe sei BC, senkrecht zu
BE. Konstruieren wir dann BD gleich der gegebenen Zahl der Quadrate und
verlängern wir BC um BD. Konstruieren wir dann über dem Durchmesser
DC den Halbkreis DGC. Vervollständigen wir das Rechteck BK. Konstruieren
wir eine Hyperbel mit Scheitelpunkt C, die die Geraden BE und BK zu Asymptoten habe. Sie schneidet also den Kreis im Punkt C, da sie die Tangente CK
an den Kreis schneidet. Es folgt notwendigerweise, dass sie den Kreis in einem
weiteren Punkt schneidet. Dieser Punkt sei G. Der Punkt G ist also der Lage
nach gegeben, da der Kreis und der Kegel der Lage nach gegeben sind. Fällen
wir von G die beiden Lote GI und GA auf EK und EA. Das Rechteck GE ist
dann gleich dem Rechteck BK. Ziehen wir von beiden gleichzeitig EL ab. Es
bleiben die beiden gleich großen Rechtecke GB und LK. Das Verhältnis von
GL zu LC ist also gleich dem Verhältnis von EB zu BL. Dasselbe Verhältnis
gilt für ihre Quadrate. Aber das Verhältnis des Quadrats von GL zum Quadrat von LC ist gleich dem Verhältnis von DL zu LC, weil D und C auf dem
Kreis liegen. Das Verhältnis des Quadrats von EB zum Quadrat von BL ist
also gleich dem Verhältnis von DL zu LC. Der Körper, dessen Grundfläche
das Quadrat von EB und dessen Höhe LC ist, ist also gleich dem Körper, dessen Grundfläche das Quadrat von BL und dessen Höhe DL ist. Dieser Körper
aber ist gleich dem Kubus von BL plus der Körper, dessen Grundfläche das
Quadrat von BL und dessen Höhe BD ist, welcher wiederum gleich der gege-

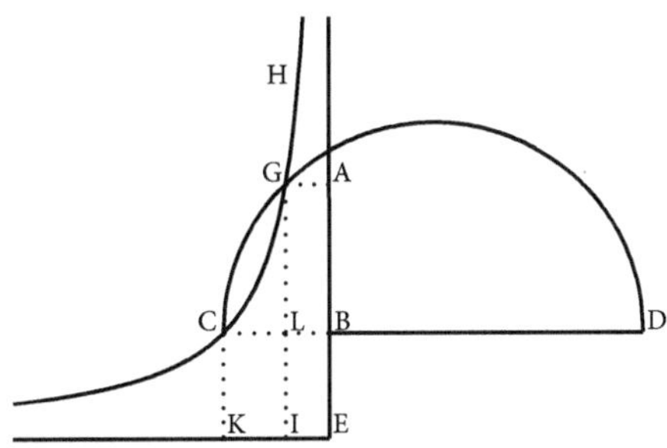

Abb. 6.24

benen Zahl der Quadrate ist. Fügen wir beiden Körpern zugleich den Körper
hinzu, dessen Grundfläche das Quadrat von EB ist, die selbst gleich der Zahl
der Wurzeln ist, und dessen Höhe BL ist. Der Körper, dessen Grundfläche
EB und dessen Höhe BC ist, den wir gleich der gegebenen Zahl konstruiert
haben, ist also gleich dem Kubus von BL plus die gegebene Zahl seiner Seiten
plus die gegebene Zahl seiner Quadrate. Was zu beweisen war.

Diese Gattung umfasst keine unterschiedlichen Fälle, und keines dieser
Probleme ist unlösbar. Sie wurde mit den Eigenschaften der Hyperbel und
S. 247 ◄ des Kreises gelöst.

(XX) Zweite Gattung der vier quadrinomischen Gattungen (Abb. 6.25):
Ein Kubus und Quadrate und Zahlen sind gleich Seiten.
Sei AB die Seite eines Quadrats, das gleich der gegebenen Zahl der Seiten
ist, und BC gleich der gegebenen Zahl der Quadrate, und zwar senkrecht
auf AB. Konstruieren wir einen Körper, dessen Grundfläche das Quadrat
von AB ist und der gleich der gegebenen Zahl ist. Sei BD seine Höhe, in
Verlängerung von BC. Konstruieren wir dann, nachdem wir das Rechteck BE
vervollständigt haben, eine Hyperbel durch den Punkt D und die AB und AE
zu Asymptoten habe. Dies sei der Kegelschnitt GDH. Konstruieren wir dann
eine weitere Hyperbel mit Scheitelpunkt D, deren Achse die Verlängerung
von BD sei und deren Parameter und Durchmesser beide gleich DC seien.
Diese Hyperbel sei IDH. Dieser zweite Kegelschnitt schneidet den ersten notwendigerweise in D. Wenn es möglich ist, dass die beiden sich in einem weiteren Punkt begegnen, dann ist das Problem lösbar. Falls nicht, ist es unlösbar.
Ob diese Berührung eine Berührung ist oder ein Schnitt in zwei Punkten,
hängt ab von dem, was im IV. Buch des Werks des Apollonius über die *Kegelschnitte* gezeigt wurde. Aber wir hatten versichert, dass wir nur auf die ersten
beiden dieser Bücher der *Kegelschnitte* verweisen würden. Dies soll uns aber
nicht stören, denn wenn sie sich erneut begegnen, dann ist es egal, ob sie sich
berühren oder schneiden. Die Begegnung ist also eine Berührung oder ein
Schnitt. Aber wenn die erste die zweite in einem anderen Punkt als D schneidet, dann schneidet sie sie notwendigerweise zweimal.

Fällen wir in jedem Fall vom Schnittpunkt oder von welchem Berührungs-
punkt auch immer, sagen wir vom Punkt H, die beiden Lote HM und KHL.
Sie sind der Lage und der Größe nach gegeben, denn der Punkt H ist der Lage
nach gegeben. Das Rechteck AH ist dann gleich dem Rechteck AD. Ziehen
wir von beiden EM ab, welches ihnen gemein ist. Es bleibt MD gleich EH.
Fügen wir beiden zugleich DH hinzu. Wir haben dann ML gleich EL. Ihre

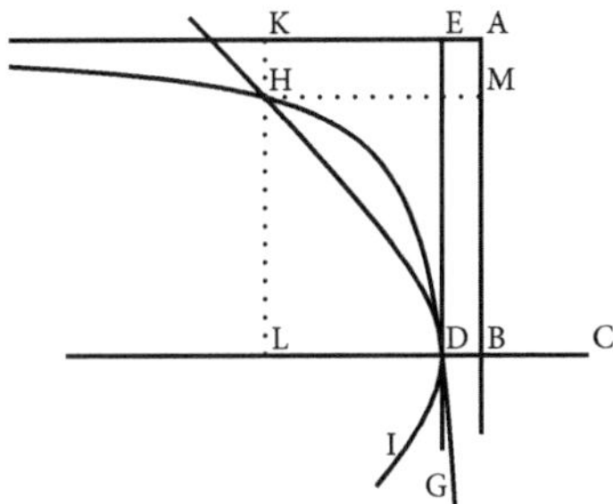

Abb. 6.25

Seiten sind also umgekehrt proportional zueinander und ebenso die Quadrate ihrer Seiten. Das Verhältnis des Quadrats von AB zum Quadrat von BL ist also gleich dem Verhältnis des Quadrats von HL zum Quadrat von LD. Aber das Verhältnis des Quadrats von HL zum Quadrat von LD ist gleich dem Verhältnis von CL zu LD, wie wir es wiederholt gezeigt haben. Das Verhältnis des Quadrats von AB zum Quadrat von BL ist also gleich dem Verhältnis von CL zu LD. Der Körper, dessen Höhe LD und dessen Grundfläche das Quadrat von AB ist, ist also gleich dem Körper, dessen Grundfläche das Quadrat von BL und dessen Höhe LC ist. Aber dieser letztgenannte Körper ist gleich dem Kubus von BL plus dem Körper, dessen Grundfläche das Quadrat von BL und dessen Höhe BC ist, den wir gleich der Zahl der Quadrate konstruiert hatten. Fügen wir beiden zugleich den Körper hinzu, dessen Grundfläche das Quadrat von AB und dessen Höhe BD ist, den wir gleich der gegebenen Zahl konstruiert hatten. Der Kubus von BL plus die gegebene Zahl seiner Quadrate plus die gegebene Zahl ist also gleich dem Körper, dessen Grundfläche das Quadrat von AB und dessen Höhe BL ist, den wir gleich der gegebenen Zahl der Seiten des Kubus von BL konstruiert hatten. Dies ist, was wir wollten.

Wir haben also gezeigt, dass diese Gattung verschiedene Fälle umfasst; manchmal findet man in dieser Art von Problemen zwei Seiten, entsprechend zwei Kuben, und manchmal haben sie, ich meine diese Probleme, unlösbare Fälle. Sie wurde mit den Eigenschaften zweier Hyperbeln gelöst. Was zu beweisen war.

▶ S. 250

(XXI) Dritte Gattung der vier quadrinomischen Gattungen (Abb. 6.26): Ein Kubus plus Seiten plus eine Zahl sind gleich Quadraten.

Sei die Gerade BE gleich der gegebenen Zahl der Quadrate und BC die Seite eines Quadrats, das gleich der Zahl der Seiten und senkrecht zu BE ist. Kon-

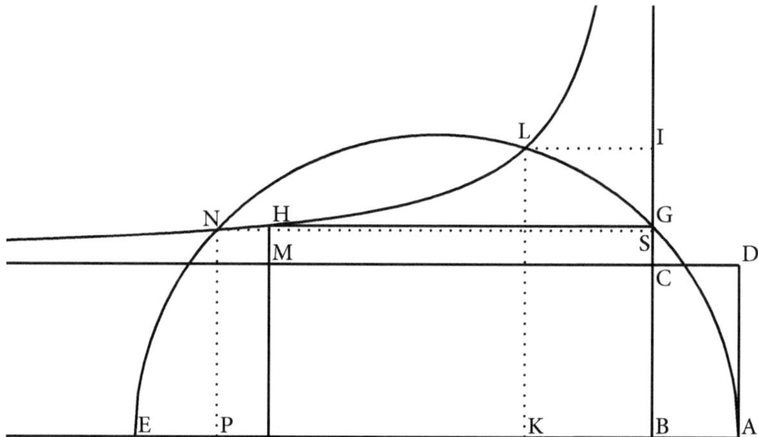

Abb. 6.26

struieren wir einen Körper, dessen Grundfläche das Quadrat von BC und der gleich der gegebenen Zahl ist. Seine Höhe sei AB, die Verlängerung von BE. Errichten wir auf AE den Halbkreis AGE. Der Punkt C liegt dann im Innern des Kreises oder auf ihm oder außerhalb.

Er liege zunächst im Innern des Kreises. Verlängern wir BC, bis sie den Kreis in G schneidet, und vervollständigen wir das Rechteck AC. Errichten wir dann auf GC ein Rechteck gleich dem Rechteck AC. Dieses sei CH. Der Punkt H ist dann der Lage nach gegeben, da das Rechteck CH und seine Winkel der Größe nach gegeben sind und da die Gerade GC der Lage und der Größe nach gegeben ist. Dieser Punkt H liegt im Innern des Kreises oder auf ihm oder außerhalb. Er liege zunächst im Innern des Kreises.

Konstruieren wir eine Hyperbel, die durch den Punkt H geht, und die GC und CM zu Asymptoten habe. In dieser Lage schneidet sie den Kreis notwendigerweise in zwei Punkten. Sie schneide ihn in den zwei Punkten L und N, die also der Lage nach gegeben sind. Fällen wir von diesen zwei Punkten die beiden Lote LK und NP auf AE und vom Punkt L das Lot LI auf BG. Das Rechteck LC ist dann gleich dem Rechteck CH, und CH ist gleich CA. Fügen wir beiden gemeinsam CK hinzu, und wir erhalten DK gleich IK. Ihre Seiten sind also umgekehrt proportional zueinander und ebenso die Quadrate ihrer Seiten. Aber das Verhältnis des Quadrats von LK zum Quadrat von KA ist gleich dem Verhältnis von EK zu KA aufgrund der Verhältnisse auf dem Kreis. Es folgt notwendigerweise, dass das Verhältnis des Quadrats von BC zum Quadrat von BK gleich dem Verhältnis von EK zu KA ist. Der Körper, dessen Grundfläche das Quadrat von BC und dessen Höhe KA ist, ist also gleich dem Körper, dessen Grundfläche das Quadrat von BK und dessen Höhe KE ist. Aber der erstgenannte Körper ist gleich der gegebenen Zahl der Seiten des Kubus von BK plus die gegebene Zahl. Fügen wir beiden Körpern zugleich den Kubus von BK hinzu. Der Körper, dessen Grundfläche das Quadrat von BK und dessen Höhe BE ist, der gleich der gegebenen Zahl der Quadrate der Seiten des Kubus von BK ist, ist also gleich dem Kubus von BK plus die gegebene Zahl seiner Seiten, plus die gegebene Zahl.

Man erhält auf die gleiche Art des Beweises den Kubus von BP, wenn beide Punkte C und H im Innern des Kreises liegen.

Wenn H außerhalb des Kreises liegt, konstruieren wir den Kegelschnitt. Er kann den Kreis berühren oder schneiden. Es ist diese Art der Gattung, die Abu al-Dschud erwähnte, als er das Problem löste, das wir besprechen werden, und die Aufgabe führt zurück auf das, was wir gesagt haben. Wenn der Kegelschnitt den Kreis weder berührt noch schneidet, errichten wir trotzdem das Rechteck auf einer Geraden, die kürzer ist als GC oder, andernfalls, größer ist als diese. Wenn also der Kegelschnitt den Kreis weder berührt noch schneidet, so ist das Problem unlösbar. Der Beweis dieser Unmöglichkeit erfolgt in der Umkehrung dessen, was wir gesagt haben.

Falls C auf dem Kreis liegt oder außerhalb, verlängern wir GC und konstruieren ein Rechteck, dessen einer Winkel in C liege und des Weiteren so, dass wenn wir einen Kegelschnitt der genannten Eigenschaften durch den C gegenüber liegenden Winkel konstruieren, dieser den Kreis berührt oder schneidet. Man erkennt dies durch wiederholtes Probieren und durch eine einfache Herleitung, die ich hier auslasse, damit der Leser sich üben könne. In der Tat würde der Leser, dem eine solche Folgerung nicht gelingt, nicht in der Lage sein, von dieser Abhandlung irgendetwas richtig zu verstehen, die auf den drei genannten Werken basiert.

Wir zeigen die Unlösbarkeit der unlösbaren Fälle durch Umkehrung des Beweises, den wir für die lösbaren Fälle geführt haben. In der Tat muss die Seite des Kubus kleiner sein als EB, die die gegebene Zahl der Quadrate ist, denn wenn sie gleich der gegebenen Zahl der Quadrate wäre, wäre der Kubus gleich der gegebenen Zahl seiner Quadrate und noch mehr, wenn man ihm etwas hinzufügte: die Zahl und seine Seiten. Wenn die Seite des Kubus größer wäre als die gegebene Zahl der Quadrate, wäre der Kubus selbst größer als die gegebene Zahl seiner Quadrate und noch mehr, wenn man ihm etwas hinzufügte.

Wir haben also gezeigt, dass die Seite des Kubus kleiner sein muss als BE. Trennen wir von BE das Stück BP ab, das gleich der Seite des Kubus ist. Errichten wir in P die Senkrechte auf BE bis zum Kreis und kehren wir die von uns angegebene Beweisführung um. Es ist klar, dass der Scheitel des Lots auf dem Kegelschnitt liegen muss, von dem wir gesagt haben, dass er den Kreis nicht berühren kann. Dies aber ist ein Widerspruch.

Da wir trotz allem fürchten, dass diese Schlussfolgerung manchem der Leser zu schwierig sein könnte, wollen wir von ihr Abstand nehmen und eine Regel vorschlagen, die diese Art von Schlussfolgerung nicht benötigt. Konstruieren wir ein Rechteck auf einer Geraden beliebiger Länge, die die Verlängerung von BC sei, übrigens unabhängig von der Lage von C, entweder außerhalb oder innerhalb des Kreises. Der eine Winkel des Rechtecks sei in C, und das Rechteck sei gleich dem Rechteck AC. Seine Seiten sind also notwendigerweise der Größe und der Lage nach gegeben. Konstruieren wir eine Hyperbel durch den C gegenüberliegenden Winkel, die die Gerade GC und die Gerade CM, die das Lot von C auf GC ist, zu Asymptoten habe. Wenn der Kegelschnitt den Kreis entweder schneidet oder berührt, so ist das Problem lösbar. Wenn nicht, ist es unlösbar. Der Beweis der Unmöglichkeit ist jener, den ich bereits gegeben habe.

Ein Geometer gebrauchte diese Gattung. Er löste sie, aber hat nicht die verschiedenen Fälle gezeigt, die sie umfasst. Er dachte nicht daran, dass sie unlösbare Fälle umfassen kann, die wir gezeigt haben. Wisse dies und wisse die letzte Regel zur Konstruktion dieser Gattung und zur Unterscheidung des Lösbaren vom Unlösbaren. Die Lösung dieser Gattung wurde mithilfe der Eigenschaften des Kreises und der Hyperbel gezeigt. Was zu beweisen war.

Das Problem, aufgrund dessen einer der zeitgenössischen Autoren diese Gattung benötigte, ist das folgende: Teile Zehn in zwei Teile so, dass die Summe der Quadrate der beiden Teile plus den Quotienten der Teilung des größeren durch den kleineren gleich zweiundsiebzig sei.

Er hat einen der Teile gleich einer Unbekannten gesetzt und den anderen gleich Zehn minus eine Unbekannte, entsprechend der Gewohnheit der Algebraiker in solchen Divisionen. Diese Vorgehensweise hat auf einen Kubus plus fünf Zahlen plus dreizehn und eine halbe seiner Seiten gleich zehn Quadrate geführt. In diesem genauen Fall liegen C und H im Innern des Kreises. Dieser berühmte Mann löste das Problem, vor dem einige andere berühmte Mathematiker Iraks, unter ihnen Abu Sahl Kuhi, ratlos standen. Und dennoch bemerkte der, der es gelöst hat, trotz seines Ruhms und seines mathematischen Vermögens nicht, dass es verschiedene Fälle gibt und auch nicht,

dass es in dieser Gattung unlösbare Fälle gibt. Dieser berühmte Mann ist Abu
al-Dschud oder al-Schanni. Gott allein weiß es.   ▸ S. 253

(XXII) Vierte Gattung der vier quadrinomischen Gattungen (Abb. 6.27):
Eine Zahl und Seiten und Quadrate sind gleich einem Kubus.

Sei BE die Seite eines Quadrats, das gleich der Zahl der Seiten ist. Konstruieren wir einen Körper, dessen Grundfläche das Quadrat von BE sei und
der gleich der gegebenen Zahl ist. Sei AB seine Höhe, senkrecht auf BE. Sei
BC gleich der gegebenen Zahl der Quadrate, in Verlängerung von AB. Vervollständigen wir AE. Verlängern wir EB um EM, egal wie viel. Konstruieren
wir auf EM ein Rechteck, das gleich dem Rechteck AE ist. Dies sei das Rechteck EH. Der Punkt H ist also der Lage nach gegeben. Konstruieren wir eine
Hyperbel durch H, die EM und ES zu Asymptoten habe. Diese Hyperbel sei
HIK. Sie ist der Lage nach gegeben. Konstruieren wir eine weitere Hyperbel
mit Scheitelpunkt C, deren Achse die Verlängerung von BC sei und deren
Parameter und Durchmesser gleich AC sei. Dies sei der Kegelschnitt LCI.
Er ist der Lage nach gegeben und schneidet notwendigerweise den Kegel-
schnitt HIK. Er schneide diesen in I. Der Punkt I ist also der Lage nach gege-
ben. Fällen wir von I die beiden Lote ID und IN auf BM und BC. Sie sind der
Größe und der Lage nach gegeben, und IE ist gleich EH, die gleich EQ ist.

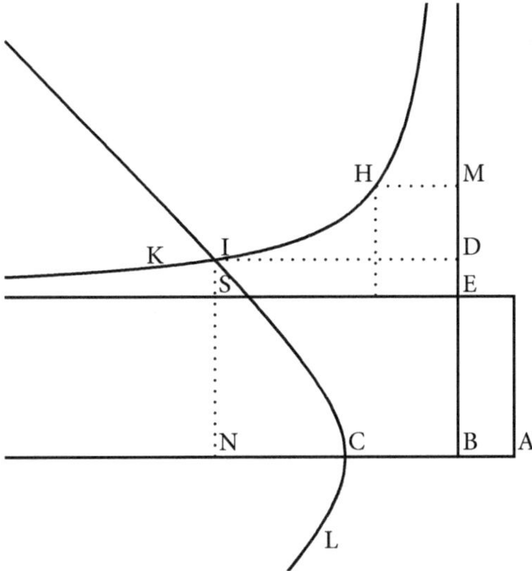

Abb. 6.27

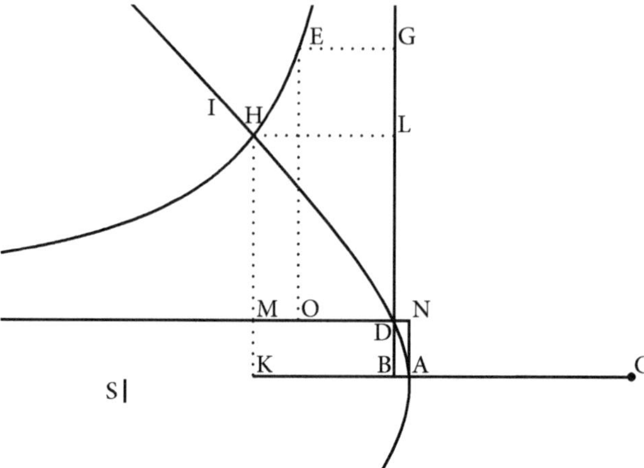

Abb. 6.28

Fügen wir beiden zugleich EN hinzu. AS ist dann gleich IB, also sind ihre
Seiten umgekehrt proportional zueinander, und dasselbe gilt für die Quadrate ihrer Seiten. Aber das Verhältnis des Quadrats von IN zum Quadrat von
AN ist gleich dem Verhältnis von NC zu AN, wie wir es wiederholt gezeigt
haben, aufgrund des gegebenen Kegelschnitts LCI. Das Verhältnis des Quadrats von BE zum Quadrat von BN ist also gleich dem Verhältnis von NC zu
NA. Der Körper, dessen Grundfläche das Quadrat von BE und dessen Höhe
AN ist, ist also gleich dem Körper, dessen Grundfläche das Quadrat von BN
und dessen Höhe CN ist. Aber der Erstgenannte ist gleich dem Körper, der
durch das Quadrat von BE und die Höhe AB gegeben ist, den wir gleich der
Zahl konstruiert haben, plus den Körper, dessen Grundfläche das Quadrat
von BE und dessen Höhe BN ist, der gleich der gegebenen Zahl der Seiten
des Kubus von BN ist. Fügen wir beiden zugleich den Körper hinzu, dessen
Grundfläche das Quadrat von BN und dessen Höhe BC ist, welche gleich der
gegebenen Zahl der Seiten das Kubus von BN ist. Es folgt notwendig, dass der
Kubus von BN gleich der gegebenen Zahl der Quadrate seiner Seiten plus die
gegebene Zahl seiner Seiten plus die gegebene Zahl ist. Was zu beweisen war.

Diese Gattung umfasst keine verschiedenen Fälle, und keines dieser Probleme ist unlösbar.

Nachdem wir die vier quadrinomischen Gattungen abgeschlossen haben, behandeln wir die drei Gattungen, in denen jeweils zwei Terme zwei Termen
gegenüberstehen.

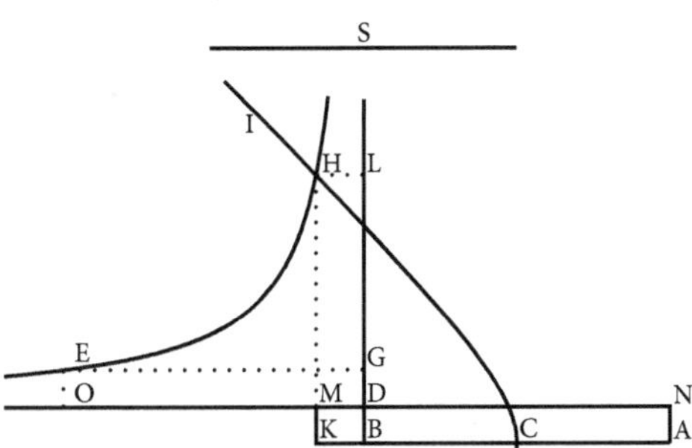

Abb. 6.29

(XXIII) Erste Gattung der drei verbleibenden quadrinomischen Gattungen
(Abb. 6.28 und 6.29): Ein Kubus plus Quadrate ist gleich Seiten plus eine Zahl.
Zeichnen wir BD gleich der Seite des Quadrats, das gleich der gegebenen Zahl
der Seiten ist, und CB gleich der gegebenen Zahl der Quadrate, senkrecht auf
BD. Konstruieren wir einen Körper, dessen Grundfläche das Quadrat von BD
ist und der gleich der gegebenen Zahl sei. Sei S seine Höhe. Die Gerade S ist
entweder größer als BC oder kleiner als sie, oder sie ist ihr gleich.

Sei sie zunächst kleiner als BC. Ziehen wir von BC das Stück AB gleich
S ab, und vervollständigen wir AD. Sei DG eine beliebige Verlängerung von
BD, und konstruieren wir auf DG ein Rechteck gleich AD. Dieses sei ED. Der
Punkt E ist dann der Lage nach gegeben, und die Seiten des Rechtecks sind
alle der Größe nach gegeben. Konstruieren wir nun eine Hyperbel durch den
Punkt E, die GD und DO zu Asymptoten habe. Dies sei der Kegelschnitt EH.
Er ist der Lage nach gegeben. Konstruieren wir eine weitere Hyperbel, mit
Scheitelpunkt A, der Achse AB und deren Parameter und Durchmesser bei-
de gleich AC seien. Dies sei der Kegelschnitt AHI. Er schneidet den anderen
Kegelschnitt notwendigerweise. Er schneide ihn im Punkt H. Der Punkt H ist
also der Lage nach gegeben. Fällen wir vom Punkt H die beiden Lote HK und
HL. Sie sind der Lage und der Größe nach gegeben, und das Rechteck HD ist
gleich ED, welches gleich AD ist. Fügen wir beiden zugleich DK hinzu. Das
Rechteck HB ist dann gleich AM, und ihre Seiten sind umgekehrt propor-
tional zueinander, ebenso die Quadrate ihrer Seiten. Aber das Verhältnis des
Quadrats von HK zum Quadrat von KA ist gleich dem Verhältnis von CK zu
AK aufgrund des Kegelschnitts AHI, wie wir wiederholt gezeigt haben. Das
Verhältnis des Quadrats von BD zum Quadrat von KB ist also gleich dem
Verhältnis von CK zu AK. Der Körper, dessen Grundfläche das Quadrat BD

und dessen Höhe AK ist, ist also gleich dem Körper, dessen Grundfläche das
Quadrat von BK und dessen Höhe CK ist. Aber dieser letztgenannte Körper
ist gleich dem Kubus von BK plus der Körper, dessen Grundfläche das Quadrat von BK und dessen Höhe BC ist, der gleich der gegebenen Zahl der Quadrate ist. Aber der erstgenannte Körper ist gleich dem Körper, dessen Grundfläche das Quadrat von BD und dessen Höhe AB ist, den wir gleich der gegebenen Zahl konstruiert haben, plus den Körper, dessen Grundfläche das
Quadrat von BD und dessen Höhe BK ist, der gleich der gegebenen Zahl der
Seiten des Kubus von BK ist. Der Kubus von BK plus die gegebene Zahl seiner Quadrate ist also gleich der gegebenen Zahl plus die gegebene Zahl seiner
Seiten. Dies ist, was wir suchten.

Wenn nun S gleich BC ist, so ist BD die Seite des gesuchten Kubus.
Beweis: Der Körper, dessen Grundfläche das Quadrat von BD und dessen
Höhe ebenfalls BD ist und der gleich der Zahl der Seiten des Kubus von BD
ist, ist gleich dem Kubus von BD. Und der Körper, dessen Grundfläche das
Quadrat von BD und dessen Höhe BC ist und der gleich der gegebenen Zahl
der Quadrate der Seiten des Kubus von BD ist, ist gleich dem Körper, dessen
Grundfläche das Quadrat von BD und dessen Höhe S ist, der die gegebene
Zahl ist. Es ist also der Kubus von BD plus die gegebene Zahl der Quadrate
gleich der gegebenen Zahl plus die gegebene Zahl der Seiten des Kubus. Und
dies ist, was wir suchten.

Aber wir wissen, dass in diesem Fall der Kubus von BD plus die gegebene
Zahl gleich der gegebenen Zahl der Quadrate der Seiten plus die gegebene
Zahl seiner Seiten ist. Diese Gattung ordnet sich also in die dritte Gattung
ein, die lautet: Ein Kubus plus Zahlen ist gleich Quadraten plus Seiten.

Wenn schließlich S größer ist als BC, machen wir AB gleich S, und konstruieren wir den zweiten Kegelschnitt durch C und ihren Parameter und
Durchmesser gleich AC. Er schneidet den ersten Kegelschnitt notwendigerweise, und die Seite des Kubus ist wieder BK. Der Rest der Konstruktion
und des Beweises ist analog zum vorhergehenden [Beweis], außer dass das
Verhältnis des Quadrats von HK zum Quadrat von KA gleich dem Verhältnis
des Quadrats von AK zu KC ist.

Wir haben also gezeigt, dass diese Gattung verschiedene Fälle und Formen
umfasst und dass eine dieser Formen sich in die dritte Gattung der Quadrinome einordnet. Keines dieses Probleme ist unlösbar. Sie wurde gelöst mit
S. 259 ◂ den Eigenschaften zweier Hyperbeln.

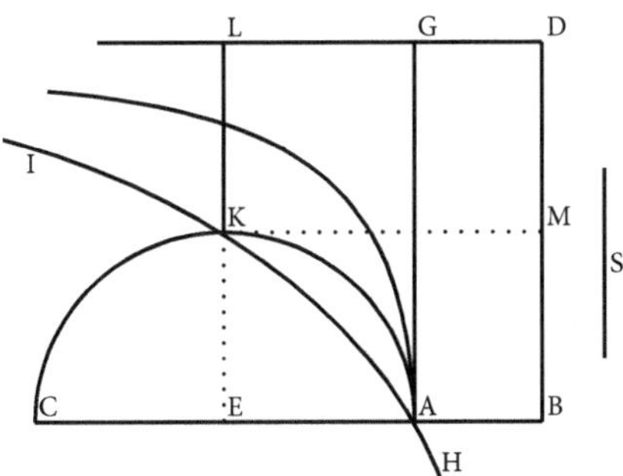

Abb. 6.30

(XXIV) Zweite Gattung der drei verbleibenden quadrinomischen Gattungen (Abb. 6.30 und 6.31): Ein Kubus und Seiten sind gleich Quadraten plus eine Zahl.

Sei BC gleich der gegebenen Zahl der Quadrate und BD die Seite des Quadrats, das gleich der gegebenen Zahl der Seiten ist, senkrecht auf BC. Konstruieren wir einen Körper gleich der gegebenen Zahl, dessen Grundfläche das Quadrat von BD ist. Seine Höhe sei S. Die Gerade S ist entweder kleiner als BC, sie ist ihr gleich, oder ist größer als sie.

Sie sei zunächst kleiner als BC (Abb. 6.30). Trennen wir BA gleich S von BC ab und vervollständigen wir AD. Konstruieren wir über dem Durchmesser AC einen Kreis AKC. Er ist der Lage nach gegeben. Konstruieren wir dann eine Hyperbel durch den Punkt A, die BD und DG zu Asymptoten habe. Dies sei der Kegelschnitt HAI. Er ist der Lage nach gegeben. HAI schneidet AG, die Tangente an den Kreis. Die Hyperbel schneidet also den Kreis, denn wenn sie sich zwischen dem Kreis und AG befände, könnten wir vom Punkt A eine Gerade tangential an den Kegelschnitt legen, so wie es Apollonius im 49. Satz des II. Buchs [über die *Kegelschnitte*] gezeigt hat. Diese Gerade befände sich dann entweder zwischen AG und dem Kreis, was unmöglich ist, oder sie läge außerhalb von AG, und AG wäre also eine Gerade zwischen der Hyperbel und dieser tangentialen Geraden, was unmöglich ist. Der Kegelschnitt IAH befindet sich also nicht zwischen dem Kreis und AG. Er schneidet also den Kreis, und er schneidet ihn notwendigerweise in einem weiteren Punkt. Er schneide ihn in K. Also ist K der Lage nach gegeben. Fällen wir von K die beiden Lote KM und KE auf BD und BC. Sie sind der Lage und der Größe nach gegeben, wie du es weißt. Vervollständigen wir das Rechteck KD. Das Rechteck AD ist dann gleich dem Rechteck KD. Ziehen wir von beiden zugleich MG ab, und

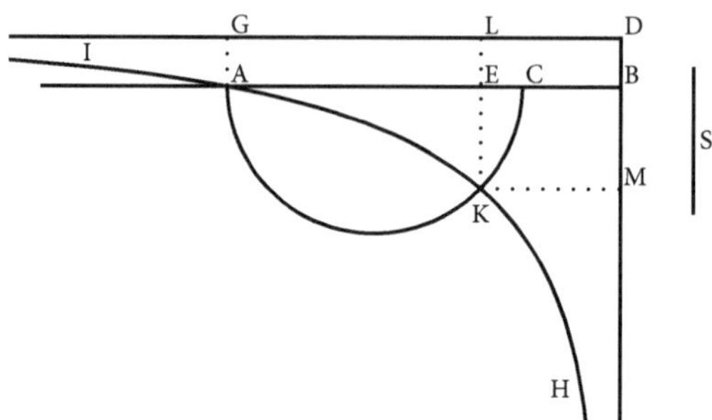

Abb. 6.31

fügen wir beiden zugleich AK hinzu. BK ist also gleich AL, ihre Seiten sind
also umgekehrt proportional zueinander, ebenso die Quadrate ihrer Seiten.
Aber das Verhältnis des Quadrats von KE zum Quadrat von EA ist gleich dem
Verhältnis von EC zu EA. Das Verhältnis des Quadrats von BE zu BD ist also
gleich dem Verhältnis von CE zu EA. Der Körper, dessen Grundfläche das
Quadrat von BD und dessen Höhe EA ist, ist also gleich dem Körper, dessen
Grundfläche das Quadrat von BE und dessen Höhe CE ist. Fügen wir beiden
zugleich den Kubus von BE hinzu. Der Körper, dessen Grundfläche das Quadrat von BE und dessen Höhe BC ist, ist also gleich dem Kubus von BE plus
der Körper, dessen Grundfläche das Quadrat von BD und dessen Höhe EA
ist. Aber der erstgenannte Körper ist gleich der gegebenen Zahl der Quadrate
der Seiten des Kubus von BE. Fügen wir beiden zugleich den Körper hinzu,
dessen Grundfläche das Quadrat von BD und dessen Höhe BA ist, den wir
gleich der gegebenen Zahl konstruiert hatten. Der Kubus von BE plus der
Körper, dessen Grundfläche das Quadrat von BD und dessen Höhe BE ist,
den wir gleich der gegebenen Zahl der Seiten des Kubus von BE konstruiert
haben, ist also gleich der gegebenen Zahl der Quadrate derselben plus die gegebene Zahl. Dies ist, was wir suchten.

Sei nun S gleich BC, dann ist BC die Seite des gesuchten Kubus.
Beweis: Der Kubus von BC ist gleich der gegebenen Zahl der Quadrate derselben, und der Körper, dessen Höhe BC und dessen Grundfläche das Quadrat
von BD ist, ist gleich der gegebenen Zahl. Er ist ebenfalls gleich der gegebenen
Zahl der Seiten des Kubus von BC. Der Kubus von BC plus die gegebene Zahl
seiner Seiten ist also gleich der gegebenen Zahl der Quadrate derselben plus
die gegebene Zahl. Diese Form fällt ebenfalls unter die dritte Gattung, denn
die gegebene Zahl der Seiten des Kubus von BC ist gleich der gegebenen Zahl,

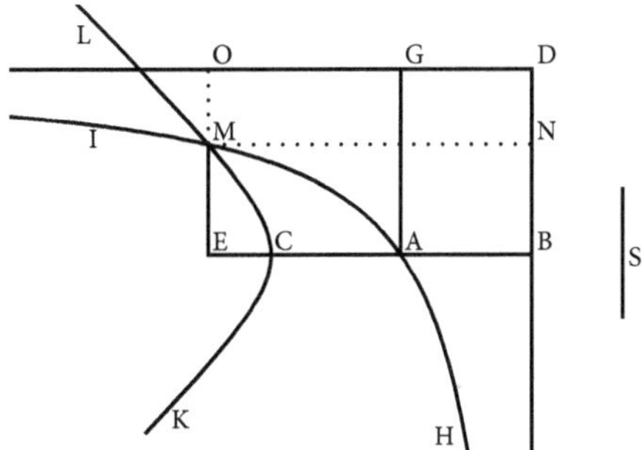

Abb. 6.32

der Kubus von BC plus die gegebene Zahl ist also gleich der gegebenen Zahl
der Quadrate plus die gegebene Zahl der Seiten dieses Kubus.

Wenn schließlich S größer ist als BC (Abb. 6.31), setzen wir BA gleich S,
und konstruieren wir den Kreis über dem Durchmesser AC. Der Kegelschnitt
durch den Punkt A schneidet den Kreis in K, wie wir gezeigt haben. Fällen
wir vom Punkt K die beiden Lote KE und KM, wie wir es in der vorhergehenden Aufgabe getan haben. EB ist dann die Seite des gesuchten Kubus.
Beweis: Der Beweis erfolgt wie vorher. Ziehen wir das gemeinsame Rechteck
ED ab, die Seiten EM und EG sind also umgekehrt proportional zueinander,
ebenso ihre Quadrate. Der Beweis ist also der gleiche wie vorhin, ohne dass
irgendetwas anders ist.

Wir haben gezeigt, dass diese Gattung verschiedene Fälle und verschiedene Formen umfasst. Eine der Formen ordnet sich in die dritte Gattung ein,
und keines der Probleme ist unlösbar. Sie wurde gelöst mit den Eigenschaften
des Kreises und der Hyperbel.   ▸ S. 262

(XXV) Dritte Gattung der drei verbleibenden quadrinomischen Gattungen (Abb. 6.32 und 6.33): Ein Kubus und eine Zahl sind gleich Seiten und
Quadraten.

Sei BC gleich der Zahl der Quadrate, BD senkrecht auf BC sei die Seite eines
Quadrats, das gleich der Zahl der Wurzeln ist. Konstruieren wir einen Körper,
dessen Grundfläche das Quadrat von BD und der gleich der gegebenen Zahl
ist. Seine Höhe sei S. Die Gerade S ist entweder kleiner als BC oder ihr gleich,
oder größer als sie.

Sie sei zunächst kleiner als BC. Trennen wir von BC das Stück BA gleich
S ab, und vervollständigen wir das Rechteck BG. Konstruieren wir eine Hy-

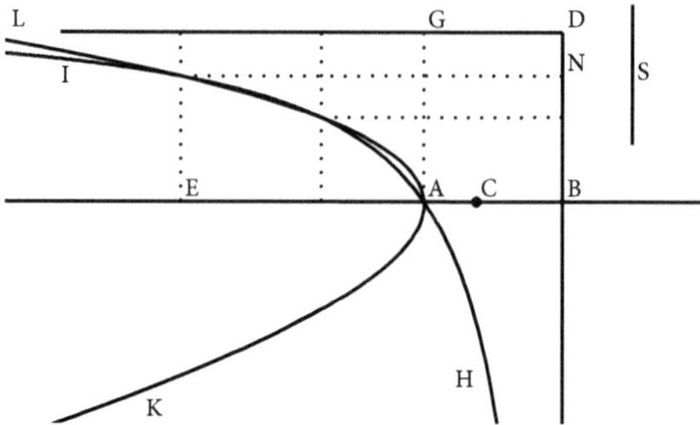

Abb. 6.33

perbel durch den Punkt A und die BD und DG zu Asymptoten habe. Dies
sei der Kegelschnitt HAI. Konstruieren wir eine weitere Hyperbel mit Schei-
telpunkt C und der Verlängerung von BC als Achse, deren Parameter und
Durchmesser gleich AC sei. Dies sei der Kegelschnitt KCL. Er schneidet den
Kegelschnitt HAI notwendigerweise. Mögen sie sich im Punkt M schneiden.
Der Punkt M ist also der Lage nach gegeben, da die beiden Kegelschnitte der
Lage nach gegeben sind. Fällen wir von M die beiden Lote MN und EMO.
Sie sind der Lage und der Größe nach gegeben. Das Rechteck DA ist dann
gleich dem Rechteck DM, und NE ist gleich GE, wie wir wiederholt gezeigt
haben. Ihre Seiten sind also umgekehrt proportional zueinander, ebenso die
Quadrate ihrer Seiten. Aber das Verhältnis des Quadrats von ME zum Qua-
drat von EA ist gleich dem Verhältnis des Quadrats von CE zu EA aufgrund
des Kegelschnitts KCL. Es ist also das Verhältnis des Quadrats von BD zum
Quadrat von BE gleich dem Verhältnis von CE zu EA. Der Körper, dessen
Grundfläche das Quadrat von BD und dessen Höhe EA ist, ist also gleich dem
Körper, dessen Grundfläche das Quadrat von BE und dessen Höhe CE ist.
Fügen wir beiden zugleich den Körper hinzu, dessen Grundfläche das Qua-
drat von BE und dessen Höhe BC ist, der gleich der Zahl der Quadrate der
Seiten des Kubus von BE ist. Der Kubus von BE ist also gleich der gegebenen
Zahl seiner Seiten plus den Körper, dessen Grundfläche das Quadrat von BD
und dessen Höhe EA ist. Fügen wir beiden zugleich den Körper hinzu, des-
sen Höhe BA und dessen Grundfläche das Quadrat von BD ist, den wir gleich
der gegebenen Zahl konstruiert haben. Der Körper, dessen Grundfläche das
Quadrat von BD und dessen Höhe BE ist, der gleich der gegebenen Zahl der
Seiten des Kubus von BE ist, plus die gegebene Zahl der Quadrate der Seiten
des Kubus von BE ist also gleich dem Kubus von BE plus die gegebene Zahl.

Sei nun S gleich BC. Dann ist BC die Seite des gesuchten Kubus.

Beweis: Der Kubus von BC ist gleich der gegebenen Zahl der Quadrate von BC, und die gegebene Zahl ist gleich der gegebenen Zahl der Seiten des Kubus von BC. Der Kubus von BC plus die gegebene Zahl ist also gleich der gegebenen Zahl der Quadrate von BC plus die gegebene Zahl der Seiten dieses Kubus. Und dies ist, was wir wollten.

Sei schließlich S größer als BC. Wir setzen BA gleich S, vervollständigen das Rechteck und konstruieren den ersten Kegelschnitt durch A und den zweiten auch durch A. Sie schneiden sich. Wenn sie sich ein zweites Mal begegnen, entweder durch Berührung in einem Punkt oder in einem Schnitt durch zwei Punkte, wie wir es aus dem IV. Buch des Werks über die *Kegelschnitte* des Apollonius kennen, dann ist das Problem lösbar. Falls nicht, ist es unlösbar. Wenn sie sich schneiden, fällen wir von den beiden Schnittpunkten zwei Lote, die zwei Seiten zur Konstruktion des gesuchten Kubus abgrenzen. Der Beweis ist wie vorhin, ohne irgendeine Änderung.

Wir haben gezeigt, dass diese Gattung verschiedene Formen hat, von denen einige unlösbar sind. Sie wurde mithilfe zweier Hyperbeln gelöst.   ▶ S. 266

Wir haben gezeigt, dass von diesen drei Gattungen eine jede sich in eine andere einordnet, das heißt, von der ersten gibt es eine Form, die selbst eine Form der zweiten ist, und eine Form der zweiten ist eine Form der dritten, und eine Form der dritten selbst ist eine Form der zweiten, so wie wir es gezeigt haben.

Wir haben nun die fünfundzwanzig Gattungen der Algebra und der Murhabala abgeschlossen, und wir haben sie wirklich in ausführlicher Weise behandelt. Wir haben von jeder Gattung die Formen erhalten, wir haben in den Gattungen, die unlösbare Fälle enthalten, angegeben, wie die lösbaren von den unlösbaren Fällen unterschieden werden können, und wir haben gezeigt, dass die meisten dieser Gattungen keine unlösbaren Fälle enthalten. Behandeln wir nun ihre Teile.

6.4 Probleme, die Inverse der Unbekannten beinhalten

Der Teil einer Unbekannten ist eine Zahl, deren Verhältnis zur Einheit gleich dem Verhältnis der Einheit zu dieser Unbekannten ist. Wenn also die Unbekannte gleich Drei ist, so ist ihr Teil ein Drittel. Und wenn die Unbekannte ein Drittel ist, so ist ihr Teil Drei. Und genauso wenn sie vier ist, dann ist ihr Teil ein Viertel, und wenn sie ein Viertel ist, ist ihr Teil Vier. Im Allgemeinen ist der Teil jeder Zahl ihr Homonym, wie das Drittel für die Drei, wenn die Zahl eine ganze ist, und Drei für das Drittel, wenn die Zahl ein Bruch ist. Ebenso ist der Teil des Quadrats der homonyme Teil der Zahl, die das Quadrat ist, ob diese Zahl eine ganze oder ein Bruch ist. Und dasselbe gilt für den Kubus. Um den Sinn hiervon erkennbarer zu machen, kann man es in einem Diagramm darstellen:

Teil des Kubus		Teil des Quadrats	Teil der Wurzel	
1		1	1	
8		4	2	
Die Einheit	Die Wurzel		Das Quadrat	Der Kubus
1	2		4	8

Tab. 6.1

Das Verhältnis des Teils des Kubus zum Teil des Quadrats ist also gleich dem Verhältnis des Teils des Quadrats zum Teil der Wurzel, gleich dem Verhältnis des Teils der Wurzel zur Einheit, gleich dem Verhältnis der Einheit zur Wurzel, gleich dem Verhältnis der Wurzel zum Quadrat, gleich dem Verhältnis des Quadrats zum Kubus. Dies sind sieben aufeinanderfolgende Grade. Wir werden nur von Gleichungen zwischen diesen Graden sprechen. Die Teile des Quadrat-Quadrats, die Teile des Quadrat-Kubus, die Teile des Kubik-Kubus und dies, so weit wie man möchte, stehen in demselben Verhältnis zueinander, aber wir müssen uns hier nicht damit befassen, da sie nicht gefunden werden können. Wisse, dass, wenn du ein Achtel nimmst (das der Teil des Kubus ist), sein Teil Acht ist (was der Kubus ist) und umgekehrt. Gehe für die anderen analog vor. Die vier Terme Teil des Kubus, Teil des Quadrats, Teil der Wurzel und die Einheit werden also nach denselben Regeln behandelt wie der Kubus, das Quadrat, die Wurzel und die Einheit.

Ein Beispiel: Wenn man sagt: «Ein Teil des Quadrats ist gleich der Hälfte eines Teils der Wurzel», dann ist das dasselbe, wie wenn man sagt: «Ein Quadrat ist gleich der Hälfte einer Wurzel.» Das Quadrat ist also ein Viertel, was der Teil des Quadrats ist. Das gesuchte Quadrat ist also vier, sein Teil ein Viertel, und der Teil seiner Wurzel ist Einhalb. Für die binomischen Gleichungen geht man analog vor.

Für die trinomischen Gleichungen gilt, wenn man sagt: «Ein Teil des Quadrats plus zwei Teile der Wurzel sind gleich Eins und ein Viertel», dann ist das dasselbe, wie wenn man sagt: «Ein Quadrat plus zwei Wurzeln ist gleich Eins plus ein Viertel». Und mit der Lösungsmethode, die wir gezeigt haben, erhält man die Wurzel einhalb und das Quadrat ein Viertel. Nach der gestellten Aufgabe, die war: «Ein Teil des Quadrats plus zwei Teile der Wurzel ist gleich Eins und ein Viertel», ist das Viertel also der Teil des gesuchten Quadrats. Das gesuchte Quadrat ist also vier.

Für die quadrinomischen Gleichungen verhält es sich genauso. Wenn man sagt: «Ein Teil des Kubus plus drei Teile des Quadrats plus fünf Teile der Wurzel sind gleich Drei plus drei Achtel», dann ist das dasselbe, wie wenn man sagt: «Ein Kubus plus drei Quadrate plus fünf Wurzeln ist gleich Drei plus drei Achtel.» Auf dem Wege, den wir gezeigt haben, findet man die Seite des Kubus mithilfe der Kegelschnitte: Sie ist der gesuchte Teil der Wurzel. Setzen wir ihr Verhältnis zur gegebenen Einheit gleich dem Verhältnis der gegebenen Einheit zu einer weiteren Geraden. Diese Gerade ist dann die Seite des gesuchten Kubus.

Es ergibt sich also, dass es fünfundzwanzig weitere Gattungen dieser Gleichungen zwischen den vier Termen gibt, die den vorhergehenden fünfundzwanzig Gattungen äquivalent sind. Die Multiplikation der einen mit der anderen ist aus den Büchern der Algebraiker bekannt und offensichtlich. Du kannst es nachschlagen, und wir halten uns damit nicht lange auf.

▸ S. 269

Die Gleichungen zwischen diesen vier Graden und den vorher besprochenen vier Graden zeige ich wie folgt. Wenn man sagt: «Ein Kubus ist gleich zehn Teilen eines Kubus», das heißt zehn Teilen von sich selbst, dann ist der Kubus der erste der sieben Grade, und der Teil des Kubus ist der siebte: Multipliziere das eine mit dem anderen, und ziehe die Wurzel aus dem Resultat: Das Resultat ist der gesuchte Kubus. Genauer gesagt: Wenn man eine beliebige Zahl mit ihrem Homonym [ihrem Teil] multipliziert, erhält man die Einheit. Multipliziert man sie mit zwei ihrer Teile, so erhält man Zwei. Es ist also in unserer Aufgabe dasselbe, wie wenn man sagt: «Ein beliebiger Kubus mit sich selbst multipliziert ergibt Zehn.» Die Wurzel hieraus ist also der gesuchte Kubus. Man bestimmt dann die Seite des Kubus so, wie wir es gezeigt haben, mit den Kegelschnitten.

Und ebenso, wenn man sagt: «Ein Quadrat ist gleich sechzehn seiner Teile», multipliziere man die Einheit mit Sechzehn und nehme die Wurzel des Ergebnisses, was Vier ist. Vier ist dann das gesuchte Quadrat. Es ist dasselbe, wie wenn man sagt: «Ein Quadrat mit sich selbst multipliziert ist Sechzehn», entsprechend dem Vorhergehenden. Und ebenso, wenn man sagt: «Eine Wurzel ist gleich vier seiner Teile», ist dies dasselbe, wie wenn man sagt: «Wenn man eine Zahl mit sich selbst multipliziert, ergibt sich Vier: Die Zahl ist Zwei».

Aber wenn man sagt: «Ein Quadrat ist gleich einer Anzahl von Teilen des Kubus seiner Seite», so ist die Lösung mit den von uns dargelegten Methoden nicht möglich. Man braucht hierfür die Konstruktion der mittleren vier Größen eines kontinuierlichen Verhältnisses von sechs Größen, dessen äußerste zwei Größen gegeben sind. Diese ist von al-Heyßam angegeben worden. Sie ist aber sehr schwierig, und wir können sie nicht in unsere Arbeit aufnehmen.

Auch wenn man sagt: «Ein Kubus ist gleich einer Anzahl von Teilen des Quadrats seiner Seite» braucht man dieses Theorem, das wir mit unseren Methoden nicht angeben können.

Und im Allgemeinen braucht man für das Produkt des ersten und dem sechsten der anderen Grade diese vier Geraden, die im kontinuierlichen Verhältnis zwischen zwei Geraden stehen, wie es al-Heyßam gezeigt hat. Und wenn man sagt: «Ein Kubus ist gleich sechzehn Teile seiner Seite», so multiplizieren wir den ersten Grad mit dem fünften Grad, und die Wurzel ist die Seite des gesuchten Kubus. Und dasselbe gilt für alle dieser sieben Grade, wenn man ihm demjenigen gleichsetzt, der von ihm aus gezählt der fünfte Grad im genannten Verhältnis ist.

In den trinomischen Gleichungen: «Eine Wurzel ist gleich der Einheit plus zwei Teile der Wurzel» zum Beispiel ist dassebelbe wie: «Ein Quadrat ist gleich einer Wurzel plus Zwei,» da die drei Terme den drei genannten Termen äquivalent sind. Man löst dies auf die genannte Art und Weise. Man erhält das Quadrat gleich Vier und daher gleich seiner Wurzel plus Zwei. Die Wurzel des Quadrats ist, was wir suchten, und sie ist Zwei, was gleich der Einheit plus zwei Teile seiner Wurzel ist.

Und ebenso, wenn man sagt: «Ein Quadrat plus zwei seiner Wurzeln ist gleich Eins plus zwei Teile seiner Wurzel», so ist dies dasselbe wie: «Ein Kubus und zwei Quadrate ist gleich einer Wurzel plus Zwei». Man bestimmt die Seite des Kubus mit den Kegelschnitten, wie wir es gezeigt haben. Das Quadrat dieser Seite ist dann das gesuchte Quadrat.

Und ebenso, wenn man sagt: «Eine Wurzel plus Zwei plus zehn Teile der Wurzel sind gleich zwanzig Teile des Quadrats», so ist dies dasselbe wie: «Ein Kubus plus zwei Quadrate plus zehn Wurzeln sind gleich Zwanzig.» Man bestimmt die Seite des Kubus mit der Methode der Kegelschnitte. Sie ist die gesuchte Wurzel.

Es gilt allgemein, dass für vier aufeinanderfolgende der sieben Grade die Vorgehensweise dieselbe ist wie für die fünfundzwanzig besprochenen Gattungen. Wenn man aber zu fünf Graden übergeht oder sechs oder sieben, so ist es nicht möglich, sie auf irgendeine Art zu lösen.

Wenn man zum Beispiel sagt: «Ein Quadrat plus zwei Wurzeln sind gleich Zwei plus zwei Teile des Quadrats», so kann dies nicht gelöst werden, da das Quadrat der zweite Grad ist und der Teil des Quadrats der sechste Grad. Man hat also fünf Grade. Für alle weiteren gehe man genau so vor.

Die binomischen Gattungen zwischen diesen sieben Graden sind insgesamt einundzwanzig, von denen zwei nicht mit unserer Methode gelöst werden können. Man braucht hierzu das Theorem von al-Heyßam. Es bleiben also neunzehn Gattungen, die man mithilfe unserer Methode löst, die einen mit den Eigenschaften des Kreises, die anderen mit den Eigenschaften der Kegelschnitte. Alle trinomischen Gattungen zwischen drei aufeinanderfolgenden Graden sind fünfzehn an der Zahl, die man mit den Eigenschaften des Kreises löst. Die trinomischen Gleichungen zwischen vier aufeinanderfolgenden Graden sind vierundzwanzig, und man löst sie mithilfe der Kegelschnitte. Die quadrinomischen Gleichungen zwischen vier aufeinanderfolgenden Graden sind achtundzwanzig an der Zahl, und man löst sie mithilfe der Kegelschnitte. Die Gattungen zwischen diesen sieben Graden, die mit der Methode der Kegelschnitte, die wir dargestellt haben, gelöst werden können, sind also insgesamt sechsundachtzig, von denen nur sechs in den Büchern unserer Vorgänger genannt wurden.   ▸ S. 271

Wer sich in die hier dargestellten Sätze vertieft und eine gute natürliche Anlage für und Übung mit solcherlei Problemen hat, dem wird von den Problemen unserer Vorgänger nichts mehr unverständlich bleiben.

Es ist an der Zeit, diese Abhandlung zu beenden, in Lobpreisung Gottes und in der Bitte um Segnung aller seiner Propheten.   ▸ S. 274

Teil III
Mathematischer Kommentar

Kapitel 7
Hinweise zum mathematischen Kommentar

Zur Kommentierweise

In den Abhandlungen in Teil II wird in der äußeren Randspalte mit Pfeilen (▸) auf den mathematischen Kommentarteil verwiesen. Im Kommentarteil wird zu Beginn jedes Kommentars der kommentierte Textabschnitt durch Aufrufen von Seiten- und Zeilenzahl des kommentierten Textabschnitts sowie durch Wiederholen der ersten und letzten Wörter des kommentierten Textabschnitts kenntlich gemacht. Die Abhandlung über die Algebra bzw. die Abhandlung über den Viertelkreis werden oft mit *Algebra* bzw. mit *Viertelkreis* abgekürzt, siehe auch Seite xv.

Zu Quellenverweisen

Es war bei den islamischen Mathematikern üblich, die Sätze in den Werken der griechischen Autoren nach ihren Abbildungen zu nummerieren. Da nicht zu jedem Satz in diesen Werken genau eine Abbildung gehört, kommt es in den Literaturverweisen teilweise zu Abweichungen von den heute vorliegenden Ausgaben. Um Verwirrungen zu vermeiden, sind diese Referenzen daher in der vorliegenden Ausgabe mit den heutigen Ausgaben in Übereinstimmung gebracht.

Die einzigen drei von Chayyam in seiner Abhandlung zur Algebra zitierten Werke, Euklids *Elemente*, Euklids *Data* und die *Kegelschnitte* des Apollonius, werden im mathematischen Kommentar als E, D und KS zitiert, siehe Seite xv.

Zur Ausdrucksweise Omar Chayyams

Die mathematische Ausdrucksweise Omar Chayyams ist eng angelehnt an die von ihm zitierten Arbeiten der klassischen griechischen Autoren. So ist die heute übliche Unterscheidung von «Gerade» und «Strecke» bei Chayyam nicht zu finden: Er nennt eine beidseitig begrenzte gerade Linie, die wir heute «Strecke» nennen würden, eine «Gerade». Auch verwendet Omar Chayyam in der *Algebra* «Körper» gleichbedeutend mit «Parallelepiped» und «Fläche» und «Ebene» gleichbedeutend mit «Parallelogramm» (vgl. 124.35). Im Zusammenhang mit den Kegelschnitten verwendet Chayyam ausschließlich die Ausdrucksweise des Apollonius, wodurch einige Inkonsistenzen mit der heutigen Terminologie entstehen. Die antike und moderne Terminologie der Kegelschnitte wird ab Seite 209 in einem gesonderten Abschnitt zu den Kegelschnitten behandelt.

Die Unbekannte x wird von Chayyam entweder «Wurzel» oder «Seite» genannt, je nachdem, ob die Unbekannte eine Zahl oder ein geometrisches Objekt ist. Entsprechend wird x^2 je nachdem entweder «Fläche» (selten auch «Ebene») oder «Quadrat», und x^3 wird «Kubus» oder «Körper» genannt. Weiterhin gilt in Chayyams Abhandlung für eine beliebige Strecke AB immer: AB = BA, da nur positive Größen berücksichtigt werden.

Zur Abfolge und Gliederung der Abhandlungen

Die beiden Abhandlungen werden in chronologisch richtiger Reihenfolge wiedergegeben und kommentiert: Die Abhandlung über den *Viertelkreis* wurde vor der Abhandlung zur *Algebra* geschrieben. Es ist jedoch angeraten, zunächst die Algebra zu studieren, da dort die Vorgehensweise Chayyams dem unvorbereiteten Leser verständlicher ist und ausführlicher kommentiert wird. Zur weiteren Unterstützung hält der Kommentarteil zur *Algebra* in einem gesonderten Abschnitt zu den Kegelschnitten (ab Seite 209) das notwendige Rüstzeug zum Verständnis von Chayyams Lösungen bereit. Ohne dieses Rüstzeug ist das Verständnis der Abhandlungen nicht trivial.

In die in den Manuskripten nicht in Abschnitte untergliederte *Abhandlung zur Algebra* sind zur Orientierung Zwischenüberschriften eingefügt worden. Der mathematische Kommentar folgt dieser Strukturierung.

Zu zwei Definitionen der Data

Für das Verständnis beider Abhandlungen gleich wichtig ist die folgende, erste Definition der *Data* des Euklid:

> D:§1 Der Größe nach gegeben heißen Flächen, Linien und Winkel, zu denen wir uns gleiche verschaffen können.

Eine weitere von Chayyam häufig herangezogene Definition ist die vierte Definition der *Data*:

> D:§4 Der Lage nach gegeben heißen Punkte, Linien und Winkel, die immer denselben Ort innehaben.

Kapitel 8
Zur Teilung eines Viertelkreises

Omar Chayyams *Abhandlung über den Viertelkreis* erscheint auf den ersten Blick unstrukturiert, sie kann aber inhaltlich dennoch in Abschnitte gegliedert werden:

1 Aufgabenstellung.

2 Behauptung der direkten geometrischen Lösbarkeit des Problems mithilfe einer geeignet zu wählenden Hyperbel, die den Viertelkreis im gewünschten Verhältnis schneidet. Diese Lösung wird dem Leser als Übungsaufgabe überlassen.

3 Konstruktion des Dreiecks und Beweis seiner Eigenschaften. Rückführung des Problems der Teilung des Viertelkreises auf die Konstruktion dieses Dreiecks.

4 Rückführung des Problems der Konstruktion des Dreiecks auf die Lösung einer kubischen Gleichung.

5 Definition der Algebra, Klassifizierung der algebraischen Gleichungen bis zum dritten Grad und Ankündigung der großen algebraischen Abhandlung.

6 Erwähnung des Problems des Archimedes, das auf dieselbe Gleichung führt.

7 Lösung der kubischen Gleichung mithilfe des Schnitts eines Kreises und einer Hyperbel.

8 In einem Nachtrag Lösung der in 2. gestellten Übungsaufgabe: direkte geometrische Lösung des Problems ohne den Umweg über Dreieck und kubische Gleichung. Ob dieser Nachtrag von Chayyam selbst oder von einem Kopisten des Manuskripts stammt, ist unklar.

Der 5. Abschnitt ist weitgehend identisch mit den entsprechenden Passagen in der *Algebra* oder kann mit diesen verglichen werden (siehe Kommentar Seite 189). Für die Konstruktionen der Hyperbeln in 7. und 8. müssen in diesem Teil des Kommentars einige Ergebnisse des Algebra-Kommentars vorweggenommen werden. Es sei daher erneut dazu geraten, zunächst die *Algebra* zu studieren und dann zum *Viertelkreis* zurückzukommen.

▶ **Wir wollen das Viertel AB des … AE ist sein Radius. (87.3–87.6)**

Die Aufgabe ist die Teilung des Viertelkreises vom Radius AE = r (Abb. 5.1) in einem solchen Winkel, dass gilt:

$$\frac{r}{r\sin\alpha} = \frac{r\cos\alpha}{r - r\cos\alpha}, \tag{8.1}$$

worin $r - r\cos\alpha$ = HB die Höhe des vom Sinus des Winkels gebildeten Kreissegments ist, das in der Folge mit s bezeichnet sei. Der Winkel α ist $\alpha = \angle(BEG)$ der Abb. 5.1. Im Folgenden wird HG mit h bezeichnet und HE mit e. Gl. (8.1) lautet dann

$$\frac{r}{h} = \frac{e}{s}. \tag{8.2}$$

▶ **Nehmen wir an, wir haben … ist leicht zu erkennen. (87.7–89.3)**

Nehmen wir an, die Aufgabe sei gelöst. Dann ist $he = rs$, zufolge Gl. (8.2). Es werde durch den Punkt G der Abb. 5.1 die Parallele zu BD und durch B die Parallele zu AC gezogen. Der Schnittpunkt der beiden Parallelen ist der Punkt I der Abb. 5.2. Es werde die Strecke BM = AE auf der Parallelen zu AC eingetragen. Das Rechteck BMLH hat die Fläche rs, das Rechteck HEKG hat die Fläche he, und diese sind gleich, da das Problem als gelöst angenommen wurde. Das Rechteck IBHG hat die Fläche hs, und die Rechtecke IMLG und BEKI haben daher beide die Fläche hr. Wir bleiben bei der Abb. 5.2 und konstruieren nun die Hyperbel, die die Verlängerungen von IK und IM als Asymptoten hat und die durch den Punkt E geht.[1]

Denken wir uns den Ursprung eines wie üblich orientierten kartesischen Koordinatensystems in den Punkt I gelegt (x-Achse zeigt nach rechts, y-Achse oben), so wird diese Hyperbel durch die Gl. (9.33) beschrieben, wie

---

[1] Wie dies geht, wurde bereits im Beispiel in der Einleitung eingesehen (Seite 16), wird aber im Kommentar zur Algebra erneut besprochen (Seite 239).

im Abschnitt über die Kegelschnitte ab Seite 209 gezeigt werden wird. Der Punkt I ist der Mittelpunkt der Hyperbel. Da diese Hyperbel durch den Punkt E konstruiert ist, dessen Koordinaten in diesem Koordinatensystem durch $(-h, -r)$ gegeben sind, muss für die Hyperbel $xy = (-h)(-r) = hr$ gelten. Das heißt:

$$\mathcal{H}_1 : \ y = \frac{hr}{x}. \tag{8.3}$$

Da diese Beziehung für die Koordinaten x, y aller Punkte auf der Hyperbel gilt,[2] muss auch der Punkt L auf der Hyperbel liegen, da für seine Koordinaten aufgrund der Gleichheit der Rechtecke IMLG und BEKI ebenso $xy = hr$ gilt.

Den Punkt I konnten wir aber nur finden, weil wir die Aufgabe als gelöst vorausgesetzt haben und daher die Länge der Strecke h bereits kannten. Nur dann können wir die Hyperbel konstruieren und den Punkt L erhalten. Aber die Aufgabe ist ja in Wirklichkeit noch nicht gelöst, was soll also das Ganze?

Es handelt sich wirklich um eine Übungsaufgabe: Finde die Hyperbel, die den Kreisbogen im richtigen Verhältnis teilt. Und tatsächlich hat später ein Schüler Chayyams oder ein Kopist des Manuskripts die Lösung dieser Aufgabe am Ende der Abhandlung eingetragen.[3] Omar Chayyam selbst hat diese Lösung ohne jeden Zweifel gekannt, wie sein meisterhafter Umgang mit den Kegelschnitten in der späteren *Algebra* beweist. Warum gibt er sie dann nicht an und beschließt die Arbeit über den *Viertelkreis*? Die einzige Antwort hierauf kann sein, dass es Chayyam in dieser Arbeit weniger um die Lösung dieses spezifischen Problems geht als um etwas anderes – er möchte den engen Zusammenhang zwischen Geometrie und Algebra zeigen und führt daher im Folgenden das geometrische Problem der Teilung des Viertelkreises im gewünschten Verhältnis zurück auf eine algebraische Gleichung.

Ich sage, mit der Hilfe … Eigenschaften zu erhalten. (89.16–91.19) ◄

Nehmen wir wieder an, das Problem sei gelöst. Es gilt also Gl. (8.2). Betrachte dann das Dreieck EGI der Abb. 5.3, welches identisch ist mit dem Dreieck ABC der Abb. 5.4. Dieses Dreieck sei gleich dem Dreieck ABC der Abb. 8.1, in dem der Winkel α grau unterlegt ist. Die Seite c des Dreiecks ist per Konstruktion gegeben als $c = r$, und wir wollen nun die Länge der Seite b bestimmen. Diese Seite denken wir uns im Folgenden zusammengesetzt aus den Strecken

---

[2] Dies besagt der von Chayyam zitierte 8. Satz des II. Buchs der Kegelschnitte des Appollonius.

[3] Seite 103.

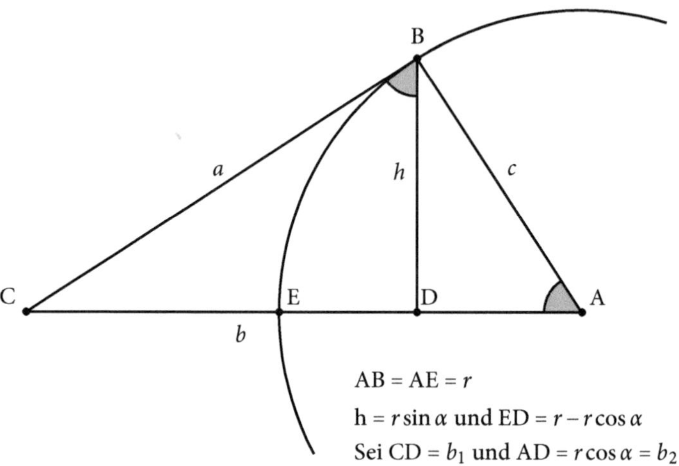

Abb. 8.1 Omar Chayyams Dreieck

$b_1 = \mathrm{CD}$ und $b_2 = \mathrm{AD}$. b_2 ist bekannt, nämlich $b_2 = r\cos\alpha$. b_1 wiederum ist zusammengesetzt aus den beiden Teilstücken $\mathrm{ED} = r - r\cos\alpha$ und EC, wobei EC zunächst unbekannt ist. Bestimmen wir diese Strecke wie folgt: Der Winkel in B ist per Konstruktion ein rechter Winkel, also sind die Dreiecke ABC, BCD und ABD ähnlich. Aufgrund dieser Ähnlichkeit ist $b_2/h = h/b_1$, also

$$h^2 = b_1 b_2 = (\mathrm{EC} + r - r\cos\alpha)b_2. \tag{8.4}$$

Aufgrund der Kreisgleichung ist aber auch $h^2 = (r + b_2)(r - r\cos\alpha) = (r + r\cos\alpha)(r - r\cos\alpha)$.[4] Setzen wir aus Gl. (8.4) hierin ein, so erhalten wir

$$\frac{r}{r\cos\alpha} = \frac{\mathrm{EC}}{r - r\cos\alpha}.$$

Aufgrund der angenommenen Gültigkeit von Gl. (8.1) ist die linke Seite dieser Gleichung aber auch durch

$$\frac{r}{r\cos\alpha} = \frac{r\sin\alpha}{r - r\cos\alpha}$$

gegeben.

---

[4] Wer bereits die *Algebra* studiert hat, kann dies auch aus dem Vergleich der Abb. 5.3 mit Abb. 9.2 auf Seite 196 erhalten.

Der Vergleich dieser beiden gerade erhaltenen Gleichungen zeigt dann, dass $EC = r\sin\alpha$. Die Strecke b ist also insgesamt $b = b_1 + b_2 = r\sin\alpha + r - r\cos\alpha + r\cos\alpha = r\sin\alpha + r$. Dies ist aber gerade gleich $h + c$, sodass das Dreieck die folgende Eigenschaft hat:

$$b = c + h. \tag{8.5}$$

Dies ist die einzige der Dreieckseigenschaften, deren Kenntnis für das vorliegende Problem notwendig ist. Aus ihr kann direkt die kubische Gleichung abgeleitet werden, siehe Gl. (8.7) weiter unten.

Nordkuppel der Freitagsmoschee von Esfahan

Das Dreieck der Abb. 8.1 faszinierte Omar Chayyam offensichtlich ganz besonders, und er behandelte in seiner Abhandlung weitere seiner Symmetrien:

> Dieses Dreieck hat übrigens andere Eigenschaften, von denen wir einige darstellen werden, damit der Leser ihre Nützlichkeit in der Mehrheit derartiger Figuren erkennen möge.[5]

Vermutlich ging Chayyams Interesse an diesem Dreieck noch über die Lösung des vorliegenden Problems hinaus, denn es gibt Hinweise darauf, dass ihn die Eigenschaften dieses Dreiecks zu einer Leistung ganz anderer Art inspirierten.

Der türkische Wissenschaftler Alpay Özdural, der sich besonders für die Kunst und Architektur der islamischen Welt des goldenen persischen Zeitalters interessierte, studierte aufmerksam die millimetergenauen stereometrischen Pläne der Nordkuppel der Freitagsmoschee in Esfahan, die ein Vermessungsteam im Jahr 1974 veröffentlicht hatte. Die bemerkenswerte geometrische Harmonie der Kuppel hatte schon lange Zeit die Neugier der Wissenschaftler angeregt und sie auf einen geometrisch versierten Gestalter schließen lassen. Man vermutete, dass die Proportionen der Kuppel vom auch in Europas Architektur wohlbekannten *Goldenen Schnitt* abgeleitet waren.[6]

Die nun vorliegenden, extrem präzisen Pläne zeigten jedoch das wunderliche Ergebnis, dass die Abweichung mancher Proportionen der Kuppel vom Goldenen Schnitt einige Prozent betrug. Die tatsächlichen Proportionen, die dem Entwurf zugrunde lagen, blieben für eine Weile unbekannt. Özdural nun aber hatte die Arbeit Chayyams über den *Viertelkreis* aufmerksam gelesen und bemerkte Übereinstimmungen zwischen den Proportionen von

---

[5] Seite 90.6. Der Beweis dieser Eigenschaften sei dem Leser als Übungsaufgabe überlassen.
[6] Özdural (1998).

Abb. 8.2 Die Nordkuppel der Freitagsmoschee von Esfahan

Omar Chayyams Dreieck mit der Geometrie der Kuppel. Er machte sich an die Arbeit und legte überall in die stereografischen Pläne der Kuppel kleine, ähnliche Dreiecke hinein. Und tatsächlich: Für 19 Proportionen in der gesamten Kuppel (das sind so gut wie alle Fenster, Simse, Bögen usw.) stellte er eine große Übereinstimmung mit den verschiedenen Verhältnissen im Dreieck fest: mit einer Abweichung von durchschnittlich nur 0,2 Prozent.[7] Da aber diese Kuppel nachweislich in den 80er- und 90er-Jahren des 11. Jahrhunderts gebaut wurde, also zu der Zeit, als Omar Chayyam in Esfahan lebte und seine algebraischen Arbeiten verfasste, und da die zahlreichen Proportionen, die auftauchen, spezifisch für das Dreieck der Abb. 8.1 sind, blieb für Özdural nur eine Schlussfolgerung übrig: Omar Chayyam war der Architekt dieser Kuppel.

Diese Vermutung konnte bisher durch keine weiteren Informationen unterstützt werden. Es wurde kein Dokument gefunden, in dem Omar Chayyams Name im Zusammenhang mit dem Bau der Kuppel genannt wird. Aber die Indizien, die Özdural so sorgsam zusammengetragen hat, ergeben ein stimmiges Bild. Wenn aber Chayyam der Architekt der Kuppel war: Wes-

---

[7] Zwei der tatsächlichen Proportionen weichen um 0,9 Prozent vom exakten Wert im Dreieck ab, von den restlichen 17 keine mehr als 0,5 Prozent. Bei einer Kuppelhöhe von 20 m entsprechen 0,2 Prozent einer baulichen Präzision von ±4 cm.

halb wird er nirgends als solcher erwähnt? Den Hinweis auf eine mögliche Antwort findet Özdural in der Kuppel selbst, in einer Inschrift über ihrem Eingang. Omar Chayyam fiel bekanntermaßen am Hof der Seldschuken nach dem Ableben Malik-Schahs im Jahr 1092, wohl auch aufgrund seines Weltbilds, in Ungnade und wurde fortan als gottloser Philosoph geschimpft.[8] Als direkt an den Architekten der Kuppel gerichtet kann Özdural zufolge daher diese drohende Inschrift über dem Eingang zur Nordkuppel verstanden werden:

> Und wer ist ungerechter, als wer verhindert, dass Allahs Name verherrlicht werde in Allahs Tempeln, und bestrebt ist, sie zu zerstören? Es ziemte sich nicht für solche, sie anders zu betreten denn in Ehrfurcht. Für sie ist Schande in dieser Welt; und in jener harrt ihrer schwere Strafe.[9]

Wenn diese Zeilen tatsächlich auf Chayyam gemünzt sind, erklären sie, warum er niemals wieder in Zusammenhang mit dem Bau der Kuppel erwähnt wurde. Sie zeigen dann auch das Ausmaß der Verachtung, der er sich in der zweiten Lebenshälfte aufgrund seines Weltbilds ausgesetzt sah.

Sei die Gerade AD von … man die Kegelschnitte. (91.26–92.28) ◄

Sei nun BD = h die Unbekannte x eines algebraischen Problems. Im rechtwinkligen Dreieck ADB in der Abb. 8.1 gilt der Satz des Pythagoras:

$$x^2 + b_2^2 = c^2.$$

Aufgrund der Ähnlichkeit der Dreiecke ABC und ABD ist

$$bb_2 = c^2,$$

also zusammengenommen:

$$\frac{c^2}{b_2} = \frac{x^2}{b_2} + b_2 = b. \tag{8.6}$$

Die rechte dieser beiden Gleichheiten ist eine Gleichung zweiten Grades für $h = x$, wenn b_2 und b gegeben sind. Man beachte hierin die vollständige Symmetrie zwischen x und b_2. Wäre b_2 die Unbekannte x, und wären h und b vorgegeben, so würde die gesuchte Seite $b_2 = x$ durch *dieselbe* Gleichung be-

---

[8] Siehe Kapitel 3.
[9] Aus dem Koran, 2:114, übs. nach Maher.

stimmt. Diese Symmetrie muss erwartet werden, da in der Aufgabenstellung nicht die Länge der Seite h oder die Länge der Seite b_2 gesucht wird, sondern der Winkel α zwischen diesen beiden. Die Längen der Seiten h und b_2 definieren aber diesen Winkel: Ist eine Länge vorgegeben, so bestimmt sich die andere Seite genauso, wie wenn sie vorgegeben und die andere gesucht wäre. Aufgrund der Dreieckseigenschaft (8.5) ist $b = c + x$, und wir erhalten aus der obigen Gleichung:

$$\frac{x^2}{b_2} + b_2 = c + x. \tag{8.7}$$

Quadrieren wir beide Seiten, und formen wir elementar um, so erhalten wir die Chayyamsche Gleichung dritten Grades:

$$x^3 + 2b_2^2 x = 2b_2 x^2 + 2b_2^3. \tag{8.8}$$

Diese Gleichung ist nun nicht mehr symmetrisch zwischen x und b_2, sondern zwischen x und $2b_2$. Dies liegt daran, dass wir in Gl. (8.6) $b = c + x$ eingesetzt haben, in der $x = h$ auftaucht, aber nicht b_2. Während die daraus resultierende Gl. (8.7) weiterhin vollkommen symmetrisch erscheint, verursacht der zusätzliche Term auf der rechten Seite einen Faktor 2, wenn wir quadrieren. Für $b_2 = AD = 10$ folgt hieraus die Gleichung:

$$x^3 + 200x = 20x^2 + 2000. \tag{8.9}$$

Diese Zurückführung des Problems auf die kubische Gleichung schließt Chayyam mit der vermutlich frühesten überlieferten Feststellung der Tatsache ab, dass kubische Gleichungen im Allgemeinen nicht mit den Mitteln der ebenen Geometrie gelöst werden können :

> Die Analyse hat uns also auf eine Beziehung zwischen vier Arten geführt, die wir aufgrund des Kubus nicht mit den Mitteln der ebenen Geometrie behandeln können. Hierfür benötigt man die Kegelschnitte.[10]

In der Tat kann eine kubische Gleichung geometrisch nicht allein mit Zirkel und Lineal gelöst werden, wenn sie keine rationale Lösung hat – und das hat sie im Allgemeinen nicht. Der Beweis dieser Behauptung wurde 800 Jahre später geführt, namentlich vom französischen Mathematiker Pierre Laurent Wantzel (1814–1848), der den Beweis im Jahr 1837 in einem Zeitschriftenartikel veröffentlichte. Während eine genauere Betrachtung dieses Beweises überaus spannend ist, würde sie hier doch den Rahmen sprengen. Es sei

---

[10] Seite 92.26–92.28.

hierzu beispielsweise auf das Buch von Courant und Robbins (2010) verwiesen, in dem die geometrischen Konstruktionen ausführlich diskutiert und der Beweis der genannten Behauptung in Kapitel 3§2 geführt wird.

und es gibt keinen anderen Lösungs … nicht kennt. (94.32–94.37) ◄

Die Konstruktion eines «Parallelepipeds gleich einem gegebenen Parallelepiped», auf die Omar Chayyam hier verweist, wird von ihm in seiner späteren Abhandlung über die Algebra als Lemma 2 und Lemma 3 gegeben. Hierfür werden in der Tat die Kegelschnitte benötigt, siehe ab Seite 124 und den mathematischen Kommentar zu diesen Lemmata ab Seite 226.

Er betrachtete das Lemma … es unmöglich sei. (96.4–96.19) ◄
Von den zeitgenössischen … der Kegelschnitte löste. (106.7–106.14)

Dieser Satz des Archimedes scheint die islamischen Mathematiker und auch Chayyam ganz besonders fasziniert zu haben. In der Einleitung wurde darauf hingewiesen, dass die islamischen Mathematiker sich besonders um die vollständige Rekonstruktion der ihnen überlieferten Manuskripte der alten Griechen mühten. Da Archimedes im Paragraphen II§4 seiner Arbeit über *Kugel und Zylinder* die Lösung einer kubischen Gleichung «am Ende» verspricht, diese aber nicht gefunden werden konnte, machten sie sich an seiner Stelle an die Lösung dieser Aufgabe.

Die Abb. 8.3 reproduziert Archimedes' schematische Illustration der Aufgabenstellung. Die Kugel ABCD soll durch eine Ebene AC so geschnitten werden, dass die beiden Kugelsegmente ADC und ABC zueinander ein gegebenes Verhältnis haben. Dieses Verhältnis sei gegeben als Verhältnis zweier rationaler Zahlen p und s, die in der Abbildung durch Strecken repräsentiert werden. (Archimedes nimmt ohne Beschränkung der Allgemeinheit an, dass $p > s$.) Gesucht wird die hierfür erforderliche Position X der schneidenden Ebene. In der Zeichnung ist per Konstruktion 2BZ = DB und FZ/FB = p/s. Es gelingt Archimedes dann wie im Folgenden zitiert, anhand der geometrischen Eigenschaften das Problem auf das Verhältnis

$$\frac{BD^2}{DX^2} = \frac{XZ}{ZF}$$

zurückzuführen:

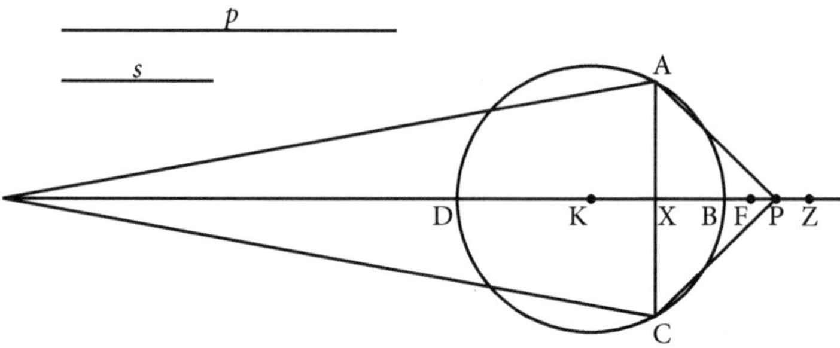

Abb. 8.3 Archimedes: *Kugel und Zylinder* II§4

In dieser Proportion sind die Glieder BD^2 und ZF gegeben. Es handelt sich also darum, die gegebene Strecke DZ so im Punkte X zu teilen, dass XZ zur gegebenen Strecke ZF sich verhält wie die gegebene Größe BD^2 zu DX^2. Dieses Problem, allgemein gefasst, ist an eine gewisse Determination gebunden, unter den vorhandenen Bedingungen jedoch, daß nämlich DB = 2BZ und ZF < ZB ist, wie in der Analysis gesagt, existiert immer ein solcher Punkt X. Es wird also folgende Aufgabe zu lösen sein: wenn zwei Strecken BD und BZ gegeben sind und DB = 2BZ ist und ein Punkt F zwischen B und Z, DB in einem Punkte X so zu teilen, dass $BD^2 : DX^2 = XZ : ZF$ ist. Hierfür wird am Schluss Analysis und Konstruktion gegeben werden.[11]

Die angekündigte «Analysis und Konstruktion» wurde aber, wie gesagt, nie gefunden, und die islamischen Mathematiker scheiterten zunächst an der Aufgabenstellung des Archimedes, wie Omar Chayyam in seiner Abhandlung darstellt. Im Übrigen ist an obigem Zitat erstaunlich, wie sehr die Ausdrucksweise Chayyams jener des Archimedes ähnelt. Man erkennt im persischen Mathematiker deutlich den treuen und bewundernden Schüler der griechischen Mathematik. Chayyams nachgeholte Analyse geht dann allerdings weit über die reine Rekonstruktion der vermeintlich fehlenden Analyse des Archimedes hinaus, wenn er in seiner später nachgelegten *Algebra* die Lösungsmethode systematisiert und auf alle Gleichungen dritten Grades anwendet.

Das Problem des Archimedes stellt Omar Chayyam in seiner Abhandlung über den *Viertelkreis* in der Abb. 5.5 dar. Die Kugel wird ausgelassen, da sie für die Formulierung des algebraischen Problems irrelevant ist. Man beachte, dass die Strecke AC in Chayyams Abbildung der Strecke DZ in Archimedes' Abbildung entspricht, von rechts nach links. Hierin ist substituiert D = A,

---

[11] KS:II§4.

X = H, B = B, F = E und Z = C. In Analogie zu Archimedes' Konstruktion gilt in Chayyams Abbildung $EC/EB = p/s$. Die von Archimedes gestellte Aufgabe lautet dann:

$$\frac{AB^2}{AH^2} = \frac{CH}{CE}, \qquad \text{mit } AB = 2BC,$$

worin B ein gegebener Punkt ist. Mit AC = EC + AE und HC = AC − AH (vgl. Abb. 5.5) erhält man durch Umstellen die Gleichung dritten Grades:

$$(AH)^3 + (AB)^2\, EC = AC\,(AH)^2, \tag{8.10}$$

worin die Strecke AH die Unbekannte ist. In moderner Notation entspricht dies der Gleichung $x^3 + a_0 = b_2 x^2$. Sie wird nach dem persischen Mathematiker Mahani manchmal auch *Mahanis Gleichung* genannt. Sie ist vom Typ (XVII) und wird von Omar Chayyam in seiner späteren *Algebra* gelöst werden.[12]

Die Lösung einer dieser Gattungen … dieser Kunst sind. (96.19–97.15)   ◄

Hier in Kürze die Übersicht über die drei bereits von Chayyams Vorgängern gelösten Gattungen:

1 Mahanis Gleichung, Gattung (XVII), wie im vorhergehenden Kommentar besprochen.

2 Abu Nassr Manßur ebn Iraks Lösung der Gattung (XVI). Interessant ist, dass Chayyam in seiner späteren *Algebra* diese Lösung durch Abu Nassr Manßur ebn Irak nicht mehr erwähnt.

3 Abu al-Dschuds Lösung der Gattung (XXI). Diese resultiert in Chayyams Beispiel, wenn man $x = 10 - a$ in $x^2 + a^2 + a/x = 72$ einsetzt; worin $a > x$ angenommen ist. Man erhält $x^3 + 27x + 5 = 10x^2$.

Von den drei oben genannten Autoren wurde in der Einleitung berichtet,[13] der von Omar Chayyam erwähnte Asud al-Dohleh (936–983) war ein Emir der persischen Buyidendynastie. Zunächst Herrscher über die Provinz Fars, wurde er schließlich Emir auch des gesamten irakischen Gebiets und da-

---

[12] Auf Seite 135.14 ff., siehe auch den mathematischen Kommentar ab Seite 240.
[13] Siehe ab Seite 44.

mit Herrscher über Bagdad, das auch «die Stadt des Friedens» genannt wird. Asud al-Dohleh, der in Schiras residierte, war ein ausgesprochener Förderer von Wissenschaft und Kultur. Mit der «Bibliothek der Samanidenkönige» kann die Bibliothek von Balch oder von Buchara gemeint sein, die Chayyam mutmaßlich während seiner Wanderjahre[14] besuchte. Auf alle Vorarbeiten der drei genannten Mathematiker wird Omar Chayyam in seiner späteren Abhandlung über die *Algebra* zurückkommen, sie dort aber allesamt nicht mehr namentlich nennen. Und während er seine «achtenswerten Vorgänger» im *Viertelkreis* noch überschwänglich lobt («bei meinem Leben»!), heißt es in der *Algebra*:

> Nach ihm [Abu Dschafar Chasen] brauchten mehrere Geometer verschiedene Gattungen dieser Gleichungen, und manche lösten einige davon. Aber keiner von ihnen hat etwas über die Anzahl der Gattungen verlauten lassen, noch irgendetwas über die Darstellung dieser Gattungen, noch etwas über ihre Beweisführung, abgesehen von zwei Gattungen, auf die ich zu sprechen kommen werde.[15]

Dieser im Vergleich zum *Viertelkreis* geänderte Tonfall ist charakteristisch für die *Algebra*. Die Aufzählung der wenigen bereits gelösten Gattungen nimmt Chayyam zum Anlass, sein großes Projekt anzukündigen:

> Wenn die Zeit mir eine Ruhepause gönnt und wenn der Erfolg mich begleitet, so werde ich diese vierzehn Gattungen in all ihren Erscheinungen und Teilen in einer Abhandlung schriftlich niederlegen, in der ich die lösbaren von den unlösbaren unterscheiden werde, einige dieser Gattungen bedürfen nämlich bestimmter Konditionen, und in der ich ihnen einige Lemmata voranstellen werde, die von großer Nützlichkeit für die Prinzipien dieser Kunst sind.[16]

Die Struktur der *Abhandlung über die Algebra und die Murhabala*, etwa die Platzierung der Lemmata 1 bis 3, scheint also bereits zur Zeit der Niederschrift des *Viertelkreises* festgestanden zu haben. Den Inhalt der Lemmata 2 und 3 zur Konstruktion eines «Parallelepipeds gleich einem gegebenen Parallelepiped» hatte Chayyam auch bereits erwähnt.[17] Man kann demnach davon ausgehen, dass Chayyam zu diesem Zeitpunkt schon mit der Arbeit an seiner *Algebra* begonnen hatte. Hierzu passt seine Bemerkung in der *Algebra*, dass ihm erst die Protektion des einflussreichen Imams Abu Tahir erlaubt habe,

> meine Forschungen dort auf[zu]greifen, wo die Unwägbarkeiten unserer Zeit mich unterbrochen hatten, und dar[zu]stellen, was ich mit Sicherheit in den Wissenschaften ergründet habe.[18]

---

[14] Siehe Abschn. 3.2.

[15] Seite 106.15.

[16] Seite 97.9.

[17] Seite 94.32–94.37.

[18] Seite 107.11.

Kommen wir nach diesen ... was zu beweisen war. (97.19–99.28) ◄

Die zu lösende Gleichung $x^3 + 200x = 20x^2 + 2000$ ist vom Typ

$$x^3 + a_1 x = b_0 + b_2 x^2. \tag{XXIV}$$

Die im *Viertelkreis* von Omar Chayyam präsentierte Lösung ist identisch zur
Lösung in der *Algebra* (ab 147.2), und die Abb. 5.6 ist weitgehend identisch
mit der Abb. 6.30. Diese Lösung wird daher ausführlich im systematischen
Rahmen der Lösungen der *Algebra* besprochen werden,[19] hier jedoch schon
einmal im Schnelldurchgang: Sei AB $= b_2$, EG $= a_1$. Konstruiere ein Quadrat
der Seitenlänge AC $= \sqrt{a_1}$ nach E:II§14.[20] Sei AD $= b_0/a_1$. Betrachte den Kreis

$$\mathcal{K}:\ (y - \sqrt{a_1})^2 = -\left(\frac{b_0}{a_1} - b_2\right)\left(x - \frac{b_0}{a_1}\right) - \left(x - \frac{b_0}{a_1}\right)^2 \tag{8.11}$$

und die Hyperbel

$$\mathcal{H}:\ y = \frac{b_0}{\sqrt{a_1}\,x}. \tag{8.12}$$

Diese sind durch den gemeinsamen Punkt D $: (b_0/a_1, \sqrt{a_1})$ konstruiert. Alle
weiteren Schnittpunkte von $\mathcal{K}$ und $\mathcal{H}$ genügen der Gl. (XXIV).

Sidsch (102.11) ◄

Ein *Sidsch* ist eine Sammlung astronomischer Daten zur Berechnung von
Planetenpositionen. Diese sphärischen Berechnungen benötigen trigonome-
trische Funktionen, weshalb ein guter Sidsch näherungsweise numerische
Lösungen der trigonometrischen Funktionen von Winkeln enthält.

Das Siegel der Propheten (102.31) ◄

Muhamad gilt im islamischen Glauben als der letzte der Propheten Gottes,
sein Erscheinen «besiegelt» daher das Prophetentum:

> Muhamad ist nicht der Vater irgendeines eurer Männer, sondern der Gesandte
> Gottes und der Letzte [das Siegel] der Propheten.[21]

---

[19] Ab Seite 262.

[20] Siehe Abb. 9.2 auf Seite 196.

[21] Koransure 33, Vers 40, übs. nach Maher.

8.1 Zum Nachtrag

▶ **Aufgabe: Gegeben sei der ... fertig ausgeführt. (103.2–103.20)**

Die hier gegebene Lösung der «Übungsaufgabe», die Chayyam dem Leser
zu Beginn seiner Arbeit gestellt hat, löst natürlich das Problem sehr schnell
und elegant. Diese rein geometrische Lösung entspricht interessanterweise
der Lösung einer kubischen Gleichung vom Typ (XVI) und nicht der Lösung
der von Chayyam in der Arbeit betrachteten Gleichung des Typs (XXIV). Die
Lösung dieser kubischen Gleichung ist jedoch zur Lösung der Übungsaufgabe
nicht notwendig, da diese allein aus den geometrischen Beziehungen folgt,
die für Punkte auf der Hyperbel gelten.

Lösung im kartesischen Koordinatensystem

Der Kreis habe den Radius EB = BC = r, und der Ursprung eines wie üblich
orientierten kartesischen Koordinatensystems liege zunächst im Punkt E der
Abb. 5.9. Die Asymptoten der zu zeichnenden Hyperbel sind dann die x- und
die y-Achsen dieses Koordinatensystems. Die Hyperbel wird daher durch die
einfache Gl. (9.33) beschrieben. Soll zudem der Punkt A, der in diesem Koordinatensystem die Koordinaten (r, r) hat, auf ihr liegen, so muss $y = r^2/x$
sein. Verschieben wir nun den Ursprung in den Mittelpunkt B des Kreises
der Abb. 5.9, das heißt, verschieben wir ihn um $x \mapsto x + r$. Dann lautet die
Hyperbelgleichung im verschobenen Koordinatensystem:

$$\mathcal{H}: \; y = \frac{r^2}{x + r}. \tag{8.13}$$

Der Kreis der Abb. 5.9 ist in dem Koordinatensystem, das den Punkt B zum
Ursprung hat, aufgrund seiner Mittelpunktslage durch die triviale Gleichung

$$\mathcal{K}: \; x^2 + y^2 = r^2 \tag{8.14}$$

gegeben und wird von der Hyperbel notwendigerweise in einem weiteren
Punkt geschnitten. Dieser Schnittpunkt sei der Punkt G der Abb. 5.9 und habe
die Koordinaten $(x_\mathrm{s}, y_\mathrm{s})$. Schauen wir uns die Beziehungen auf der Hyperbel
genauer an: Subtrahieren wir r auf beiden Seiten der Gl. (8.14), so erhalten
wir nach wenigen trivialen Umstellungen:

$$\mathcal{H}: \frac{1}{r-y} = \frac{r+x}{rx}. \qquad (8.13^*)$$

Dividieren wir nun die ursprüngliche Gl. (8.13) durch diese neu erhaltene Gl. (8.13*), so erhalten wir

$$\frac{r}{x} = \frac{y}{r-y}. \qquad (8.15)$$

Die Beziehung (8.15) gilt für jeden Punkt auf der Hyperbel. Sie gilt daher auch für den Schnittpunkt G der Hyperbel $\mathcal{H}$ mit dem Kreis $\mathcal{K}$. Dies aber ist dann die Lösung der Aufgabe, denn $x_s = $ GK, $y_s = $ BK und KA $= $ BA $-$ BK $= r - y_s$.

Bemerkung (1 von 2)

Quadrieren von (8.13) und Einsetzen in (8.14) liefert für den x-Achsenabschnitt der Schnittpunkte von $\mathcal{K}$ und $\mathcal{H}$ die Gleichung vierten Grades:

$$x_s^2 + \frac{r^4}{(x_s + r)^2} = r^2.$$

Aufgrund der Konstruktion ist klar, dass $x_s = 0$ ein Schnittpunkt ist. Für alle $x_s \neq 0$ können wir unsere Gleichung dann durch x_s teilen und erhalten, dass die weiteren Schnittpunkte der obigen Kegelschnitte die kubische Gleichung

$$x_s^3 + 2rx_s^2 = 2r^3$$

lösen. Diese Gleichung ist eine der Gattung (XVI), mit $a_2 = 2r$ und $b_0 = 2r^3$. In der *Algebra* löst Chayyam diese Gleichung übrigens wie alle anderen kubischen Trinome nicht mithilfe einer Hyperbel und einem Kreis, sondern mithilfe einer Hyperbel und einer Parabel [Gln. (9.64) und (9.65)]. Der Vorteil dieser Vorgehensweise in der *Algebra* ist, dass Parabel und Hyperbel sich überhaupt nur dreimal schneiden und kein weiterer Schnittpunkt vorgegeben werden muss.[22]

Bemerkung (2 von 2)

Die Ausdrucksweise in dieser Lösung weicht vom Rest der Arbeit und auch von der in Chayyams *Algebra* ab. Es ist zu vermuten, dass ein Schüler oder Kopist die Lösung der Übungsaufgabe dem Manuskript hinzufügte.

---

[22] Siehe 130.35 und den Kommentar ab Seite 238.

Literaturverzeichnis

Appollonius (1967) *Die Kegelschnitte des Apollonios.* Wissenschaftliche Buchgesellschaft, Darmstadt

Courant R., Robbins H. (2010) *Was ist Mathematik?*, 5. Auflage. Springer, Heidelberg

Özdural A. (1998) *A Mathematical Sonata for Architecture. Omar Khayyam
and the Friday Mosque of Isfahan.* Technology and Culture 39(4):699–715

Wantzel P. L. (1837) *Recherches sur les moyens de reconnaître si un problème
peut se résoudre avec la règle et le compas.* Journal de Mathématiques Pures
et Appliquées 1(2):366–372

Kapitel 9
Zur Algebra und der Murhabala

Inhaltsverzeichnis (105) ◀

Die Abhandlung ist in den Manuskripten nicht in Kapitel unterteilt. Die hier angegebene Gliederung, die sinnvoll erscheint, geht größtenteils auf den Vorschlag von Woepcke (1851) zurück.

Von den zeitgenössischen Autoren ... Kegelschnitte löste. (106.7–106.14) ◀

Dieser Satz des Archimedes scheint die islamischen Mathematiker und auch Chayyam ganz besonders fasziniert zu haben. In Teil I wurde darauf hingewiesen, dass die islamischen Mathematiker sich besonders um die vollständige Rekonstruktion der ihnen überlieferten Manuskripte der alten Griechen mühten. Da Archimedes im Paragraphen II§4 seiner Arbeit über *Kugel und Zylinder* die Lösung einer kubischen Gleichung «am Ende» verspricht, diese aber nicht gefunden werden konnte, machten sie sich an seiner Stelle an die Lösung dieser Aufgabe. Diese wurde bereits ab Seite 171 besprochen.

Man muss wissen ... drei Bücher zu verweisen. (108.21–108.26) ◀
...Data, und die beiden Bücher des Werks über die Kegelschnitte. (123.6)

Die genannten drei Arbeiten liegen in deutscher Übersetzung vor, siehe Seite xv. Abgesehen von diesen drei Quellen werden einzig die *Metaphysik* und die *Kategorien* des Aristoteles jeweils nur einmal von Omar Chayyam namentlich erwähnt.[1] Von den ihm vorliegenden Büchern der *Kegelschnitte* verweist Omar Chayyam zudem bewusst nur auf die ersten beiden.[2]

Es ist bemerkenswert, dass Omar Chayyam sich um die Konsistenz seiner Abhandlung mit den genannten klassischen Werken der Griechen derart bemüht. Dass er auf dieses Bemühen und dessen Gelingen mehr als einmal hinweist, unterstreicht die Wichtigkeit, die er ihm beimisst. Zwar erwähnte und rühmte er noch im *Viertelkreis* die Beiträge seiner direkten Vorgänger. So schrieb er dort etwa über Abu Nassr Manßur ebn Irak:

> Dieser Mann ist, bei meinem Leben, in der Mathematik von einer überlegenen Klasse.[3]

Die Ehre, seine Vorgänger in seinem algebraischen Hauptwerk direkt zu zitieren, lässt er ihnen aber nicht zuteil werden. Die Mathematiker, die er im *Viertelkreis* noch namentlich erwähnte, sind nun nur noch «mehrere Geometer nach ihm» [nach Abu Dschafar Chasen], die «verschiedene Gattungen dieser Gleichungen brauchten» und von denen «manche einige davon» lösten.[4] Auch Charasmi, der in seinem Werk ja bereits die numerischen und geometrischen Lösungen der Gleichungen zweiten Grades dargestellt hatte, wird nicht ein einziges Mal zitiert, ja nicht einmal namentlich erwähnt. Omar Chayyam zählt ihn schlicht zu «den Algebraikern». Franz Woepcke, der erste europäische Übersetzer von Chayyams algebraischer Abhandlung, hat sich in seiner Ausgabe die Mühe gemacht, die Beweisführungen des Charasmi für die Gleichungen bis zum zweiten Grad jenen Omar Chayyams vergleichend gegenüberzustellen. Und man kommt bei der Lektüre dieser Gegenüberstellung tatsächlich nicht umhin, Woepcke in seinem Urteil zuzustimmen, dass nämlich:

> die Beweisführungen [Omar Chayyams] eleganter und wissenschaftlicher sind als jene von ebn Mußa [Charasmi] und dass die gesamte Diskussion allgemeingültiger gefasst und mit Überlegenheit geführt ist.[5]

Omar Chayyam selbst sah es wohl ähnlich. Womöglich kam er daraufhin zu dem Schluss, dass seine Arbeit in sich so konsistent war und die Arbeit Charasmis in Tiefe und Weite so weit übertraf, dass er ihn nicht zitieren musste. Während Omar Chayyams frühere lobende Erwähnungen seiner direkten

---

[1] Seite 108.1.
[2] Siehe auch Seite 138.26.
[3] Seite 96.29.
[4] Seite 106.15 f.
[5] Woepcke (1851, Seite x).

Vorgänger also einen vermeintlich «bescheidenen Mann [...] erkennen lassen», wie beispielsweise Berggren fand,[6] zeigt sowohl dieses offenkundige Bestreben nach direkter Kontinuität seiner Arbeit mit jener der alten Griechen, die ja im allerhöchsten Maß von den islamischen Mathematikern bewundert wurden, als auch das Übergehen auch des bis dahin größten der Algebraiker, den hohen Rang, den Chayyam sich selbst und seiner Arbeit zuschrieb. Er verglich sich eher mit Euklid und Apollonius als mit Charasmi, Abu Sahl Kuhi und Mahani. Er beanspruchte die Rolle des wichtigsten Algebraikers der islamischen Mathematik von nun an für sich. Es kann vermutet werden, dass diese nur wenig versteckte Selbsternennung zum Jahrtausendgelehrten eine direkte Folge des geringen Ansehens seiner Wissenschaft zu seiner Lebzeit war, die bereits zur tatsächlichen Verfolgung von Vertretern seiner Zunft geführt und die er selbst zu fürchten hatte. Womöglich fühlte er sich besser geschützt vor Verfolgung, solange ihn die Aura des Jahrtausendgelehrten umgab.

9.1 Zur Algebra und ihrem Gegenstand

Die Algebra und die Murhabala ... vornehmen kann. (107.22–107.33)

In moderner Schreibweise lautet die allgemeine algebraische Gleichung dritten Grades:

$$Ax^3 + Bx^2 + Cx + D = 0, \quad \{A, B, C, D\} \in \mathbb{C}. \tag{9.1}$$

Hierin ist x, in den Worten Omar Chayyams,

> eine Zahl [oder] messbare Größe, die unbekannt [ist], bezogen auf eine bekannte Sache, durch die sie bestimmt werden kann.[7]

Dies ist wohl die früheste überlieferte exakte Definition der Aufgabenstellung der Algebra.[8] Omar Chayyam betont darin die numerische und die geo-

---

[6] Berggren (2011, Seite 14).

[7] Seite 107.23 f.

[8] Das Wort Algebra leitet sich direkt aus dem arabischen *al-dschabr* für «das Ergänzen» ab. *Murhabala* wiederum heißt «das Gegenüberstellen». Chayyams Arbeit heißt also eigentlich: Über das Ergänzen und das Gegenüberstellen. Die «Unbekannte» ist auf Arabisch *schey* (wörtlich «die Sache»). Die maurischen Spanier transkribierten dieses *schey* in lateinischen Buchstaben mit *xey*, da das x bei ihnen ausgesprochen wird wie bei uns das sch. Hieraus entwickelte sich abkürzend die Gewohnheit, x für die Unbekannte zu schreiben.

metrische Bedeutung der Unbekannten. Bereits seine Abhandlung über den *Viertelkreis* diente nicht zuletzt dem Anliegen, den Zusammenhang zwischen Geometrie und Algebra aufzuzeigen. In seiner *Algebra* bemüht er sich erneut, die Äquivalenz dieser beiden Arten von Problemen zu zeigen. Dies ist ein deutlicher Unterschied und ein Fortschritt gegenüber Charasmi, der in seiner *Algebra* allein Zahlen als das Gesuchte verstand.[9]

Die von Chayyam so benannte «bekannte Sache» ist nichts anderes als die Koeffizientenschar der Gl. (9.1):

> Und diese bekannte Sache ist entweder eine Quantität oder ein unabhängig bestimmtes Verhältnis – und zwar auf eine Weise, dass nur sie selber vorkommen und nichts Weiteres, und die dir durch ihr aufmerksames Studium gezeigt wird.[10]

In der modernen Schulmathematik sind die Koeffizienten der Gl. (9.1) im Allgemeinen komplexe ($\mathbb{C}$) oder reelle Zahlen ($\mathbb{R}$). Im Umgang mit Chayyams Betrachtungen müssen wir uns aber in Chayyams Zahlenverständnis eindenken, das vom heutigen Verständnis abweicht und seinen Worten nach folgendermaßen aussieht: Die Koeffizienten des Problems sind positiv und ganzzahlig (natürliche Zahlen $\mathbb{N}$, das heißt, «Quantitäten» im aristotelischen Sinn) oder, wenn der Koeffizient der höchsten Potenz ungleich Eins ist, rationale Zahlen ($\mathbb{Q}$): Denn wenn $A \neq 1$, so setzt Chayyam voraus, dass die Gleichung auf ihre Normalform gebracht ist. Das heißt, dass die gesamte Gleichung durch den Koeffizienten der höchsten Potenz, A, geteilt worden ist. Die neuen Koeffizienten der Gleichung sind dann rationale Zahlen, also «Verhältnisse». Dieses Auf-Normalform-bringen muss der Leser selbst erledigen, bevor er das Chayyamsche Lösungsverfahren anwenden kann; es geschieht also «unabhängig». Mit $b = B/A$, $c = C/A$ und $d = D/A$ folgt auf diese Art aus Gl. (9.1) zunächst:

$$x^3 + bx^2 + cx + d = 0, \quad \{b, c, d\} \in \mathbb{Q}. \tag{9.2}$$

Aufgrund der geforderten Entsprechung der ersten drei Grade der als positiv vorausgesetzten Unbekannten x (und ihrer Vielfachen) mit tatsächlichen geometrischen Objekten betrachtet Omar Chayyam aber nur echt positive Koeffizienten. Sind beispielsweise die Koeffizienten b und d negativ, so schreibt sie Chayyam als positive Koeffizienten auf die andere Seite der Gleichung: $x^3 + cx = bx^2 + d$. Während uns dies ein wenig sonderbar erscheint, dürfen wir Folgendes nicht vergessen: Die uns so selbstverständlich scheinende Vorstellung, dass die Subtraktion einer positiven Zahl gleichbedeutend ist

---

[9] Siehe das Zitat auf Seite 37.
[10] Seite 107.25.

mit der Addition einer negativen Zahl, ist Omar Chayyam völlig fremd. Eine algebraische Gleichung zerfällt in dieser Chayyamschen Sichtweise dann ganz natürlich und viel deutlicher, als wir es gewohnt sind, in eine linke und in eine rechte Seite. Zwischen diesen Seiten kann nur dann umgestellt werden, wenn aus dieser Umstellung keine negative Zahl resultieren würde. Um dieses Fehlen der negativen Zahlen und Lösungen sowie die Trennung von linker und rechter Seite der Gleichung in der Besprechung von Chayyams Lösungen deutlich zum Ausdruck zu bringen, wird von nun an die folgende allgemeine Schreibweise der obigen Gl. (9.2) verwendet:

$$x^3 + a_2 x^2 + a_1 x + a_0 = b_0 + b_1 x + b_2 x^2, \quad \{\text{alle } a_n, b_m\} \in \mathbb{Q}^+. \quad (9.3)$$

Hierin und von nun an sind alle indizierten Koeffizienten a_n und b_m immer positive rationale Zahlen. Die a_n sind die Koeffizienten der linken Seite, die b_m sind die Koeffizienten der rechten Seite. Diese Schreibweise entspricht der Logik von Omar Chayyams Vorgehen. Alle Lösungen der verschiedenen auftretenden Koeffizientenkombinationen werden von Chayyam auf der Grundlage der Normalform (9.3) diskutiert. Zum Beispiel: Die Gleichung $x^3 + a_2 x^2 = b_0$ ist für Omar Chayyam eine andere als $x^3 = b_0 + b_2 x^2$. Sie werden daher von Chayyam getrennt voneinander besprochen.

An dieser Stelle ist der Einfluss der griechischen Mathematik auf das Zahlenverständnis der islamischen Mathematiker erkennbar. Schon die alten Griechen akzeptierten nur natürliche Zahlen ($\mathbb{N}$) und die Verhältnisse von solchen Zahlen, also die rationalen oder auch «inkommensurablen» Zahlen ($\mathbb{Q}$), als «wahrhaftige» Zahlen. Wie bereits dargestellt, waren die islamischen Mathematiker auch mit der Mathematik der Inder und mit ihrem Zahlsystem bestens vertraut. Und schon der bereits erwähnte indische Mathematiker Aryabhata (476 –550) rechnete wohl mit der Null und mit negativen Zahlen.[11] Vor allem wohl wegen der mangelnden «Messbarkeit» negativer Größen und Objekte haben sich die negativen Zahlen aber bei den islamischen Mathematikern nicht durchgesetzt. Der logische Grund hierfür ist der folgende: Die Umkehrung der Forderung nach der Messbarkeit der Objekte ist die Forderung nach der Konstruierbarkeit;[12] die anschauliche Konstruktion negativer Größen aber erscheint problematisch.

Demgegenüber kann jede positive rationale Zahl elementargeometrisch konstruiert werden. Hierzu muss nur, wie Chayyam auch beschreibt, die Stre-

---

[11] Ifrah (2000, Seite 356 ff.).
[12] Siehe hierzu auch den mathematischen Kommentar ab Seite 189.

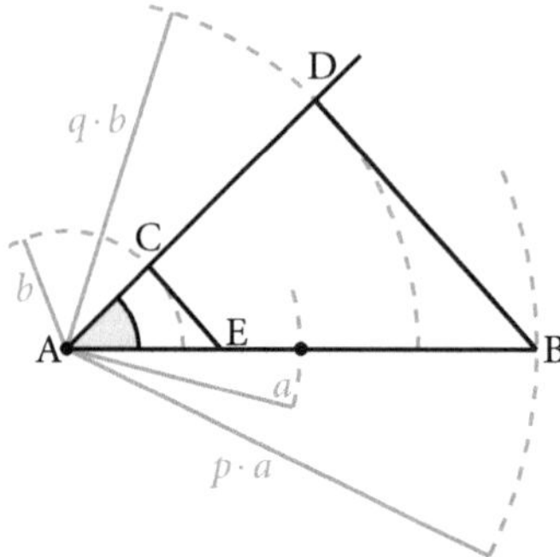

Abb. 9.1 AE = $r \cdot a$

cke u der Länge 1 vorausgesetzt werden. Daraus lassen sich die Strecken
$a = m \cdot u$ des Maßes m konstruieren, das zunächst eine natürliche Zahl ist;
$m \in \mathbb{N}$. Dann lassen sich aber allein mit Zirkel und Lineal auch geometrische
Strecken der Länge $r \cdot a$ konstruieren, worin r eine positive rationale Zahl ist.
Der Beweis dieser Behauptung kann wie folgt aussehen.

Konstruktion rationaler Zahlen (Abb. 9.1)

Sei $r = p/q$ eine rationale Zahl, das heißt $p, q \in \mathbb{N}$, und seien auch $a, b \in \mathbb{N}$. Die
Strecke AB habe die Länge $p \cdot a$. Man zeichne in A eine Strecke AC der Länge b
in einem beliebigen Winkel $\sphericalangle$ (BAC). In der Abb. 9.1 ist dieser Winkel kleiner
als $\pi/2$, die Konstruktion gilt aber für alle Winkel. Verlängere diese Strecke
bis D, und zwar so, dass AD = $q \cdot b$. Dies ist elementargeometrisch möglich.
Man zeichne das Dreieck ADB und ziehe durch C eine Parallele zu DB, die
AB in E schneide. Aufgrund der Ähnlichkeit der Dreiecke ABD und AEC gilt
dann $b/\mathrm{AE} = (q \cdot b)/(p \cdot a)$, und es folgt hieraus sofort, dass die so konstruierte
Strecke AE die Länge $(p/q)\, a = r \cdot a$ hat. Was zu beweisen war.

▶ **Die Gleichungen zwischen … ihm geführt und erfüllt. (109.31–111.24)**

Neben der Genialität der Lösungsmethode ist die strenge Klassifizierung der
Gleichungen der vielleicht größte Verdienst der algebraischen Arbeit Omar
Chayyams. William Story (1919), aus dessen Vortrag im Bostoner Chayyam-
Club bereits in der Einleitung zitiert wurde, betonte darin:

den beachtenswert großen Fortschritt, den Omar Chayyam der Algebra brachte, indem er Gleichungen höher als vom zweiten Grad betrachtete und diese klassifizierte. Er war der erste Mathematiker jedweder Nationalität, der vor 1100 trinomische von quadrinomischen Gleichungen unterschied, indem er die Erstgenannten in zwei Gruppen aufteilte, je nachdem ob der Term 1. Grades oder der Term 2. Grades fehlt, und indem er die letztgenannten in zwei Gruppen aufteilte, in denen entweder die Summe von 3 Termen gleich einem Term ist oder in denen die Summe von 2 Termen gleich der Summe zweier andere Terme ist.[13]

Im Folgenden wird rekonstruiert, wie Omar Chayyam zu seiner Klassifizierung der algebraischen Gleichungen gelangte.

Gleichungen, in denen eine Seite identisch null ist, werden grundsätzlich nicht berücksichtigt. Dies ist nur konsequent, wenn man ausschließlich echt positive Koeffizienten sowie nur echt positive Lösungen gestattet. Definiert man zunächst als *Binome* diejenigen Gleichungen, in denen ein Term jeweils einem anderen gegenübersteht, so erhält man zehn binomische Gleichungen. Lässt man die vier trivialen Gleichungen $a_0 = b_0$, $a_1 x = b_1 x$, $a_2 x^2 = b_2 x^2$ und $a_3 x^3 = b_3 x^3$ aus, so bleiben:

Binome

$$a_0 = x, \tag{I}$$

$$a_0 = x^2, \tag{II}$$

$$a_0 = x^3, \tag{III}$$

$$a_1 x = x^2, \tag{IV}$$

$$a_2 x^2 = x^3, \tag{V}$$

$$a_1 x = x^3. \tag{VI}$$

Von diesen werden die Gl. (IV), (V) und (VI) offensichtlich genauso gelöst wie die Gl. (I), (I) und (II) in dieser Reihenfolge.

Definiert man als *Trinome* all jene Gleichungen, in denen zwei Terme einem einzelnen Term gegenüberstehen, so erhält man 24 solcher trinomischer Gleichungen. Nach den Regeln der Kombinatorik kann in ihnen aber nur in der Hälfte der Fälle kein Term gekürzt werden; es verbleiben also 12 tatsächliche trinomische Gattungen, die von Chayyam in seiner Abhandlung in drei Blöcken präsentiert werden. Die ersten beiden Blöcke, die einander äquivalent sind, seien hier zu einem Block zusammengefasst:

---

[13] Story (1919, Seite 11).

Trinome (1 von 2)

$$x^2 + a_1 x = b_0, \qquad (\mathrm{VII})$$

$$x^2 + a_0 = b_1 x, \qquad (\mathrm{VIII})$$

$$a_1 x + a_0 = x^2, \qquad (\mathrm{IX})$$

$$x^3 + a_2 x^2 = x, \qquad (\mathrm{X})$$

$$x^3 + a_1 x = x^2, \qquad (\mathrm{XI})$$

$$x^3 = b_1 x + b_2 x^2. \qquad (\mathrm{XII})$$

Die Äquivalenz der Gleichungen besteht darin, dass die Gl. (X)–(XII) gelöst werden wie die Gl. (VII)–(IX), in dieser Reihenfolge. Bis hierhin sind, bis auf das kubische Binom (III), alle Gleichungen quadratische Gleichungen oder können auf quadratische Gleichungen reduziert werden. Chayyams geometrische Lösung dieser Gleichungen erfolgt mithilfe der Konstruktionen des II. Buches der Elemente des Euklid und ist mehr als nur eine Wiederholung der identischen Methode von Charasmi. Sie ist eine Verbesserung dieser Methode, worauf auf Seite 180 hingewiesen wurde. Chayyam verweist in der *Algebra* darauf, dass diese quadratischen Gleichungen von den frühen Algebraikern gelöst worden seien, aber nur geometrisch und nicht numerisch:

> Diese drei Gattungen [(VII)–(IX)] werden in den Büchern der Algebraiker angegeben und geometrisch gezeigt, nirgendwo aber numerisch.[14]

In der Tat reicht Chayyam in seiner *Algebra* die numerische Lösung, dort, wo er sie findet, nach, beschränkt sich aber wie immer auf die positiven Lösungen. Bereits zuvor hatte er auf eine andere Auslassung der «Algebraiker» hingewiesen: Dass sie nämlich die genannten Äquivalenzen unter den binomischen Gattungen nur numerisch gezeigt hätten, nicht aber geometrisch:

> Aber sie haben dies nicht geometrisch gezeigt.[15]

Diese Kritik an der Unvollständigkeit der ihm vorliegenden Arbeiten seiner Vorgänger, an der mangelnden Systematik ihrer Vorgehensweise und an der bei ihnen fehlenden sauberen Trennung von Arithmetik und Geometrie ist typisch für den Tonfall von Chayyams *Algebra*. Zudem ist bemerkenswert, dass Chayyam auch an dieser Stelle den Namen Charasmi nicht erwähnt.

---

[14] Seite 110.18 f.

[15] Seite 110.8.

Die sechs Trinome, die nicht auf Gleichungen zweiten Grades reduziert werden können, sind:

Trinome (2 von 2)

$$x^3 + a_1 x = b_0, \qquad \text{(XIII)}$$

$$x^3 + a_0 = b_1 x, \qquad \text{(XIV)}$$

$$a_0 + a_1 x = x^3, \qquad \text{(XV)}$$

$$x^3 + a_2 x^2 = b_0, \qquad \text{(XVI)}$$

$$x^3 + a_0 = b_2 x^2, \qquad \text{(XVII)}$$

$$a_0 + a_2 x^2 = x^3. \qquad \text{(XVIII)}$$

In den ersten drei Gleichungen fehlt der lineare Term, in den letzten drei Gleichungen fehlt der quadratische Term. Gl. (XVII) wird *Mahanis Gleichung* genannt und hat eine besondere Bedeutung in der Entwicklung der Chayyamschen Lösungsmethode. Hierauf wurde im Zusammenhang mit Gl. (8.10) auf Seite 173 hingewiesen. Chayyams Bemerkungen zu den Vorarbeiten seiner direkten Vorgänger, die sich mit kubischen Gleichungen beschäftigt haben, unterscheiden sich in seinen beiden Abhandlungen deutlich voneinander. Im *Viertelkreis* preist Omar Chayyam die Vorarbeiten der persischen Mathematiker beinahe überschwänglich. Er sagt dort, die Typen (XVI) und (XVII) seien, in dieser Reihenfolge, von Abu Nassr Manßur ebn Irak und Abu Dschafar Chasen gelöst worden.[16] In der *Algebra* ist Chayyam kritischer. Wieder teilt er mit, dass Abu Dschafar Chasen es gewesen sei, der die Lösungsmethode entdeckte. Aber er schreibt nun weiter, dass er von den kubischen Trinomen

> nichts in den Büchern seiner Vorgänger gefunden [habe], bis auf eine lückenhafte Diskussion von einer von ihnen.[17]

Mit dieser **lückenhaften Diskussion (111.2)** ist wohl die Lösung von (XVII) ◄ gemeint, in der Chayyam auf die Schwächen im Lösungsversuch von Abu al-Dschud verweist.[18] Abu Nassr Manßur ebn Iraks Lösung einer der Gleichungen wird nicht erwähnt. Im *Viertelkreis* hatte Chayyam ihn noch «bei meinem Leben» einen «Mathematiker von überlegener Klasse» genannt.[19]

---

[16] Seite 96.23 und 96.29.

[17] Seite 111.1.

[18] Siehe den mathematischen Kommentar ab Seite 240.

[19] Seite 96.29.

Die quadrinomischen Gattungen schließlich unterteilt Chayyam in zwei Typen: Im ersten Typ stehen drei Terme einem Term gegenüber. Man erhält 16 Gleichungen dieses Typs, von denen aber in $(4-1) \cdot 4 = 12$ Fällen der rechte Term gegen einen der Terme auf der linken Seite gekürzt werden kann, woraus sich eine der bereits berücksichtigten Gleichungen ergibt. Es bleiben:

Quadrinome (1 von 2)

$$x^3 + a_2 x^2 + a_1 x = b_0, \tag{XIX}$$

$$x^3 + a_2 x^2 + a_0 = b_1 x, \tag{XX}$$

$$x^3 + a_1 x + a_0 = b_2 x^2, \tag{XXI}$$

$$x^3 = b_2 x^2 + b_1 x + b_0. \tag{XXII}$$

▸ Chayyam verweist hier auf einen **unserer Vorgänger[, der einen] Spezialfall einer dieser Gleichungen gebrauchte, was ich erwähnen werde (111.20).** Gemeint ist die Gl. (XXI), die von Abu al-Dschud bearbeitet wurde.[20] Beim zweiten Typ der quadrinomischen Gleichungen stehen zwei Terme zwei Termen gegenüber. Von den 21 Gattungen dieses (2+2)-Typs kann nur bei dreien nicht einer oder mehrere Terme gekürzt werden:

Quadrinome (2 von 2)

$$x^3 + a_2 x^2 = b_0 + x + b_1 x, \tag{XXIII}$$

$$x^3 + a_1 x = b_0 + b_2 x^2, \tag{XXIV}$$

$$x^3 + a_0 = b_1 x + b_2 x^2. \tag{XXV}$$

---

[20] Hier ab Seite 253, Chayyams Besprechung ab Seite 139.23.

**Bevor wir … gezeigt worden sind, Sätze 5 und 6. (92.29–94.7) und
Unter messbaren Größen verstehe … Zahlen liegt. (107.34–109.6)**

Omar Chayyam benennt den Gegenstand der Algebra als die Bestimmung
einer unbekannten «Zahl» oder unbekannten «messbaren Größe», hierin
die Begriffsbestimmungen des Aristoteles übernehmend. Für das Verständnis
der gesamten Abschnitte 92.29–94.7 und 107.34–109.6 wird die Lektüre der
Kategorien des Aristoteles empfohlen.[21] Omar Chayyams Unterscheidung der
«abgetrennten« Größen, die er auch «einzelne Größen» nennt, von den »zusammenhängenden» Größen ist direkt diesen Abschnitten der *Kategorien*
entnommen:

> Bei dem Wieviel ist zum einen das eine abgetrennt, das andere zusammenhängend,
> zum zweiten besteht das eine aus Teilen, die unter sich eine Stellung zueinander ha-
> ben, das andere aus Teilen, die nicht eine Stellung zueinander haben. Abgetrenntes
> sind zum Beispiel Zahl und Ausdruck, Zusammenhängendes zum Beispiel Linie,
> Fläche, Körper und neben diesen noch Zeit und Ort.[22]

Chayyam nennt die zusammenhängenden Größen Linie, Fläche, Körper und
Zeit messbare Größen, weil sie aus Teilen bestehen, die sich, mit Aristoteles gesprochen, «an einer gemeinsamen Grenze zusammenfügen».[23] Die zusammenhängenden Größen können daher aus Teilen konstruiert und umgekehrt auch in definierter Weise auseinandergenommen, das heißt, gemessen werden.[24] Da sich die Teile einer Zahl nach Aristoteles nicht an einer gemeinsamen Grenze aneinanderfügen lassen, kann diese auch nicht gemessen
werden und muss demnach für Chayyam als Gegenstand der Algebra separat
behandelt werden. Merke: *Die Zahl ist eine abgetrennte (einzelne) Größe.*

Haben unabhängig von der Eigenschaft, zusammenfügbar zu sein, die Teile einer zusammenhängenden Größe noch eine definierte «Stellung zueinander»,[25] so werden die Größen, wieder nach Aristoteles, «im strengen Sinne
eine [messbare] Größe» genannt. Haben die Teile aber keine definierte Stel-

---

[21] Im Folgenden wird aus der im Literaturverzeichnis verzeichneten Reclam-Ausgabe aus
den Abschnitten ab Seite 27 zitiert.

[22] Aristoteles (2009, Seite 27).

[23] Nämlich am Punkt, an der Linie und an der Linie oder der Fläche, in dieser Reihenfolge.
Die «Teile» der Zeit, die Vergangenheit und die Zukunft, fügen sich an der «jetzigen
Zeit» aneinander.

[24] Auf welche Betrachtung Omar Chayyam Bezug nimmt, wenn er schreibt, dass die
Überlegung des Aristoteles, auch der Ort sei wie der Körper eine zusammenhängende
Größe, falsch ist (108.2 f.), ist unbekannt.

[25] Wie dies nach Aristoteles der Fall ist für Linie, Fläche und Körper, da jeder Teil «irgendwo liegt, und du könntest einen jeden erfassen und angeben.»

lung zueinander – wie die Teile der Zeit, da sie «permanent vergehen» –, so werden die Größen im «beiläufigen Sinne [messbare] Größen» genannt; so sind zum Beispiel die geraden und ungeraden Zahlen im beiläufigen Sinne messbare Größen, denn zwischen je zwei benachbarten geraden Zahlen oder je zwei benachbarten ungeraden Zahlen liegt genau eine Zahl, welche die beiden zueinander in eine «Stellung» bringt.

Mit dem numerischen Objekt Zahl und den geometrischen Objekten Linie, Fläche und Körper sind die Gegenstände der Algebra also sowohl abgetrennte als auch zusammenhängende, das heißt messbare Größen. Die Korrespondenz zwischen diesen verschiedenartigen Objekten wird von Omar Chayyam in seiner *Algebra* durch den Begriff des Maßes hergestellt, der sowohl auf die Zahl als auch auf die messbaren Größen angewendet werden kann. Im *Viertelkreis* verwandte er dieses Konzept noch nicht. Das Maß m ist der Faktor, um den eine gegebene Zahl a, eine gegebene Länge L, eine gegebene Fläche A oder ein gegebenes Volumen V größer ist als die Einheit 1, die Einheitslänge $L_0 = 1$, die Einheitsfläche $A_0 = 1$ oder das Einheitsvolumen $V_0 = 1$, in dieser Reihenfolge. In diesem Sinne sind die umständlich wirkenden Bemerkungen Omar Chayyams von der folgenden Art zu verstehen, die er in Variationen mehrmals in der Abhandlung macht:

> Und jedes Mal, wenn wir in dieser Abhandlung sagen: Eine Zahl ist gleich einer Fläche, so verstehen wir unter der Zahl ein rechtwinkliges Viereck, dessen eine Seite gleich Eins ist und dessen andere Seite gleiches Maß hat wie die gegebene Zahl, und zwar in dem Sinne, dass jeder Teil seines Maßes gleich der zweiten Seite sei, die wir Eins gesetzt hatten,[26]

Dass die hier nur grob skizzierte komplizierte Begriffswelt des Aristoteles auch für Omar Chayyam nicht ohne Schwierigkeiten zugänglich war, insbesondere als es darum ging, die höheren Potenzen $x^4, x^5, \ldots$ hierin einzuordnen, zeigt sich an den unterschiedlichen Formulierungen in Chayyams beiden Arbeiten. Im *Viertelkreis* schrieb er, diese Objekte würden «zusammenhängende» oder «fortgesetzte» Größen genannt in dem Sinne,

> dass die Anzahl dieser Größen genannt wird, wenn sie in Vielzahl erscheinen.[27]

Man könnte zunächst vermuten, dass Chayyam hier mit der Anzahl eigentlich das Maß meint. Aber er hat ja einerseits den Begriff des Maßes erst in der späteren *Algebra* eingeführt. Andererseits kann auch ein Maß des Quadrat-Quadrats im obigen Sinne gar nicht existieren, da es kein messbares Einheits-Quadrat-Quadrat geben kann: Wie auch immer man x^4 als Produkt seiner

---

[26] Seite 113.9 f.

[27] Seite 93.9.

Teile darstellt, etwa als $x^2 \cdot x^2$, gibt es im aristotelischen Sinne keinen Weg, diese Teile an einer «gemeinsamen Grenze [zu einer zusammenhängenden Größe] zusammenzufügen.» In Chayyams Worten:

> Denn, da das Quadrat eine Fläche ist, wie kann es mit sich selbst multipliziert werden? Die Fläche hat in der Tat zwei Dimensionen, und zwei Dimensionen mal zwei Dimensionen ist vier Dimensionen. Jedoch kann der Körper nicht mehr als drei Dimensionen haben.[28]

Es ist also egal, ob diese Teile eine «Stellung zueinander haben oder nicht»; das Quadrat-Quadrat kann in keiner Weise eine zusammenhängende Größe im aristotelischen Sinne sein! Wenn Chayyam dennoch schreibt, «dass die Anzahl dieser Größen genannt wird, wenn sie in Vielzahl erscheinen», dann ist dies eine zumindest ungenaue Verwendung der Begriffe des Aristoteles.

Es zeigt eine Entwicklung in Omar Chayyams Beherrschung der aristotelischen Philosophie und zeugt von Größe, dass er diese Ungenauigkeit in seiner späteren *Algebra* behebt und sich selbst berichtigt. Er schreibt nun:

> Und wenn der Algebraiker das Quadrat-Quadrat in der Geometrie verwendet, so ist dies bildhaft gemeint und nicht im strengen Sinne, denn es ist unmöglich, dass das Quadrat-Quadrat eine der messbaren Größen ist. [...] Das Quadrat-Quadrat ist also keine messbare Größe, weder im strengen noch im beiläufigen Sinne.[29]

Gleichzeitig berichtigt er seine oben zitierte Aussage aus dem *Viertelkreis*:

> Und wenn man in den messbaren Größen vom Quadrat-Quadrat spricht, so meint dies nur die Anzahl seiner Teile, wenn man diese misst, aber nicht es selbst als messbare Größe. Denn dies ist etwas anderes.[30]

Hierin ist nun das frühere «Anzahl der Größen» durch «Anzahl der Teile» ersetzt.[31] Franz Woepcke hat, ohne allerdings auf die einzelnen Begriffe im Detail einzugehen, in seiner Ausgabe der *Algebra* als hilfreiches Beispiel die Aufgabe genannt, eine Linie der Länge L zu finden, die zum Radius R einer Kugel dasselbe Verhältnis habe wie das Volumen der Kugel zum Einheitsvolumen, was auf die Gleichung $L = (4/3)\pi R^4$ führt. Die vierte Potenz ist hierin im Sinne des gerade Gesagten insoweit eine messbare Größe, als dass ihre Teile, die Maße der Linie und des Volumens, R und R^3, gemessen werden können.

---

[28] Seite 93.35.

[29] Seite 108.28 f.

[30] Ebd.

[31] Der «Teil» einer Größe wird am Ende der *Algebra* ebenfalls definiert werden als Inverses einer Größe (vgl. ab Seite 152.2 und den mathematischen Kommentar ab Seite 269), aber damit ist etwas anderes gemeint.

Es ist aus moderner Sicht ein wenig bedauerlich, dass Omar Chayyam in seiner *Algebra* die im *Viertelkreis* noch eingeräumte Möglichkeit, die Anzahl der Größen x^4 anzugeben, beiseite schiebt. Denn tatsächlich erlaubt ja seine Methode der Lösung der kubischen Gleichungen mithilfe der Kegelschnitte die Lösung algebraischer Gleichungen bis zum vierten Grad. Sie erlaubt sie nicht nur, sondern sie *ist* eine Methode zum Lösen von Gleichungen vierten Grades. Denn zwei Kegelschnittkurven haben vier generische Schnittpunkte – die Schnittpunktgleichungen sind a priori Gleichungen vierten Grades. Omar Chayyam muss daher, um hieraus die Lösung einer kubischen Gleichung zu erhalten, einen der Schnittpunkte von vornherein in der Konstruktion festlegen. Dies aber entspricht dem Ausfaktorisieren einer Nullstelle aus einem Polynom vierten Grades. Legt man diesen Schnittpunkt nicht von vornherein fest, sondern lässt ihn frei, so erhält man die Lösungen einer Gleichung vierten Grades.

9.2 Zu den Gleichungen zweiten Grades

9.2.1 Allgemeine Lösung im modernen Verständnis

Die allgemeine quadratische Gleichung lautet in moderner Schreibweise:

$$bx^2 + cx + d = 0, \tag{9.5}$$

worin $\{b, c, d\} \in \mathbb{C}$. Ihre numerische Lösung erhält man bekanntermaßen zu:

$$x_{1,2} = \frac{\pm\sqrt{c^2 - 4db} - c}{2b} =: \frac{\pm\sqrt{\mathcal{D}} - c}{2b}, \tag{9.6}$$

worin in der rechten Gleichheit die *Diskriminante* $\mathcal{D}$ definiert wird:

$$\mathcal{D} := c^2 - 4db. \tag{9.7}$$

Der Wert der Diskriminante einer quadratischen Gleichung dient in der bekannten Weise der Klassifizierung der Gleichung. Betrachten wir nur reelle Koeffizienten, so lautet diese Klassifizierung:

1 $\mathcal{D} > 0$: Es existieren zwei verschiedene reelle Lösungen $x_1 \neq x_2$.
2 $\mathcal{D} = 0$: Es existiert genau eine (doppelte) reelle Lösung $x_1 = x_2$.
3 $\mathcal{D} < 0$: Es existiert keine reelle Lösung.

Nach dem Hauptsatz der Algebra hat die Gl. (9.5) zwei komplexe Lösungen. Für reelle Koeffizienten sind die beiden reellen Lösungen identisch, wenn $\mathcal{D} = 0$ (doppelte Nullstelle). Für $\mathcal{D} < 0$ sind beide Lösungen komplex.

Für die Besprechung der Lösungen Omar Chayyams wird fortan wieder die auf Seite 183 eingeführte Schreibweise (9.3) verwendet; also $b = a_2 = -b_2$, $c = a_1 = -b_1$ und $d = a_0 = -b_0$. Somit ist innerhalb von Chayyams Klassifizierung gewährleistet, dass alle Koeffizienten immer positiv sind.

9.2.2 Zu den Binomen

Erste Gattung der Binome ... für die messbaren Größen. (112.3–112.5) ◄

Es handelt sich um die Gleichung

$$a_0 = x, \tag{I}$$

die trivial gelöst ist. Den Fall $x + a_0 = 0$, in dem x negativ ist, behandelt Omar Chayyam nicht.

Zweite Gattung der Binome ... erhalten, was wir suchten. (112.6–113.8) ◄

Es handelt sich um die Gleichung

$$a_0 = x^2. \tag{II}$$

Zur numerischen Lösung

Bemerkenswert ist zunächst Chayyams Verweis auf ein Buch, das er über die Lösungsmethode «der Inder» für das allgemeine Binom $(a+b)^n$ geschrieben und worin er die Richtigkeit dieser Methode bewiesen habe. Es muss also davon ausgegangen werden, dass Omar Chayyam die Auflösung

$$(a+b)^n = \sum_{k=0}^{n} a^{n-k}b^k \tag{9.8}$$

des Binoms $(a+b)^n$ gekannt hat. Das Zahlendreieck, das wir im Okzident das Pascalsche nennen und in dem die die auf der rechten Seite von Gl. (9.8) auftauchenden Koeffizienten veranschaulicht werden, wird daher auch heute noch in Teilen des Orients das *Chayyamsche Dreieck* genannt. Das von ihm erwähnte Buch ist allerdings nicht aufgefunden worden.

Hiervon abgesehen verweist Chayyam auf eine iterative numerische Lösungsmethode, die er jedoch nicht angibt. Es gibt keinen Hinweis darauf, welche Methode er meint. Iterative Methoden zur Bestimmung von Quadratwurzeln waren jedoch schon seit den Babyloniern bekannt, beispielsweise jene von Heron von Alexandria (ca. 70–10 v. Chr.), in der die Wurzel $x = \sqrt{a_0}$ in n Schritten nach der Formel

$$x_n + 1 = \frac{x_n + \frac{a_0}{x_n}}{2} \tag{9.9}$$

bestimmt wird, worin x_0 ein anfänglicher Schätzwert für das Ergebnis ist.[32] Dieses Verfahren, das ein Spezialfall des Newtonschen Näherungsverfahrens ist und das bei einer guten Schätzung schnell konvergiert, muss den islamischen Mathematikern bekannt gewesen sein. Die Übersetzung des arabischen *al-istighra* mit «Induktion» ist laut Rashed und Vahabzadeh (1999) allerdings nicht zwingend, sondern erfolgt bei ihnen wohl des besseren Verständnisses durch den modernen Leser wegen. Wortgetreu könnte man offenbar auch ein Lösungsverfahren übersetzen, in dem die Quadratwurzel aus der Vorkenntnis einer Folge von Quadratzahlen, «eine nach der anderen», bestimmt wird. Hiermit könnten auch schriftliche Rechenverfahren zur Bestimmung der Quadratwurzel im Dezimalsystem, ähnlich der schriftlichen Division, gemeint sein, die bereits in den ältesten erhaltenen mathematischen Manuskripten der islamischen Mathematiker enthalten sind. Die beiden ältesten erhaltenen in Arabisch verfassten Arbeiten, die die indischen Zahlen verwenden, sind das *Buch der Kapitel über die indische Arithmetik* von Uklidoßi (ca. 920–980, wörtlich etwa: «der Euklidiker») und *Die Grundlagen des indischen Rechnens* von Kuschyar (971–1029).[33] Der Autor des erstgenannten Werks, Uklidoßi, war auch der Erste, der Dezimalbrüche und das Dezimalzeichen verwendete. Und auch, wenn bisher nicht endgültig geklärt werden konnte, ob er diese Schreibweise von jemand anderem übernommen oder

---

[32] Siehe zum Beispiel Alten et al. (2014, Seite 42).

[33] Das vermutlich älteste in arabischer Sprache verfasste Buch zur Arithmetik, das *Buch der Addition und Subtraktion mittels des indischen Rechnens* von Charasmi ist nicht im arabischen Original erhalten, sondern nur in einer lateinischen Abschrift aus etwa dem 12. Jahrhundert. In ihm war offenbar das indische dezimale Stellensystem erstmals in arabischer Sprache erläutert worden, siehe zum Beispiel Berggren (2011, 2§1) und Corry (2015, Abschn. 5.5).

selbst erfunden hat, so ist es doch seinem Buch zu verdanken, dass sie zur Verbreitung und schlussendlich auch nach Europa kam.

Für das im Werk von Kuschyar angegebene Verfahren zur Bestimmung der Quadratwurzel sei auf den Anhang verwiesen. Dort wird ein Beispiel für diese Methode gegeben, das über die Rechenmethode hinaus noch in einer weiteren Hinsicht lehrreich ist. Denn obwohl der Prozess zur Papierherstellung den islamischen Mathematikern bereits bekannt war, verzichtete man zu Zeiten Kuschyars noch häufig auf das teure Papiermaterial und rechnete auf mit Sand bestreuten kleinen Tafeln. Diese hatten den Vorteil der Wiederverwendbarkeit und konnten leicht mitgeführt werden. Mit dem Finger konnte man Zahlen und Figuren in den Sand wischen, und Kuschyars Methode ist genau hierfür konzipiert. In jedem Schritt werden Zwischenergebnisse erhalten, die stehen bleiben. Die restlichen Zwischenschritte werden weggewischt und machen Platz für den nächsten Rechenschritt und so fort bis zum Endergebnis. Das Nachvollziehen dieser Methode erlaubt daher ein gutes Einfühlen in die praktische Ausübung der Mathematik jener Zeit.

Abschließend sei noch festgehalten, dass Omar Chayyam sich über die negative Lösung der Gl. (II) nicht äußert.

Zur geometrischen Lösung

Der Inhalt des II. Buchs der *Elemente* wird manchmal als die Grundlage der algebraischen Geometrie bezeichnet, obwohl hierin keinerlei algebraische Ausdrucksweisen verwendet werden. Der Gebrauch, den Chayyam in allen folgenden Konstruktionen von den Sätzen dieses II. Buchs macht, zeigt aber deutlich den engen Zusammenhang zwischen den geometrischen Konstruktionen des Euklid und den Lösungen der quadratischen Gleichungen.

Konstruktion des Quadrats nach E:II§14 (Abb. 9.2)

Für die Konstruktion des Quadrats nach E:II§14, von der Omar Chayyam auch im Folgenden häufig Gebrauch machen wird, wird das folgende Lemma benötigt, das hier ohne Beweis angegeben wird:[34]
Lemma: C teile die Strecke DE in ungleiche Teile, F teile die Strecke DE in gleiche Teile. Dann ist $DC \cdot CE + FC^2 = FE^2$.

---

[34] Es handelt sich um E:II§5.

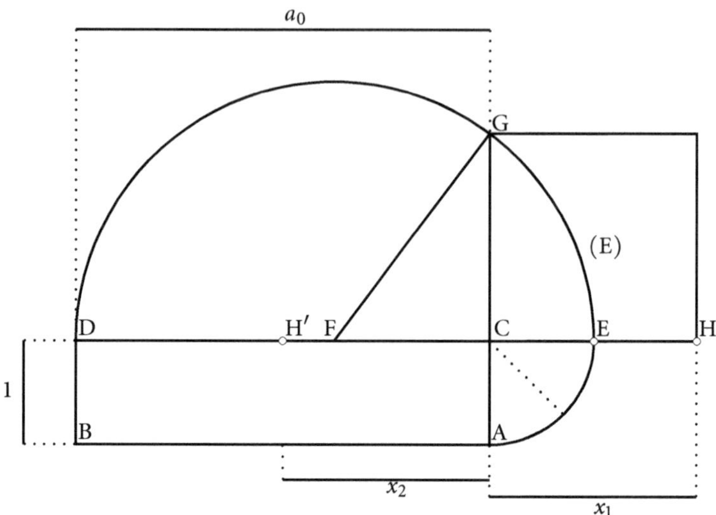

Abb. 9.2 Konstruktion E:II§14, zu Gleichung (II)

Zur Konstruktion: Man konstruiere das Rechteck AD so, dass DC = a_0 und AC = 1.[35] Die Fläche von AD ist also gleich a_0. Man verlängere nun DC bis E, wobei CE = AC ist, hier also gleich 1. Man konstruiere den Mittelpunkt F von DE und den Halbkreis DGE mit Radius DF = FE. Man erhält die Abb. 9.2, in der (E) das gesuchte Quadrat ist, das flächengleich ist mit dem gegebenen Rechteck AD. Denn aufgrund des oben eingeführten Lemmas und aufgrund der Eigenschaften der Figur (Kreisgleichung des Halbkreises DGE) ist

$$DC \cdot CE + FC^2 = DC \cdot CA + FC^2 = FG^2 = CG^2 + FC^2.$$

Aus dem Vergleich der Extremitäten dieser Gleichung folgt, dass CG = $\sqrt{a_0}$ die Lösung der Gl. (II) ist.

In der Tat kann man auf diese Weise beide Lösungen, x_1 und x_2, der Gleichung erhalten. Man kann nämlich die horizontale Seite des Quadrats, CH, mit derselben Berechtigung wie Chayyam sie nach «rechts» zieht, auch nach «links» ziehen. Man erhält CH = +CG = x_1, CH' = −CG = x_2. Wir dürfen aber auch an dieser Stelle nicht vergessen, dass diese Idee, eine Strecke «in die andere Richtung» als eine «negative» Strecke zu zählen, implizit ein un-

---

[35] Die Konstruierbarkeit einer rationalen Länge, hier der Länge a_0, mit Zirkel und Lineal wurde anhand Abb. 9.1 auf Seite 184 gezeigt. Die Konstruktion von AC rechtwinklig zu DC erfolgt ebenfalls allein mit Zirkel und Lineal, zum Beispiel nach E:I§11.

tergelegtes kartesisches Koordinatensystem mit in alle Richtungen ins Unendliche gehenden Achsen voraussetzt. Es ist dieses Konzept des Koordinatensystems, das die negativen Lösungen als solche zu erkennen gestattet, denn nur in einem solchen Koordinatensystem ist eine «positive» und eine «negative» Zählrichtung von Längen erst definiert. Dies wird in der Besprechung der Lösung kubischer Gleichungen noch deutlicher werden. Solange diese gedankliche Grundlage nicht gegeben war, mussten die negativen Lösungen fast schon zwangsläufig unentdeckt bleiben.

Dritte Gattung der Binome ... der gegebenen Zahl ist. (113.14–114.6)   ◄

Es handelt sich um die Gleichung

$$b_0 = x^3,\qquad\qquad \text{(III)}$$

die ebenfalls in einem Problem des Archimedes auftauchte, in II§1 seines Werks über *Kugel und Zylinder*. Dort versuchte Archimedes die Konstruktion einer Kugel, deren Volumen gleich dem Volumen eines gegebenen Kreiszylinders ist. Ist ρ der Durchmesser und h die Höhe des Zylinders, so lautet die Gleichung für den gesuchten Radius r der Kugel:

$$\frac{3}{4}\rho^2 h = r^3.$$

Archimedes gelang die geometrische Konstruktion der Lösung nicht, also formulierte er die Aufgabe um in das Auffinden der zwei «mittleren Proportionalen» $2r$ und $2y$, das heißt zweier Strecken $2r$ und $2y$, für die gelten soll:

$$\frac{2\rho}{2r} = \frac{2r}{2y} = \frac{2y}{\frac{3}{2}h}.\qquad\qquad \text{(9.10)}$$

Er behauptete dann: «Dadurch sind $2r$ und $2y$ gegeben.» Diese Tatsache setzt Archimedes als bekannt voraus – er beweist sie allerdings nicht und verweist auch nicht auf die Beweismethode. Chayyam führt den Beweis in seiner Abhandlung mithilfe zweier Parabeln.[36]

---

[36] Lemma 1 ab 123.9, siehe auch den mathematischen Kommentar ab Seite 224.

Zur geometrischen Lösung

Die Errichtung der Senkrechten im Punkt B der Abb. 6.2 erfolgt gemäß
E:XI§12. Die Konstruktion des Kubus wird von Chayyam später nachgereicht.
Sie führt gerade auf das eben besprochene Problem der «mittleren Proportionalen».[37] Es kann gut sein, dass Omar Chayyam sich hier einen Spaß erlaubt: Wie er in seiner ersten Abhandlung über den *Viertelkreis* wohl nicht
ohne Erstaunen bemerkt hat, hat Archimedes auch an anderer Stelle desselben Buches, in der Diskussion der Teilung einer Kugel in einem gegebenen
Verhältnis, auf eine spätere «Analysis und Konstruktion» der auftauchenden
Gleichungen dritten Grades verwiesen, diese aber auch dort nicht gegeben.
Chayyam verweist nun ebenfalls auf eine spätere Lösung – gibt diese dann
aber tatsächlich an.

▶ **Vierte Gattung der Binome ... fünf seiner Seiten zeichnet. (114.7–114.13)**

Es handelt sich um die Gleichung

$$a_1 x = x^2, \tag{IV}$$

die anhand eines repräsentativen Zahlenbeispiels numerisch und geometrisch gelöst wird. Durch Kürzen von x entsteht $a_1 = x$, das heißt die Gl. (I).
Die geometrische Lösung ist also identisch zu jener der Gl. (I), siehe Seite 193.

▶ **Fünfte Gattung der Binome ... ist, was wir wollten. (114.14–114.24)**

Es handelt sich um die Gleichung

$$a_2 x^2 = x^3, \tag{V}$$

die der trivialen Gattung (I) entspricht. Die geometrische Äquivalenz wird
an einem repräsentativen Zahlenbeispiel $a_2 = 2$ gezeigt. (In den handschriftlichen Manuskripten wurden die Gattungen (V) und (VI) in umgekehrter
Reihenfolge besprochen.)

---

[37] Chayyam spricht von der Proportion (9.10) auch als vom «kontinuierlichem
Verhältnis» der vier Größen $2\rho, 2r, 2y, (3/2)h$.

Sechste Gattung der Binome ... Quadrat AC ist also vier. (115.3–115.14) ◄

Es handelt sich um die Gleichung

$$a_1 x = x^3, \tag{VI}$$

die Chayyam am Beispiel $a_1 = 4$ diskutiert. Mit den «vorgenannten Verhältnissen» sind natürlich die Quotienten benachbarter Potenzen gemeint, deren Beziehung zueinander in 108.14 angegeben wurden: $x^3/x^2 = x^2/x = x/1$.

9.2.3 Zu den Trinomen

Erste Gattung der Trinome ... in den *Data* gezeigt wurde. (115.18–117.20) ◄

Es handelt sich um die Gleichung

$$x^2 + a_1 x = b_0, \tag{VII}$$

die zwei verschiedene reelle Lösungen hat. Dies erkennt man, wenn man ihre Diskriminante (9.7) hinschreibt:

$$\mathcal{D} = a_1{}^2 + 4 b_0 > 0, \tag{9.11}$$

die wegen $b_0 > 0$ immer größer als Null ist. Aus der allgemeinen Formel (9.6) für die Lösungen $x_{1,2}$ der Gleichung erkennt man, dass eine der Lösungen positiv, die andere negativ ist.

Zur numerischen Lösung

Chayyam gibt die positive Lösung

$$x_1 = -\left(\frac{a_1}{2}\right) + \sqrt{\left(\frac{a_1}{2}\right)^2 + b_0} \tag{9.12}$$

in geschlossener Form an. Jedoch überzeugt man sich schnell davon, dass die beiden von Chayyam angegebenen Bedingungen dafür, dass die Lösung x exakt angegeben werden kann, nicht korrekt sind. Chayyam behauptet, es müsse $a_1 = 2n$ und $\left(\frac{a_1}{2}\right)^2 + b_0 = m^2$ sein, worin $n, m \in \mathbb{N}$. Außerdem gibt er wie gewohnt die negative der beiden Lösungen nicht an, sodass die numeri-

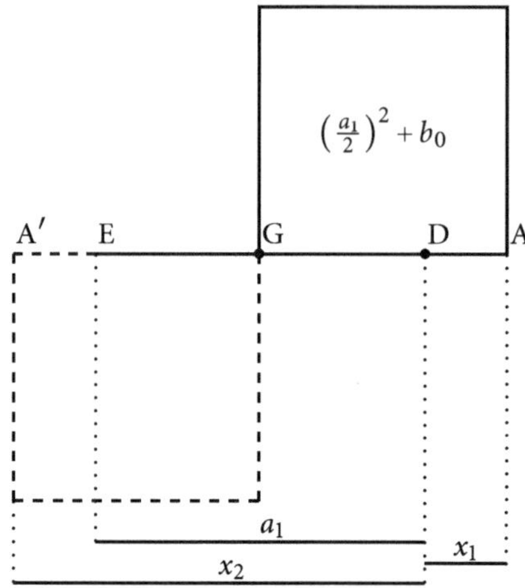

Abb. 9.3 Lösung der Gl. (VII)

sche Lösung als unvollständig angesehen werden muss. Während es denkbar ist, dass Chayyam die falschen Lösbarkeitsbedingungen schlicht von einem anderen Autor übernommen und nicht geprüft hat, wie Woepcke vermutet hat,[38] oder sie vom Kopisten in das Manuskript eingefügt wurden, ist das Auslassen der negativen Lösung charakteristisch für den Autor. Dass Chayyam durchaus wusste, dass es zwei Lösungen geben kann, zeigt seine Besprechung der folgenden Gattung (VIII). Dort gibt er beide Lösungen an, da sie beide positiv sind. Ebenso wird der Fall $b_0 < 0$ und die damit verbundenen Lösbarkeitsbedingungen erneut nicht diskutiert: Dieser Fall entspräche in Chayyams Notation, in der nur positive Koeffizienten berücksichtigt werden, einer Gleichung der Art $x^2 + a_1 x + a_0 = 0$. Diese erlaubt aber keine positive Lösung und spielt daher für den Autor keine Rolle.

Zur geometrischen Lösung

Für Chayyams erste geometrische Lösung wird das folgende Lemma benötigt. *Lemma:* Ist G der Mittelpunkt der Strecke ED und verlängert man ED um eine beliebige Strecke DA, so gilt $EA \cdot AD + DG^2 = AG^2$.

---

[38] Woepcke (1851, Seite 17 f.).

Beweis: Folgt direkt durch Einsetzen von EA = ED + DA und AG = ED/2 +
DA (und DG = ED/2). Den geometrischen Beweis findet man zum Beispiel
in E:II§6. Der Rest von Chayyams geometrischem «Beweis» der Lösung
ist selbsterklärend. Die folgende eigentliche Konstruktion der Lösung der
Gl. (VII) ist die Umkehr dieses Beweises.

Zur Konstruktion (Abb. 6.5 und 9.3)

Man ziehe eine Strecke ED der Länge a_1 und errichte auf ihrem Mittelpunkt G
ein Quadrat der Fläche $(a_1/2)^2 + b_0$. Dieses Quadrat kann nach der Abb. 9.2
konstruiert werden. Die Seite GA dieses Quadrats werde über den Punkt D
hinaus gezogen. Die Strecke DA hat dann aufgrund des obigen Lemmas die
gesuchte Länge x_1. Wir bemerken wieder: Zieht man die Seite GA in die andere Richtung, hinaus über E, so ist DA′ die negative Lösung x_2 der Gleichung.[39]
Man sieht dann leicht, dass DA′ + DA = ED ($= a_1$) ist – eine elegante geometrische Veranschaulichung des Satzes von Vieta. In dieser Konstruktion ist es
kaum vorstellbar, dass Chayyam die zweite Lösung nicht gesehen haben soll.
   Die zweite Konstruktion der Lösung, die Chayyam in der Abb. 6.6 links
vorschlägt, bedarf keines mathematischen Kommentars. Sie ist elementar. Interessant ist aber die historische Quelle dieser Lösung: Womöglich kannte
Chayyam sie aus seinem Studium der *Aryabhatiya* des indischen Mathematikers und Astronomen Aryabhata (476–550) oder aus dem *Brahmasphutasid-
dhanta* des indischen Astronomen und Mathematikers Brahmagupta. Denn
dort wurde die Lösung auf genau diese Art konstruiert. Chayyams dritte Konstruktion schließlich, Abb. 6.6 rechts, ist identisch mit E:VI§29. Dort heißt die
Aufgabe: «An eine gegebene Strecke ein einer gegebenen geradlinigen Figur
gleiches Parallelogramm so anzulegen, dass ein einem gegebenen ähnliches
Parallelogramm überschießt.» Der Beweis ist dort nachzulesen.
   Alle genannten Konstruktionen können allein mithilfe von Lineal und Zirkel ausgeführt werden.

---

[39] Da $b_0 > 0$ angenommen wird, ist DA immer größer als Null und da $-a_1 < 0$ angenommen wird, ist DA′ immer kleiner als Null, das heißt in Abb 9.3 nach links gerichtet.

► **Zweite Gattung der Trinome … Gattung gezeigt haben. (117.22–119.7)**

Es handelt sich um die Gleichung

$$x^2 + a_0 = b_1 x. \qquad\qquad \text{(VIII)}$$

Ihre Diskriminante $\mathcal{D}$ (9.7) erhält man trivialerweise zu

$$\mathcal{D} = b_1^2 - 4a_0. \qquad\qquad (9.13)$$

Sie kann, je nach dem positiven Wert der Koeffizienten, größer als Null, gleich Null oder kleiner als Null sein.

Zur numerischen Lösung

Chayyam gibt an dieser Stelle beide numerischen Lösungen der Gl. (9.6) für den Fall $0 < a_0 < (b_1/2)^2$ an, der die korrekte Lösungsbedingung für die Existenz reeller Lösungen darstellt. In diesem Fall ist die Diskriminante immer größer als Null, und beide Lösungen sind nicht nur reell, sondern auch immer positiv. (Der Leser möge sich überzeugen, dass $x < 0$ in Gl. (VIII) einen Widerspruch erzeugt.) Beide Lösungen erlangt Chayyam auch auf geometrischem Weg, seine Wortwahl am Ende des Paragraphen, als er von «verschiedenen Fällen» spricht, erlaubt es jedoch nicht, zweifelsfrei zu erkennen, ob er die beiden «Fälle» als gleichzeitige Lösungen der Gleichung anerkennt.

Zur geometrischen Lösung

Der erste von Omar Chayyams Verweisen auf die *Elemente* des Euklid bezieht sich auf E:II§5. Dieser Paragraph der *Elemente* wurde bereits anhand der geometrischen Lösung der Gattung (II) verwendet: Er ist identisch mit dem Lemma auf Seite 195.

Konstruktion (Abb. 9.4)

Für die Konstruktion des Rechtecks AG, so, «dass ein Quadrat [CD] fehlt» (Abb. 6.8), wird die folgende Konstruktion Euklids benötigt:

> An eine gegebene Strecke ein einer geradlinigen Figur gleiches Parallelogramm so anzulegen, dass ein einem gegebenen ähnliches Parallelogramm fehlt; hierbei darf

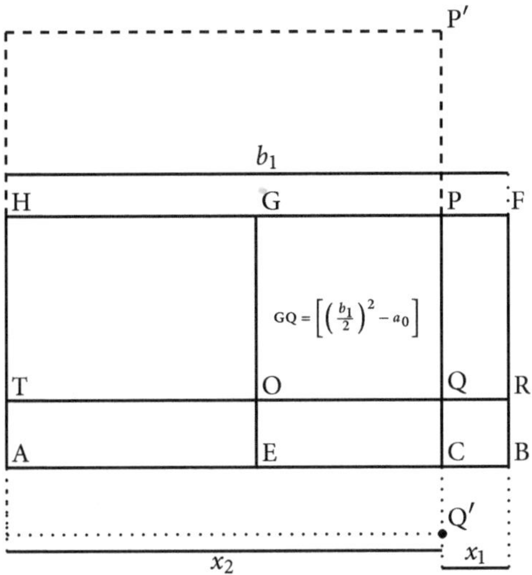

Abb. 9.4 Lösung der Gl. (VIII)

die gegebene geradlinige Figur nicht größer sein als das dem fehlenden ähnliche über der Hälfte der Strecke zu zeichnende Parallelogramm.[40]

Im vorliegenden Fall geht diese Konstruktion wie folgt: Man zeichne die Strecke $AB = b_1$ und teile sie in der Mitte E. Man errichte die Quadrate BG und EH. Man errichte in G ein Quadrat der Fläche $(b_1/2)^2 - a_0$, seine Seiten seien GO und GP.[41] Die Fläche PR + EQ + CR ist dann gleich a_0, außerdem ist PR = EQ, und CR ist ein Quadrat. Wie man sich schnell überzeugt, muss dann wegen OB = TE auch $TC = a_0$ sein, und man erhält CB als die Lösung x_2 der Gl. (VIII).[42] Weiterhin zeichne man das Quadrat ACP' und das Rechteck $AQ' = AC \cdot CQ'$ flächengleich zu $TC = a_0$. Zusammen haben diese beiden dann die Fläche $AC^2 + AQ' = AB \cdot AC$, und AC ist also die andere Lösung, x_1, von Gl. (VIII). Man liest aus der Abbildung sofort $x_1 + x_2 = b_1$ und $x_1 \cdot x_2 = a_0$ ab, in Entsprechung der Sätze von Vieta.

---

[40] E:VI§28.

[41] Vergleiche die Konstruktion nach Abb. 9.2: Da $0 < a_0 < (b_1/2)^2$, ist die Seite dieses Quadrats immer kleiner als $b_1/2$.

[42] Dass CB durch die Konstruktion gegeben ist, hat Euklid in D:§58 zusätzlich gezeigt, worauf sich Chayyams Literaturverweis bezieht.

▶ **Dritte Gattung der Trinome … ist jenes, das wir suchten. (119.8–120.4)**

Es handelt sich um die Gleichung

$$x^2 = b_0 + b_1 x. \tag{IX}$$

Ihre Diskriminante ist nach Gl. (9.7):

$$\mathcal{D} = b_1{}^2 + 4b_0 > 0. \tag{9.14}$$

Es existieren also zwei unterschiedliche reelle Lösungen, von denen eine positiv ist, eine negativ. Wie schon zuvor erwähnt Omar Chayyam allerdings nur die positive der beiden Lösungen.

Zur geometrischen Lösung (Abb. 9.4)

Diese ist vollkommen analog zur vorhergehenden Konstruktion, wenn $b_1 \mapsto b_1$ und $a_0 \mapsto -b_0$. Das Quadrat (G) in Chayyams Abb. 6.10 entspricht dem Quadrat GQ unserer Abb. 9.4. Aufgrund des Vorzeichenwechsels des linearen Koeffizienten steht dieses Quadrat nun aber rechts (bzw. links) über, woraus die positive (bzw. die negative) Lösung folgt.

▶ **Vierte Gattung der Trinome … was wir zeigen wollten. (120.10–121.8)**

Es handelt sich um die Gleichung

$$x^3 + a_2 x^2 = b_1 x, \tag{X}$$

die gelöst wird wie Gl. (VII), siehe Seite 199.

▶ **Fünfte Gattung der Trinome … was zu beweisen war. (121.12–121.27)**

Es handelt sich um die Gleichung

$$x^3 + a_1 x = b_2 x^2, \tag{XI}$$

die gelöst wird wie Gl. (VIII), siehe Seite 202.

Sechste Gattung *der Trinome* … Was zu beweisen war. (122.1–122.14)   ◄

Es handelt sich also um die Gleichung

$$x^3 = b_1 x + b_2 x^2, \qquad\qquad\text{(XII)}$$

die gelöst wird wie Gl. (IX) oben. Zitiert wird E:XI§32: «Parallelflache unter derselben Höhe verhalten sich zueinander wie die Grundflächen.»

9.3 Zu den Gleichungen dritten Grades   ◄

Auf den folgenden Seiten werden einige Eigenschaften von kubischen Gleichungen und ihren Lösungen rekapituliert, die der zeitgenössische Leser aus dem Schulunterricht kennt. Daran schließt sich eine Einführung in die Theorie der Kegelschnitte des Apollonius von Perge an, die das Verständnis von Omar Chayyams Abhandlung und des mathematischen Kommentars erheblich vereinfacht.

9.3.1 *Numerische Lösung der Gleichung dritten Grades*

In jeder Gleichung dritten Grades kann der quadratische Term eliminiert werden. Denn sei

$$x^3 + bx^2 + cx + d = 0 \qquad\qquad (9.15)$$

die Normalform (9.2) der allgemeinen kubischen Gleichung, dann erhält man mit der Transformation

$$x \mapsto x - \frac{b}{3} \qquad\qquad (9.16)$$

die folgende *reduzierte Form*:

$$x^3 + rx + s = 0, \qquad\qquad (9.17)$$

worin

$$r = \left(c - \frac{b^2}{3} \right) \qquad\qquad (9.18a)$$

und

$$s = d - \frac{bc}{3} + 2\left(\frac{b}{3} \right)^3. \qquad\qquad (9.18b)$$

Wenn in einer kubischen Gl. (9.15) der lineare Term verschwindet, das heißt, wenn $c = 0$ ist, dann kann man die Reduktion auch mit der Transformation

$$x \mapsto d/x$$

erhalten. Man hat dann für das «neue» x:

$$x^3 + bdx + d^2 = 0, \qquad (9.19)$$

das heißt, $r = bd$ und $s = d^2$ in der Notation der Gl. (9.17). In Kenntnis dieses Resultats können natürlich alle Gattungen (XVI)–(XXV) je nach Vorzeichen und Größenverhältnis der Koeffizienten in die trinomischen Gattungen (XIII)–(XV) überführt werden. Es wird bald erkennbar werden, dass diese reduzierte Form die allgemeine Schnittpunktgleichung für die Schnittpunkte einer rechtwinkligen Hyperbel oder eines Kreises und einer Parabel ist, die ihren Scheitelpunkt gemeinsam haben. Dass Omar Chayyam diese Symmetrie in seinen Lösungen aufgefallen ist – obwohl er die oben beschriebene Reduktion so nicht kannte –, ist an der Reihenfolge seiner Auflistung der Gattungen und daran erkennbar, dass er alle Trinome mithilfe eben einer Parabel und einer Hyperbel löst. Erst in den Quadrinomen, wo die Reduktion auf die reduzierte Form mit geometrischen Methoden sehr aufwendig wird, weicht er auf zwei Hyperbeln (oder eine Hyperbel und einen Kreis) aus – um den Preis, dass diese nun vier verschiedene Schnittpunkte aufweisen, von denen also einer in der Konstruktion festgelegt werden muss.[43]

Eine numerische Lösungsformel der allgemeinen kubischen Gleichung war Chayyam nicht überliefert, und er selbst konnte auch keine finden:[44]

> Den Beweis dieser Gleichungen für den Fall, dass das Gesuchte des Problems eine Zahl ist, haben sowohl ich als auch die Gelehrten, die sich mit der Algebra befassten, nur gefunden, wenn sie die drei ersten Grade umfassen, nämlich die Zahl, die Sache und das Quadrat.[45]

Veröffentlicht wurden die Lösungsformeln, gemeinsam mit der ersten der beiden oben angegebenen Eliminierungen des quadratischen Terms, zuerst in den *Artis Magnae* des Gerolamo Cardano (1545 n. Chr.), der auch erste Schritte und Überlegungen zum Ziehen der Wurzel von negativen Zahlen unternahm. Die Lösungsformeln werden daher heute auch die Cardanischen

---

[43] Siehe hierzu auch die Diskussion ab Gl. (9.35).
[44] Näherungslösungen für spezielle Fälle jedoch waren schon in der Babylonischen Mathematik seit ~2000 v. Chr. bekannt, siehe etwa Alten et al. (2014, Seite 39 f.).
[45] Seite 109.18.

Formeln genannt. Es dauerte also 500 Jahre, bis schließlich eintrat, was Chayyam in seiner Abhandlung gehofft hatte:

> Vielleicht werden andere, die nach uns kommen, mehr Erfolg haben.[46]

Cardanische Formeln

Die Cardanischen Formeln werden hier ohne Beweis angegeben.[47] Die drei Lösungen der reduzierten kubischen Gl. (9.17) sind:

$$x_1 = u + v, \tag{9.20a}$$

$$x_2 = \frac{u}{2}\left(-1 + i\sqrt{3}\right) - \frac{v}{2}\left(1 + i\sqrt{3}\right), \tag{9.20b}$$

$$x_3 = \frac{v}{2}\left(-1 + i\sqrt{3}\right) - \frac{u}{2}\left(1 + i\sqrt{3}\right), \tag{9.20c}$$

worin

$$u = \sqrt[3]{-\frac{s}{2} + \sqrt{\mathcal{D}}}, \tag{9.21a}$$

$$v = \sqrt[3]{-\frac{s}{2} - \sqrt{\mathcal{D}}}, \tag{9.21b}$$

und i die imaginäre Einheit ist ($i^2 = -1$). $\mathcal{D}$ ist die Diskriminante der reduzierten Form, definiert als:

$$\mathcal{D} := \left(\frac{s}{2}\right)^2 + \left(\frac{r}{3}\right)^3. \tag{9.22}$$

Sie dient in der folgenden Weise der Klassifizierung der Gleichung:

1. $\mathcal{D} > 0$: Es gibt genau eine reelle Lösung x_1 und zwei echt komplexe Lösungen.
2. $\mathcal{D} = 0$: Es gibt entweder eine einfache reelle Lösung x_1 und eine doppelte reelle Lösung $x_2 = x_3$ *oder* eine dreifache reelle Lösung $x_1 = x_2 = x_3 = 0$ (genau dann, wenn $r = s = 0$).
3. $\mathcal{D} < 0$: Es gibt drei einfache reelle Lösungen $x_1 \neq x_2 \neq x_3$.

---

[46] Seite 109.22.

[47] Der Beweis wird in vielen Lehrbüchern der Algebra geliefert. Cardano selbst berichtet übrigens, dass die Lösung der reduzierten Form (9.17) von Scipione del Ferro (1465–1526) und Niccolo Fontana Tartaglia (1500–1557) gefunden worden seien. Die Reduktion der allgemeinen Gleichung auf diese reduzierte Form allerdings stamme von ihm selbst.

Die Lösungen können nach Gl. (9.20) in allen diesen drei Fällen in geschlossener Form angegeben werden. Man beachte jedoch, dass dies die Lösungen der reduzierten Form (9.17) und nicht der ursprünglichen Form (9.15) sind. Für die Lösungen der ursprünglichen Gleichung muss noch auf das «alte» x zurücktransformiert werden. Die Gleichungen sind vergleichsweise kompliziert und müssen hier nicht angegeben werden. Benötigt wird jedoch der folgende Satz, der wieder ohne Beweis angegeben wird und den auch Chayyam implizit verwendet:

Faktorisierung von Polynomen: Jedes Polynom $a_0 + a_1x + a_2x^2 + a_3x^3 + \cdots + a_nx^n$ des Grades n kann in n Faktoren $(x - x_1) \cdot (x - x_2) \cdot (x - x_3) \cdots (x - x_n)$ zerlegt werden, worin die x_n die Nullstellen des Polynoms sind.

Aus diesem Satz folgt direkt, dass, wenn auf welche Weise auch immer eine Nullstelle x_i eines Polynoms n-ten Grades bekannt ist, dieses Polynom durch Ausfaktorisieren von $(x - x_i)$ auf die algebraische Gleichung des Grades $(n-1)$ reduziert werden kann. Dies wird in der Lösung der quadrinomischen Gattungen von großem Nutzen sein.

In Unkenntnis der gerade angegebenen numerischen Lösung strebte Omar Chayyam eine geometrische Lösung der kubischen Gleichungen an. Da er sich bei der Entwicklung seiner Lösungsmethode direkt auf das Buch über die *Kegelschnitte* von Apollonius von Perge stützte, soll im Folgenden die Definition und Besprechung der Eigenschaften der Kegelschnitte des Apollonius dargestellt und mit der Darstellung der Kegelschnitte in der modernen Schulmathematik in Einklang gebracht werden. Direkt anschließend werden Methoden und Instrumente zum Zeichnen der Kegelschnitte dargestellt, um dann ab Seite 224 Omar Chayyams *Algebra* weiter folgen zu können.

9.3.2 Die Kegelschnitte des Apollonius: Definition

Da sich Omar Chayyam in seiner Abhandlung direkt auf die Konstruktionen des Apollonius bezieht, soll dessen Einführung zumindest der Parabel und der Hyperbel in seinem eigenen Vokabular nachvollzogen werden, um so ein Gefühl für seine Beschreibung und Verwendung der Kegelschnitte zu vermitteln. Denn diese macht Chayyam sich zu eigen. In der Tat wird erst derjenige, der sich mit diesen Konstruktionen vertraut gemacht hat, in der Lage sein, Chayyams Ausführungen zur Lösung der kubischen Gleichungen zu verstehen. Im Folgenden wird der Bezug dieser Konstruktionen zur aus der Schulmathematik bekannten Darstellung von Hyperbel und Parabel im kartesischen Koordinatensystem hergestellt. Im mathematischen Kommentar zu Chayyams Lösungen der kubischen Gleichungen wird dann diese moderne Darstellung der Lösung im kartesischen Koordinatensystem diskutiert, da sie der Leserschaft nützlicher sein sollte als ein langatmiges Schritt-für-Schritt-Nachvollziehen von Omar Chayyams Ausführungen. Insbesondere erkennt man im Vergleich von Chayyams elementargeometrischer Lösung mit der modernen algebraisch-kartesischen Lösung:

1 Die Genialität, die dazu erforderlich ist, diese Lösungen ohne Verwendung eines kartesischen Koordinatensystems zu erkennen.

2 Die Bedeutung des Konzepts des kartesischen Koordinatensystems für das Erkennen der negativen Lösungen und wie nah Omar Chayyam seiner Erfindung kam.

Die Parabel (Abb. 9.5a)

Apollonius erhält die Parabel auf die folgende Weise:

Es werde ein Kegel durch eine axiale Ebene geschnitten (1), außerdem durch eine zweite (2), die die Grundfläche des Kegels in einer Geraden schneidet, die senkrecht stehe auf der Grundlinie des durch die erste Ebene erzeugten axialen Dreiecks. Es sei ferner der Durchmesser des Kegelschnitts der einen Seite des axialen Dreiecks parallel. Dann wird das Quadrat jeder von einem Punkt des Kegelschnitts bis zum Durchmesser gezogenen Parallelen zu der Geraden, in welcher die schneidende Ebene (2) die Grundebene schneidet, gleich sein einem Rechteck, dessen eine Seite gleich der durch diese Parallele vom Durchmesser abgeschnittenen Strecke ist, und dessen andere Seite eine konstante Strecke q ist, wobei q dadurch bestimmt ist, dass es sich zu der Entfernung zwischen der Spitze des Kegels und dem Scheitel des Kegelschnitts verhält wie das Quadrat über der Basis des Grundkreises zum Rechteck, das aus den beiden anderen Seiten des Achsendreiecks gebildet ist. Ein solcher Kegelschnitt werde eine Parabel genannt.

A sei die Spitze eines Kegels, BC der Grundkreis. Ein axialer Schnitt erzeuge das Dreieck ABC. Der Kegel werde ferner durch eine Ebene geschnitten, welche die Grundebene in der auf BC senkrechten Geraden DE schneide. Diese Ebene erzeuge den Kegelschnitt DZE. Der Durchmesser des Kegelschnitts ZH sei der einen Seite AC des axialen Dreiecks parallel. Von Z aus werde die Strecke ZF gezogen, deren Länge bestimmt sei durch die Proportion

$$\frac{BC^2}{BA \cdot AC} = \frac{ZF}{ZA}. \tag{9.23}$$

Es werde ein beliebiger Punkt K auf dem Kegelschnitt gewählt, und es werde durch K, KL parallel zu DE gezogen. Ich behaupte, dass

$$KL^2 = FZ \cdot ZL \ \text{ist.}^{48} \tag{9.24}$$

Der Beweis der Gültigkeit der Gl. (9.24) kann an entsprechender Stelle in den Kegelschnitten des Apollonius nachgelesen werden. Da der Kegel im Allgemeinen nicht gerade, sondern schief ist, ist das Dreieck DHZ im Allgemeinen nicht rechtwinklig, und der Durchmesser ZH ist nicht die Achse der Parabel. Entsprechend ist Z im Allgemeinen nicht der Scheitelpunkt der Parabel im modernen Sinne (das heißt: das Ende der Achse). Diese vom modernen Gebrauch abweichende Verwendung des Begriffs Scheitelpunkt macht auch Chayyam sich dann und wann zu eigen. Ansonsten wird im vorliegenden mathematischen Kommentar unter Scheitelpunkt immer der Schnittpunkt des Kegelschnitts mit seiner Achse verstanden.

Spezialfall: Parabel des geraden Kegels

Ist der Kegel gerade, so ist DHZ rechtwinklig und Z der Scheitelpunkt der Parabel im modernen Sinne. Man lege den Ursprung eines kartesischen Koordinatensystems in den Punkt Z der Abb. 9.5a). Der Durchmesser ZH der Parabel, der gleichzeitig die Achse der Parabel ist, sei die y-Achse dieses Koordinatensystems, die x-Richtung sei durch ED gegeben. Dann ist ZL der y-Achsenabschnitt des Punktes K der Parabel, LK sein x-Achsenabschnitt. Die durch (9.23) definierte Größe ZF wird der Parameter der Parabel genannt und mit $2p$ abgekürzt. Die definierende Gl. (9.24) der Parabel ist in diesem Koordinatensystem dann:

$$\mathcal{P} : y = \frac{x^2}{2p}. \tag{9.25}$$

---

[48] KS:I§11.

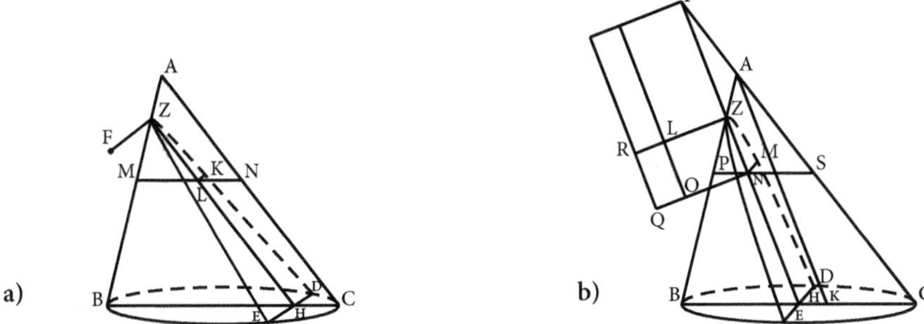

Abb. 9.5 Parabel a) und Hyperbel b) nach KS:I§11 und §12

Dies ist die Scheitelpunktgleichung der Parabel. In Abb. 9.6a) ist der Verlauf
der durch Gl. (9.25) beschriebenen Kurve im gewählten kartesischen Koordinatensystem dargestellt. Durch Drehungen der x- und y-Achsen kann diese
Parabel in jede beliebige Richtung orientiert werden, und durch eine Translation $x \mapsto x - a$ und $y \mapsto y - b$ kann der Scheitelpunkt anschließend in jeden
beliebigen Punkt (a, b) des Koordinatensystems verschoben werden. Translationen und Drehungen von Kegelschnitten werden ab Seite 215 am Beispiel
der Hyperbel besprochen, da für Chayyams Lösungen zwar ab und an auch
Parabeln verschoben, aber nur Hyperbeln gedreht werden müssen.

Die Hyperbel (Abb. 9.5b)

Apollonius erhält die Hyperbel auf die folgende Weise:

> Es sei A die Spitze eines Kegels, BC der Grundkreis. Der Kegel werde durch eine
> axiale Ebene geschnitten, und zwar im Dreieck ABC. Er werde außerdem durch
> eine zweite Ebene geschnitten, welche die Grundfläche des Kegels in einer zu BC
> senkrechten Geraden DE schneide. Diese Ebene erzeuge auf der Kegelfläche die
> Kurve DZE. Der Durchmesser ZH der Kurve schneide, über Z verlängert, die über
> A verlängerte Seite CA jenseits der Kegelspitze in F. Durch A werde parallel zum
> Durchmesser ZH die Gerade AK gezogen, die BC in K schneidet. Durch Z wer
> de senkrecht zu ZH die Strecke ZL gezogen, deren Länge bestimmt ist durch die
> Proportion
>
> $$\frac{KA^2}{BK \cdot KC} = \frac{ZF}{ZL}. \qquad (9.26)$$
>
> Es werde ein beliebiger Punkt M des Kegelschnitts gewählt und durch M die Paral
> lele MN zu DE gezogen. Durch N werde parallel zu ZL die Gerade NOQ gezogen.
> FL werde bis Q verlängert. Durch L, Q seien zu ZN parallel die Geraden LO und

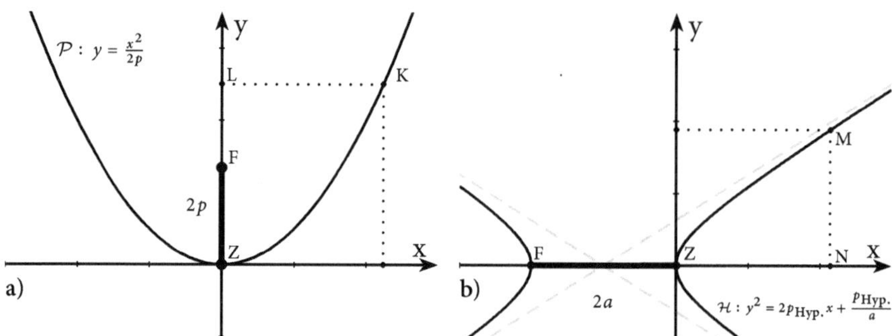

Abb. 9.6 Parabel (a) und Hyperbel (b) in kartesischen Koordinaten

QR gezogen. Ich behaupte, dass

$$MN^2 = ZQ \ (= \text{das Rechteck ZRQN}) \tag{9.27}$$

ist, also gleich der Summe der Fläche ZLON und der Fläche LOQR, die dem Rechteck FL ähnlich ist.[49]

Aus der definierenden Gl. (9.27) folgt aufgrund der Zerlegung des Rechtecks ZQ der Abb. 9.5b) in die Rechtecke ZO und OR die Hyperbelgleichung:

$$MN^2 = ZQ = ZL \cdot ZN + OQ \cdot ZN. \tag{9.28}$$

Spezialfall: Hyperbel des geraden Kegels

Wie schon in der Herleitung der Parabel wird im Folgenden ein gerader Kegel vorausgesetzt; Schnitte von schiefen Kegeln werden in der Besprechung von Chayyams Lösung nicht benötigt. Der Durchmesser ZH der Hyperbel ist dann zugleich ihre Achse, Z ist ihr Scheitelpunkt im modernen Sinne (das heißt: der Endpunkt der Achse der Hyperbel). Legt man den Ursprung eines kartesischen Koordinatensystems in diesen Scheitelpunkt Z. Die Hyperbelachse ZH sei die x-Achse dieses Koordinatensystems. Die positive y-Richtung sei durch HD gegeben. Entsprechend der üblichen Darstellung der Hyperbel in der heutigen Schulmathematik ist dieses Koordinatensystem, wenn wir es uns die Abb. 9.5b) hineingelegt denken, um 90° gegenüber jenem gedreht, das wir für die Parabel gewählt hatten. Diese Orientierung des Koordinatensystems dient auch zur Vorbereitung von Chayyams Lösungen

---

[49] KS:I§12.

der kubischen Gleichungen, in denen die Achsen der zu schneidenden Kegelschnitte in der Regel senkrecht aufeinanderstehen.[50] In diesem Koordinatensystem ist also ZN der x-Achsenabschnitt des Punktes M der Hyperbel, MN sein y-Achsenabschnitt. Der *Durchmesser* FZ werde mit $2a$ bezeichnet. ZL wird dann der *Parameter* der Hyperbel bezogen auf diesen Durchmesser genannt und mit $2p_{\text{Hyp.}}$ bezeichnet.[51] Da die Rechtecke LQ und FL ähnlich sind, gilt

$$OQ = \frac{ZL}{FZ}ZN = \frac{p_{\text{Hyp.}}}{a}x, \tag{9.29}$$

und man erhält aus Gl. (9.28) die Scheitelpunktgleichung der Hyperbel:

$$\mathcal{H}: y^2 = 2p_{\text{Hyp.}}x + \frac{p_{\text{Hyp.}}}{a}x^2, \tag{9.30}$$

in der der Scheitelpunkt des rechten Asts der Hyperbel also im Ursprung des Koordinatensystems liegt. Der Verlauf der durch Gl. (9.30) beschriebenen Kurve im gewählten Koordinatensystem ist in Abb. 9.6b) dargestellt, in der als gestrichelte Linien auch die Asymptoten der Hyperbel angedeutet sind, die durch den Mittelpunkt des Durchmessers gehen und deren Schnittwinkel α mit der Hauptachse durch $\tan\alpha = b/a$ gegeben ist.[52] In Abb. (9.6) sind die x- und y-Achsen wie üblich orientiert, und in allen weiteren Darstellungen der kartesischen Koordinatenebene wird diese Orientierung beibehalten. Die Achsenbeschriftung wird daher überflüssig und von nun an weggelassen.

Die Ellipse

Die Ellipse wird von Chayyam nicht benötigt, weswegen ihre Einführung durch Apollonius hier nicht nachvollzogen wird.[53] Benötigt wird lediglich die Mittelpunktgleichung (9.34) des Kreises, die allerdings als bekannt vorausgesetzt werden kann. Die Scheitelpunktgleichung der Ellipse ($\mathcal{E}$) sei dennoch angegeben.

$$\mathcal{E}: y^2 = 2p_{\text{Ell.}}x - \frac{p_{\text{Ell.}}}{a}x^2. \tag{9.31}$$

---

[50] Manchmal bilden sie auch einen Winkel von 45°. Drehungen von Kegelschnitten werden ab Seite 215 besprochen.

[51] Das tiefgestellte «Hyp.» soll Verwechslung mit dem Parabelparameter vermeiden helfen.

[52] Worin $b^2 = p_{\text{Hyp.}}a$, siehe nach Gl. (9.32).

[53] Sie erfolgt im Übrigen vollkommen analog zur Einführung der Hyperbel, siehe KS:I§13.

Gegenüber der Hyperbel ist in der Scheitelpunktgleichung der Ellipse nur ein Vorzeichen geändert. Es ist dieses Vorzeichen des x^2-Terms, das den Kegelschnitten ihre Namen gibt. Verschwindet der x^2-Term (entsprechend $a \to \infty$), so ist die schneidende Ebene parallel zur Mantelfläche. Sie ist ihr in diesem Sinne gleich, was durch das griechische *parabole*: «Vergleich/Nebeneinanderstellung» beschrieben wird. Ist das Vorzeichen positiv, so wird dem linearen Term noch etwas hinzugefügt – das altgriechische *hyperbel* bedeutet aber so viel wie «darüber hinausschießen» und bezeichnet diese Tatsache also recht gut. Ist das Vorzeichen des x^2-Terms negativ, so wird etwas vom linearen Term abgezogen: es mangelt an etwas. Griechisch für «Mangel» ist *ellipsis*.

Bemerkung (1 von 2)

Es kann gezeigt werden, dass jede Ebene, die den Doppelkegel schneidet und nicht durch die Spitze geht, entweder eine Parabel, eine Hyperbel oder eine Ellipse (oder ein Kreis als Spezialfall der Ellipse) ist. Es ist daher richtig, diese drei Kurven die Kegelschnitte zu nennen.

Bemerkung (2 von 2)

Man beachte erneut den Gebrauch des Begriffs Durchmesser, der in der modernen Mathematik von dem in der griechischen Mathematik abweicht. Apollonius bezeichnet als Durchmesser eine Gerade durch die Mittelpunkte von parallelen Sehnen; das heißt durch die Mittelpunkte von parallelen Linien, die zwei Punkte eines Kegelschnitts miteinander verbinden. Steht der Durchmesser senkrecht auf den Sehnen, so heißt er auch Achse. Die Tangente durch den Scheitelpunkt des Kegelschnitts steht dann ebenfalls senkrecht auf dem Durchmesser. Jene von Apollonius in den oben zitierten Paragraphen als Durchmesser bezeichnete Strecke ZH ist im Fall des geraden Kegels just die Achse des Kegelschnitts, da MN senkrecht auf ihr steht. In der modernen Schulmathematik werden als Durchmesser einer Hyperbel aber diejenigen Sehnen zwischen zwei Hyperbelästen bezeichnet, die durch einen gemeinsamen Mittelpunkt verlaufen, der sie halbiert. Der Kürzeste dieser modernen Durchmesser ist die Strecke FZ in Abb. 9.5b). Man beachte auch, dass der Punkt F der Scheitelpunkt des zweiten Hyperbelasts ist, der von Apollonius die zur ersten Hyperbel «zugehörige» Hyperbel genannt wird. Dieser

Ast entsteht durch den Schnitt derselben definierenden Ebene mit der oberen Hälfte des Doppelkegels, dessen Mantel sich durch die Kegelspitze hindurch nach oben fortsetzt. In der Darstellung der Gl. (9.30) liegt der Scheitelpunkt des «linken» Asts der Hyperbel also im Punkt $(-2a, 0)$ des gewählten Koordinatensystems. Es scheint bei den Griechen – und in der Folge auch bei den islamischen Mathematikern – üblich gewesen zu sein, nur die eine Hälfte des Doppelkegels und damit nur den einen Ast der Hyperbel zu berücksichtigen. Dies mag in der Lösung algebraischer Gleichungen dazu beigetragen haben, dass Chayyam die negativen Lösungen übersah.

Nützliche Darstellungen der Kegelschnitte

Ausgehend von den Gln. (9.25) und (9.30) können andere nützliche Darstellungen der Kegelschnitte gefunden werden. Dies wird am Beispiel der Hyperbel gezeigt, für die Parabel ist die Vorgehensweise analog. Durch Translationen $x \mapsto x - r$, $y \mapsto y - s$ kann der Scheitelpunkt der Hyperbel in jeden beliebigen Punkt (r, s) des Koordinatensystems gelegt werden. Durch Drehungen um einen Winkel θ kann die Hyperbel zusätzlich umorientiert werden.

Zum Beispiel erhält man aus Gl. (9.30) die Mittelpunktgleichung der Hyperbel durch die Translation $x \mapsto x + a$ (worin a der halbe Hyperbeldurchmesser ist) und durch quadratische Ergänzung zu:

$$\mathcal{H}: \frac{x^2}{a^2} - \frac{y^2}{b^2} = 1, \ b^2 = p_{\text{Hyp}} \cdot a. \tag{9.32}$$

Hierin ist b der sogenannte halbe konjugierte Durchmesser der Hyperbel, entsprechend der modernen Schreibweise.

Ein Ergebnis, das man aus dieser Gl. (9.32) erhalten kann, ist, dass die Geraden $y = \pm(b/a)x$ die Asymptoten der Hyperbel sind. Betrachtet man den einfachen Fall einer rechtwinkligen Hyperbel, in der also die beiden Asymptoten senkrecht aufeinanderstehen, so muss $b = a$ sein.

Drehen wir die Achsen unseres Koordinatensystems um $\theta = -\frac{\pi}{4}$ (also gegen Uhrzeigersinn), so sind die neuen Koordinaten durch $x \mapsto (x + y)/\sqrt{2}$ und $y \mapsto= (y - x)/\sqrt{2}$ gegeben. Um wieder eine rechtwinklige Hyperbel zu betrachten, wird $b = a$ gesetzt. Setzt man dies und die gedrehten (x, y)-Koordinaten in Gl. (9.32) ein, so liefern elementare Umformungen:

$$y = \frac{\left(a^2/2\right)}{x}. \tag{9.33}$$

Die reziproke Funktion $y = \text{const.}/x$ beschreibt also eine Hyperbel mit Achse $y = x$ und dem Durchmesser und Parameter $2p_{\text{Hyp.}} = 2a = 2\sqrt{2}\,\text{const.}$.

Dies waren Beispiele für Translationen und Drehungen der durch Gl. (9.30) beschriebenen Hyperbel, die in der Besprechung von Omar Chayyams Lösungen kubischer Gleichungen von Nutzen sein werden. Die Vorgehensweise für die Parabel ist analog. Dort werden Drehungen allerdings nicht benötigt, nur Translationen in x- und/oder y-Richtung.

Entsprechend der Vorgehensweise bei der Hyperbel erhält man auch die Mittelpunktgleichung der Ellipse durch eine Translation:

$$\mathcal{E} : \frac{x^2}{a^2} + \frac{y^2}{b^2} = 1,$$

mit den Halbachsen a und b. Diese Gleichung reduziert sich im Spezialfall $a = b$ auf die bekannte Kreisgleichung, worin $a = b$ den Radius r des Kreises bezeichnet. Durch weitere Translationen $(x, y) \mapsto (x - x_{\text{m}}, y - y_{\text{m}})$ kann der Mittelpunkt dieses Kreises in jeden beliebigen Punkt $(x_{\text{m}}, y_{\text{m}})$ der kartesischen Koordinatenebene gelegt werden:

$$\mathcal{K} : (x - x_{\text{m}})^2 + (y - y_{\text{m}})^2 = r^2. \tag{9.34}$$

Diese Gleichung wird in der Lösung der kubischen Gleichungen wiederholt verwendet werden.

Schnitt zweier Kegelschnitte

Wir stellen uns vor, wir hätten zwei Kegelschnitte (9.25) bzw. (9.30) in dasselbe Koordinatensystem gezeichnet. Quadrieren von (9.25) und Einsetzen in (9.30) liefert dann für den x-Achsenabschnitt ihrer Schnittpunkte:

$$x^3 - (2p)^2 \frac{p_{\text{Hyp.}}}{a} x - (2p)^2 2p_{\text{Hyp.}} = 0. \tag{9.35}$$

Der Schnittpunkt einer Hyperbel und einer Parabel desselben Scheitelpunkts erfüllt also die allgemeine algebraische Gleichung dritten Grades in ihrer reduzierten Form (9.17). Chayyam hat dies erkannt. Zwar gelingt ihm die formale Reduktion der trinomischen Gattungen auf die einfache Form der Gl. (9.35) im Allgemeinen nicht, da er seinen Koeffizienten nur positive Werte erlaubt. Aber er löst die trinomischen Gattungen dennoch allesamt mit einer Parabel und einer Hyperbel.[54] In den Lösungen der Gattungen (XIII)–(XV) haben diese Kegelschnitte ihren Scheitelpunkt gemeinsam. In den Gattungen (XVI)–(XVIII) verschiebt Chayyam den Scheitelpunkt der Parabel, da der Zwang positiver Koeffizientenvorzeichen und Kegelschnittparameter ihm keine andere Wahl lässt.[55]

Bemerkung

In der Herleitung der Gl. (9.35) wurde unterschlagen, dass die Schnittpunkte von Parabel und Hyperbel im Allgemeinen einer Gleichung vierten Grades genügen. Denn Quadrieren von (9.25) und Einsetzen in (9.30) liefert einen Term x^4 auf der linken Seite. Da aber per Konstruktion der Scheitelpunkt beider Kurven bei $x = 0$ liegt, kann nach der Regel zur Faktorisierung von Polynomen[56] ein x gekürzt werden, um die bestimmende Gleichung für die weiteren drei Schnittpunkte zu erhalten.

Was ergibt der Schnitt zweier gegeneinander um 45° gedrehte Hyperbeln? Quadrieren von Gl. (9.33) mit $a = a_1$ und Einsetzen in (9.30) mit $a = a_2$ liefert

$$x^4 + 2a_2 x^3 - \frac{a_2}{p_{\text{Hyp.}}} \left(\frac{a_1^2}{2}\right)^2 = 0, \tag{9.36}$$

also eine Gleichung vierten Grades mit entsprechend bis zu vier verschiedenen reellen Schnittpunkten, deren Nullstellen nun im Allgemeinen alle ungleich Null sind. Nach der Regel zur Faktorisierung von Polynomen kann dieses Polynom bei Vorgabe eines Nullpunkts, sagen wir $x = x_0$, geschrieben werden als $(x - x_0)(x^3 + \cdots)$. Chayyam wird sich dieses Resultat implizit zunutze machen: In der Konstruktion der Lösungen der quadrinomischen Gleichungen schneidet er zwei Hyperbeln (9.33) und (9.30), deren Scheitel- bzw. Mittelpunkte teils entlang der Achsen verschoben sind, um zusätzlich Freiheiten in der Parameterwahl zu erhalten. Dabei wird einer der Schnittpunkte der Hyperbeln in der Konstruktion vorgegebenen (Chayyam sagt: «der Lage nach gegeben»), sodass die restlichen bis zu drei Schnittpunkte eine Gleichung dritten Grades befriedigen. Eine geniale Vorgehensweise, zumal wenn

---

[54] Oder mit einer Parabel und einem Kreis, was aber in diesem Zusammenhang praktisch dasselbe bedeutet. Der Leser möchte dies nachprüfen.

[55] Ein negativer Hyperbelparameter in Gl. (9.30) würde natürlich einfach zu einer Hyperbel führen, deren linker Ast im Ursprung liegt. Dies aber bleibt von Chayyam konsequent unberücksichtigt.

[56] Seite 208.

man berücksichtigt, dass die algebraische Technik der Faktorisierung von Polynomen, die uns die Sache so einfach macht, nicht zur Verfügung stand. Zwei Dinge sind nach diesem letzten Absatz verständlich:

1 Die Wahl der Kegelschnitte zur Lösung einer spezifischen kubischen Gleichung (einer «Gattung») ist nicht eindeutig. Insbesondere durch die Freiheit der Translation und Drehung der Kegelschnittkurven, aber auch ohne diese Freiheit, können zu jeder Gleichung beliebig viele Kegelschnittpaare gefunden werden, deren Schnittpunkte Lösung der Gleichung sind.

2 Omar Chayyams Methode lässt sich denkbar einfach auf die Lösung von Gleichungen vierten Grades verallgemeinern. Man muss zum Beispiel nur den Scheitelpunkt der Hyperbel (9.30) entlang der x-Achse verschieben, um aus (9.36) eine allgemeine Gleichung vierten Grades $x^4 + ax^3 + bx^2 + cx + d = 0$ zu erhalten, deren Lösungen geometrisch durch die x-Achsenabschnitte der Schnittpunkte der beiden Hyperbeln gegeben sind.

Im Folgenden wird die Konstruierbarkeit der bisher nur abstrakt eingeführten Kegelschnitte behandelt. Dieser Abschnitt verspricht besonders interessant zu werden, da der Nutzen von Chayyams Lösungen ja nicht nur theoretischer, sondern auch praktischer Art sein sollte.[57]

---

[57] Siehe Seite 11 ff.

9.3.3 Die Kegelschnitte des Apollonius: Konstruktion

Die ältesten bekannten Verfahren zum Zeichnen der Kegelschnitte sind punktweise Verfahren. Punktweise bedeutet, dass die Kurven nicht wie eine Gerade oder ein Kreis in einem Zug, also ohne Absetzen des Stifts gezeichnet werden, sondern dass man mit Zirkel und Lineal Punkte einzeichnet, die auf dem gewünschten Kegelschnitt liegen, und diese Punkte dann freihändig, mit biegbaren Kurvenlinealen oder mit einer Burmester-Schablone miteinander verbindet. Alle Konstruktionen eines Kegelschnittes mit Zirkel und Lineal sind punktweise Konstruktionen, und alle punktweisen Konstruktionen der Kegelschnitte sind ungenaue Konstruktionen. Natürlich könnte man auch an eine reale Konstruktion der Kegelschnitte denken, die darin besteht, echte Kegel beispielsweise aus Holz anzufertigen und diese dann wie gewünscht durchzuschneiden. Man sieht aber schnell ein, dass hiermit ein enormer Zeit- und Arbeitsaufwand verbunden wäre und diese materielle Konstruktion exakter Kegelschnitte daher unpraktikabel ist.

Die punktweisen Verfahren mussten für die islamischen Mathematiker unbefriedigend sein. Denn neben dem erkenntnistheoretischen Nutzen verlangten sie auch praktischen Nutzen und «Genauigkeit».[58] Der praktische Nutzen von Chayyams Algebra wird erst erkennbar, wenn eine exakte Konstruktionsmöglichkeit der Kegelschnitte gefunden wird.

Instrumente

Während die Griechen wohl keine Instrumente zum Zeichnen von Kegelschnitten hergestellt haben, gelang dies dem persischen Mathematiker und Astronomen Abu Sahl Kuhi (ca. 940–1000), der die Kegelschnitte intensiv studierte und so zur Erfindung eines, seinen eigenen Worten nach, «vollkommenen Zirkels»[59] zu ihrer Konstruktion gelangte, vgl. Abb. 1.3 auf Seite 15. Dieses Instrument machte sich, anders als die punktweisen Konstruktionen, nicht die Eigenschaften der Kegelschnitte in der Ebene zunutze, sondern beruhte direkt auf der Definition der Kegelschnitte als Schnitte von dreidimensionalen Kegeln mit Ebenen. Die Zeichenebene des Instruments ist die schneidende Ebene, auf der der Kegelschnittzirkel mit seinen zwei Gelenken steht. Seine Hauptachse liegt entlang der Kegelachse, der Zeichenstift

---

[58] Seite 102.7.
[59] Zitiert nach Sezgin (2003, Band III, Seite 152).

kann um diese Achse herum auf dem Kegelmantel umlaufen. Parameter und Durchmesser der Kegelschnitte hängen eindeutig mit dem Öffnungswinkel und der Schiefe des Kegels zusammen. Für die Parabel und die Hyperbel sind diese Zusammenhänge durch die Gln. (9.23) und (9.26) gegeben, für den Fall gerader Kegel vereinfachen sich diese Gleichungen noch weiter, vergleiche den folgenden Absatz. Sind der gewünschte Parameter und Durchmesser des Kegelschnitts gegeben, so können die Neigung der Zirkelachse und der Öffnungswinkel des Zeichenarms entsprechend eingestellt und die Kegelschnitte gezeichnet werden. Aufgrund der ins Unendliche reichenden Äste von Parabel und Hyperbel können jedoch nur Abschnitte nur jeweils eines Asts dieser Kegelschnitte gezeichnet werden. Wie auch die Zeichnungen in Omar Chayyams Abhandlungen andeuten, wurde wohl tatsächlich immer nur einer der beiden Äste der Hyperbel gezeichnet.

Funktionsweise des Kegelschnittzirkels

Zur genaueren Darstellung der gerade nur angedeuteten geometrischen Zusammenhänge am Kegelschnittzirkel hilft die um Beschriftungen ergänzte Zeichnung dieses Instruments von Woepcke (1851) in Abb. 9.7 rechts.[60] Der Spezialfall des geraden Kegels, und mehr ist für Chayyams Lösungsmethode nicht notwendig, ist in Abb. 9.7 links neben Woepckes Zeichnung dargestellt.[61] Der Öffnungswinkel dieses Kegels werde mit α bezeichnet, also $\tan\alpha =$ BM/MA. Die erzeugende Ebene schneide die Achse des Kegels unter einem Winkel β, das heißt $\beta = \angle\,(\text{ASZ})$. Wir wollen nun zeigen, dass Parameter $2p$ und Durchmesser $2a$ der Kegelschnitte des Apollonius in eindeutiger und umkehrbarer Weise durch α und β gegeben sind. Die Winkel α und β werden sich dabei als genau jene Winkel herausstellen, die am Kegelschnittzirkel eingestellt werden. Betrachten wir zunächst die Verhältnisse im Dreieck FAZ der Abb. 9.7 links. Der Winkel in Z ist $\alpha + \beta$, der in A ist $\pi - 2\alpha$. Der Winkel in F ist daher $\alpha - \beta$. Aufgrund des Sinussatzes in diesem Dreieck haben wir

$$\frac{\text{ZA}}{\text{ZF}} = \frac{\text{ZA}}{2a} = \frac{\sin(\alpha-\beta)}{\sin(\pi-2\alpha)} = \frac{\sin(\alpha-\beta)}{\sin(2\alpha)}\,,$$

und wir erhalten bei gegebenem Kegelschnittdurchmesser $2a$ die Seite ZA. Hiermit erhalten wir im Dreieck AZS, erneut mithilfe des Sinussatzes in die-

---

[60] Diese Zeichnung war übrigens auch die Vorlage für den in Abb. 1.3 gezeigten Nachbau.
[61] Diese Abbildung ist ein Spezialfall der Abb. 9.5.

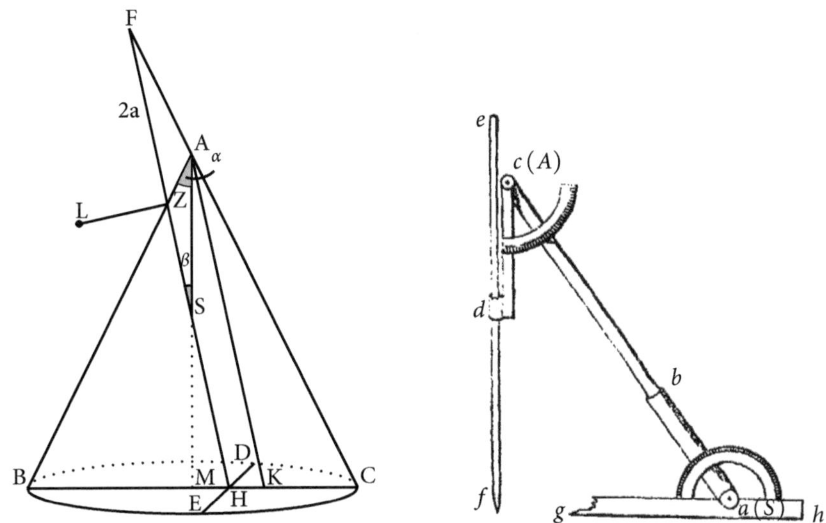

Abb. 9.7 Schnitt des geraden Kegels (links) und Woepckes Zeichnung von
Abu Sahl Kuhis Kegelschnittzirkel (rechts)

sem Dreieck: $AS/ZA = \sin(\alpha+\beta)/\sin\beta$. In der Kombination mit der vorhergehenden Gleichung liefert dies:

$$\frac{2a}{AS} = \frac{\sin(2\alpha)\sin\beta}{\sin(\alpha+\beta)\sin(\alpha-\beta)}. \tag{9.37}$$

Wir haben also eine Relation zwischen dem Kegelschnittdurchmesser $2a$ und den Winkeln α und β gefunden. Nun ist aber der Parameter $2p$ durch Gl. (9.26) wie folgt definiert (für alle Kegelschnitte):

$$\frac{2p}{2a} := \frac{BK}{KA} \cdot \frac{KC}{KA}. \tag{9.26*}$$

Aus den Sinussätzen in den Dreiecken BKA und KCA der Abb. 9.7 links erhalten wir für die Faktoren auf der rechten Seite dieser Gleichung:

$$\frac{BK}{KA} = \frac{\sin(\alpha+\beta)}{\cos\alpha}$$

und

$$\frac{KC}{KA} = \frac{\sin(\alpha-\beta)}{\cos\alpha}.$$

Dies und (9.37) setzen wir in (9.26*) ein und nutzen die trigonometrische Identität $\sin(2\alpha) = 2\sin\alpha\cos\alpha$. Wir erhalten:

$$\frac{2p}{AS} = 2\tan\alpha\sin\beta. \tag{9.38}$$

Wir haben also erreicht, was wir wünschten: Die Gl. (9.37) und (9.38) geben eine eindeutige und umkehrbare Beziehung zwischen dem Kegelschnittparameter und seinem Durchmesser, $2p$ und $2a$, mit dem Öffnungswinkel des Kegels und dem Schnittwinkel der erzeugenden Ebene an, α bzw. β. Die Umkehr der Gl. (9.37) und (9.38) nach α und β kann analytisch geschehen, Werte der trigonometrischen Funktionen lagen schon damals in Form von Tabellen vor, den auch von Chayyam erwähnten *Sidsch*s. Insbesondere erhalten wir für $\beta < \alpha$, dass $2p/2a > 0$; das ist eine Hyperbel. Für $\beta = \alpha$ ist $2p/2a = 0$ und bei endlichem Parameter $2p$ muss hierfür $2a \to \infty$ sein; das ist eine Parabel. Für $\beta > \alpha$ schließlich erhalten wir $2p/2a < 0$, womit aus (9.30) die *Ellipsengleichung* wird, die hier aber nicht benötigt wird.

Die Länge AS, die die Höhe des Scheitelpunkts A des Kegels über dem Schnittpunkt seiner Achse mit der Ebene, die den Kegelschnitt erzeugt, ist, kann als Skala für $2p$ und $2a$ angesehen werden: $2p$ und $2a$ werden sozusagen in Einheiten von AS gemessen. Diese Länge ist durch die Konstruktion des Kegelschnittzirkels vorgegeben: Sie ist die Zirkelachse ac. Man setze am Zirkel den Winkel $\angle\,(gab)$ gleich β und den Winkel $\angle\,(bcd)$ gleich α. Das Gerät wird längs gh entlang des Durchmessers ZH des Kegelschnitts ausgerichtet. Der Zeichenstift ef kann in seiner Längsrichtung durch die Halterung d verschoben werden. Wird er nach der beschriebenen Einstellung der Winkel und der Ausrichtung des Zirkels auf den Boden gesetzt, so berührt er diesen im Scheitelpunkt des Kegelschnitts. Die Zeichenebene repräsentiert also die schneidende Ebene. Dreht sich die Zirkelachse ac nun in der Führung ab um sich selbst, und wird die Länge ef dabei beständig so geregelt, dass f am Boden ist, so kann der durch $2p$ und $2a$ beschriebene Kegelschnitt stückweise exakt gezeichnet werden. Die Genauigkeit dieser Methode ist in der Anwendung nur begrenzt durch die technische Ausführung. Als historische Anmerkung und zur Abrundung dieses Abschnitts sei darauf hingewiesen, dass Instrumente wie dieses in Europa erst ab dem 17. Jahrhundert konstruiert wurden.

Da nun die Ausdrucksweise Omar Chayyams in Bezug auf die Kegelschnitte,
die dem Buch über die *Kegelschnitte* des Apollonius entlehnt ist, verständlich
gemacht wurde und sie in die Ausdrucksweise der modernen Schulmathematik übersetzt wurde, wird diese «Übersetzung der Ausdrucksweise» in den
weiteren Kommentaren zu den Lösungen der einzelnen kubischen Gattungen verwendet werden. Entsprechend werden auch die Abbildungen Chayyams jeweils um eine Abbildung in moderner Notation ergänzt.

Bei dieser Vorgehensweise darf man natürlich nicht vergessen: Wenn wir
ein kartesisches Koordinatensystem wählen, um es in Chayyams Abbildungen hineinzulegen, dann ist diese Wahl willkürlich. Wir können jedes beliebige Koordinatensystem wählen, mit einem beliebigen Punkt als Ursprung und
mit beliebiger Orientierung. Die Lösungsmethode Omar Chayyams bleibt
hiervon unberührt. Dies ist natürlich auch ein großer Vorzug von Chayyams Methode gegenüber einer Darstellung im kartesischen Koordinatensystem. Chayyams Methode setzt nur die Kurvenparameter, also koordina-
tenunabhängige Größen voraus. In der Darstellung im kartesischen Koordinatensystem wird die Koordinatenabhängigkeit künstlich eingeführt. Der
Vorteil dieser koordinatenabhängigen Betrachtungsweise ist ihre große Einfachheit und unsere in der Schule erworbene Vertrautheit mit dem Denken
in kartesischen Koordinatensystemen.

9.3.4 *Zu den Lemmata zum Lösen der Gleichungen dritten Grades*

▸ **Lemma 1 … von BI zu BC. Was zu beweisen war. (123.9–124.19)**

Der Ordinatenwinkel ist der Winkel zwischen den «geordnet gezogenen Geraden und dem Durchmesser»,[62] worin die geordnet gezogenen Geraden die
vom Durchmesser halbierte Sehnenschar ist. (Die «geordnet gezogenen Geraden» sind die Ordinaten.) Chayyam sagt also nichts anderes als: Die Parabel
steht senkrecht auf AB.

Legen wir Chayyams Abb. 6.14 in ein wie üblich orientiertes kartesisches
Koordinatensystem mit Ursprung in B, so erhalten wir die Abb. 9.8. Die
Scheitelpunktgleichung der ersten Parabel $\mathcal{P}_1$ = BDE, mit Achse BC und Pa-
rameter $2p_1$ = BC, lautet dann

$$\mathcal{P}_1 : y = \frac{x^2}{2p_1} = \frac{x^2}{\mathrm{BC}}. \tag{9.39}$$

Die Scheitelpunktgleichung der zweiten Parabel ($\mathcal{P}_2$ = BDG, mit Achse AB
und Parameter $2p_2$ = AB) lautet

$$\mathcal{P}_2 : x = \frac{y^2}{2p_2} = \frac{y^2}{\mathrm{AB}}. \tag{9.40}$$

Die beiden Parabeln müssen sich außer im Ursprung noch einmal schnei-
den, und für diesen Schnittpunkt $(x_\mathrm{s}, y_\mathrm{s}) \in \mathcal{P}_1, \mathcal{P}_2$ erhält man direkt aus den
Gln. (9.39) und (9.40) die Relationen:

$$\frac{2p_2}{y_\mathrm{s}} = \frac{y_\mathrm{s}}{x_\mathrm{s}} = \frac{x_\mathrm{s}}{2p_1}. \tag{9.41}$$

Setzen wir $(x_\mathrm{s}, y_\mathrm{s})$ = (BI, BH) und beachten die Wahl von p_1 und p_2, so ist
dies gleichbedeutend mit dem von Chayyam behaupteten kontinuierlichen
Verhältnis:

$$\frac{\mathrm{AB}}{\mathrm{BH}} = \frac{\mathrm{BH}}{\mathrm{BI}} = \frac{\mathrm{BI}}{\mathrm{BC}}. \tag{9.42}$$

Die «mittleren Proportionalen»[63] BH und BI zwischen zwei gegebenen Strecken AB und BC konnten also am Schnittpunkt zweier durch AB und BC
gegebenen Parabeln gefunden werden.

---

[62] KS:I§52.
[63] Wie die Griechen sie nannten.

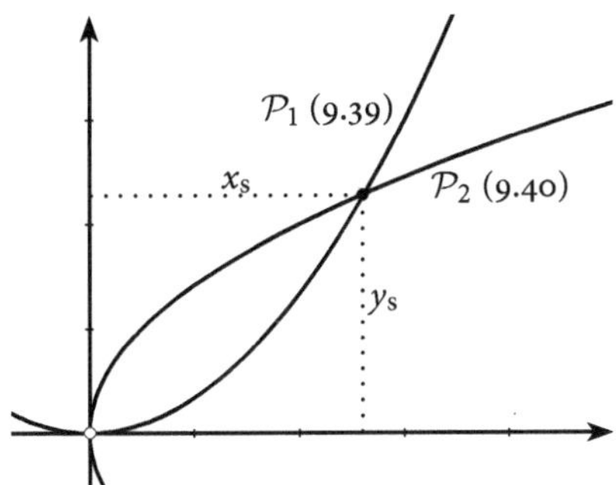

Abb. 9.8 Lemma 1

Dies ist auch der Beweis für die Behauptung des Archimedes in dessen Werk über *Kugel und Zylinder*, die zuvor erwähnt wurde.[64] Es ist dort in Gl. (9.10) lediglich die gesuchte Strecke $2r$ durch y_s zu ersetzen und $2y$ durch x_s.

Dieses Lemma war schon zu Chayyams Zeit keine Neuheit mehr. Archimedes' Behauptung zeigt im Gegenteil, dass die Griechen die mittleren Proportionalen mithilfe Kurven höheren Grades bestimmen konnten. Es ist sogar argumentiert worden, dass die Griechen die höheren Kurven nur eingeführt hätten, um diese Proportionalen finden zu können. Und in der Tat können Parabel und Hyperbel *definiert* werden als diejenigen Kurven, mithilfe derer die beiden mittleren der Proportion (9.41) bestimmt werden können. Denn sucht man in (9.41) die mittleren beiden der Proportion, y_s und x_s, so benötigt man zwangsläufig die Parabeln $x_s = y_s^2/(2p_2)$ und $y_s = x_s^2/(2p_1)$. Und es folgt sofort aus (9.41), dass $y_s x_s = (2p_1)(2p_2)$ ist – das aber ist eine Hyperbelgleichung. Das Auffinden von y_s und x_s als mittlere der Proportion (9.41) ist also allein mit Zirkel und Lineal nicht möglich.

Da Chayyam aber nur die genannten drei Bücher der Griechen zitieren möchte und von der Kenntnis der Kegelschnitte des Apollonius ausgeht, beweist er diese Proportion als eine Folge der Eigenschaften der Kegelschnitte; und nicht andersherum.

Man beachte noch, dass der Schnittpunkt der Parabeln für die Herleitung der Proportion (9.41) nicht numerisch bestimmt werden muss. Dies wäre Chayyam auch nicht möglich, da dieser Schnittpunkt ja durch eine Gleichung dritten Grades gegeben ist. Wenn Chayyam davon spricht, dass der Schnittpunkt «der Lage nach gegeben ist», dann meint er damit, dass die Lage in der geometrischen Konstruktion bekannt ist. Dass die Achsenabschnitte der La-

---

[64] Seite 197.

ge und der Größe nach gegeben sind, entnimmt Chayyam den Sätzen D:§§25, 26 und 30.[65]

Im gewählten Koordinatensystem können die x- und y-Achsenabschnitte des Schnittpunkts der Parabeln, x_s und y_s, analytisch bestimmt werden. Quadriere Gl. (9.39) und setze in Gl. (9.40) ein, und quadriere Gl. (9.40) und setze in Gl. (9.39) ein, um zu erhalten:

$$x_s^3 = 2p_2\left(2p_1\right)^2,\tag{9.43}$$

$$y_s^3 = 2p_1\left(2p_2\right)^2.\tag{9.44}$$

Die x- und y-Koordinaten des Schnittpunkts der Parabeln (9.39) und (9.40) sind also jeweils durch Gleichungen des Typs (III) gegeben, siehe den mathematischen Kommentar zur Lösung dieses Typs auf Seite 227.

Folgendes ist sehr wichtig für das weitere Verständnis der algebraischen Abhandlung Omar Chayyams: Die Gl. (9.44) kann auf trivialem Weg umformuliert werden in:

$$\left(\frac{2p_2}{y_s}\right)^2 = \frac{y_s}{2p_1}.\tag{9.45a}$$

Diese Relation verwendet Chayyam häufig. Er sagt dann: «Das Verhältnis des Quadrats der ersten [im kontinuierlichen Verhältnis] zum Quadrat der zweiten ist gleich dem Verhältnis der zweiten zur vierten.» Ebenso gilt

$$\left(\frac{2p_1}{x_s}\right)^2 = \frac{x_s}{2p_2},\tag{9.45b}$$

was Chayyam ebenfalls gebrauchen wird, und zwar in ähnlichem Wortlaut wie gerade angegeben.

▸ **Lemma 2 … im XI. Buch der Elemente gezeigt worden ist. (124.20–124.34)**

Dies ist die Lösung der Aufgabe, auf einer gegebenen quadratischen Fläche einen Körper gegebenen Volumens zu errichten. Die Strecke K ist so gewählt,

---

[65] D:§25: «Wenn zwei der Lage nach gegebene Linien einander schneiden, ist der Punkt, in dem sie einander schneiden [hier also H bzw. I], der Lage nach gegeben.» – D:§26: «Wenn von einer Strecke die Enden der Lage nach gegeben sind [D und H bzw. I], ist die Strecke nach Lage und Größe gegeben.» – D:§30: «Wenn man von einem gegebenen Punkte zu einer der Lage nach gegebenen Geraden eine gerade Linie zieht, welche einen gegebenen Winkel bildet, ist die gezogene der Lage nach gegeben.» Den Wortlaut des letztgenannten Paragraphen übernimmt Chayyam beinahe wörtlich.

dass AB/MG = MG/K und AB/K = GI/ED. Also ist wegen AB = AC und MG = MH:

$$AB^2/MH^2 = (AB/MG) \cdot (MG/K) = AB/K. \qquad (9.46)$$

Aufgrund der Wahl von GI in dem gewünschten Verhältnis AB/K = GI/ED gilt also

$$AB^2/MH^2 = GI/DE, \qquad (9.47)$$

was die Volumengleichheit der beiden Körper der Abb. 6.15 bedeutet.[66]

Lemma 3 ... sind also gleich. Was zu beweisen war. (125.1–125.16) ◀

Dies ist die Lösung der Aufgabe, auf einer quadratischen Grundfläche einen Körper gegebener Höhe und gegebenen Volumens zu errichten. Wenn Chayyam schreibt: «Nehmen wir zwischen AB und K eine Gerade, die in der Mitte ihres Verhältnisses stehe. Diese sei EG», dann bedeutet dies analog zum Lemma 2: Wähle bei gegebenem K und AB eine Strecke EG so, dass

$$\frac{AB}{EG} = \frac{EG}{K}.$$

Der weitere Beweis ist ähnlich dem des Lemma 2.

Die Konstruktion der Seite der quadratischen Grundfläche ist in der Tat nicht trivial. Ist das gegebene Volumen des Körpers gleich V und seine gegebene Höhe gleich h, so ist die Seite a der quadratischen Grundfläche durch $a = \sqrt{V/h}$ gegeben. Dies ist im Allgemeinen keine rationale Zahl und kann daher nicht einfach nach Abb. 9.1 konstruiert werden.

9.3.5 Zum kubischen Binom

Dritte Gattung der Binome ... Was zu beweisen war. (125.19–126.11) ◀

Es handelt sich um die Gleichung

$$x^3 = b_0, \qquad (III)$$

---

[66] Diese Volumengleichheit folgt aus E:XI§34: «In gleichen Parallelflächen sind die Grundflächen den Höhen umgekehrt proportional. Und Parallelflache, in denen die Grundflächen den Höhen umgekehrt proportional sind, sind gleich.»

deren Lösung von Omar Chayyam auf diese Position nach den Lemmata verschoben worden war.[67] Diese Gattung ist der Spezialfall $r = 0$ der reduzierten Form (9.17). Ihre Diskriminante ist nach Gl. (9.22):

$$\mathcal{D} = \frac{b_0^2}{4} > 0. \tag{9.48}$$

Es existiert daher genau eine reelle Lösung.

Chayyams Lösung im kartesischen Koordinatensystem (Abb. 9.8)

Der Kubus ABCD wird mithilfe des Lemma 2 konstruiert – allein mit Zirkel und Lineal könnte die irrationale Seitenlänge $AB = BD = \sqrt[3]{b_0}$ nicht konstruiert werden. Wenn Chayyam weiter schreibt: «Nehmen wir zwischen den beiden Geraden AB und BD zwei Geraden, deren Verhältnis in der Mitte des kontinuierlichen Verhältnisses steht. [...] Seien sie E und G», dann ist dies genau die Aufgabenstellung des Lemma 1:[68] Finde die mittleren Proportionalen E und G zwischen AB und BD:

$$\frac{AB}{E} = \frac{E}{G} = \frac{G}{BD}.$$

Nach Lemma 1 findet man E und G als die y- und x-Achsenabschnitte des Schnittpunkts der beiden Parabeln

$$\mathcal{P}_1 : y = \frac{x^2}{\sqrt[3]{b_0}} \tag{9.49}$$

und

$$\mathcal{P}_2 : x = \frac{y^2}{\sqrt[3]{b_0}}. \tag{9.50}$$

Die Parameter dieser Parabeln sind jeweils die Seite des eben konstruierten Kubus: $2p_1 = 2p_2 = \sqrt[3]{b_0}$. Quadrieren von Gl. (9.49) und Einsetzen in Gl. (9.50) zeigt, dass der x-Achsenabschnitt x_s des Schnittpunkts von $\mathcal{P}_1$ und $\mathcal{P}_2$ in der Tat der Gleichung $x_s^3 = b_0$ genügt. Er ist also die Lösung von Gl. (III). Dies kann man auch direkt aus Gl. (9.43) ablesen. Die Gattung $x^3 + a_0 = 0$ wird von Chayyam gar nicht besprochen, da sie keine positiven Lösungen erlaubt.

---

[67] Siehe Seite 198.
[68] Siehe Seite 224.

9.3.6 Zu den Trinomen

Erste Gattung der sechs verbleibenden ... gelöst. (127.2–128.16)   ◄

Es handelt sich um die Gleichung

$$x^3 + a_1 x = b_0, \qquad\qquad \text{(XIII)}$$

die bereits in der reduzierten Form (9.17) vorliegt. Ihre Diskriminante ist nach
Gl. (9.22):

$$\mathcal{D} = (b_0/2)^2 + (a_1/3)^3 > 0, \quad \text{da } a_1 > 0. \qquad (9.51)$$

Es existiert daher genau eine reelle Lösung.

Chayyams Lösung im kartesischen Koordinatensystem (Abb. 9.9)

Es finden nun einige der im Abschnitt über die Kegelschnitte erworbenen
Kenntnisse Anwendung. Für die Parabel wird die Gl. (9.25) benötigt, worin
$2p$ der Parabelparameter ist. Für den Kreis wird die elementare Kreisgleichung (9.34) benötigt. Man beachte, dass die Zeichnungen Omar Chayyams
im Kommentarteil jeweils in die uns gewohnte Leserichtung gedreht sind:
Wählen wir den Punkt B der Abb. 6.18 als Ursprung eines kartesischen Koordinatensystems, so zeichnen wir Parabel und Hyperbel in die positive Zählrichtung der Achsen, also nach oben und nach rechts. Zur Lösung von (XIII)
nach Chayyams Methode zeichnen wir nun in dieses Koordinatensystem ei-
ne Parabel $\mathcal{P}$ mit Parameter $2p = \text{AB} = \sqrt{a_1}$ und einen Kreis $\mathcal{K}$ vom Radius
$r = \text{BC}/2 = b_0/2a_1$ um den Mittelpunkt $(x_\mathrm{m}, y_\mathrm{m}) = (b_0/2a_1, 0)$. Die Parabelgleichung schreiben wir aus Gl. (9.25) ab, die Kreisgleichung $(x - x_\mathrm{m})^2 + y^2 =
(b_0/2a_1)^2$ lässt sich nach y umstellen und vereinfachen:

$$\mathcal{P}: \; y = \frac{x^2}{\sqrt{a_1}} \qquad\qquad (9.52)$$

$$\mathcal{K}: \; y^2 = -x^2 + \frac{b_0}{a_1} x. \qquad\qquad (9.53)$$

Diese Form der Kreisgleichung könnte man die Scheitelpunktgleichung des
Kreises nennen.[69]

---

[69] Dies erkennt man unter anderem daran, dass sie aus der Scheitelpunktgleichung (9.31)
der Ellipse folgt, wenn $p_\text{Ell.} = a$.

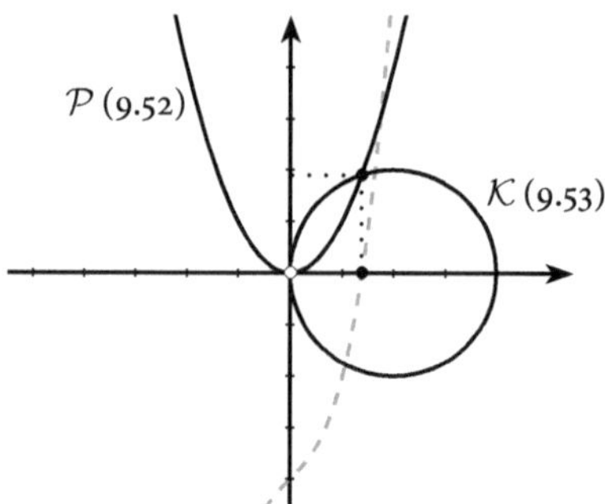

Abb. 9.9 Lösung der Gl. (XIII)

Um den x-Achsenabschnitt x_s des Schnittpunkts von $\mathcal{P}$ und $\mathcal{K}$ zu erhalten, quadrieren wir die Parabelgleichung (9.52) und setzen in die Kreisgleichung (9.53) ein. Durch elementare Umstellungen erhalten wir in der Tat:

$$x_\mathrm{s}^3 + a_1 x_\mathrm{s} = b_0. \tag{9.54}$$

Man beachte hierin, dass wir ein x «herausgekürzt» haben, ebenso wie schon in der Besprechung des kubischen Binoms. Das Quadrieren von Gl. (9.52) lieferte ja einen Term x^4. Da $x = 0$ aber per Konstruktion eine Nullstelle ist, kann ein x nach der Regel zur Faktorisierung von Polynomen ausfaktorisiert und herausgekürzt werden, um die kubische Gleichung für die restlichen drei Schnittpunkte zu erhalten.

In Abb. 9.9 sind $\mathcal{P}$ und $\mathcal{K}$ in ein wie üblich orientiertes kartesisches Koordinatensystem eingezeichnet. Die gestrichelte Linie ist die Funktion $f(x) = x^3 + a_1 x - b_0$, deren einzige reelle Nullstelle, x_1, die Projektion des Schnittpunkts von $\mathcal{P}$ und $\mathcal{K}$ auf die x-Achse ist: $x_\mathrm{s} = x_1$. Der Schnittpunkt der Kurven ist mit einem schwarzen Punkt angedeutet.

Der Schnittpunkt der Kurven am Ursprung ist wie erwähnt per Konstruktion vorgegeben und repräsentiert keine Lösung der kubischen Gleichung. Er ist in der Abbildung mit einem Kringel markiert.

Zum Verständnis von Chayyams Lösung

Die Konstruktion des Quadrats AB^2 der gegebenen Fläche a_1 erfolgt nach der Konstruktion E:II§14, die anhand der Abb. 9.2 gezeigt wurde. Außerdem ist $BC = b_0/a_1$ gemäß Lemma 2 konstruiert, siehe Seite 226.

Da der Schnittpunkt D von Parabel und Kreis, der wieder die Koordinaten (x_s, y_s) habe, offensichtlich auf dem Kreis liegt, erfüllt er die Kreisgleichung (9.53). Es gilt also $x_s^2 + y_s^2 = 2rx_s$. Durch Umstellen erhalten wir hieraus

$$\frac{y_s}{x_s} = \frac{2r - x_s}{y_s}.$$

Mit $2r = BC$, $x_s = BE$ (das heißt $2r - x_s = EC$) und $y_s = ED$ ist dies die von Chayyam behauptete Gleichheit BE/ED = ED/EC. Da der Schnittpunkt auch auf der Parabel liegt, gilt aber ebenso $BE^2 = ED \cdot AB$. Zusammengenommen erhalten wir also das in Lemma 1 definierte kontinuierliche Verhältnis:

$$\frac{AB}{BE} = \frac{BE}{ED} = \frac{ED}{EC}.$$

Hieraus folgt sofort, dass $AB^2 \cdot EC = BE^3$, siehe Gl. (9.41) und (9.44). Addieren wir auf beiden Seiten $AB^2 \cdot EB$ und berücksichtigen $BC = BE + EC$, so folgt

$$AB^2 \cdot BC = BE^3 + AB^2 \cdot BE.$$

Dies ist das Ergebnis der Gl. (9.54). Es ist also $BE = x_s$ die Lösung der Gattung (XIII).

Bemerkung

Chayyams Lösung dieser Gleichung wurde zusammen mit dem Lemma 2 von Berggren (2011) besprochen, bei ihm Seite 132 f. Dies ist auch die einzige der kubischen Gleichungen, die durch den Schnitt einer Parabel mit einem Kreis gelöst wird. Der Leser mag sich als Übungsaufgabe stellen, diese Gattung mithilfe der Gl. (9.35) zu lösen. Er wird bemerken, dass er beinahe automatisch auf Chayyams Lösung geführt wird.

Zweite Gattung der sechs verbleibenden ... der Hyperbel. (128.17–129.31)   ◀

Es handelt sich um die Gleichung

$$x^3 + a_0 = b_1 x, \qquad\qquad \text{(XIV)}$$

die bereits in der reduzierten Form (9.17) vorliegt. In der Notation (9.18a) entspricht dies einer reduzierten kubischen Gleichung mit $r = -b_1 < 0$. Die

Diskriminante ergibt sich nach Gl. (9.22) zu

$$\mathcal{D} \gtreqless 0 \quad \text{wenn} \quad a_0^2 \gtreqless 4\left(\frac{b_1}{3}\right)^3. \tag{9.55}$$

Ein genaueres Studium der drei Fälle zeigt, dass es immer eine negative reelle Lösung gibt sowie entweder keine positive reelle Lösung (wenn $\mathcal{D} > 0$), eine doppelte positive Lösung $x_2 = x_3 = \sqrt{b_1/3}$ (wenn $\mathcal{D} = 0$) oder zwei verschiedene positive reelle Lösungen $x_2 \neq x_3$ (wenn $\mathcal{D} > 0$).

Chayyams Lösung im kartesischen Koordinatensystem (Abb. 9.10)

Die Konstruktion des Quadrats AB^2 der gegebenen Fläche b_1 ($\mathrm{AB} = \sqrt{b_1}$) erfolgt nach der Konstruktion E:II§14, die im Zusammenhang mit der Abb. 9.2 besprochen wurde. Außerdem ist $\mathrm{BC} = a_0/b_1$ gemäß Lemma 2 konstruiert.[70] Wir zeichnen eine Parabel $\mathcal{P}$ mit Parameter $2p = \mathrm{AB} = \sqrt{b_1}$, deren Scheitelpunkt im Ursprung eines kartesischen Koordinatensystems liege, dessen positive y-Achse die Parabelachse sei. Nach Gl. (9.25) wird diese Parabel dann durch die Gleichung

$$\mathcal{P}: y = \frac{x^2}{\sqrt{b_1}} \tag{9.56}$$

beschrieben. Wir zeichnen eine Hyperbel $\mathcal{H}$, deren Parameter gleich ihrem Durchmesser sei: $2p_{\mathrm{Hyp.}} = 2a = \mathrm{BC} = a_0/b_1$. Ihr rechter Scheitelpunkt liege im Punkt $(2a, 0)$ auf der x-Achse. Die Hyperbelachse sei die x-Achse des Koordinatensystems. Durch die Koordinatentransformation $x \mapsto x - 2a$ erhalten wir dann aus Gl. (9.30), dass diese Hyperbel durch

$$\mathcal{H}: y^2 = 2a\left(x - 2a\right) + \left(x - 2a\right)^2 \tag{9.57}$$

oder vereinfacht durch

$$\mathcal{H}: y^2 = x^2 - \frac{a_0}{b_1}x \left(= \frac{p_{\mathrm{Hyp.}}}{a}x^2 - 2p_{\mathrm{Hyp.}}x\right) \tag{9.57*}$$

beschrieben wird, worin nun $2a = a_0/b_1$ eingesetzt ist.[71] Diese beiden Kegelschnitte sind wie schon die Parabel und der Kreis in der vorherigen Gattung gegenüber Omar Chayyams Abb. 6.19 horizontal und vertikal gespiegelt, damit die positive x-Achse nach rechts und die positive y-Achse nach oben

---

[70] Siehe Seite 226.

[71] In Klammern ist der allgemeine Fall $p_{\mathrm{Hyp.}} \neq a$ angegeben.

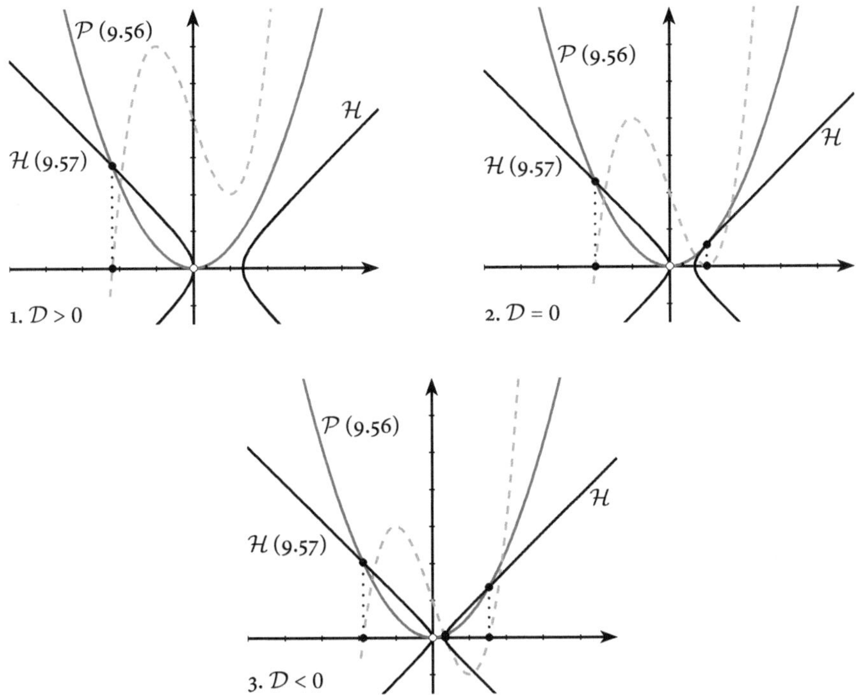

Abb. 9.10 Lösung der Gl. (XIV)

zeigt. Die Abb. 9.10 zeigt die drei verschiedenen Fälle (9.55) im so orientierten kartesischen Koordinatensystem. Die schwarzen Punkte zeigen die Schnittpunkte der Kegelschnitte und ihre x-Achsenabschnitte an, die gepunkteten Linien sind das vom jeweiligen Schnittpunkt gefällte Lot auf die x-Achse. Die gestrichelte Linie ist die Kurve, die durch die Funktion $f(x) = x^3 - b_1 x + a_0$ beschrieben wird. Der Parabelparameter hat in allen drei Abbildungen denselben Wert, das heißt, die Parabel $\mathcal{P}$ ist dieselbe.

Quadrieren von Gl. (9.56) und Gleichsetzen mit Gl. (9.57*) ergibt nach einigen elementaren Umformungen den x-Achsenabschnitt x_s des Schnittpunkts von $\mathcal{P}$ und $\mathcal{H}$ zu

$$x_\mathrm{s}^3 + a_0 = b_1 x_\mathrm{s}. \qquad (9.58)$$

Wieder haben wir auf dem Weg zu dieser Gleichung ein x «herausgekürzt». Dies ist, wie schon in der Besprechung der vorherigen Gattung, gleichbedeutend mit der Existenz eines weiteren Schnittpunkts von $\mathcal{P}$ und $\mathcal{H}$ an der Stelle $x = 0$, der per Konstruktion vorgegeben und keine Lösung der gesuchten kubischen Gleichung ist. Dieser Punkt ist in der Abb. 9.10 mit einem Kringel markiert. Die x-Achsenabschnitte der weiteren Schnittpunkte der Parabel (9.56) mit der Hyperbel (9.57*) erfüllen die Gl. (XIV). Dies ist geometrisch in der Abb. 9.10 erkennbar: Die Projektionen der Schnittpunkte auf die x-Achse fallen mit den Nullpunkten der Kurve $f(x) = x^3 - b_1 x + a_0$ zusammen.

Zum ersten Mal taucht hier das typische Auslassen der negativen Lösung einer kubischen Gleichung auf, die durch das Unterschlagen des zweiten Hyperbelasts verursacht wird. In Chayyams Abb. 6.19 schneiden sich $\mathcal{P}$ und $\mathcal{H}$ entweder keinmal, einmal oder zweimal. Diese Chayyamsche Abbildung entspricht dem ersten Quadranten der Abb. 9.10. Die drei von Chayyam genannten Fälle entsprechen Werten der Diskriminante $\mathcal{D} > 0$, $= 0$ oder < 0, in dieser Reihenfolge. Zeichnen wir aber auch den linken Ast der Hyperbel $\mathcal{H}$ (da wir um $2a$ nach rechts verschoben haben, liegt der Scheitelpunkt des linken Asts nun im Ursprung), erhalten wir jedoch, dass $\mathcal{P}$ und $\mathcal{H}$ sich je nach dem Wert der Diskriminante entweder einmal, zweimal oder dreimal schneiden. In jedem der drei Fälle gibt es also eine reelle Lösung mehr als von Chayyam angegeben, nämlich eine negative. Das heißt, $\mathcal{P}$ und $\mathcal{H}$ schneiden sich immer mindestens einmal.[72] Diese Lösung ist aber für Chayyam nicht relevant, da er sich nur für echt positive Koeffizienten interessiert. Und die positiven Lösungen findet er allesamt.

Zum Verständnis von Chayyams Lösung

Der zitierte Satz der Kegelschnitte lautet:

> Wenn bei einer Hyperbel, Ellipse oder einem Kreise von Kurvenpunkten aus Geraden zum Durchmesser geordnet bis zu diesem gezogen werden [das heißt, wenn die *Ordinaten* dieses Punktes gezogen werden, vergleiche Seite 224], so werden sich die Quadrate dieser Strecken zu den Rechtecken, die gebildet werden von den Abschnitten des Durchmessers, verhalten wie der Parameter zum Durchmesser [...].[73]

Für Abb. 6.19 gilt also $\mathrm{IE}^2 / (\mathrm{BI} \cdot \mathrm{IC}) = \mathrm{BC}/\mathrm{BC} = 1$.[74] Die Parabelgleichung von $\mathcal{P}$ kann nach KS:I§11 geschrieben werden als $\mathrm{BI}^2 = \mathrm{BH} \cdot \mathrm{BA}$,[75] die Kombination

---

[72] Außer für $a_0 = b_1 = 0$, dann ist $x = 0$ die einzige (dreifache) Lösung von (XIV).

[73] KS:I§21.

[74] Aus dem Term in der Klammer der Gl. (9.57*) folgt allgemein für einen Punkt (x, y) auf der Hyperbel: $y^2 / (x(x - 2a)) = p_{\mathrm{Hyp.}}/a$. Der Abschnitt $x - 2a$ ist der von Apollonius sogenannte «Abschnitt des Durchmessers» des Kurvenpunkts (x, y).

[75] KS:I§11 wurde anhand der Abbn. 9.5a) und 9.6a) ausführlich diskutiert.

dieser beiden Gleichungen ergibt dann das in Lemma 1 eingeführte kontinuierliche Verhältnis von BA, BI, BH und IC. Dies ist gemäß Gl. (9.44) aber gleichbedeutend mit $BI^3 = AB^2 \cdot IC$. Addiert man auf beiden Seiten $AB^2 \cdot BC$ und berücksichtigt man BI = BC + CI, so folgt:

$$BI^3 + AB^2 \cdot BC = AB^2 \cdot BI.$$

Dies ist das Ergebnis der Gl. (9.58). Es ist also BI = x_s eine Lösung der Gattung (XIV). Schneiden sich $\mathcal{P}$ und $\mathcal{H}$ zweimal im 1. Quadranten, so gelten dieselben Beziehungen am zusätzlichen Schnittpunkt.

Omar Chayyams Erwähnung von KS:I§58 bleibt ein wenig unverständlich. Es könnte KS:I§52 gemeint sein, der die Konstruktion einer rechtwinkligen Parabel mit vorgegebenem Parameter und vorgegebener Achse betrifft. Der nächste die Hyperbel betreffende Satz bei Apollonius ist KS:I§54, der eine sehr allgemeine Konstruktion eines Kegelschnitts entlang einer gegebenen Achse mit gegebenem Parameter und Durchmesser angibt. Omar Chayyams Konstruktion ist ein sehr einfacher Spezialfall hiervon, sodass die Erwähnung dieses Paragraphen der *Kegelschnitte* eigentlich nicht notwendig erscheint.

Dritte Gattung der sechs verbleibenden ... Hyperbel. (129.32–130.34) ◄

Es handelt sich um die Gleichung

$$x^3 = b_0 + b_1 x, \qquad\qquad \textbf{(XV)}$$

die bereits in der reduzierten Form (9.17) vorliegt. Wegen $s^2 = (-b_0)^2 = b_0^2$ [in der Gl. (9.18b)] sind die Lösungsbedingungen identisch mit jenen der im vorangegangenen Kommentar besprochenen Gleichung des Typs (XIV). Es muss lediglich $a_0 \to -b_0$ ersetzt werden, was aufgrund des Quadrats in Gl. (9.55) zu keiner Veränderung der Bedingungen für die drei Fälle führt:

$$\mathcal{D} \gtreqless 0 \quad \text{wenn} \quad b_0^2 \gtreqless 4\left(\frac{b_1}{3}\right)^3. \qquad\qquad (9.59)$$

Der Vergleich mit der vorherigen Gattung zeigt, dass es für alle Vorzeichen von $\mathcal{D}$ genau eine positive reelle Lösung gibt (x_1), die anderen beiden Lösungen sind immer entweder negativ oder imaginär.

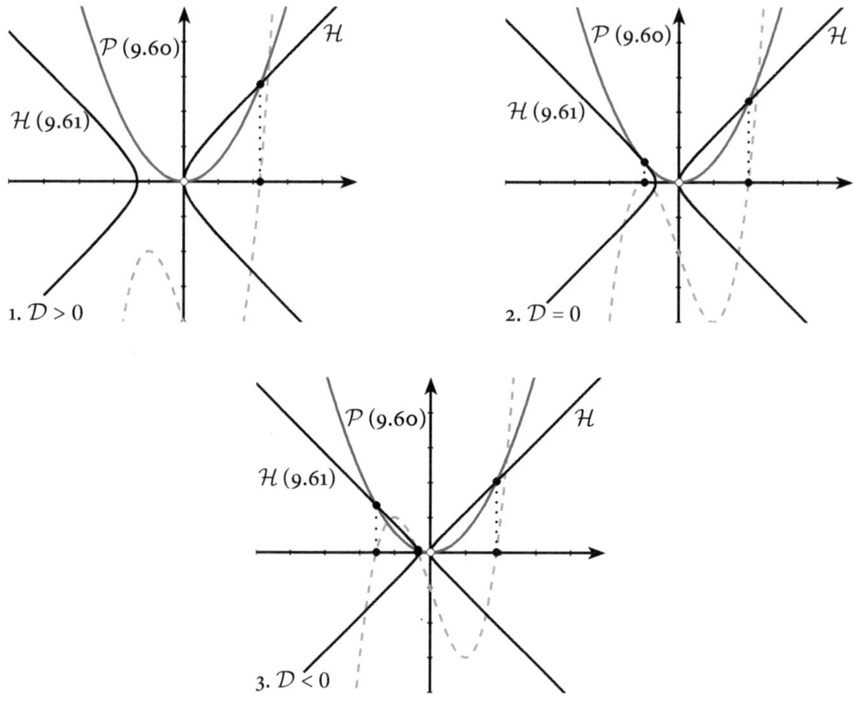

Abb. 9.11 Lösung der Gl. (XV)

Chayyams Lösung im kartesischen Koordinatensystem (Abb. 9.11)

Wegen der Entsprechung der Lösungsbedingungen mit jenen der Gleichung
des Typs (XIV) erfolgt die geometrische Lösung durch den Schnitt derselben
Parabel[76]

$$\mathcal{P} : y = \frac{x^2}{\sqrt{b_1}} \tag{9.60}$$

mit der Hyperbel

$$\mathcal{H} : y^2 = x^2 + \frac{b_0}{b_1} x. \tag{9.61}$$

Man erhält die zur Abb. 9.10 analoge Abb. 9.11, in der wieder der Schnittpunkt im Ursprung nicht Lösung der kubischen Gleichung ist. Die Punkte in der Abbildung zeigen die Schnittpunkte der Kegelschnitte und ihre x-
Achsenabschnitte an, die gepunkteten Linien sind die von den Schnittpunkten auf die x-Achse gefällten Lote. Die gestrichelte Linie ist die Kurve, die

---

[76] Wieder mit $2p = \mathrm{AB} = \sqrt{b_1}$ als Parameter, vergleiche Abb. 6.20.

durch die Funktion $f(x) = x^3 - b_1 x - b_0$ beschrieben wird. Der Parabelparameter hat zum Zwecke der Vergleichbarkeit in allen drei Diagrammen dieser Abbildung denselben Wert wie in Abb. 9.10. Auch ist der Wert von b_0 gleich dem negativen des Werts von a_0 aus der Abb. 9.10 gewählt. Die Abbildung zeigt, dass es immer nur genau eine positive Lösung gibt. Dies freilich ist der Grund für Chayyams Schlussfolgerung, dass «diese Gattung keine verschiedenen Fälle umfasst»,[77] denn die möglichen negativen Lösungen berücksichtigt er nicht.

Bemerkung

Diese Gattung, die wie schon die vorigen bereits in der reduzierten Form (9.17) vorliegt, ist von der Form, die Chayyam die Lösung nach der allgemeinen Gl. (9.35) erlaubt. Denn in diesem Fall sind darin alle Kurvenparameter positiv.

Vierte Gattung der sechs … Parabel und einer Hyperbel. (130.35–132.16)   ◄

Es handelt sich um die Gleichung

$$x^3 + a_2 x^2 = b_0, \tag{XVI}$$

deren reduzierte Form (9.19) man mit $x \mapsto -b_0/x$ zu

$$x^3 - a_2 b_0 x + 2x + b_0^2 = 0 \tag{XVIr}$$

erhält. Die Diskriminante der reduzierten Form nach Gl. (9.22) ist dann

$$\mathcal{D} = b_0^2 \left(\frac{b_0}{2}\right)^2 - b_0^3 \left(\frac{a_2}{3}\right)^3, \tag{9.62}$$

also

$$\mathcal{D} \gtreqless 0 \quad \text{wenn} \quad b_0 \gtreqless 4\left(\frac{a_2}{3}\right)^3. \tag{9.63}$$

---

[77] Seite 130.31.

Chayyams Lösung im kartesischen Koordinatensystem (Abb. 9.12)

Wir zeichnen die Hyperbel

$$\mathcal{H} : y = \frac{\sqrt[3]{b_0^2}}{x} \tag{9.64}$$

in ein wie üblich orientiertes Koordinatensystem. Die Hyperbel (9.64) ist eine um $\frac{\pi}{4}$ gedrehte Hyperbel in Mittelpunktslage, deren Parameter gleich ihrem Durchmesser ist:[78]

$$2a = 2\mathrm{DB} = 2\sqrt{2\sqrt[3]{b_0^2}}.$$

Wir zeichnen in dasselbe Koordinatensystem (Abb. 6.21) eine nach rechts geöffnete Parabel des Parameters $2p = \mathrm{BC} = (b_0^2)^{1/3}$ mit der positiven x-Achse als Achse und mit Scheitelpunkt in $(x, y) = (-a_2, 0)$:

$$\mathcal{P} : x = \frac{y^2}{\sqrt[3]{b_0}} - a_2. \tag{9.65}$$

Diese Parabelgleichung folgt aus der Scheitelpunktgleichung (9.25) durch eine Translation $x \to x + a_2$. Den x-Achsenabschnitt des Schnittpunkts von $\mathcal{H}$ und $\mathcal{P}$, x_s, erhalten wir durch Quadrieren von (9.64) und Einsetzen in (9.65) zu

$$x_\mathrm{s}^3 + a_2 x_\mathrm{s}^2 = b_0. \tag{9.66}$$

Der x-Achsenabschnitt des Schnittpunkts der Hyperbel (9.64) mit der Parabel (9.65) erfüllt also die Gl. (XVI). Die drei Fälle $\mathcal{D} \gtreqless 0$ sind in der Abb. 9.12 dargestellt, in der wie gewohnt die Punkte die Schnittpunkte der Kegelschnitte anzeigen, die gepunkteten Linien ihre Projektion auf die x-Achse sind und in der die gestrichelte Linie die zur Gl. (XVI) gehörige Kurve $f(x) = x^3 + a_2 x^2 - b_0$ ist. Nur im Fall $\mathcal{D} > 0$ verpasst man keine Lösung, wenn man wie Chayyam nur den einen Hyperbelast betrachtet. Im Fall $\mathcal{D} = 0$ berührt die Parabel aber den anderen Hyperbelast, sodass es eine weitere, negative Lösung gibt. Für $\mathcal{D} < 0$ schneidet die Parabel den anderen Hyperbelast zweimal, sodass es zwei weitere, negative Lösungen gibt.

Man beachte, dass dieses Mal in der Herleitung der Gl. (9.66), anders als bei den bisherigen kubischen Gleichungen, kein x herausgekürzt werden musste. Wie man auch in der Abb. 9.12 erkennt, schneiden sich die beiden Kurven höchstens dreimal.

---

[78] Vgl. die Diskussion vor Gl. (9.33).

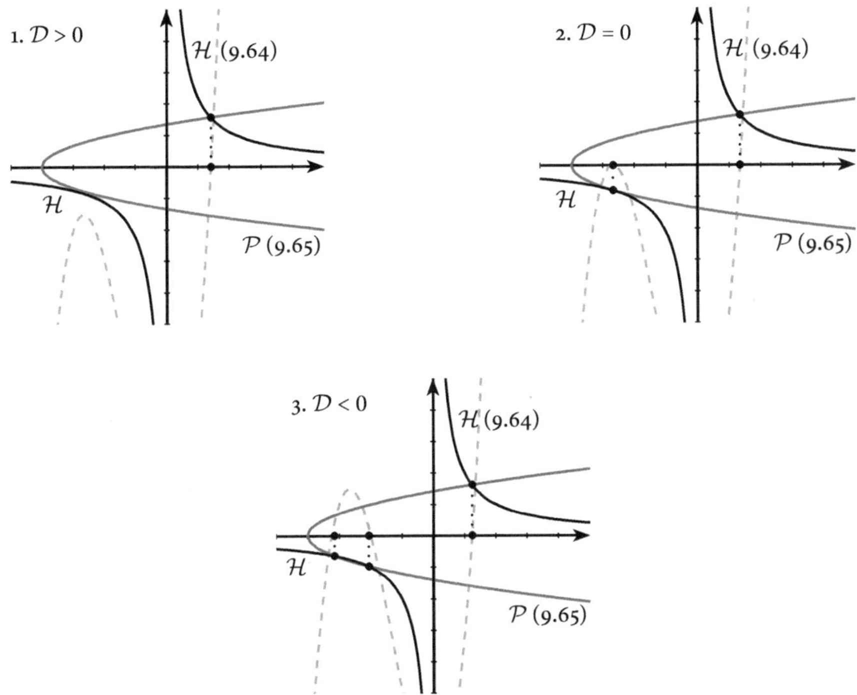

Abb. 9.12 Lösung der Gl. (XVI)

Zum Verständnis von Chayyams Lösung

Die Konstruktion eines Kubus, «der gleich der gegebenen Zahl» ist, erfolgt mithilfe der in der Lösung der Gl. (III) angegebenen Konstruktion.

Für die Konstruktion der Hyperbel EDN bedient sich Omar Chayyam eines Spezialfalls von KS:II§4, wo die Konstruktion einer Hyperbel durch einen gegebenen Punkt angegeben wird, der in einem durch zwei Schenkel aufgespannten beliebigen Winkel liegt. Diese Konstruktion wurde bereits in Schritt 4 der Konstruktionsanleitung auf Seite 16 angegeben. Für einen beliebigen Winkel ist die Konstruktion sehr einfach, und für den Fall eines rechten Winkels geradezu trivial. Es sei kurz anhand der Abb. 6.21 wiederholt, was schon in der Einleitung anhand Abb. 1.4 rechts gesagt wurde: Verbinde DB und verlängere diese über B hinaus um sich selbst bis F. Dann ist DF = 2DB = $2a$ der Durchmesser der Hyperbel. Verlängere BI um sich selbst hinaus bis B'. Verlängere B'D über sich selbst hinaus, bis sie die Verlängerung von BC über C hinaus in C' schneidet. Der Parameter der Hyperbel ist dann

$2p = B'C'^2/DF$. Weil der Winkel CBI ein rechter ist, ist aber $B'C' = DF$, folglich ist $2p = 2a = DF$ der Parameter bezüglich des Durchmessers.

Dass die vom Schnittpunkt «auf die Gerade AI gezogene Senkrechte diese unmöglich in I oder jenseits von I schneiden kann», folgt direkt aus der Gl. (9.66): Weil die Koeffizienten a_2 und b_0 echt größer als Null sind, muss notwendigerweise $x_s^3 < b_0$ sein, das heißt $x_s < \sqrt[3]{b_0} = BI$. Interessant ist, dass Chayyam die möglichen Lösungen x_s nicht auf das Intervall BI beschränkt, entsprechend dem positiven Abschnitt $[0, \sqrt[3]{b_0}]$, sondern explizit und korrekterweise sagt, dass die Lösung «zwischen A und I» liegen muss, also im Intervall $[-a_2, \sqrt[3]{b_0}]$. Die negativen Lösungen, die natürlich in genau dieses Intervall fallen, gibt er aber dennoch nicht an.

Die Flächengleichheit der Rechtecke EB und DB, die Chayyam verwendet, folgt direkt aus der Hyperbelgleichung (9.64), nach der für zwei beliebige Punkte P_1 und P_2 auf der Hyperbel gilt: $y_1x_1 = y_2x_2 \, [= (b_0^2)^{1/3}]$. Dies wurde, wie von Chayyam notiert, auch in KS:II§12 bewiesen.

Chayyams weitere Argumentation ist weitgehend analog zu den Lösungen der vorherigen Gleichungen. Für die Gültigkeit der von Chayyam behaupteten Beziehung $BG^2/BC^2 = BC/AG$ beachte man die Gl. (9.45a) und (9.45b).

▶ **Fünfte Gattung der sechs … Parabel und einer Hyperbel. (132.17–135.14)**

Es handelt sich um Mahanis Gleichung:[79]

$$x^3 + a_0 = b_2 x^2. \tag{XVII}$$

Sie geht aus Gl. (XVI) durch die Ersetzungen $b_0 \mapsto -a_0$ und $a_2 \mapsto -b_2$ hervor. Entsprechend erhält man mit $x \mapsto a_0/x$ ihre reduzierte Form (9.19) zu

$$x^3 - b_2 a_0 x + a_0^2 = 0, \tag{XVIIr}$$

deren Diskriminante (9.22) dann

$$\mathcal{D} = a_0^2 \left(\frac{a_0}{2} \right)^2 - a_0^3 \left(\frac{b_2}{3} \right)^3 \tag{9.67}$$

lautet. Hieraus folgt, dass

$$\mathcal{D} \gtreqless 0 \quad \text{wenn} \quad a_0 \gtreqless 4 \left(\frac{b_2}{3} \right)^3. \tag{9.68}$$

---

[79] Siehe Gl. (8.10) auf Seite 173.

Omar Chayyam diskutiert die Existenzbedingungen für eine positive Lösung und die auftretenden Fälle dieser Gleichung sehr ausführlich, weswegen auch in diesem Kommentar die Bedingungen (9.68) ausführlicher diskutiert werden sollen als in den bisherigen und den weiteren Fällen.

1 $\mathcal{D} > 0$: Nach den Gln. (9.20) und (9.21) sind für diesen Fall die Lösungen x_2 und x_3 imaginär, x_1 ist die einzige reelle Lösung. Wir suchen die Bedingung dafür, dass x_1 positiv ist. Bezeichnet wie gewohnt s den nullten Koeffizienten der reduzierten Form, so ist $x_1 > 0$ den genannten Gln. (9.20) und (9.21) zufolge äquivalent zu $u > -v$, das heißt:

$$\sqrt[3]{-\tfrac{s}{2} + \sqrt{\mathcal{D}}} > -\sqrt[3]{-\tfrac{s}{2} - \sqrt{\mathcal{D}}}$$
$$\Leftrightarrow \quad -\tfrac{s}{2} + \sqrt{\mathcal{D}} > \tfrac{s}{2} + \sqrt{\mathcal{D}}$$
$$\Leftrightarrow \quad s < 0.$$

Es ist aber s gegeben als a_0^2 und somit immer größer als Null. Dies ist ein Widerspruch. Es ist also x_1 nicht größer als Null, und auch a_0/x_1 (die Rücktransformierte der Lösung) ist nicht größer als Null. Im Fall $\mathcal{D} > 0$ ist die einzige reelle Lösung x_1 der Gl. (XVII) also immer negativ.

2 $\mathcal{D} = 0$: Für diesen Fall liest man aus den Gl. (9.21) ab, dass

$$u = v = \sqrt[3]{-\tfrac{s}{2}} = -\sqrt[3]{\tfrac{a_0^2}{2}}.$$

Man erhält somit die Lösungen $x_1 = 2u = 2v = -(4a_0^2)^{1/3}$ und $x_2 = x_3 = -u = -v = (a_0^2/2)^{1/3}$ der reduzierten Form (XVIIr). Es muss nun noch zurücktransformiert werden auf die ursprüngliche Form (XVII), um das Ergebnis zu erhalten. Dies gelingt durch die Umkehrtransformation $x \mapsto a_0/x$. Zugleich kann in diesem Fall ausgenutzt werden, dass wegen $\mathcal{D} = 0$ auch $a_0 = 4(b_2/3)^3$ gilt. Das Ergebnis kann dann in zwei alternativen Varianten geschrieben werden:

$$x_1 = -\sqrt[3]{\tfrac{a_0}{4}} = -\tfrac{1}{3}b_2,$$
$$x_{2,3} = \sqrt[3]{2a_0} = +\tfrac{2}{3}b_2.$$

In diesem Fall existiert eine reelle Lösung x_1, die immer negativ ist, und eine doppelte reelle Lösung $x_2 = x_3$, die immer positiv ist.

3 $\mathcal{D} < 0$: Für diesen Fall gilt für die Negativität der ersten Lösung x_1 dasselbe Argument wie im 1. Fall. Die Diskussion der weiteren zwei Lösungen x_2 und x_3 würde hier den Rahmen sprengen. Die explizite Berechnung von u und v würde das Ziehen der Wurzel aus der negativen Diskriminante verlangen.[80] Man erhält in einer solchen Betrachtung, dass beide Lösungen x_2 und x_3 positiv sind. Dies ist aber auch aus Stetigkeitsüberlegungen klar: Während $\mathcal{D}$ von einem positiven Wert zu einem negativen Wert übergeht, erlaubt es bei $\mathcal{D} = 0$ eine echt positive, doppelte Lösung $x_2 = x_3$. Ein nur infinitesimal kleiner, negativer Wert der Diskriminante muss dann ebenfalls zwei positive Lösungen erlauben.

Die Bedingung dafür, dass eine positive reelle Lösung existiert, ist also, dass $\mathcal{D} \leq 0$. Oder anders ausgedrückt:

$$\exists \text{ mindestens eine positive Lösung, wenn } \sqrt[3]{a_0} \leq \sqrt[3]{4}\,\frac{b_2}{3}. \tag{9.69}$$

Dies ist zugleich die notwendige und die hinreichende Bedingung für die Existenz einer positiven Lösung, da alle Umformungen in der Herleitung von Gl. (9.69) Äquivalenzumformungen sind. Es sei noch bemerkt, dass näherungsweise $\sqrt[3]{4}/3 = 0.529\ldots \approx 1/2$ ist. Diese näherungsweise Gleichheit wird helfen, Omar Chayyams Fallunterscheidung besser zu verstehen, siehe den Absatz zum Verständnis von Chayyams Lösung unten.

Chayyams Lösung im kartesischen Koordinatensystem (Abb. 9.13)

Die Lösung im kartesischen Koordinatensystem ist vollkommen analog zu der vorherigen Gl. (XVI). Es wird die Hyperbel

$$\mathcal{H}: y = \frac{\sqrt[3]{a_0^2}}{x} \tag{9.70}$$

mit der Parabel

$$\mathcal{P}: x = -\frac{y^2}{\sqrt[3]{a_0}} + b_2 \tag{9.71}$$

---

[80] Es existiert aber eine Parametrisierung der Lösung, die diese Schwierigkeit zu umgehen erlaubt: Man wähle Parameter $\alpha = -(r/3)^{3/2}$ und $\cos\beta = -s/(2\alpha)$: Die Lösungen der reduzierten Form sind dann $x_1 = 2\alpha^{1/3}\cos(\beta/3)$, $x_2 = 2\alpha^{1/3}\cos(\beta/3 + 2\pi/3)$, $x_3 = 2\alpha^{1/3}\cos(\beta/3 + 4\pi/3)$.

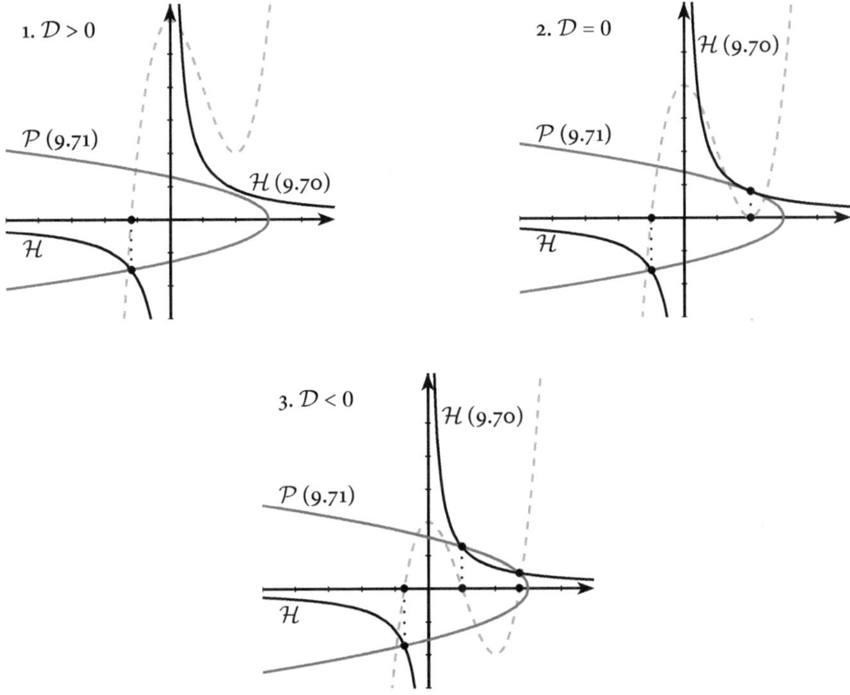

Abb. 9.13 Lösung der Gl. (XVII)

geschnitten, die nun in die negative x-Richtung geöffnet ist. Die oben diskutierten Lösungen der verschiedenen Fälle im kartesischen Koordinatensystem sind in Abb. 9.13 dargestellt. Hierin zeigen die Punkte die Schnittpunkte der Kegelschnitte an, die gepunkteten Linien sind ihre Projektion auf die x-Achse, und die gestrichelte Linie ist die zur Gl. (XVII) gehörige Kurve $f(x) = x^3 - b_2 x^2 + a_0$. Es gibt in jedem Fall jeweils eine negative Lösung.

Wie schon in der vorherigen Gattung, so schneiden sich auch hier die beiden Kurven höchstens dreimal. Dies wird auch algebraisch klar, wenn wir (9.70) quadrieren und in (9.71) einsetzen. Wir erhalten auf diese Weise eine Gleichung des Typs (XVII), ohne dass wir irgendwo ein x kürzen müssten.

Zum Verständnis von Chayyams Lösung

Zu Beginn von Omar Chayyams Diskussion werden die drei möglichen Fälle $\sqrt[3]{a_0} \gtreqless b_2$ besprochen, um die Existenzbedingungen für eine positive Lösung und infolgedessen die Lösbarkeit des Problems zu bestimmen. Die Argumentation Chayyams geht wie folgt:

1 Sei $\sqrt[3]{a_0} = b_2$. Es gibt dann drei Möglichkeiten:

    a $x = \sqrt[3]{a_0} = b_2$, dann ist $b_2 x^2 = x^3$, was wegen $a_0 > 0$ unmöglich ist.

    b $x < \sqrt[3]{a_0} = b_2$, dann ist $b_2 x^2 < a_0$, was wegen $x > 0$ unmöglich ist.

    c $x > \sqrt[3]{a_0} = b_2$, dann ist $b_2 x^2 < x^3$, was wegen $a_0 > 0$ unmöglich ist.

2 Sei $\sqrt[3]{a_0} > b_2$. Es gibt dann drei Möglichkeiten:

    a $x = \sqrt[3]{a_0} = b_2$, dann ist $b_2 x^2 < a_0$, was wegen $x > 0$ unmöglich ist.

    b $x < \sqrt[3]{a_0} = b_2$, dann ist $b_2 x^2 < a_0$, was wegen $x > 0$ unmöglich ist.

    c $x > \sqrt[3]{a_0} = b_2$, dann ist $b_2 x^2 < x^3$, was wegen $a_0 > 0$ unmöglich ist.

3 Es muss notwendig $\sqrt[3]{a_0} < b_2$ sein, damit das Problem nicht unlösbar ist. Wenn diese Bedingung auch nicht exakt mit (9.69) übereinstimmt, so ist sie doch eine notwendige Bedingung dafür, dass die Gleichung nicht unlösbar ist. Denn wenn eine positive Lösung von Gl. (XVII) existiert, dann ist notwendigerweise $\sqrt[3]{a_0} \leq (\sqrt[3]{4}/3)b_2$, also insbesondere auch $\sqrt[3]{a_0} < b_2$. Eine Bestimmung der hinreichenden Bedingung ist Chayyam offensichtlich nicht mit Genauigkeit gelungen, und er muss sich mit der im Folgenden erläuterten Annäherung an die exakte Bedingung (9.69) begnügen, die er den Angaben von Rashed und Vahabzadeh, Seite 88 zufolge von Abu al-Dschud übernommen hat.

Es sei also nun $\sqrt[3]{a_0} < b_2$. Chayyams Abb. 6.22 stellt die drei Fälle $\sqrt[3]{a_0} \gtreqless (1/2)b_2$ dar.[81]

    a Sei $\sqrt[3]{a_0} = (1/2)b_2$ [Abb. 6.22(i)]: Der Scheitelpunkt D ist ein Schnittpunkt. Da hier auch $\sqrt[3]{a_0} < (\sqrt[3]{4}/3)b_2$ gilt, gibt es eine weitere positive Lösung, die der Leser laut Chayyam schon in der «geringsten

---

[81] Wie wir aus der Gl. (9.69) wissen, ist der Faktor (1/2) in der exakten Fallunterscheidung durch $\sqrt[3]{4} = 0.529\ldots$ zu ersetzen. Chayyam behauptet aber auch gar nicht, dass seine Bedingung exakt ist, sondern beschreibt vollständig alle möglichen positiven Lösungen dieser drei Fälle. Wie schon die oben formulierte notwendige Bedingung dient auch diese Unterscheidung von drei Fällen eher der Orientierung als einer strengen Unterscheidung. Die Konstruktion der Hyperbel durch den Punkt D mit den gegebenen Asymptoten erfolgt wie schon in der Lösung der vorherigen Gleichung nach KS:II§4, vergleiche Abb. 1.4 auf Seite 16.

Untersuchung» findet. Man kann dem Autor hier Übermut vorwerfen, gerade an einer Stelle, an der er selbst die genaue Fallunterscheidung nicht erreicht. Bezug nimmt Chayyam auf den Lösungsversuch dieser Gleichung durch Abu al-Dschud, der geschrieben habe, dass Hyperbel und Parabel in diesem Fall in D tangential seien, sich also nur einmal berührten.

b Sei $\sqrt[3]{a_0} > (1/2)b_2$ [Abb. 6.22(ii)]: Es gibt mehrere Möglichkeiten. Entweder ist auch $\sqrt[3]{a_0} > (\sqrt[3]{4}/3)b_2$, dann gibt es keinen Schnittpunkt, oder es ist $(1/2)b_0 < \sqrt[3]{a_0} = (\sqrt[3]{4}/3)b_2$, dann gibt es eine positive Lösung (Berührung), oder aber es ist $(1/2)b_0 < \sqrt[3]{a_0} < (\sqrt[3]{4}/3)b_2$, dann gibt es zwei positive Lösungen (Schnittpunkte). Während Chayyam den Grenzfall nicht korrekt angibt, findet er doch, dass es in diesem Fall einen oder zwei Schnittpunkte geben kann. Ein Fortschritt gegenüber der Lösung von Abu al-Dschud.

c Sei $\sqrt[3]{a_0} < (1/2)b_2$ [Abb. 6.22(iii)]: Dann ist auch $\sqrt[3]{a_0} < (\sqrt[3]{4}/3)b_2$, und es gibt zwei positive Lösungen.

Sechste Gattung der sechs ... Parabel und einer Hyperbel. (135.15–136.10) ◄

Es handelt sich um die Gleichung

$$x^3 = b_0 + b_2 x^2, \tag{XVIII}$$

die aus der Gl. (XVI) durch die Ersetzung $a_2 \mapsto -b_2$ hervorgeht. Entsprechend erhält man mit $x \mapsto -b_0/x$ ihre reduzierte Form (9.19) zu

$$x^3 + b_2 b_0 x + b_0^2 = 0, \tag{XVIIIr}$$

deren Diskriminante (9.22) man zu

$$\mathcal{D} = b_0^3 \left[\frac{b_0}{4} + \left(\frac{b_2}{3} \right)^3 \right] > 0 \tag{9.72}$$

bestimmt. Da sie immer größer als Null ist, gibt es genau eine reelle Lösung x_1. Ansehen der Gl. (9.21) zeigt, dass diese Lösung immer positiv ist. Denn u ist immer größer als Null und zugleich größer als v.

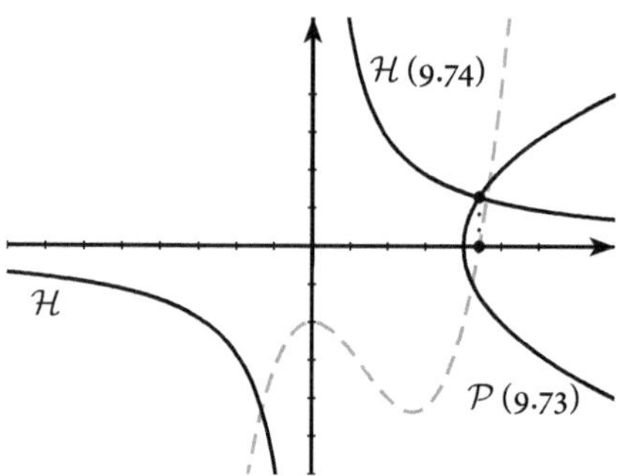

Abb. 9.14 Lösung der Gl. (XVIII)

Chayyams Lösung im kartesischen Koordinatensystem (Abb. 9.14)

Der Ursprung eines wie üblich orientierten kartesischen Koordinatensystems
liege im Punkt A der Abb. 6.23. Es ist AB $= b_2$ und BC $= \sqrt{b_0/b_2}$. Wir zeichnen
die Parabel

$$\mathcal{P}:\ x = \frac{y^2}{b_2} + b_2 \tag{9.73}$$

in dieses Koordinatensystem. Weiterhin hat die von Chayyam benötigte Hyperbel in diesem Koordinatensystem die x- und y-Achsen zu Asymptoten
und muss daher in der Form der Gl. (9.33) geschrieben werden. Da die Konstruktion fordert, dass sie durch den Punkt C $: (b_2, \sqrt{b_0/b_2})$ geht, muss ihre
Gleichung lauten:

$$\mathcal{H}:\ y = \frac{\sqrt{b_0 b_2}}{x}. \tag{9.74}$$

Den x-Achsenabschnitt des Schnittpunkts von $\mathcal{H}$ und $\mathcal{P}$, x_s, erhalten wir wie
gewohnt durch Quadrieren von (9.74) und Einsetzen in (9.73) zu

$$x_\mathrm{s}^3 = b_0 + b_2 x_\mathrm{s}^2. \tag{9.75}$$

Der x-Achsenabschnitt des Schnittpunkts der Parabel (9.73) mit der Hyperbel
(9.74) erfüllt also die Gl. (XVIII). Die beiden Kegelschnitte und ihr Schnittpunkt sind in der Abb. 9.14 dargestellt, in der wie gewohnt der schwarze Punkt
den Schnittpunkt der Kegelschnitte anzeigt, die gepunktete Linie seine Projektion auf die x-Achse und in der die gestrichelte Linie die zur Gl. (XVI)
gehörige Kurve $f(x) = x^3 - b_2 x^2 - b_0$ ist.

Zum Verständnis von Chayyams Lösung

Die Konstruktion der Hyperbel erfolgt wie schon zuvor gemäß KS:II§4, wie in der Einleitung anhand Abb. 1.4 besprochen wurde. Die weitere Argumentation Chayyams ist analog den vorherigen.

9.3.7 Zu den Quadrinomen

Erste Gattung der vier ... und des Kreises gelöst. (137.2–138.9) ◄

Es handelt sich um die Gleichung

$$x^3 + a_2 x^2 + a_1 x = b_0,\qquad\text{(XIX)}$$

deren Diskriminante (9.22) man nach den Gln. (9.15)–(9.18) zu

$$\mathcal{D} = \frac{1}{4}\left(a_1 - \frac{a_2}{3}\right)^2 + \frac{1}{27}\left(2(\frac{a_2}{3})^3 - \frac{a_1 a_2}{3} - b_0\right)^3 \qquad (9.76)$$

erhält. Ohne die Diskriminante auszuschreiben, ist klar, dass sie größer als Null, gleich Null und kleiner als Null sein kann.

Chayyams Lösung im kartesischen Koordinatensystem (Abb. 9.15)

Wir legen den Ursprung eines wie üblich orientierten Koordinatensystems in den Punkt B der Abb. 6.24. Chayyams Kreis hat seiner Konstruktion zufolge den Durchmesser $2r = \mathrm{CD} = \mathrm{CB} + \mathrm{BD} = a_2 + b_0/a_1$. Die Koordinaten $(x_\mathrm{M}, y_\mathrm{M})$ des Mittelpunkts dieses Kreises erhalten wir in einer elementaren Betrachtung zu $x_\mathrm{M} = \frac{1}{2}(a_2 - b_0/a_1)$, $y_\mathrm{M} = 0$. Der von Chayyam gewählte Kreis $\mathcal{K}$ wird demnach durch die Kreisgleichung

$$\mathcal{K}: \left[x - \frac{1}{2}\left(a_2 - \frac{b_0}{a_1}\right)\right]^2 + y^2 = \left[\frac{1}{2}\left(a_2 + \frac{b_0}{a_1}\right)\right]^2$$

beschrieben, worin die allgemeine Kreisgleichung (9.34) verwendet wurde. Einige Umformungen ergeben:

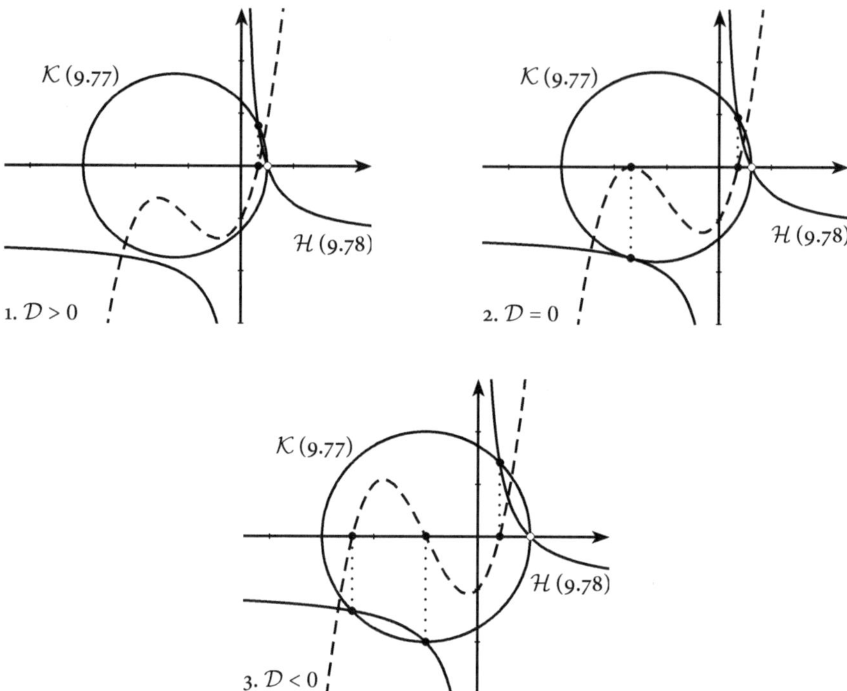

Abb. 9.15 Lösung der Gl. (XIX)

$$\mathcal{K}:\; y^2 = (x+a_2)\left(\frac{b_0}{a_1}-x\right).^{82} \tag{9.77}$$

Die von Chayyam gewählte Hyperbel ist wie schon in den vorhergehenden Lösungen eine rechtwinklige Hyperbel, deren Asymptoten parallel zur x- und zur y-Achse sind. Sie muss also durch eine Gleichung der Art (9.33) beschrieben werden. Allerdings ist ihr Mittelpunkt im so gewählten Koordinatensystem um $\sqrt{a_1}$ nach unten verschoben, das heißt, wir erhalten ihre Gleichung durch eine Translation von (9.33) in die negative y-Richtung. Die Asymptoten der Hyperbel sind also die y-Achse und die zur x-Achse parallele Linie $y=-\sqrt{a_1}$. Zur weiteren Bestimmung der Hyperbelgleichung nutzen wir, dass der Punkt C: $(b_0/a_1, 0)$ per Konstruktion auf der Hyperbel liegt und erhalten

$$\mathcal{H}:\; y + \sqrt{a_1} = \frac{b_0}{\sqrt{a_1}x}. \tag{9.78}$$

---

[82] Diese Version der Kreisgleichung kann auch direkt aus dem Lemma erhalten werden, das zur Lösung der Gl. (II) verwendet wurde. Siehe hierzu die Abb. 9.2 auf Seite 196.

Die Bestimmung des x-Achsenabschnitts x_s der Schnittpunkte dieser beiden Kegelschnitte gelingt allerdings dieses Mal nicht einfach, indem wir (9.78) quadrieren und in (9.77) einsetzen. Denn es gibt per Konstruktion einen Schnittpunkt der beiden Kegelschnitte, der nicht Lösung der gesuchten Gleichung ist, der aber auch nicht bei $x = 0$ liegt, wie dies bisher einige Male der Fall war. Dies wird in allen folgenden Lösungen so sein. Im vorliegenden Fall ist dieser zusätzliche Schnittpunkt C aufgrund unserer Wahl der Koordinatenachsen zugleich ein Nullpunkt der Kegelschnittkurven.[83] Um unser Ziel zu erreichen, müssen wir daher in den beiden algebraischen Ausdrücken, die die Kegelschnitte beschreiben, einen Term $(x - b_0/a_1)$ ausfaktorisieren.[84] Für den Kreis ist uns dies bereits gelungen, nämlich in Form der Gl. (9.77); der Vorzeichenwechsel von $(x - b_0/a_1)$ auf $(b_0/a_1 - x)$ spielt dabei keine Rolle. Für die Hyperbel können wir folgendermaßen vorgehen: Wir schreiben die Gl. (9.78) zunächst in der Form

$$\left(y + \sqrt{a_1}\right)x = \frac{b_0}{\sqrt{a_1}} = \sqrt{a_1}\frac{b_0}{a_1}$$

und ziehen dann hiervon auf beiden Seiten $\sqrt{a_1}x$ ab. Das Ergebnis stellen wir elementar um auf

$$\frac{y}{\frac{b_0}{a_1} - x} = \frac{\sqrt{a_1}}{x}, \tag{9.78*}$$

wo nun der gewünschte Faktor $(b_0/a_1 - x)$ erscheint. Teilen wir jetzt die Kreisgleichung (9.77) auf beiden Seiten durch $(b_0/a_1 - x)^2$, so können wir das gerade erhaltene Ergebnis auf ihrer linken Seite zweimal einsetzen. Der «unerwünschte» Schnittpunkt kürzt sich so heraus, und wir erhalten die Relation

$$\frac{a_1}{x_s^2} = \frac{x_s + a_2}{\frac{b_0}{a_1} - x_s},$$

die wir nach einigen elementaren Umformungen als die Gl. (XIX) identifizieren. Der x-Achsenabschnitt der Schnittpunkte der Hyperbel (9.78) mit dem Kreis (9.77) löst also tatsächlich die kubische Gleichung. Die beiden Kegelschnitte und ihre Schnittpunkte sind für die drei möglichen Fälle $\mathcal{D} \gtreqless 0$ in der Abb. 9.15 dargestellt, in der die Punkte die Schnittpunkte der Kegelschnitte anzeigen, die gepunkteten Linien ihre Projektion auf die x-Achse

---

[83] Gleichzeitige Translationen beider Kurven um denselben Betrag in die y-Richtung haben natürlich für die Lösung der Gleichung keine Relevanz, da wir nur an den x-Achsenabschnitten ihrer Schnittpunkte interessiert sind.

[84] Siehe Seite 208.

sind und in der die gestrichelte Linie die zur Gl. (XIX) gehörige Kurve $f(x) = x^3 + a_2x^2 + a_1x - b_0$ ist. Weiterhin ist mit einem Kringel die Position des zusätzlichen Schnittpunkts markiert, der nicht Lösung der Gleichung ist. Die Abbildung zeigt insbesondere, dass in jedem der drei Fälle genau eine positive reelle Lösung existiert. Die beiden weiteren Lösungen sind immer negativ oder imaginär, weswegen Chayyam ihnen keine Beachtung schenkt.

Bemerkenswert ist natürlich, dass Chayyam hier mit vier Schnittpunkten arbeitet, die alle von $x = 0$ verschieden sind. Indem er einen davon durch die Konstruktion vorgibt, erhält er in den weiteren drei Schnittpunkten eine Lösung eines kubischen Problems. Lässt man den vierten Schnittpunkt aber frei, so ist die generische Erweiterungsmöglichkeit von Chayyams Lösungsmethode auf Gleichungen vierten Grades offensichtlich und eine gute Übungsaufgabe für den Leser: Finde zu einem gegebenen Problem vierten Grades, $x^4 + ax^3 + bx^2 + cx + d = 0$, die Kegelschnittkurven, deren Schnittpunkte Lösung des Problems sind. Probleme noch höheren Grades allerdings können durch den Schnitt von Kegelschnitten nicht mehr gelöst werden. Hierfür benötigt man Kurven höherer Ordnungen, die den islamischen Mathematikern zumindest für Spezialfälle jedoch ebenfalls bekannt waren.[85]

▸ **Zweite Gattung der vier … was zu beweisen war. (138.10–139.22)**

Es handelt sich um die Gleichung

$$x^3 + a_2x^2 + a_0 = b_1x, \qquad\qquad \text{(XX)}$$

deren Diskriminante größer als Null, gleich Null und negativ sein kann. Die Gl. (XX) erlaubt also alle drei Fälle: eine reelle Lösung, zwei reelle Lösungen oder keine reelle Lösung.

Chayyams Lösung im kartesischen Koordinatensystem (Abb. 9.16)

Die erste von Chayyam gewählte Hyperbel, $\mathcal{H}_1$, ist wie schon in den vorhergehenden Lösungen eine um 45° gedrehte rechtwinklige Hyperbel, und wir wählen ihre Asymptoten als die x- und y-Achsen eines wie üblich orientierten Koordinatensystems. Der Ursprung dieses Systems ist dann der Punkt A

---

[85] Siehe hierzu Chayyams Bemerkung ab Seite 154.8 und den zugehörigen mathematischen Kommentar ab Seite 271.

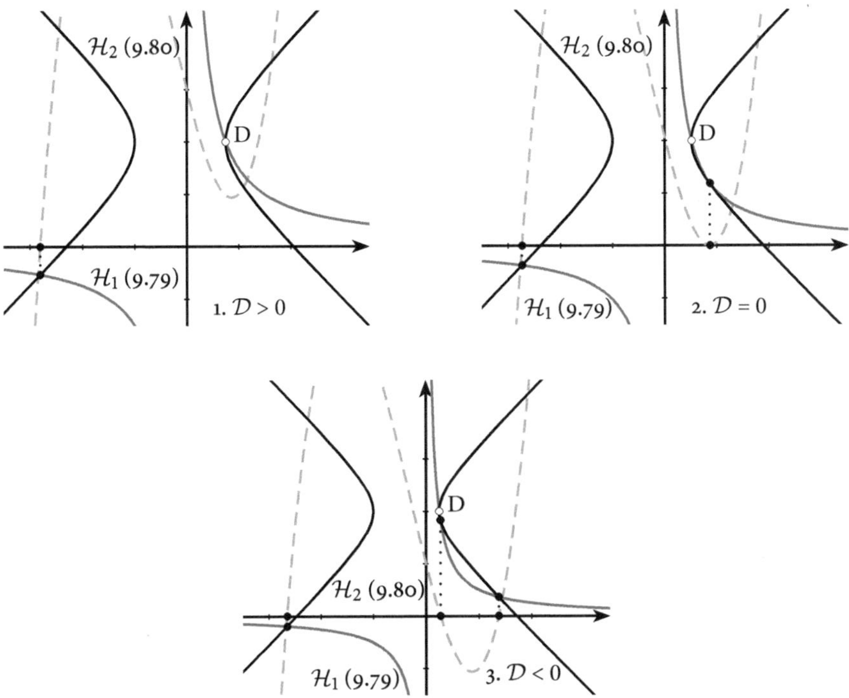

Abb. 9.16 Lösung der Gl. (XX)

in Chayyams Abb. 6.25. Es sind $AB^2 = b_1$, $BC = a_2$ und $BD = a_0/b_1$ konstruiert. Der Punkt D hat also die Koordinaten $D : (a_0/b_1, \sqrt{b_1})$, und da er auf der Hyperbel $\mathcal{H}_1$ liegen soll, können wir die Konstante der reziproken Hyperbelgleichung (9.33) bestimmen und die Hyperbelgleichung hinschreiben:

$$\mathcal{H}_1 : y = \frac{a_0}{\sqrt{b_1}x}. \tag{9.79}$$

Die Gleichung der zweiten Hyperbel, $\mathcal{H}_2$, erhalten wir folgendermaßen: Chayyam wählt ihren Parameter und Durchmesser $2p_{\text{Hyp.}} = 2a = a_0/b_1 + a_2$ und legt ihren Scheitelpunkt in den Punkt D. Wir können also die Scheitelpunktgleichung (9.30) nutzen und eine Translation des Scheitelpunkts vom Ursprung in diesen Punkt D ausführen: $x \mapsto x - a_0/b_1$, $y \mapsto y - \sqrt{b_1}$. Wir erhalten in dieser Prozedur die Hyperbelgleichung

$$\mathcal{H}_2 : (y - \sqrt{b_1})^2 = (\frac{a_0}{b_1} + a_2)\left(x - \frac{a_0}{b_1}\right) + \left(x - \frac{a_0}{b_1}\right)^2. \tag{9.80}$$

Diese Gleichung sieht kompliziert aus, entpuppt sich aber als sehr elegant. Der Leser möge sich davon überzeugen, dass Gl. (9.80) identisch ist mit

$$\mathcal{H}_2 : (y - \sqrt{b_1})^2 = (x + a_2)\left(x - \frac{a_0}{b_1}\right). \tag{9.80*}$$

Diese Form für $\mathcal{H}_2$ zeigt den direkten Zusammenhang mit der vorherigen und den nachfolgenden Gattungen, man vergleiche mit den Gl. (9.77), (9.81), (9.85*), (9.88*), (9.90*) und (9.93*). Wie schon in der vorherigen Gattung schneiden sich diese beiden Kegelschnitte per Konstruktion in einem Punkt D, der nicht Lösung der Gl. (XX) ist und nicht bei $x = 0$ liegt. Wir können also nicht einfach (9.79) in (9.80) einsetzen, um die Gleichung zu erhalten. Der Schnittpunkt D hat die x-Koordinaten a_0/b_1 und wir müssen entsprechend den Regeln für die Faktorisierung von Polynomen[86] den Term $(x - a_0/b_1)$ ausfaktorisieren. Dies ist in den Gl. (9.80) und (9.80*) für die Hyperbel $\mathcal{H}_2$ schon gelungen. Für die Hyperbel $\mathcal{H}_1$ stellen wir Gl. (9.79) nach x um, subtrahieren auf beiden Seiten a_0/b_1 und erhalten nach einigen weiteren elementaren Umformungen

$$\mathcal{H}_1 : \frac{y - \sqrt{b_1}}{x - a_0/b_1} = -\frac{\sqrt{b_1}}{x}. \tag{9.79*}$$

Setzen wir dies in (9.80) ein, so erhalten wir für den x-Achsenabschnitt x_s des Schnittpunkts von $\mathcal{H}_1$ und $\mathcal{H}_2$:

$$\frac{b_1}{x_\mathrm{s}^2}\left(x_\mathrm{s} - \frac{a_0}{b_1}\right) = a_2 + x_\mathrm{s}.$$

Triviale Umformungen zeigen, dass dies identisch ist mit Gl. (XX). Der x-Achsenabschnitt der Schnittpunkte der Hyperbel (9.79) mit der Hyperbel (9.80) löst also wie gewünscht die Gleichung $x^3 + a_2 x^2 + a_0 = b_1 x$. Die beiden Kegelschnitte und ihre Schnittpunkte sind für die drei möglichen Fälle $\mathcal{D} \gtreqless 0$ in der Abb. 9.16 dargestellt, in der die Punkte die Schnittpunkte der Kegelschnitte anzeigen, die gepunkteten Linien ihre Projektion auf die x-Achse sind und in der die gestrichelte Linie die zur Gl. (XX) gehörige Kurve $f(x) = x^3 + a_2 x^2 - b_1 x + a_0$ ist. Ein Kringel markiert die Position des zusätzlichen Schnittpunkts der Kegelschnitte, der per Konstruktion bekannt ist und nicht Lösung der kubischen Gleichung ist. Die Abb. 9.16 zeigt auch, dass nur in zwei der drei Fällen positive reelle Lösungen existieren; eine oder zwei, je nachdem, ob $\mathcal{D} = 0$ oder < 0, in dieser Reihenfolge. Die in allen drei Fällen auftretende negative reelle Lösung wird von Chayyam nicht erwähnt.

---

[86] Siehe Seite 208.

Dritte Gattung der vier … Gott allein weiß es. (139.23–143.2) ◄

Es handelt sich um die Gleichung

$$x^3 + a_1 x + a_0 = b_2 x^2,\qquad\qquad\text{(XXI)}$$

die für positive Koeffizienten a_0, a_1, b_2 alle drei Fälle $\mathcal{D} > 0, = 0, < 0$ ermöglicht, wie das Hinschreiben von (9.22) mithilfe von (9.16) und (9.18) erkennen lässt.

Chayyams Lösung im kartesischen Koordinatensystem (Abb. 9.17)

Es ist BE $= b_2$, BC$^2 = a_1$[87] und AB $= a_0/a_1$[88] konstruiert. Wir legen den Ursprung eines wie üblich orientierten kartesischen Koordinatensystems in den Punkt B von Chayyams Abb. 6.26. Den Halbkreis über AE erhalten wir analog zum Kreis (9.77) zu

$$\mathcal{K}:\; y^2 = (b_2 - x)\left(\frac{a_0}{a_1} + x\right).\qquad\qquad\text{(9.81)}$$

Man überzeugt sich schnell, dass die Höhe dieses Kreises über dem Punkt B gleich $y(x = 0) = \sqrt{a_0 b_2/a_1}$ ist. Dies ist der y-Abschnitt des Punktes G der Abb. 6.26. Die Analyse Omar Chayyams ist dieses Mal länglicher als üblich, bedingt durch die Tatsache, dass er ausführlicher auf die von einem seiner direkten «Vorgänger» vorgeschlagene Lösung eingeht. Dieser Vorgänger ist Abu al-Dschud, über den in der Einleitung auf Seite 46 berichtet wurde. Chayyam erwähnte ihn bereits anlässlich seiner Lösung der Gl. (XVII). Die ausführliche Behandlung der verschiedenen möglichen Lagen von C und H relativ zum Kreis (in 140.11–142.9) ist wohl ein schrittweises Nachvollziehen des Lösungswegs von Abu al-Dschud. Die Position von C und H relativ zum Kreis hat allerdings nichts mit der Fallunterscheidung zu tun.[89] Der algebraische Ausdruck für die Diskriminante $\mathcal{D}$ ist ebenso wie der für die Position des Punkts H etwas länglich. Man braucht sie aber gar nicht hinzuschreiben, da ihre Irrelevanz auch in der Abb. 9.17 sichtbar wird. Wegen dieser Bedeutungslosigkeit der Lagen dieser Punkte verwirft Chayyam diese komplizierten, aber nutzlosen Ausführungen schließlich selbst und formuliert stattdessen eine eigene, elegante Konstruktionsregel:

---

[87] Nach E:II§14, siehe Abb. 9.2 auf Seite 196.

[88] Nach Lemma 2, siehe Seite 226.

[89] Der Punkt C beispielsweise liegt innerhalb, auf oder außerhalb des Kreises, wenn BC $= \sqrt{a_1} \lesseqqgtr \sqrt{a_0 b_2/a_1}$, das heißt, wenn $a_1^2 \lesseqqgtr a_0 b_2$, in dieser Reihenfolge.

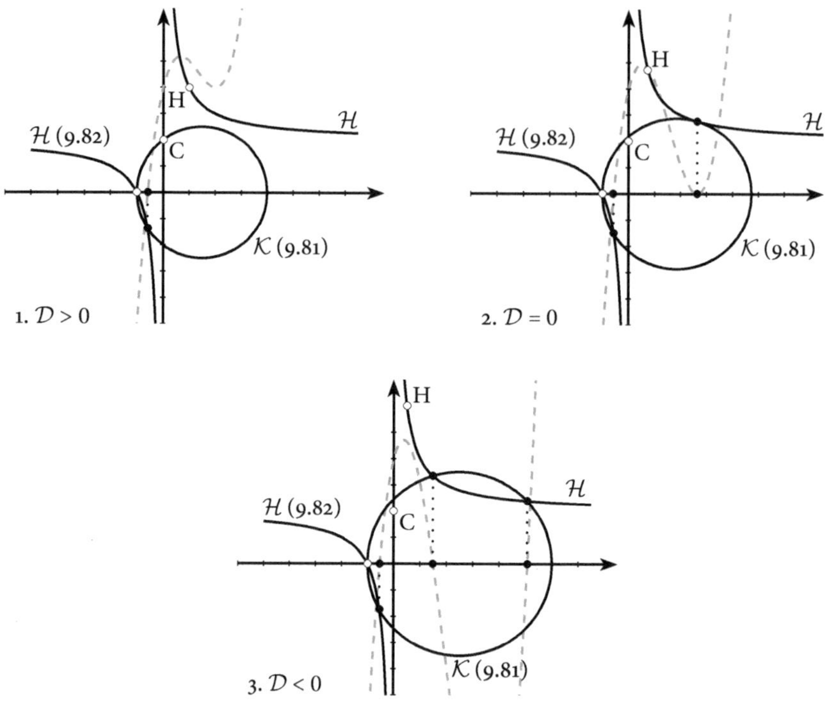

Abb. 9.17 Lösung der Gl. (XXI)

> Da wir trotz allem fürchten, dass diese Schlussfolgerung manchem der Leser zu
> schwierig sein könnte, wollen wir von ihr Abstand nehmen und eine Regel vor-
> schlagen, die diese Art von Schlussfolgerung nicht benötigt.[90]

Die darauf folgend von Chayyam angegebene Konstruktionsregel ist die ge-
naue Konstruktion der Hyperbel nach Gl. (9.33): Denn da die x- und die y-
Koordinate von H die Hyperbelgleichung gemeinsam befriedigen müssen, ist
die unabhängige Kenntnis der genauen y-Koordinate gar nicht notwendig.
Allein die Kenntnis des Produkts xy ist für die Bestimmung des Hyperbel-
durchmessers, der hier gleich dem Hyperbelparameter ist, ausreichend. Das
Produkt xy der Koordinaten des Punkts H ist aber in Abb. 6.26 gerade die
Fläche des Rechtecks CH. Die einzelnen Längen seiner Seiten CM und MH
sind unwichtig für die Konstruktion der Hyperbel. Omar Chayyam verpasst
auch diese Gelegenheit nicht, seine Überlegenheit zu demonstrieren! Er ordnet den von Abu al-Dschud überaus ausführlich diskutierten Spezialfall kurz
und bündig in seine Methode ein.

---

[90] Seite 142.7.

Diese Methode nun geht wie folgt: Wir konstruieren in Abb. 6.26 das Rechteck $CM \cdot MH$, das dieselbe Fläche habe wie das Rechteck AC. Diese Fläche ist $AB \cdot BC = a_0/\sqrt{a_1}$. MH ist gegeben durch $\sqrt{(a_0/a_1)b_2} - \sqrt{a_1}$, und CM kann durch elementares Umstellen bestimmt werden. Die Längen der Strecken MH und CM bestimmen die Hyperbel, die durch H gehen und die x- und die y-Achse zu Asymptoten haben soll. Es ist zur genauen Bestimmung dieser Hyperbel am einfachsten, sich den Ursprung unseres Koordinatensystems *für den Moment* in den Punkt C gelegt zu denken. Die Hyperbel ist dann durch die einfache Gl. (9.33) beschrieben, das heißt durch eine Gleichung der Art $xy = \text{const}$. Die darin auftauchende, vorerst unbekannte Konstante wird bestimmt als die Fläche des Rechtecks AC der Abb. 6.26, also per Konstruktion zu $a_0/\sqrt{a_1}$. Verschieben wir sie nun auf der y-Achse um $\sqrt{a_1}$ nach unten, so erhalten wir die einfache Hyperbelgleichung

$$\mathcal{H}: \; y - \sqrt{a_1} = \frac{a_0}{\sqrt{a_1}\,x}. \tag{9.82}$$

Würde Omar Chayyam auch den zweiten Ast der Hyperbel zeichnen, so könnte er sich den Umweg über den Punkt H sparen und stattdessen direkt eine Hyperbel mit denselben Asymptoten durch den Punkt A zeichnen. Die von Chayyam benötigte Hyperbel wäre dann einfach der linke Ast dieser Hyperbel. Man erkennt auf diese Art auch, dass der Punkt $A : (-a_0/a_1, 0)$ ein Schnittpunkt von $\mathcal{H}$ und $\mathcal{K}$ ist, der nicht die Gl. (XXI) erfüllt.

Wie schon in den vorherigen Gleichungen müssen wir also zur Bestimmung der anderen bis zu drei Schnittpunkte einen Term ausfaktorisieren, nämlich $(a_0/a_1 + x)$. Dies ist für den Kreis (9.81) bereits per Konstruktion geschehen, für die Hyperbel stellen wir (9.82) zunächst nach y um,

$$\mathcal{H}: \; y = \sqrt{a_1}\left(\frac{a_0}{a_1 x} + 1\right) = \frac{\sqrt{a_1}}{x}\left(\frac{a_0}{a_1} + x\right). \tag{9.82*}$$

Dies können wir zweimal in (9.81) einsetzen und den zusätzlichen Schnittpunkt $(-a_0/a_1, 0)$ herauskürzen. Wir erhalten für die restlichen Schnittpunkte:

$$\frac{a_1}{x_\mathrm{s}^2} = \frac{b_2 - x_\mathrm{s}}{(a_0/a_1 + x_\mathrm{s})}. \tag{9.83}$$

Diese Gleichung erweist sich mit wenigen elementaren Umformungen als identisch mit Gl. (XXI). Der x-Achsenabschnitt x_s der Schnittpunkte [ausgenommen den Punkt $(-a_0/a_1, 0)$] des Kreises (9.81) mit der Hyperbel (9.82) erfüllt also die gewünschte Gleichung.

Die beiden Kegelschnitte und ihre Schnittpunkte sind für die drei möglichen Fälle $\mathcal{D} \gtreqless 0$ in der Abb. 9.17 dargestellt, in der die Punkte die Schnittpunkte der Kegelschnitte anzeigen, die gepunkteten Linien ihre Projektion auf die x-Achse sind und in der die gestrichelte Linie die zur Gl. (XXI) gehörige Kurve $f(x) = x^3 - b_2 x^2 + a_1 x + a_0$ ist. Der Einfachheit halber ist in den drei Fällen dieselbe Hyperbel gewählt. Ebenfalls ist die Lage der Punkte C und H für die der Zeichnung zugrunde liegenden Parameterwerte $\{a_0, a_1, b_2\}$ als Kringel eingezeichnet, um zu illustrieren, dass sie mit der Fallunterscheidung nach $\mathcal{D}$ nichts zu tun haben. Ein weiterer Kringel zeigt die Position des vierten Schnittpunkts der Kegelschnittkurven an, der in der Konstruktion vorgegeben und nicht Lösung der Gleichung ist. Die Abbildung zeigt auch, dass nur in zwei der drei Fälle positive reelle Lösungen existieren; eine oder zwei, je nachdem, ob $\mathcal{D} = 0$ oder < 0, in dieser Reihenfolge. Die in allen drei Fällen auftretende negative reelle Lösung wird von Chayyam nicht erwähnt.

Chayyams Zahlenbeispiel

Sei die Länge der zu teilenden Strecke gleich b, dann ist $x + (b - x) = b$. Nehmen wir an, dass $(b - x) > x$, so lautet die zweite Hälfte der Aufgabenstellung:

$$x^2 + (b - x)^2 + (b - x)/x = c, \; c \in \mathbb{Q}.$$

Einige elementare Umformungen liefern hieraus

$$x^3 + \frac{1}{2}(b^2 - c - 1)x + \frac{b}{2} = bx^2,$$

was mit dem Zahlenbeispiel $b = 10$, $c = 72$ ergibt:

$$x^3 + \frac{27}{2}x + 5 = 10x^2.$$

Durch Einsetzen der Koeffizienten in die Gl. (9.81) und (9.82) erhält man den zur Lösung dieser Gleichung benötigten Kreis bzw. die Hyperbel. Der Leser mag sich zur Übung der Methode durch das Zeichnen dieser Kurven davon überzeugen, dass sie sich dreimal schneiden und dass zwei der Lösungen positiv sind (sie sind 2 und $\approx 8,3$). Allerdings liegen sowohl C als auch H in diesem Fall außerhalb des Kreises. Für Chayyams Bemerkung zu al-Schanni ganz am Ende, die wohl seine Verwirrung über die tatsächliche Autorschaft der Arbeit Abu al-Dschuds ausdrückt, siehe Fußnote 28 auf Seite 46.

Vierte Gattung der vier … Probleme ist unlösbar. (143.3–144.20)   ◂

Es handelt sich um die Gleichung

$$x^3 = b_0 + b_1 x + b_2 x^2. \qquad\qquad \text{(XXII)}$$

Da alle Koeffizienten nur positiv sein können, muss immer eine Lösung dieser Gleichung positiv sein. Es sind auch negative Lösungen möglich, wie das Hinschreiben von (9.22) mithilfe von (9.16) und (9.18) erkennen lässt.

Chayyams Lösung im kartesischen Koordinatensystem (Abb. 9.18)

Es ist per Konstruktion $BE^2 = b_1$[91], $AB = b_0/b_1$[92] und $BC = b_2$. Chayyam wendet nun seine in der Besprechung der vorherigen Gattung formulierte «Regel» an: Konstruktion eines Rechtecks der Fläche AE auf der Strecke EM in Abb. 6.27. Wie dort besprochen, genügt die Kenntnis der Rechtecksfläche AE in der Abb. 6.27 zur Bestimmung der Hyperbel, die genaue Kenntnis der Seiten des Rechtecks, EM und MH, wird nicht benötigt. Wir denken uns zunächst den Ursprung eines wie üblich orientierten kartesischen Koordinatensystems in den Punkt E derselben Abbildung gelegt. Die Hyperbel $\mathcal{H}_1$ hat in diesem Koordinatensystem die einfache Form (9.33), das heißt $xy = \text{const.}$ Die Konstante ist gleich der Fläche des Rechtecks AE, das heißt b_0/b_1. Wir verschieben nun den Ursprung des Koordinatensystems um BE entlang der x-Achse nach unten, das heißt in den Punkt B. Wir erhalten dann

$$\mathcal{H}_1 : \; y - \sqrt{b_1} = \frac{b_0}{\sqrt{b_1}\,x}. \qquad\qquad (9.84)$$

Weil die Rechtecke EH und AE gleich groß sind, ist per Konstruktion klar, dass der zweite Ast dieser Hyperbel durch den Punkt A geht.

Die zweite Hyperbel hat die x-Achse des Koordinatensystems zur Achse, und ihr Parameter und Durchmesser ist $2p_{\text{Hyp.}} = 2a = b_2 + b_0/b_1$. Läge der Ursprung des Koordinatensystems im Punkt C der Abb. 6.27, dann wäre die Hyperbel nach Gl. (9.30) einfach $y^2 = (b_2 + b_0/b_1)x + x^2$. *Dieses* Koordinatensystem müssen wir aber nur noch um $BC = b_2$ nach links verschieben, also die Translation $x \mapsto x - b_2$ ausführen, um die zweite Hyperbel im selben System wie die erste zu erhalten:

---

[91] Nach E:II§14, siehe Abb. 9.2.
[92] Nach Lemma 2, siehe Seite 226.

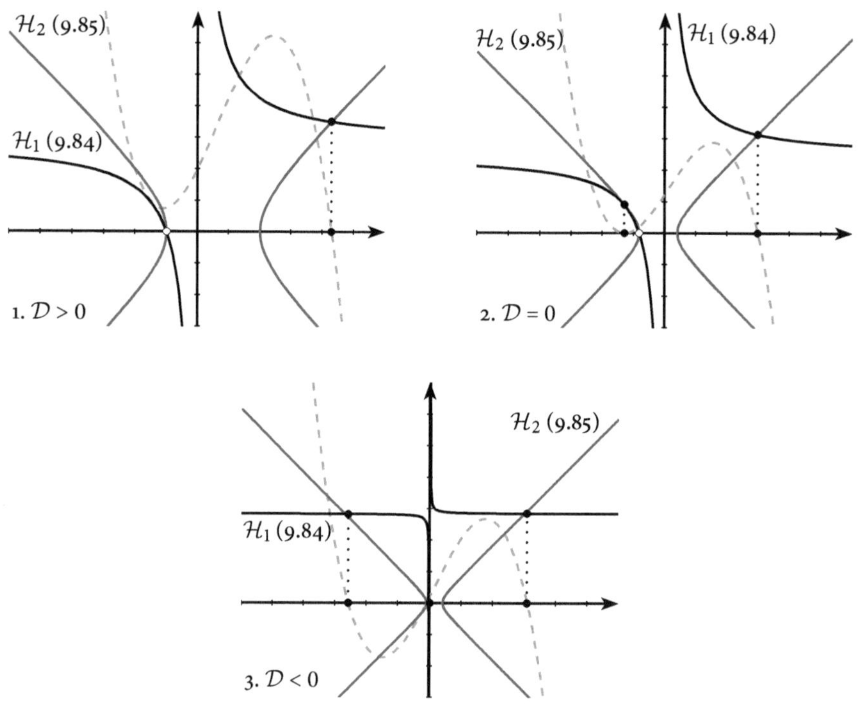

Abb. 9.18 Lösung der Gl. (XXII)

$$\mathcal{H}_2: \ y^2 = \left(b_2 + \frac{b_0}{b_1}\right)(x - b_2) + (x - b_2)^2. \tag{9.85}$$

Ausklammern von $(x - b_2)$ auf der rechten Seite liefert wieder

$$\mathcal{H}_2: \ y^2 = (x - b_2)\left(x + \frac{b_0}{b_1}\right). \tag{9.85*}$$

Da AC der Durchmesser der Hyperbel ist, muss ihr zweiter Ast seinen Scheitelpunkt in A haben. Aber auch die Hyperbel $\mathcal{H}_1$ geht durch A – also haben wir auch in dieser Konstruktion wieder einen Schnittpunkt der Kegelschnitte vorliegen, der per Konstruktion vorgegeben und nicht Lösung der behandelten Gl. (XXII) ist. Wir müssen daher in der Herleitung der definierenden Gleichung der anderen Schnittpunkte von $\mathcal{H}_1$ und $\mathcal{H}_2$ einen Term $(x + b_0/b_1)$ ausfaktorisieren. Dies gelingt für $\mathcal{H}_1$ durch Umstellen nach y und Ausklammern von $\sqrt{b_1}/x$ auf der rechten Seite:

$$\mathcal{H}_1: \quad \frac{y}{\left(\frac{b_0}{b_1}+x\right)} = \frac{\sqrt{b_1}}{x}. \qquad\qquad (9.84^*)$$

Im Fall von $\mathcal{H}_2$ ist der Term $(x+b_0/b_1)$ bereits ausgeklammert, siehe Gl. (9.85*). Setzen wir nun (9.84*) in (9.85*) ein, so erhalten wir den x-Achsenabschnitt x_s der weiteren Schnittpunkte von $\mathcal{H}_1$ und $\mathcal{H}_2$ zu

$$\frac{b_1}{x_\mathrm{s}^2} = \frac{x_\mathrm{s}-b_2}{\left(x_\mathrm{s}+\frac{b_0}{b_1}\right)}. \qquad\qquad (9.86)$$

Umformungen zeigen, dass (9.86) identisch ist mit der zu lösenden Gl. (XXII).

Die beiden Kegelschnitte und ihre Schnittpunkte sind für die drei möglichen Fälle $\mathcal{D} \gtreqless 0$ in der Abb. 9.18 links dargestellt, in der die Punkte die Schnittpunkte der Kegelschnitte anzeigen, die gepunkteten Linien ihre Projektion auf die x-Achse sind und in der die gestrichelte Linie die zur Gl. (XXII) gehörige Kurve $f(x) = b_2x^2 + b_1x + b_0 - x^3$ ist. In der Abbildung ist als Kringel der zusätzliche Schnittpunkt bei $-b_0/b_1$ dargestellt, der in der Konstruktion vorgegeben werden muss. Der Übersichtlichkeit halber ist in der dritten dieser Abbildungen der zusätzliche Schnittpunkt A:$(-b_0/b_1, 0)$ nicht dargestellt, da es in der Nähe des Ursprungs schon eng genug zugeht. Es gibt immer genau eine positive Lösung. Die möglichen negativen Lösungen werden von Omar Chayyam missachtet, weswegen er schlussfolgert, dass «diese Gattung keine verschiedenen Fälle umfasst».

Erste Gattung der drei ... zweier Hyperbeln. (145.2–146.36)   ◄

Es handelt sich um die Gleichung

$$x^3 + a_2x^2 = b_1x + b_0, \qquad\qquad \text{(XXIII)}$$

die immer genau eine positive reelle Lösung hat.
In den drei noch ausstehenden quadrinomischen Gln. (XXIII)–(XXV) stehen jeweils zwei Terme zwei Termen gegenüber. Auf einer der Seiten steht also immer eine positive Zahl, der entweder ein Vielfaches von x, von x^2 oder von x^3 hinzugefügt wird. Nach ein wenig Überlegen ist damit klar, dass es immer mindestens eine positive Lösung für jede dieser Gattungen geben muss.

Chayyams Lösung im kartesischen Koordinatensystem (Abb. 9.19)

Es ist per Konstruktion in der Abb. 6.28 $BD^2 = b_1$, $CB = a_2$ und $AB = S = b_0/b_1$. Omar Chayyam wendet nun erneut seine in der Besprechung der beiden vorherigen Gattungen formulierte «Regel» an: Konstruktion eines Rechtecks der Fläche AD auf der Strecke DG. Wie schon bemerkt, genügt die Kenntnis der Rechtecksfläche AD zur Bestimmung der Hyperbel, die genaue Kenntnis der Seiten des Rechtecks, DG und DO, wird nicht benötigt. Da die Rechtecke ED und AD gleich groß sind,[93] geht der zweite Ast der Hyperbel, die durch E konstruiert ist, durch den Punkt A.[94] Der Mittelpunkt dieser Hyperbel ist der Punkt D. Legen wir in diesen Punkt D den Ursprung eines wie üblich orientierten kartesischen Koordinatensystems, dann hat die erste Hyperbel, $\mathcal{H}_1$, die einfache Form der Gl. (9.33), xy = const. Die Konstante ist gleich der Fläche des Rechtecks AD, also gleich $AB \cdot BD$. Wir haben daher

$$\mathcal{H}_1: \; y = \frac{b_0}{\sqrt{b_1}x} \qquad\qquad (9.87)$$

Die zweite Hyperbel, $\mathcal{H}_2$, ist definiert durch die Lage ihres Scheitelpunkts $A: (-b_0/b_1, -\sqrt{b_1})$ und durch ihren Parameter gleich ihrem Durchmesser: $2p_{\text{Hyp.}} = 2a = AC = a_2 - b_0/b_1$. Wir erhalten ihre Gleichung demnach durch Einsetzen des Parameters und des Durchmessers in (9.30) und die Verschiebung $(x, y) \mapsto (x + b_0/b_1, y + \sqrt{b_1})$:

$$\mathcal{H}_2: \; (y + \sqrt{b_1})^2 = (a_2 - b_0/b_1)\left(x + \frac{b_0}{b_1}\right) + \left(x + \frac{b_0}{b_1}\right)^2, \qquad (9.88)$$

was wir durch Ausklammern von $(x + b_0/b_1)$ auf der rechten Seite umformen in

$$\mathcal{H}_2: \; (y + \sqrt{b_1})^2 = (x + a_2)\left(x + \frac{b_0}{b_1}\right). \qquad\qquad (9.88^\star)$$

Wie eingangs festgestellt, geht die Hyperbel $\mathcal{H}_1$ ebenfalls durch den Punkt A, und es liegt demnach ein Schnittpunkt der Kegelschnitte vor, der nicht Lösung der kubischen Gleichung ist. Um die definierende Gleichung der weiteren Schnittpunkte zu bestimmen, müssen wir daher zunächst aus beiden Kegelschnitten einen Term $(x + b_0/b_1)$ ausfaktorisieren. In Gl. $(9.88^\star)$ ist dies bereits per Konstruktion gelungen. In Gl. (9.87) stellen wir zunächst nach y um,

---

[93] Die Abb. 6.28 ist, wie alle von Chayyams Abbildungen, eine nicht maßstabsgetreue schematische Abbildung.

[94] Dieser zweite Ast wird aber von Omar Chayyam nicht eingezeichnet.

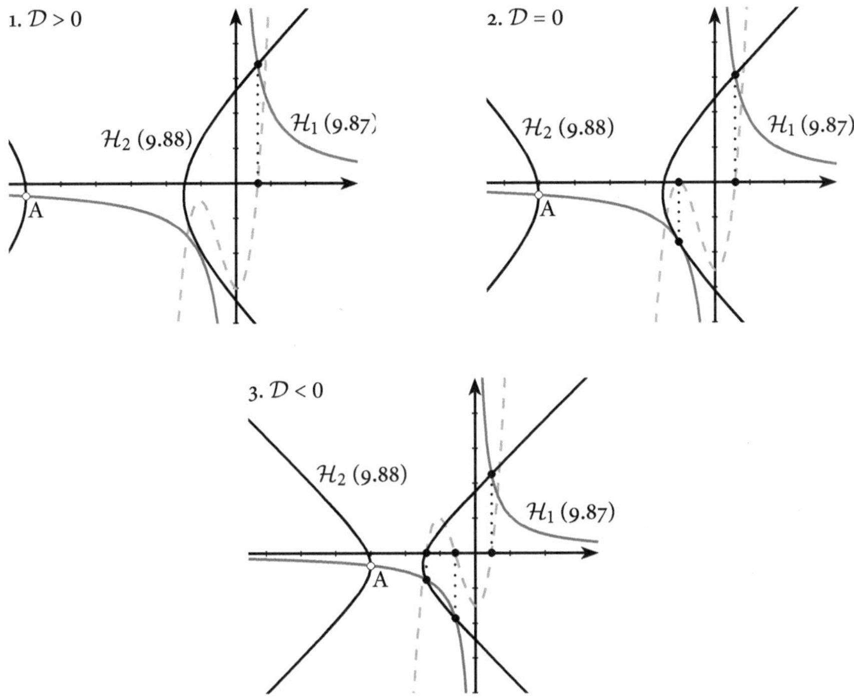

Abb. 9.19 Lösung der Gl. (XXIII)

addieren auf beiden Seiten $\sqrt{b_1}$ und klammern auf der rechten Seite den Term $\sqrt{b_1}/x$ aus. Wir erhalten

$$\mathcal{H}_1:\ y + \sqrt{b_1} = \frac{\sqrt{b_1}}{x}\left(x + \frac{b_0}{b_1}\right). \tag{9.87*}$$

Diese Gl. (9.87*) können wir nun quadrieren und in (9.88*) einsetzen, um die definierende Gleichung für die x-Achsenabschnitte x_s der weiteren Schnittpunkte von $\mathcal{H}_1$ und $\mathcal{H}_2$ zu erhalten:

$$\frac{b_1}{x_s^2} = \frac{x_s + a_2}{x_s + \frac{b_0}{b_1}}. \tag{9.89}$$

Eine geringfügige elementare Umstellung dieser Gleichung zeigt, dass sie identisch ist mit Gl. (XXIII). Der x-Achsenabschnitt x_s der Schnittpunkte der Hyperbel (9.87) mit der Hyperbel (9.88) ist also eine Lösung der Gl. (XXIII).

Die beiden Kegelschnitte und ihre Schnittpunkte sind für die drei möglichen Fälle $\mathcal{D} \gtreqless 0$ in der Abb. 9.19 dargestellt, in der die Punkte die Schnittpunkte der Kegelschnitte anzeigen, die gepunkteten Linien ihre Projektion auf die x-Achse sind und in der die gestrichelte Linie die zur Gl. (XXIII) gehörige Kurve $f(x) = x^3 + a_2 x^2 - b_1 x - b_0$ ist. In der Abbildung ist als Kringel der der zusätzliche Schnittpunkt bei b_0/b_1 dargestellt, der in der Konstruktion vorgegeben werden muss. Es existiert immer genau eine positive Lösung. Die möglichen negativen Lösungen werden von Chayyam missachtet. Seine Schlussfolgerung, diese Gattung habe verschiedene Fälle, bezieht sich auf das Vorzeichen des Hyperbelparameters von $\mathcal{H}_2$, nicht auf die Anzahl oder Existenz der negativen Lösungen.

Zum Verständnis von Chayyams Lösung

Chayyams Fallunterscheidung, die modern gesprochen das Vorzeichen des Parameters und des Durchmessers der Hyperbel $\mathcal{H}_2$ betrifft, lautet wie folgt:

1 S < BC, gleichbedeutend mit $a_2 - b_0/b_1 > 0$
2 S = BC, gleichbedeutend mit $a_2 - b_0/b_1 = 0$
3 S > BC, gleichbedeutend mit $a_2 - b_0/b_1 < 0$

Für die Anzahl der Lösungen insgesamt sowie für die Anzahl der positiven reellen Lösungen, also für die Abb. 9.19, ist diese Fallunterscheidung völlig irrelevant, da die Hyperbel im 3. Fall natürlich identisch ist mit jener des 1. Falls: Es sind lediglich linker und rechter Ast der Hyperbel vertauscht. Im 2. Fall ist die Gl. (9.89) trivial gelöst durch $x^2 = b_1$: Die Hyperbel $\mathcal{H}_2$ degeneriert in diesem Fall zu einer Geraden, die die Hyperbel $\mathcal{H}_1$ zweimal schneidet. Von diesen beiden Schnittpunkten gibt Omar Chayyam wie gewohnt nur den positiven an. Weiterhin kann im 2. Fall mit $a_2 x^2 = a_2 b1 = b_0$ die Gleichung so umgestellt werden, dass sie vom Typ (XXI) ist. Da die einzige positive Lösung bereits gefunden ist, ist dieses Umstellen aber von geringem Nutzen.

▶ **Zweite Gattung der drei … Kreises und der Hyperbel. (147.2–149.15)**

Es handelt sich um die Gleichung

$$x^3 + a_1 x = b_0 + b_2 x^2, \tag{XXIV}$$

die im *Viertelkreis* auf dieselbe Art gelöst wird wie in der *Algebra*. Sie hat immer mindestens eine positive reelle Lösung, wie man aufgrund des positiven Koeffizienten b_0 auf der rechten Seite erkennt.

Chayyams Lösung im kartesischen Koordinatensystem (Abb. 9.20)

Es ist per Konstruktion BC $= b_2$, BD$^2 = a_1$ und AB $= S = b_0/a_1$, und wir legen den Ursprung eines wie üblich orientierten Koordinatensystems in den Punkt D. Wir *könnten* nun für die Konstruktion des Kreises der Abb. 6.30 wie folgt vorgehen: Der Kreis hat den Durchmesser $2r =$ AC $=$ BC $-$ AB $= b_2 - b_0/a_1$, und er muss durch die Punkte A $: (b_0/a_1, \sqrt{a_1})$ und C $: (b_2, \sqrt{a_1})$ gehen. Wir könnten also diese Bedingungen in die allgemeine Kreisgleichung $(x - x_{\mathrm{M}})^2 + (y - y_{\mathrm{M}})^2 = r^2$ einsetzen, worin $(x_{\mathrm{M}}, y_{\mathrm{M}})$ die Koordinaten des Kreismittelpunkts sind. Wir könnten diese Koordinaten auch geometrisch aus der Abbildung ablesen, da der Kreismittelpunkt auf der Mitte der Strecke AC liegt. Wir würden einen länglichen Ausdruck erhalten, aus dem wir dann noch den Term $(x - b_0/a_1)$ ausfaktorisieren müssten, da der Schnittpunkt A von Kreis und Hyperbel wie schon in den Gattungen zuvor durch die Konstruktion vorgegeben ist.

Wir können den Kreis aber einfacher erhalten, indem wir Gattung (XXIV) mit Gattung (XXIII) vergleichen: Wir müssen lediglich a_2 durch $-b_2$ und b_1 durch $-a_1$ ersetzen. Tun wir dies in Gl. (9.87), so erhalten wir:

$$\left(y + \sqrt{-a_1}\right)^2 = \left(-b_2 + \frac{b_0}{a_1}\right)\left(x - \frac{b_0}{a_1}\right) + \left(x - \frac{b_0}{a_1}\right)^2.$$

Ziehen wir in einem etwas ungewöhnlichen – aber im Ergebnis korrekten – Manöver auf der linken Seite «das Quadrat der Wurzel aus -1», das gleich -1 ist, aus der Klammer heraus,

$$\left(y + \sqrt{-a_1}\right)^2 = \sqrt{-1}^2\left(-y + \sqrt{a_1}\right)^2 = -\left(y - \sqrt{a_1}\right)^2,$$

und wir erhalten, zusammen mit Umstellungen auf der rechten Seite:

$$\mathcal{K}: \left(y - \sqrt{a_1}\right)^2 = -\left(\frac{b_0}{a_1} - b_2\right)\left(x - \frac{b_0}{a_1}\right) - \left(x - \frac{b_0}{a_1}\right)^2, \qquad (9.90)$$

also in der Tat eine Kreisgleichung. Diese Herleitung der Gl. (9.90) ist nicht nur weniger mühselig, sie zeigt auch in großer Deutlichkeit den Zusammenhang des Kreises $\mathcal{K}$ mit der Hyperbel $\mathcal{H}_2$ der vorhergehenden Gattung. Eben-

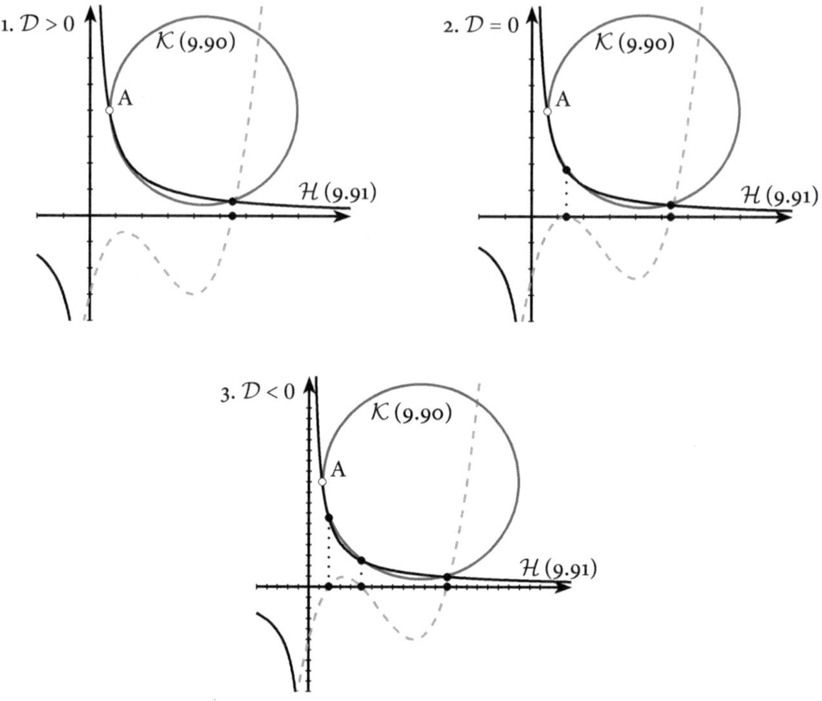

Abb. 9.20 Lösung der Gl. (XXIV)

so wie dort ist die Gl. (9.90) dasselbe wie

$$\mathcal{K}: (y - \sqrt{a_1})^2 = -(x - b_2)\left(x - \frac{b_0}{a_1}\right). \tag{9.90*}$$

In der Herleitung der Hyperbel können wir in ähnlicher Analogie zur vorherigen Gattung vorgehen, müssen aber aufpassen, dass wir nicht einfach die Wurzel aus b_1 durch jene von $-a_1$ ersetzen. Denn der Punkt A, durch den die Hyperbel gehen soll, muss weiterhin reelle Koordinaten haben, und die Wurzel aus einer negativen Zahl ist nicht reell. Also ist weiterhin BD = AG = $\sqrt{+a_1}$, und die Hyperbelgleichung ergibt sich direkt als

$$\mathcal{H}: y = \frac{b_0}{\sqrt{a_1}x}. \tag{9.91}$$

Das Ausfaktorisieren des vierten Schnittpunkts bei $x = b_0/a_1$ erfolgt nun wie schon in den vorherigen Gattungen. Wir addieren $\sqrt{a_1}$ auf beiden Seiten von Gl. (9.91) und klammern auf der rechten Seite einen Term $\sqrt{a_1}/x$ aus.

Wir erhalten

$$\mathcal{H}: y - \sqrt{a_1} = \frac{\sqrt{a_1}}{x}\left(x - \frac{b_0}{a_1}\right). \tag{9.91*}$$

Dies können wir in (9.90*) einsetzen, um die x-Achsenabschnitte x_s der Schnittpunkte von $\mathcal{K}$ und $\mathcal{H}$ zu bestimmen. Der «unerwünschte» Schnittpunkt bei $x = b_0/a_1$ kürzt sich dabei heraus. Die dann folgende Gleichung

$$\frac{a_1}{x_\mathrm{s}^2} = \frac{b_2 - x_\mathrm{s}}{x_\mathrm{s} - \frac{b_0}{a_1}}$$

ist identisch mit der Gl. (XXIV). Der x-Achsenabschnitt x_s der Schnittpunkte des Kreises (9.90) mit der Hyperbel (9.91) ist eine Lösung der Gl. (XXIV).

Die beiden Kegelschnitte und ihre Schnittpunkte sind für die drei möglichen Fälle $\mathcal{D} \gtreqless 0$ in der Abb. 9.20 dargestellt, in der die Punkte die Schnittpunkte der Kegelschnitte anzeigen, die gepunkteten Linien ihre Projektion auf die x-Achse sind und in der die gestrichelte Linie die zur Gl. (XXIV) gehörige Kurve $f(x) = x^3 - b_2 x^2 + a_1 x - b_0$ ist. In der Abbildung ist als Kringel der zusätzliche Schnittpunkt bei $x = b_0/a_1$ dargestellt, der in der Konstruktion vorgegeben werden muss. Negative Lösungen sind unmöglich.

Zum Verständnis von Chayyams Lösung

Chayyams Fallunterscheidung betrifft, wie auf Seite 262 besprochen, nur das Vorzeichen des Kreisparameters $(b_0/a_1 - b_2)$:

1 S < BC, gleichbedeutend mit $b_2 - b_0/a_1 > 0$
2 S = BC, gleichbedeutend mit $b_2 - b_0/a_1 = 0$
3 S > BC, gleichbedeutend mit $b_2 - b_0/a_1 < 0$

Für die Anzahl der Lösungen insgesamt sowie für die Anzahl der positiven reellen Lösungen ist diese Unterscheidung irrelevant. Im 1. Fall, der in Abb. 9.20 dargestellt ist, liegt der von Chayyam angegebene Schnittpunkt von Kreis und Hyperbel im rechten Halbkreis von $\mathcal{K}$. Wenn $\mathcal{D} = 0$ oder $\mathcal{D} < 0$, dann treten weitere Schnittpunkte im linken Halbkreis von $\mathcal{K}$ auf. Im 3. Fall, $b_0/a_1 > b_2$, ist die Situation genau umgekehrt: Es liegt immer ein Schnittpunkt im linken Halbkreis von K; nur wenn $\mathcal{D} = 0$ oder $\mathcal{D} < 0$ ist, treten weitere Schnittpunkte im rechten Halbkreis von $\mathcal{K}$ auf. Im 2. Fall degeneriert der Kreis zu einer Geraden, und es gibt genau einen Schnittpunkt: $x_\mathrm{s} = b_2$. Chayyam übersieht hier die Möglichkeit mehrerer Schnittpunkte von $\mathcal{K}$ und $\mathcal{H}$, was wohl den einzigen größeren Fehler in seiner Arbeit darstellt.

Die Lösung im Viertelkreis

Chayyams Lösung des Spezialfalls im *Viertelkreis* (97.19–99.28) ist zu der Lösung in seiner späteren *Algebra* identisch.

▸ **Dritte Gattung der drei verbleibenden … gelöst. (149.17–151.17)**

Es handelt sich um die Gleichung

$$x^3 + a_0 x = b_1 x + b_2 x^2, \tag{XXV}$$

die immer genau eine negative Lösung und je nach Vorzeichen der Diskriminante (9.22), keine, eine oder zwei positive Lösungen besitzt.

Chayyams Lösung im kartesischen Koordinatensystem (Abb. 9.21)

Es ist in Abb. 6.32 per Konstruktion: $BC = b_2$, $BD^2 = b_1$ und $BA = S = a_0/b_1$. Bleiben wir in der Abb. 6.32 und konstruieren zunächst die Hyperbel HAI. Wir denken uns hierzu den Ursprung eines wie üblich orientierten kartesischen Koordinatensystems in den Punkt D gelegt. Da die gesuchte Hyperbel die Strahlen DO und DB, die die (negativen) Achsen dieses Koordinatensystems sind, zu Asymptoten haben soll, ist sie von der Form (9.33): xy = const. Da weiterhin der Punkt A auf der Hyperbel liegen soll, erhalten wir die Konstante in dieser Gleichung zu const. $= AB \cdot BD = a_0/\sqrt{b_1}$. Sie ist also gleich der Fläche des Rechtecks BG in Chayyams Abb. 6.32. Wir verschieben nun unser Koordinatensystem entlang der y-Achse so, dass der Punkt B der Abb. 6.32 sein neuer Ursprung ist. Das heißt, wir führen die Translation $y \mapsto y + \sqrt{b_1}$ aus. Wir erhalten dann in diesem neuen Koordinatensystem, dessen Ursprung der Punkt B ist, die folgende Gleichung für die Hyperbel HAI:

$$\mathcal{H}_1: \; y + \sqrt{b_1} = \frac{a_0}{\sqrt{b_1}\,x}.$$

Multiplizieren wir auf beiden Seiten mit x, subtrahieren dann auf beiden Seiten $\sqrt{b_1}\,x$ und klammern anschließend auf der rechten Seite $\sqrt{b_1}$ aus, so er-

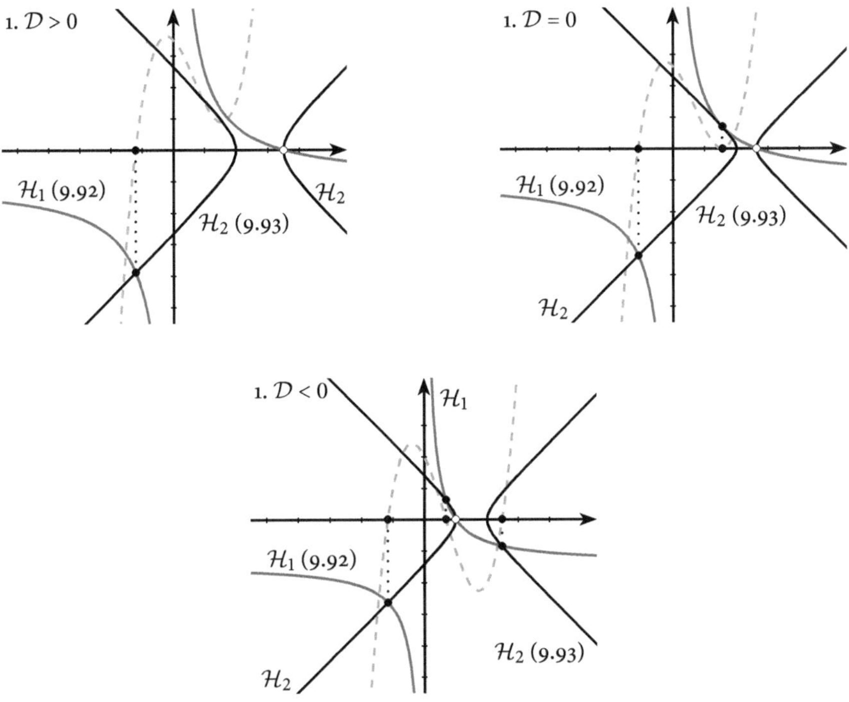

Abb. 9.21 Lösung der Gl. (XXV)

halten wir

$$\mathcal{H}_1 : \quad yx = -\sqrt{b_1}(x - a_0/b_1). \tag{9.92}$$

Zur Konstruktion der zweiten Hyperbel der Abb. 6.32, KCL, denken wir uns
zunächst den Ursprung des kartesischen Koordinatensystems in den Punkt C
gelegt. Denn dieser Punkt soll ja der Scheitelpunkt der gesuchten Hyperbel sein und wir können die Hyperbelgleichung in der einfachen Form der
Gl. (9.30) schreiben. Mit $2a = 2p_{\text{Hyp.}} = AC = b_2 - a_0/b_1$ erhalten wir

$$y^2 = \left(b_2 - \frac{a_0}{b_1} \right) x + x^2.$$

Legen wir nun auch für diese Kurve den Ursprung des kartesischen Koordinatensystems in den Punkt B, das heißt, führen wir eine Translation $x \mapsto x - b_2$
aus, so erhalten wir hieraus

$$\mathcal{H}_2 : \quad y^2 = \left(b_2 - \frac{a_0}{b_1} \right)(x - b_2) + (x - b_2)^2. \tag{9.93}$$

In dieser Gleichung können wir auf der rechten Seite einen Term $(x - b_2)$ ausklammern und erhalten so eine alternative Form derselben Hyperbel $\mathcal{H}_2$:

$$\mathcal{H}_2 : \ y^2 = (x - b_2)\left(x - \frac{a_0}{b_1}\right). \tag{9.93*}$$

Wir können nun die x-Achsenabschnitte der beiden Kegelschnittkurven $\mathcal{H}_1$ und $\mathcal{H}_2$ bestimmen. Erneut berücksichtigen wir den per Konstruktion vorgegebenen Schnittpunkt $x = a_0/b_1$, indem wir in der Gleichung, die sich ergibt, wenn wir das Quadrierte von (9.92) mit (9.93*) gleichsetzen, einen Term $(x - a_0/b_1)$ ausfaktorisieren. Wir erhalten auf diese Art die Gleichung

$$\frac{b_1}{x_s^2}\left(x_s - \frac{a_0}{b_1}\right) = x_s - b_2, \tag{9.94}$$

was sich durch wenige elementare Umstellungen als dasselbe wie Gl. (XXV) herausstellt. Die x-Achsenabschnitte der Schnittpunkte der beiden Kurven $\mathcal{H}_1$ und $\mathcal{H}_2$ erfüllen also die kubische Gl. (XXV), abgesehen vom per Konstruktion bekannten Schnittpunkt bei $x = a_0/b_1$.

Die beiden Kegelschnitte und ihre Schnittpunkte sind für die drei möglichen Fälle $\mathcal{D} \gtreqless 0$ in der Abb. 9.21 dargestellt, in der die Punkte die Schnittpunkte der Kegelschnitte anzeigen, die gepunkteten Linien ihre Projektion auf die x-Achse sind und in der die gestrichelte Linie die zur Gl. (XXV) gehörige Kurve $f(x) = x^3 - b_2 x^2 - b_1 x + a_0$ ist. In der Abbildung ist als Kringel der zusätzliche Schnittpunkt bei $x = a_0/b_1$ dargestellt, der in der Konstruktion vorgegeben werden muss. Die Abbildung zeigt, dass immer genau eine negative Lösung und je nach Vorzeichen von $\mathcal{D}$ keine, eine oder zwei positive Lösungen existieren.

Zum Verständnis von Chayyams Lösung

Omar Chayyams Fallunterscheidung betrifft nur das Vorzeichen des Hyperbelparameters $(b_2 - a_0/b_1)$ und hat mit der Fallunterscheidung nach dem Vorzeichen der Diskriminante $\mathcal{D}$ nichts zu tun. Die Punkte C und A in Chayyams Abb. 6.32 vertauschen in seiner zweiten Abb. 6.33 lediglich die Rollen, was aber nicht auffällt, wenn man konsequent beide Äste der Hyperbel zeichnet. Es sei hier auf die detaillierteren Diskussionen der beiden vorangegangen Gattungen verwiesen.[95]

---

[95] Siehe Seiten 262 und 265.

9.4 Zu Problemen, die das Inverse der Unbekannten beinhalten

Der Teil einer Unbekannten … äquivalent sind. (152.2–153.24)

Was im Sinne der *Kategorien* des Aristoteles unter den «Teilen» einer Größe zu verstehen ist, wurde ab Seite 189 besprochen. Im Folgenden wird der Teil $T(x)$ einer unbekannten Größe x in einem anderen Sinne definiert:

$$T(x) := \frac{1}{x}. \tag{9.95}$$

Der Teil von x ist also das Inverse von x. Es gilt insbesondere

$$\frac{T(x^3)}{T(x^2)} = \frac{T(x^2)}{T(x)} = T(x) = \frac{1}{x} = \frac{x}{x^2} = \frac{x^2}{x^3}, \tag{9.96}$$

wie man auch aus Chayyams Tabelle 6.1 abliest: Die zweite und die dritte Zeile sind die Zähler und Nenner der Teile des Kubus, des Quadrats und der «Wurzel» der Zahl 2.[96] Zum Vergleich sind in der fünften Zeile von links nach rechts die Einheit, die «Wurzel», das Quadrat und der Kubus der Zahl 2 dargestellt. Das Verhältnis (9.96) lässt sich dann einfach ablesen. Dies sind die sieben aufeinanderfolgenden Grade,

$$x^3, \; x^2, \; x, \; x^0, \; x^{-1}, \; x^{-2}, \; x^{-3}, \tag{9.97}$$

von denen Chayyam spricht. Dass er die höheren Potenzen in seine Betrachtung wie schon zuvor nicht einschließt, begründet Chayyam damit, dass diese «nicht gefunden werden können.»[97]

Aufgrund der Gl. (9.96) können in den von Omar Chayyam besprochenen kubischen Gattungen die Grade von x durch ihre Teiler ersetzt werden. Chayyam schreibt diese nicht alle hin, da dies in der Tat müßig wäre, sondern hantiert stattdessen von nun an bis zum Ende der Abhandlung mit Beispielen. So wird beispielsweise die Gattung (IV) zu: $a_1 T(x) = T(x^2)$:

$$\frac{a_1}{x} = \frac{1}{x^2}. \tag{IVt}$$

---

[96] Als «Wurzel» wird hier die Zahl selbst bezeichnet.

[97] Seite 152.22. Rashed und Vahabzadeh (1999) mutmaßen, hiermit sei gemeint, dass keine Lösungen von Gleichungen höheren Grades gefunden werden könnten. Nach dem auf Seite 189 Gesagten kann jedoch vermutet werden, dass damit gemeint ist, solche Objekte höheren Grades könnten nicht in der Realität gefunden werden.

Mit $a_1 = 1/2$ ist dies gerade Omar Chayyams Beispiel. Ist x_s die Lösung von (IV), dann ist $x_t = T(x_s) = 1/x_s$ die Lösung von (IVt). In Chayyams Beispiel: $x_s = 1/2$ und $x_t = 2$. Ebenso ersetzt man beispielsweise Gattung (VII) durch: $T(x^2) + a_1 T(x) = b_0$, also

$$\frac{1}{x^2} + \frac{a_1}{x} = b_0. \tag{VIIt}$$

Ist x_s die Lösung von (VII), dann ist die Lösung von (VIIt): $x_t = 1/x_s$. In Chayyams Beispiel, wo $a_1 = 2$ und $b_0 = 5/4$, ist also $x_s = 1/2$ und $x_t = 2$. Ebenso erhält man zum Beispiel aus der Gattung (XIX): $x^3 + a_2 x^2 + a_1 x = b_0$ die Gleichung: $T(x^3) + a_2(x^2) + a_1 T(x) = b_0$, also:

$$\frac{1}{x^3} + \frac{a_2}{x^2} + \frac{a_1}{x} = b_0. \tag{XIXt}$$

Gattung (XIX) kann von Chayyam numerisch nicht gelöst werden, aber ihre geometrische Lösung ist als der x-Achsenabschnitt x_s des Schnittpunkts des Kreises (9.77) mit der Hyperbel (9.78) gegeben. Die Länge dieses Stücks im Vergleich zur Einheitslänge L_0 kann elementargeometrisch abgetragen werden, und es kann eine Strecke x_t konstruiert werden, deren Länge zur Einheitslänge gerade das Verhältnis $x_t = L_0/x_s$ hat. Setzt man L_0 gleich 1, so hat man die Lösung x_t der Gl. (XIXt) geometrisch konstruiert.

Den Gln. (I)–(XXV) für x entsprechen also ebenso viele Gleichungen (It)–(XXVt) für $T(x) = 1/x$. Die Lösungen der Letztgenannten folgen aus den Lösungen der Erstgenannten.

▸ **Die Gleichungen zwischen … genannt wurden. (153.27–155.1892)**

Bis hierhin hat Omar Chayyam in seinen 25 Gattungen einfach alle auftretenden Terme x, x^2, x^3 durch ihr Inverses ersetzt. Damit hat er Gleichungen erhalten, in denen nur Inverse vorkommen. Nun bespricht er die «gemischten» Gleichungen, in denen Größen und ihre Teile gemeinsam auftreten. Seien im Folgenden a, b, c, d positive rationale Zahlen, so erhält man:

1 $x^3 = a/x^3$ – Der einfachste Fall ist, dass eine Größe, also ein Kubus, ein Quadrat oder eine Wurzel, gleich einer Anzahl ihrer Teile ist: In Chayyams erstem Beispiel ist $x^3 = 10/x^3$, also eine Gleichung vom Typ (III),

deren Lösung mithilfe der Kegelschnitte Chayyam gezeigt hat.[98] Dasselbe gilt für $x^2 = a/x^2$ und so weiter.

2 $x^3 = b/x^2$ – Natürlich können wir aus solchen «gemischten» Gleichungen im Allgemeinen nur dann eine der Gln. (I)-(XXV) erhalten, wenn die Differenz der höchsten und der niedrigsten Potenz kleiner oder gleich drei ist:

> Es gilt allgemein, dass für vier aufeinanderfolgende der sieben Grade die Vorgehensweise dieselbe ist wie für die fünfundzwanzig besprochenen Gattungen.[99]

So ist also das von Chayyam genannte Beispiel $x^3 = a/x^2$ mit der von ihm angegebenen Lösungsmethode unlösbar, da $2 - (-3) = 5 > 3$ ist. Chayyam erwähnt eine Arbeit von al-Heyßam, die (Rashed und Vahabzadeh zufolge) aber nicht gefunden werden konnte. Chayyam behauptet, darin werde die Lösung durch **die Konstruktion der mittleren vier Größen eines kontinuierlichen Verhältnisses** [wie in (9.42), aber mit einem Term mehr] **von sechs Größen, dessen äußerste zwei Größen gegeben sind**, angegeben. Und tatsächlich: Sind p_1 und p_2 die gegebenen Größen (Strecken), so handelt es sich darum, $r, s, x, y \in \mathbb{Q}$ solcherart zu finden, dass gilt:

$$\frac{p_1}{r} = \frac{r}{y} = \frac{y}{x} = \frac{x}{s} = \frac{s}{p_2}$$

Das Gegenüberstellen des 1. und 5. Terms liefert $rs = p_1 p_2$, das Gegenüberstellen des 2. und 4. Terms ergibt $xy = rs$. Zusammengenommen ist dies die Hyperbelgleichung $\mathcal{H} : y = (p_1 p_2)/x$. Durch Gegenüberstellen des 1. und 3. Terms findet man $p_1 x = yr$ und durch Gegenüberstellen des 2. und 3. Terms $r = y^2/x$, was zusammengenommen die Kurvengleichung $\mathcal{C} : y^3 = p_1 x^2$ ergibt. Der x-Achsenabschnitt der Kurven $\mathcal{H}$ und $\mathcal{C}$ löst also wie gewünscht die Gleichung fünften Grades $x^5 = b$, wenn man nämlich $b = (p_1)^2 (p_2)^3$ setzt. Da $\mathcal{C}$ aber kein Kegelschnitt ist, passt diese Vorgehensweise nicht in Chayyams Lösungsmethode.

Omar Chayyam führt die folgenden Gleichungen zunehmender Differenz zwischen höchstem und niedrigstem Grad zur Veranschaulichung seiner Regel an, dass die höchste und niedrigste auftauchende Potenz nicht um mehr als drei auseinanderliegen dürfen:

---

[98] Seite 126.11, Kommentar Seite 228. Man beachte aber, dass der Koeffizient hier eine rationale Zahl ist und zunächst nach E:II§14 konstruiert werden muss.

[99] Seite 155.6.

3 $x^3 = a/x$ – Man multipliziere den ersten Grad, x^3, mit dem fünften Grad der Relation (9.97), also $x^3 \cdot T(x) = x^2$, die Lösung ist $x_s^2 = \sqrt{a}$.

4 $x = b + a/x$ – Äquivalent zu $x^2 = bx + a$, Gattung (IX).

5 $x^2 + cx = b + a/x$ – Äquivalent zu $x^3 + cx^2 = bx + a$, Gattung (XXIII).

6 $x^2 + dx = c + a/x^2$ – Äquivalent zu $x^4 + dx^3 = cx^2 + a$, mit Chayyams Methode nicht lösbar, da $2 - (-2) > 3$, siehe Punkt 2.

Nachdem die oben genannte Regel der Lösbarkeit der gemischten Gleichungen angegeben und illustriert ist, aufaddiert Chayyam alle diese Gleichungen, um die imposante Zahl von 86 Gattungen zu erhalten, die mit seiner Methode gelöst werden könnten. Lediglich sechs hiervon, betont er erneut, seien von seinen direkten Vorgängern erwähnt worden.

▶ **…in der Bitte um Segnung aller seiner Propheten. (155.1892)**

Es existiert ein Nachtrag zu dieser Abhandlung, die Omar Chayyams eigenen Angaben zufolge fünf Jahre nach der eigentlichen Abhandlung geschrieben wurde. Es handelt sich um eine Diskussion von Lösungen des bereits erwähnten Abu al-Dschud sowie Korrekturen einiger von dessen Fallunterscheidungen. Da dieser Nachtrag aber zur Lösungsmethode Chayyams nichts Neues beiträgt, wird er an dieser Stelle nicht wiedergegeben.

9.5 Zusammenfassung

Die folgende Tab. 9.1 listet zusammenfassend die zu schneidenden Kurven auf. Dies sind zuerst die Gleichungen, in denen $b = c = 0$; dann die Gleichungen, in denen $b = 0$ oder $c = 0$; schließlich die allgemeine kubische Gleichung, in der alle Koeffizienten ungleich Null sind. Der Koeffizient der höchsten Potenz ist darin identisch Eins gesetzt ($a = 1$), und es wird die Freiheit der beliebigen Verschiebung der x-Achse nach oben oder nach unten genutzt. Die tabellarische Darstellung macht die Systematik von Chayyams Untersuchung erkennbar. Durch die Seitenverweise auf Chayyams Lösungen und auf den zugehörigen mathematischen Kommentar ist sie zugleich ein Wegweiser durch dieses Buch.

Übersicht über die kubischen Gattungen und Seitenverweise				Zusammenfassung zur Lösung der Gleichung $x^3 + bx^2 + cx + d = 0$ schneide die Kurven:
Gattung	Gleichung	geschnittene Kurven	Lösung (Kommentar)	
Binom				$\mathbf{b = c = 0}$:
(III)	$x^3 = a_0$	$\mathcal{P} \cap \mathcal{P}$ (9.49)$\cap$(9.50)	126 f. (227 f.)	$\mathcal{C}_1 : y = x^2 / \sqrt[3]{-d}$
				$\mathcal{C}_2 : y^2 = \sqrt[3]{-d}\,x$
Trinome (1)				$\mathbf{b = 0}$:
(XIII)	$x^3 + a_1 x = b_0$	$\mathcal{P} \cap \mathcal{K}$ (9.52)$\cap$(9.53)	127 f. (229 f.)	$\mathcal{C}_1 : y = x^2 / \sqrt{|c|}$
(XIV)	$x^3 + a_0 = b_1 x$	$\mathcal{P} \cap \mathcal{H}$ (9.56)$\cap$(9.57)	128 f. (231 f.)	$\mathcal{C}_2 : y^2 = -\frac{c}{|c|}(x^2 + (d/c)x)$
(XV)	$x^3 = b_0 + b_1 x$	$\mathcal{P} \cap \mathcal{H}$ (9.60)$\cap$(9.61)	129 f. (235 f.)	
Trinome (2)				$\mathbf{c = 0}$:[*]
(XVI)	$x^3 + a_2 x^2 = b_0$	$\mathcal{P} \cap \mathcal{H}$ (9.65)$\cap$(9.64)	130 f. (237 f.)	$\mathcal{C}_1 : y^2 = -\sqrt[3]{d}(x + b)$
(XVII)	$x^3 + a_0 = b_2 x^2$	$\mathcal{P} \cap \mathcal{H}$ (9.71)$\cap$(9.70)	132 f. (240 f.)	$\mathcal{C}_2 : yx = \sqrt[3]{d^2}$
(XVIII)	$x^3 = b_0 + b_2 x^2$	$\mathcal{P} \cap \mathcal{H}$ (9.73)$\cap$(9.74)	135 f. (245 f.)	
Quadrinome				alle ungleich Null:
(XIX)	$x^3 + a_2 x^2 + a_1 x = b_0$	$\mathcal{K} \cap \mathcal{H}$ (9.77)$\cap$(9.78)	137 f. (247 f.)	
(XX)	$x^3 + a_2 x^2 + a_0 = b_1 x$	$\mathcal{H} \cap \mathcal{H}$ (9.80)$\cap$(9.79)	138 f. (250 f.)	
(XXI)	$x^3 + a_1 x + a_0 = b_2 x^2$	$\mathcal{K} \cap \mathcal{H}$ (9.81)$\cap$(9.82)	139 f. (253 f.)	$\mathcal{C}_1 : y^2 = -\frac{c}{|c|}(x + b)(x + d/c)$
(XXII)	$a_2 x^2 + a_1 x + a_0 = x^3$	$\mathcal{H} \cap \mathcal{H}$ (9.84)$\cap$(9.85)	143 f. (257 f.)	$\mathcal{C}_2 : yx = \frac{dc}{|dc|}\sqrt{|c|}(x + d/c)$
(XXIII)	$x^3 + a_2 x^2 = b_1 x + b_0$	$\mathcal{H} \cap \mathcal{H}$ (9.88)$\cap$(9.87)	145 f. (259 f.)	
(XXIV)	$x^3 + a_1 x = b_2 x^2 + b_0$	$\mathcal{K} \cap \mathcal{H}$ (9.90)$\cap$(9.91)	147 f. (262 f.)	(4. Schnittpunkt bei $x = -d/c$!)
(XXV)	$x^3 + a_0 = b_1 x + b_2 x^2$	$\mathcal{H} \cap \mathcal{H}$ (9.93)$\cap$(9.92)	149 f. (266 f.)	

Tab. 9.1 Übersicht über die kubischen Gattungen und Chayyams Lösungen

[*]Nur in Gl. (XVIII) weicht Chayyam von diesem Schema ab: Er hat $\mathcal{C}_1 : y^2 = -b(x + b)$ und $\mathcal{C}_2 : yx = \sqrt{bd}$, was aber auf dasselbe führt.

Literaturverzeichnis

Alten H.-W., Djafari Naini A., Eick B., Folkerts M., Schlosser H., Schlote K.-H., Wesemüller-Kock H., Wußing H. (2014) *4000 Jahre Algebra*, zweite, aktualisierte und ergänzte Auflage. Springer, Berlin Heidelberg

Archimedes (2009) *Abhandlungen*, 3. Auflage. Nr. 201 in Ostwalds Klassiker der exakten Wissenschaften, Harri Deutsch, Frankfurt a.M.

Aristoteles (2009) *Kategorien*. Philipp Reclam jun., Stuttgart

Berggren J. L. (2011) *Mathematik im mittelalterlichen Islam*. Springer, Heidelberg

Cardano H. (1545) *Artis Magnae, Sive de Regulis Algebraicis Liber Unus*

Corry L. (2015) *A Brief History of Numbers*. Oxford University Press, Oxford

Ifrah G. (2000) *The Universal History of Numbers: From Prehistory to the Invention of the Computer*. Wiley, New York

Rashed R., Vahabzadeh B. (1999) *Al-Khayyam Mathématicien*. Albert Blanchard, Paris

Sezgin F. (2003) *Wissenschaft und Technik im Islam I–V*. Institut für Geschichte der Arabisch-Islamischen Wissenschaften an der Johann Wolfgang Goethe-Universität, Frankfurt a.M.

Story W. E. (1919) *Omar Khayyàm as a Mathematician*. Rosemary Press, Needham (MA)

Woepcke F. (1851) *L' algèbre d'Omar Khayyam*. Duprat, Paris

Kapitel 10
Zum Mythos Omar Chayyams

Zum Ende dieser umfangreichen Auseinandersetzung mit den algebraischen
Arbeiten Omar Chayyams bietet sich die Gelegenheit, die Betrachtungen
über Omar Chayyams Biografie und Epoche und die Einsichten in sein mathematisches Genie und in die Bedingungen seiner Arbeit zu einem Gesamt-
bild zusammenzufügen, und dieses Bild in den Mythos einzuordnen, der
sich um den Autor der *Rubaiyat* gebildet hat. Was wir über den Mathematiker Chayyam lernen können, trägt ein neues Stück zu diesem Mythos Omar
Chayyams bei. Aber was genau macht diesen Mythos aus?

Omar Chayyams Lebensumstände waren von zwei widerstreitenden Erscheinungen der menschlichen Existenz geprägt – der Vernunft auf der einen
und tradierter, dogmatischer Beengtheit des Geistes auf der anderen Seite. Omar Chayyams wissenschaftliches und das ihm zugeschriebene poetische Werk ist durchdrungen von der Erkenntnis der Vergänglichkeit alles
Natürlichen, aber auch von der Vergänglichkeit der Freiheit und damit ein-
hergehend vom Triumph der Unvernunft. Omar Chayyam lebte im Bewusst-
sein der großen rationalistischen Tradition des Goldenen Zeitalters, deren
vielleicht größter Vertreter er wurde. Er erlebte im Studium der Texte der alten Griechen und seiner direkten Vorgänger, darunter der Philosophie Abu
Ali Sinas und der Arbeiten der im Buch häufig benannten islamischen Mathematiker und Astronomen, die Kraft der Vernunft. Er selbst lebte die Kraft
der Vernunft mit voller Überzeugung in seinen wissenschaftlichen Arbeiten
und darin vor allem in der Mathematik, der er die Rolle als erster Wissenschaft zuschrieb. Er fühlte wohl, in Abwandlung eines berühmten Ausspruchs
Friedrich Schillers, dass der Mensch nur da ganz Vernunftmensch ist, wo er
Mathematik betreibt.

Omar Chayyam war ein nach Erkenntnis strebender Mensch, dessen Suche nach Erkenntnis über das reine Glauben der niedergeschriebenen vermeintlichen Offenbarung Gottes weit hinaus ging. Er suchte, seine Kenntnis von der Welt mit den Mitteln seines Verstands zu erweitern. Doch er lebte in einer Zeit, in der die Tugenden der Vernunft immer weniger geachtet, stattdessen geächtet wurden. Er musste, um überhaupt Mathematik betreiben zu können, seine Arbeit am praktischen Nutzen orientieren. Dies kann im Fall des *Viertelkreises* der Entwurf der Nordkuppel der Esfahaner Moschee gewesen sein. Im Fall seiner *Algebra* war es die Konstruierbarkeit der Lösungen, die in Astronomie und Technik von Bedeutung waren. In seinem Kalender ist der praktische Nutzen am deutlichsten erkennbar. Dieser Rechtfertigungsdruck der rationalen Wissenschaften war aber nur ein Zwischenschritt hin zur Dominanz traditionalistischer und dogmatischer Geisteshaltung, die im frühen 12. Jahrhundert schließlich hergestellt war. Die Lebzeit Omar Chayyams markiert die endgültige, weltliche und geistige Machtergreifung des traditionalistischen Islam. Zwar waren es die politische Stabilität nach 642 und das Bestreben der neuen, islamischen Herrscher gewesen, alles Weltwissen in ihrem Reich zu vereinen, die das Aufblühen der Wissenschaften begünstigt hatten. Die formalistisch-traditionalistische Durchdringung des Geisteslebens durch den dann dogmatisierten Islam bedeutete aber später das Ende dieser Wissenschaften.

Omar Chayyams Biografie liest sich wie ein Abriss dieses Epochenwandels. Das Genie seiner Jugend finden wir gepriesen, etwa im Bericht von Beyharhi, und im Alter von nur etwa dreißig Jahren hat Omar Chayyam alle seine heute erhaltenen Beiträge zu den exakten Wissenschaften seiner Zeit vorgelegt: der Mathematik, der Physik und der Astronomie. Epochal sind seine Aufzeichnungen der Himmelsbewegungen, und dies in zweifacher Hinsicht: Der Chayyamsche Kalender stellt ähnlich wie Ptolemäus' *Almagest* den Höhepunkt und Abschluss einer jahrhundertealten Wissenschaftstradition dar und ist damit eine ewige Erinnerung an das Goldene Zeitalter der islamischen Wissenschaften. Zugleich will es die Geschichte, dass Chayyams Kalender der Kalender einer neuen, durch Traditionalismus und Formalismus dogmatisierten Epoche wurde.

Es ist der Geist dieser neuen Epoche, der Omar Chayyams zweite Lebenshälfte bestimmen sollte. Dies konnten wir dem Bericht von al-Rhefti entnehmen, können es aber auch auf Grundlage von Omar Chayyams Bemerkungen in seiner *Algebra* erahnen, die noch verbitterter und schärfer klingen als die Klagen in seiner früheren Arbeit über den *Viertelkreis*. Omar Chayyams zweite Lebenshälfte war wohl geprägt von Angst vor Verleumdung und vor Verfolgung durch die Orthodoxen. So wurde er der Überlieferung nach zur Pilgerfahrt nach Mekka gezwungen, vermutlich unter Bedrohung seines Lebens. Zwar können wir es nicht nachweisen, es uns jedoch gut vorstellen, dass die Bitterkeit des so verstummten Gelehrten ihren Ausdruck gefunden hat in jenen berühmten *Rubaiyat*, die in den Jahrhunderten nach ihm so großen Anklang gefunden haben.

So bitter der Geschmack dieses Epochenwandels ist, so lehrreich ist doch die Betrachtung dieses Lebens eines umfassenden Genies auf der Grenze zwischen zwei Epochen. Die wissenschaftlichen Leistungen Omar Chayyams erinnern daran, zu welchen Leistungen die Vernunft den Menschen befähigt, wenn er sich gegen den einfachen Weg des kritiklosen Hinnehmens von Tradition, Form und Dogma entscheidet. Empfinden wir Omar Chayyams Lebensweg nach, so können wir ahnen, wie die zunehmende geistige Dunkelheit seiner Zeit ihn zur Poesie führen konnte, wie ihn die Ächtung der Wissenschaften sozusagen zur poetischen Ausdrucksform zwang. Diese Poesie wird uns dann zu einer Warnung vor der Vergänglichkeit nicht nur unserer Existenz, sondern auch vor der Vergänglichkeit unserer Freiheit zum öffentlichen Gebrauch der Vernunft. Indem wir uns mit beidem befassen, mit der Omar Chayyam zugeschriebenen Poesie und mit seiner wissenschaftlichen Leistung, stellen wir sicher, dass diese wahrhaft zeitlose Einsicht in die Bedrohungen, denen die Freiheit ausgesetzt ist, auch in die folgenden Generationen weitergegeben wird und nicht verloren geht. Wir stellen auf diese Art auch sicher, dass Omar Chayyam seinen Platz einnehmen kann in der Galerie der großen Rationalisten der Geschichte.

Anhang A
Beyharhis Biografiebericht

Eine Handschrift des Biografieberichts, den der persische Geschichtsschreiber Beyharhi, ein Schüler Omar Chayyams, von seinem Lehrer verfasst hat, befindet sich in der Sammlung *Petermann II, 737, Fol. 66a–68b* der Staatsbibliothek zu Berlin – Preußischer Kulturbesitz. Dort befindet sich auch eine weitere Abschrift dieses Manuskripts (*Ms.or.oct. 217, Fol. 159a–160a*, identisch mit *Landberg 430, Fol. 59a–59b*), die größtenteils mit der vorgenannten identisch ist, in der aber das Horoskop Omar Chayyams und weitere Abschnitte fehlen. Beyharhis Bericht liegt bereits seit einem Jahrhundert in deutscher Sprache vor, in der Übersetzung von Jacob und Wiedemann (1912):[1]

Omar ebn Ibrahim al-Chayyam stammte aus Neyschabur durch seine Geburt, seine Väter und seine Großväter. Er folgte Abu Ali Sina in den einzelnen Gebieten der philosophischen Wissenschaften; er war von schlechtem Naturell und mürrisch. In Esfahan studierte er ein Werk siebenmal eingehend und prägte es sich sein; als er nach Neyschabur zurückkehrte, schrieb er es nieder; im Vergleich mit der ursprünglichen Abschrift fanden sich zwischen ihnen nur wenige Unterschiede.
Sein Horoskop waren die Zwillinge; die Sonne und der Merkur waren über dem Grade des Aszendenten, im dritten der Zwillinge, Merkur war weniger als 16 Minuten von der Sonne und der Jupiter in der Triplizität, indem er sie beide betrachtete (sich im Aspekt befand).
Omar war sparsam im Schreiben wie im Lehren. Er hat ein Kompendium der Physik (im aristotelischen Sinn) verfasst, ferner eine Abhandlung über das Dasein, ferner eine über das Sein und die Verpflichtung. Er war wohlbewandert in der Kenntnis der arabischen Dialekte, der Theologie und dem Recht und in der Geschichte.
Eines Tages, so erzählt man, kam der Imam Omar Chayyam zum Wasir Schihab al-Islam, dem Sohn des berühmten Rechtsgelehrten Abu al-Kasem ebn Ach Nesam. Bei ihm war der Imam, der Koranleser Abu al-Hassan al-Rhasali. Sie disputierten über die verschiedenen Arten des Lesens in einem Koranvers. Da sagte Schihab al-Islam: «Jetzt sind wir auf einen Kenner getroffen», und man befragte den Imam

---

[1] Hier in leicht modernisierter Rechtschreibung und mit Schreibung der Eigennamen in Konsistenz mit dem Rest des Buchs.

Omar [Chayyam] darüber. Dieser führte die Lesedifferenzen an und die Mängel
einer jeden; er gab ferner die seltenen Arten des Lesens an und deren Mängel. Eine
Art zog er allen übrigen vor. Da sagte der Imam, der Koranleser Abu al-Hassan
al-Rhasali: «Gott möge zahlreiche solcher Gelehrten erschaffen wie Du einer bist;
nimm Du mich in Deine Sippe auf und sei mit mir zufrieden. Denn ich glaubte
nicht, dass einer der Koranleser in der Welt sich dies alles merken und es kennen
kann, geschweige denn irgendein Philosoph.»
Die Teile der Weisheit der mathematischen und philosophischen Wissenschaften
kannte er gründlich. Eines Tages kam der Imam Huggat al-Islam Muhamad al-
Rhasali[2] zu ihm und fragte ihn nach der Bestimmung eines Teils der polaren Himmelskugel; nämlich dem Teil, der an den Polen der Himmelskugel gelegen ist, ohne andere Teile zu berücksichtigen, obwohl doch die Kugel in ihren verschiedenen Teilen ähnlich ist. Ich habe dies in meiner Schrift *Die Bräute der Kostbarkeiten*
erwähnt. Der Imam Omar Chayyam holte in seinen Ausführungen weit aus und
begann damit zu erklären, dass die Bewegung des erwähnten Gegenstands so und
so sei und drang tief in den Gegenstand, der erörtert wurde, ein – so war es nämlich
die Gewohnheit dieses verehrten Herrn –, bis der Muezzin zum Mittagsgebet rief.
Da sagte der Imam Rhasali: «Es kam die Wahrheit und es schwand das Nichti-
ge» und stand auf.
Eines Tages kam Omar zum Großsultan Sandschar[3], der damals noch ein Jüngling
war und die Pocken hatte. Als er wieder von ihm herauskam, fragte ihn der Wesir
Muchayyar al-Dohleh: «Welchen Eindruck machte er Dir und womit hast Du ihn
behandelt?» Da sagte ihm der Imam Omar: «Der Knabe erregte Besorgnis.» Das
vernahm ein abbessinischer Sklave und überbrachte die Äußerung dem Sultan. Als
der Sultan genesen war, da verbarg er aus irgendeinem Grunde den Hass gegen den
Imam Omar, liebte ihn aber nicht.
Der Sultan Malik-Schah machte den Imam Omar zu seinem Vertrauten, und der
Khan von Buchara, Schams al-Molk, erwies ihm die allerhöchsten Ehrungen und
setzte ihn, den Imam Omar, neben sich auf seinen Thron.
Der Imam Omar erzählte eines Tages meinem Vater: «Einmal war ich bei dem Sultan Malik-Schah, da trat ein Knabe, ein Emirssohn, zu ihm herein und überreichte
eine mit Wohlgefallen aufgenommene Huldigungsgabe. Ich wunderte mich über
die Schönheit seiner Huldigung, da er noch jung an Jahren war. Da sagte der Sultan
zu mir: ‹Wundere Dich nicht, denn sobald das Hühnerküken dem Ei entschlüpft
ist, pickt es das Korn, ohne dass es eine Belehrung erhalten hat; den Weg nach Hause wird es aber von allein nicht finden, die Henne muss es rufen. Das Taubenküken
hingegen pickt die Körner nicht, wenn es nicht von seiner Mutter darin unterwie-
sen wird; trotzdem findet die Taube den rechten Weg, wenn sie von Mekka nach
Bagdad fliegt.› Da erstaunte ich über die Worte des Sultans und seine erleuchtete
Seele.»
Ich kam im Jahre 1113/14 mit einem Auftrag meines Vaters, Gott sei ihm gnädig,
zu dem Imam Omar, und er fragte mich nach einem Vers eines Volklieds: «Sie
weiden, wenn sie rasten, nicht an den Hängen der Gemächlichkeit (Huwajna) und
nicht im unumstrittenen Gebiet.» Da sagte ich, *al-Huwajna* sei ein Verkleinerungs-
wort, zu dem es nicht ein entsprechendes Stammwort gibt, wie dies der Fall ist
bei al-Turaiya (den «Plejaden») und al-Humaiya (dem «Feuer der Jugend»). Der

---

[2] Dies ist der mehrfach erwähnte Theologe, nicht der oben genannte Abu al-Hassan. Siehe
zum Beispiel Seite 63.

[3] Sandschar (1079–1157) wurde im 12. Jahrhundert unabhängiger König von Chorasan.

Dichter weise auf das Ansehen und die wehrbare Haltung dieser Leute hin, die, wenn sie sich an einem Ort niederlassen, nicht leicht bereit sind abzulassen und eine verächtliche Rolle zu spielen, sondern nach höchster Betätigung ihrer Kraft strebten. Dies gehöre zu den erhabensten Dingen. Dann fragte er mich nach den Arten der gekrümmten Linien, und ich sagte, es gebe vier Arten von gekrümmten Linien, darunter der Umfang des Kreises und der Halbkreisbogen. Da sagte er zu meinem Vater, dies sei eine Anlage, die auf einen klugen Stamm hinweise.
Mir erzählte die Schwiegermutter des Imam Muhamad al-Bagdadi, dass er sich die Zähne mit einem goldenen Zahnstocher zu reinigen pflegte, während er emsig die *Metaphysik* des Abu Ali Sina studierte. Als er zu dem Abschnitt über das Eine und das Viele kam, legte er den Zahnstocher zwischen zwei Blätter. Da sagte er: «Rufe die Almosenpfleger, damit ich mein Testament mache.» Da machte er ein Testament, stand auf und betete und aß und trank nichts mehr, und als er das letzte Abendgebet gesprochen hatte, warf er sich anbetend nieder und sagte, als er danieder sank: «Oh Gott, Du weißt, dass ich, soweit es mir möglich war, Dich erkannt habe, und vergib mir. Denn in meiner Kenntnis von Dir besteht meine Annäherung an Dich.»

Literaturverzeichnis

Aydüz S. (2011) *Naṣīr al-dīn al-tūsī's influence on ottoman scientific literature (mathematics, astronomy and natural sciences.* Int J Turkish Studies 17(1&2)

Jacob G., Wiedemann E. (1912) *Zu Omer-i-Chajjâm.* Der Islam III:42–62

Katz V. J. (Hrsg.) (2007) *The Mathematics of Egypt, Mesopotomia, China, India, and Islam. A Sourcebook.* Princeton University Press, Princeton, New Jersey

Tirtha S. G. (1941) *The Nectar of Grace. Omar Khayyam's Life and Works.* Allahabad

Anhang B
Omar Chayyams Horoskop

Aufbauend auf den drei astronomischen Informationen, die Beyharhi über Omar Chayyams Geburt übermittelt hat und die auf Seite 55 übersichtlich dargestellt sind, soll nun versucht werden, Omar Chayyams Geburtstag zu bestimmen.

Die «Zwillinge» sind das dritte der zwölf Tierkreiszeichen entlang der 360° umfassenden Ekliptik, also entlang der scheinbaren jährlichen Bahn der Sonne am Himmel. Die Grade der Ekliptik werden ausgehend vom Frühlingspunkt gemessen, der heutzutage in der Regel auf den 20., den 21. oder den 22. März fällt, und zwar in Richtung der scheinbaren Sonnenbewegung entlang der Ekliptik. Zu Frühlingsbeginn steht die Sonne bei exakt 0° der Ekliptik und durchwandert im Laufe eines Jahres alle Grade der Ekliptik von 0°–360°. Die Zwillinge, als drittes von zwölf gleich breiten Tierkreiszeichen entlang der Ekliptik, sind dann der Bereich von 60°–90° der Ekliptik. Die Sonne braucht vom Frühlingsbeginn aus also etwa 60 Tage, bis sie in die Zwillinge eintritt, und nach weiteren etwa 30 Tagen tritt sie wieder aus den Zwillingen heraus. Dasjenige der zwölf Tierkreiszeichen entlang der Ekliptik, in dem sich zu einem gegebenen Zeitpunkt die Sonne befindet, wird das Horoskop, manchmal Sternzeichen dieses Zeitpunkts genannt. Die Nennung des Horoskops gibt also einen Zeitpunkt in einem Jahr etwa auf einen Monat genau an. Nun beschreibt Beyharhi die Position der Sonne aber noch genauer: Er sagt, sie habe sich im «dritten Grad» der Zwillinge befunden, was zu verstehen ist als: Sie war «im 63. Grad» der Ekliptik oder aber «im Grad 63» der Ekliptik. Diese Angabe nun legt das Datum auf einen Tag genau fest.

Beyharhis Bericht stellt noch eine dritte Informationen bereit: den Aszendenten. Während der Umlauf der Sonne um die Ekliptik per Definition ein Jahr dauert, wandert jeder der Punkte der Ekliptik einmal pro Tag über den

Himmel. Auch die Tierkreiszeichen gehen auf und unter, und zu jeder Uhrzeit pro Tag gibt es genau ein Tierkreiszeichen, das gerade aufgeht. Dieses
Tierkreiszeichen wird der Aszendent genannt. Die Angabe des Aszendenten
gibt bei gegebenem Tag daher die Uhrzeit der Geburt auf ein Zwölftel eines
Tages, also auf 2 h genau an.

Die Kenntnis der ekliptikalen Länge der Sonne und des Aszendenten erlaubt demnach die Rekonstruktion des Tages und der Uhrzeit der Geburt
Omar Chayyams. Er wurde etwa 63 Tage nach Frühlingsbeginn geboren; und
da die Sonne zugleich im Aszendenten stand, wissen wir, dass er bei Sonnen-
aufgang geboren wurde. Aber in welchem Jahr?

Zur Bestimmung des Geburtsjahres sind weitere astronomische Angaben
nötig, und Beyharhi gibt die Positionen der Planeten Jupiter und Merkur an.
Was in seinem Bericht, was den Merkur angeht, mit «16 Minuten von der
Sonne» übersetzt ist, ist: Merkur war *samimi*. Arabisch *samim* bedeutet so
viel wie «Kern» oder «Zentrum», und die bezeichnete Konstellation entspricht in heutiger Terminologie der Berührung: 16 Bogenminuten sind gerade der scheinbare Sonnendurchmesser, und bei *samimi* dringt der Merkur
in den ekliptikalen Längenbereich ein, der von der Sonne abgedeckt ist. *Samimi* kann auch mit «intim» übersetzt werden, was diese Konstellation doch
recht anschaulich beschreibt.

Bei Beyharhis Angaben zum Jupiter wird die Interpretation etwas schwieriger, da der verwendete Begriff der *Triplizität* (heute auch «Trigon») Definition über die Jahrhunderte nicht einheitlich definiert war und in verschiedenen astrologischen Schulen unterschiedliche Bedeutungen haben kann.
Tirtha (1941) hat zum Zwecke der Interpretation des Horoskops alte arabische Astronomie- und Astrologie-Manuskripte und Handbücher herangezogen und dabei Folgendes entdeckt: Im 12. Kapitel des astrologischen Handbuchs von Naßir Din Tußi (1201–1274), dem *Si Fasl*, in dem die astronomischen Definitionen seiner Zeit zusammgefasst sind, wird die Triplizität wie
folgt definiert:

Triplizität

Wenn ein Planet sich im fünften Zeichen eines anderen befindet, so wird diese
Position Triplizität genannt, weil ihr Abstand ein Drittel eines Vollkreises ist.[1]

---

[1] Tirtha (1941, Seite XXXII).

Ein Drittel eines Vollkreises sind natürlich 120°. Steht ein Planet (worunter die alten Astronomen auch die Sonne zählten) im Zeichen der Zwillinge, das heißt zwischen 60° und 90° der Ekliptik, so wird ein anderer Planet in der Triplizität stehend genannt, wenn er sich zwischen 180° und 210° (also 120° vor ihm) oder wenn er sich zwischen 300° und 330° (also 120° hinter ihm) befindet. Diese Bereiche der Ekliptik sind die Sternzeichen Waage und Wassermann, in dieser Reihenfolge. Streng genommen könnte man auch lesen, dass sich ein Planet um 120°–150° vor oder hinter der *genauen* ekliptikalen Länge des anderen Planeten befinden soll. Steht der Planet bei 63°, so wäre die Bedingung für das Auftreten einer Triplizität dann, dass ein anderer Planet sich zwischen 183° und 213° oder zwischen 303° und 333° befinden müsse. Um die ganze Angelegenheit noch weiter zu verkomplizieren, übersetzen die meisten Arabisch-Kenner im Bericht von Beyharhi noch zusätzlich, dass sich Jupiter «im [genannten] Aspekt befand», worin der Aspekt ein noch heute gebräuchlicher Begriff der Astrologie ist, der den ekliptikalen Abstand zwischen zwei Planeten bezeichnet. Hier müsste man also, streng besehen, den Abstand von 120° zwischen den Himmelskörpern selbst betrachten und nicht mehr nur zwischen den Tierkreiszeichen, in denen diese Planeten bestehen. Bei der Verwendung von Aspekten ist es üblich, gewisse Abweichungen vom exakten Abstand, hier von 120°, zu erlauben. Diese Streubereiche werden *orbis* genannt und werden je nach Planet und Aspekt unterschiedlich definiert. Tirtha hat das Handbuch von Naßir Din Tußi noch weiter durchforstet und in einem späteren, dem 27. Kapitel desselben Buches, folgende Regel für die Angabe von Aspekten gefunden:

Aspekt

> Die Grenze für den Aspekt eines äußeren Planeten ist zwischen 9 Grad vor oder hinter diesem Aspekt.[2]

Demnach würde Beyharhis Angabe bedeuten, dass der Jupiter bei $(183\pm9)°$ oder bei $(303\pm9)°$ gestanden hat. Eine etwas strengere Angabe als die obige. Leider lag bei der Arbeit an diesem Buch das Handbuch Naßir Din Tußis nicht vor, sodass der Zusammenhang dieser zwei Zitate im Kontext von Naßir Din Tußis Handbuch nicht überprüft werden konnte. Es bleibt also ungeklärt, ob dort ein qualitativer Unterschied gemacht wird zwischen der Bestimmung und der Verwendung der Triplizität und der Bestimmung und der Verwen-

---

[2] Tirtha (1941, Seite XXXII).

dung von *Aspekten*.[3] Bekannt ist jedoch, dass das Handbuch von Naßir Din
Tußi aus mehreren Teilen besteht, die verschiedene Fragestellungen betref-
fen. So befasst sich Naßir Din Tußi in den Kapiteln 7–16 mit den Kalendern
und Himmelstafeln seiner Zeit, darunter der Chayyamsche Kalender, und mit
der Positionsbestimmung von Sonne, Mond und Planeten. Es handelt sich
dabei um konkrete Positionsberechnungen, die aufwendige Mathematik und
sorgfältige Beobachtung erforderten. Die Kapitel 17–30 aber sind astrologischen Fragestellungen gewidmet.[4] Ein qualitativer Unterschied der in diesen
zwei Teilen des Handbuchs getroffenen Aussagen ist also anzunehmen.

Ausgehend von den gerade erhaltenen Informationen können wir nun versuchen, Chayyams Geburtstag zu bestimmen. Wir gehen dabei davon aus,
dass Omar Chayyam im 11. Jahrhundert geboren ist, was aufgrund aller weiterer Überlieferungen gesichert erscheint. Folgen wir zunächst der Vorgehensweise von Tirtha (1941): Man suche im 11. Jahrhundert unserer Zeitrechnung
einen Moment, in dem

   i die Sonne im 63. Grad ekliptikaler Länger steht,

  ii Jupiter sich bei $(183\pm9)°$ oder bei $(303\pm9)°$ ekliptikaler Länge von der Son-
      ne befindet,

 iii Merkur sich innerhalb $\pm16'$ von der Sonne befindet (*samimi* ist).

B.1 Der 18. Mai 1048

Tirtha findet den 18. Mai 1048, an dem in der Tat i und ii erfüllt sind. Die
Abb. B.1 links zeigt die Position von Sonne und Merkur im geozentrischen

---

[3] In der Astronomie kennt man weitere besondere Aspekte wie die Konjunktion, die Op-
position und so weiter. Differenzen in ekliptikaler Länge werden Elongation genannt,
Längendifferenzen können sich aber auf die Längengrade verschiedener Koordinatensys-
teme beziehen. Zwar kümmert sich die Astrologie um die Sternzeichen entlang der Ekliptik, in der Astronomie werden Konstellationen jedoch üblicherweise im äquatorialen Koordinatensystem angegeben. Die Längengrade dieses Systems werden vom Schnittpunkt
des Himmelsäquators mit der Ekliptik aus gezählt und heißen Rektaszension. Sie werden in Stunden (h) und Minuten (min) angegeben. (Die Koordinatenlinien der Abb. B.1
sind jene des äquatorialen Koordinatensystems.) Auch in der heutigen Astrologie werden Aspekte nicht aufs Grad genau angegeben, sondern Streubereiche um diese herum.
Die Größe dieses Streubereichs ist nicht festgelegt und kann in verschiedenen Astrologie-
Schulen voneinander abweichen. Dass Beyharhi denselben Streubereich für die Triplizität
des Jupiters verwendet wie jenen, den Naßir Din Tußi angibt, ist also ebenfalls nicht si-
chergestellt.

[4] Vgl. Aydüz (2011).

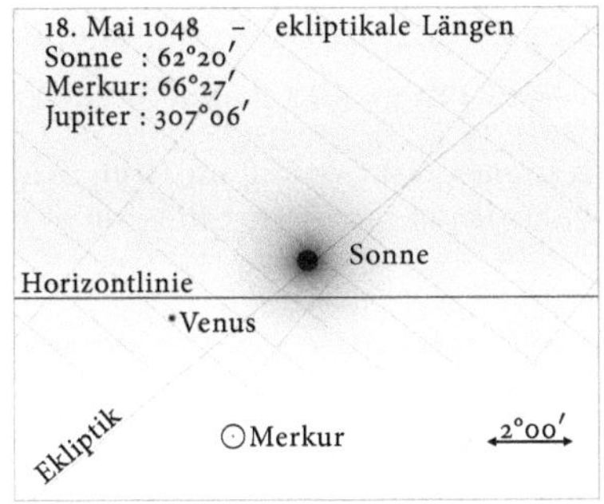

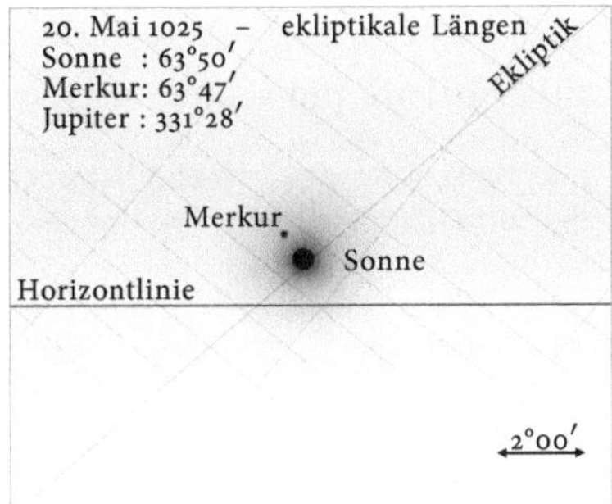

Abb. B.1 Positionen von Sonne und Merkur am Neyschaburer Morgenhimmel
des 18.05.1048 (links) und 20.05.1025 (rechts)

äquatorialen Koordinatengitter um halb sechs Uhr morgens Neyschaburer
Zeit am 18.05.1048 in abstandstreuer Zylinderprojektion. Beobachtungspunkt
ist 36°13′ nördlicher Breite, 58°49′ östlicher Länge, 1220 Meter über Normal-
null; das ist die genaue Position von Neyschabur. Die Sonne befindet sich bei
62°20' ekliptikaler Länge, der Merkur bei 66°27′ ekliptikaler Länge, Jupiter
(nicht abgebildet) bei 307°06′ ekliptikaler Länge. Es fällt beim Ansehen dieser
Zahlen die Abweichung der Position des Merkur von der geforderten Bedingung iii auf. Hierum kümmert sich Tirtha aber zunächst nicht groß und findet sich darin durch seine folgende Vorgehensweise scheinbar bestätigt: Da
die Himmelstafeln aus Omar Chayyams Lebzeit, die *Sidsch-e Malik-Schah*,
nicht erhalten sind, konsultiert er die *nächstbesten* Himmelstafeln des Naßir
Din Tußi (dem *Sidsch-e Ilchani*) aus der zweiten Hälfte des 13. Jahrhunderts
und berechnet die Konstellationen der Planeten anhand dieser Daten und
Berechnungsvorschriften. In seiner recht aufwendigen Rechnung findet er in
der Tat die ekliptikale Länge des Merkur zu 62°46′ und die Position der Sonne zu 62°23′. Die fehlenden 7′ werden wegdiskutiert, indem *samimi* interpre-
tiert wird als «geht auf samim zu». In der Abb. B.1 sehen wir aber, dass die
tatsächliche ekliptikale Längendifferenz von Sonne und Merkur am Morgen
des 18.05.1048 mehr als 4° betrug! Auf 16′ kommt Merkur der Sonne erst einige Tage später nahe. Es erscheint unwahrscheinlich, dass die Astronomen des
11. Jahrhunderts nicht in der Lage gewesen sein sollen, die ekliptikale Länge
des Merkur mit einer besseren Genauigkeit als auf 4° zu bestimmen! Beachten wir auch, dass Naßir Din Tußis Kalender aus dem 13. Jahrhundert datiert
und die Position des Merkur also über zweihundert Jahre in die Vergangen-

heit berechnet wird. Gerade die Berechnung der Merkurbewegung aber ist für Naßir Din Tußi mit seiner iterativen Methode ein großes Problem gewesen:[5]

> Die Bewegung des Merkur habe ich noch immer nicht richtig im Griff. Sollte der allmächtige Gott es ermöglichen, so werde ich sie an dieser Stelle [im Text] einfügen.[6]

Dies ist anscheinend nicht geschehen, und man sollte sich hinsichtlich der Berechnung der Position von Merkur keinesfalls auf die Berechnungsvorschriften Naßir Din Tußis verlassen. Noch weniger, wenn man 200 Jahre in die Vergangenheit extrapolieren muss. Auch in Hinsicht auf die Positionsbestimmung der anderen Planeten sah sich der Katalog Naßir Din Tußis bereits früh starker Kritik ausgesetzt. Hinzu kommt, dass Beyharhi, der 200 Jahre vor Fertigstellung des genannten Himmelskatalogs lebte, als genauer Geschichtsschreiber bekannt ist. Selbst wenn die aktuellen Planetenpositionen wirklich nur so ungenau hätten bestimmt werden können, so wäre dies durch Beobachtungen bekannt gewesen. Wieso aber hätte ein renommierter Geschichtsschreiber in Kenntnis dieser Tatsache eine solch unsinnig präzise Angabe gemacht? Da Beyharhi seine Aufzeichnungen noch während der Lebzeit Chayyams begann, ist anzunehmen, dass er die Position der Planeten aus vorliegenden Beobachtungsdaten entnommen hat und nicht rechnerisch im Nachhinein bestimmt hat. Auch die Interpretation von *samimi* als «geht auf samim zu» ergibt kaum einen Sinn, da Merkur ja die Hälfte der Zeit auf die Sonnenscheibe zugeht. (Man müsste angeben, ab welchem ekliptikalen Abstand diese Bestimmung gelten solle.) Diese Interpretation Tirthas macht aus einer präzisen eine unpräzise Angabe. Wenn wir nicht davon ausgehen, dass Beyharhi seine astronomischen Angaben so manipuliert hat, dass sie ein dem Lebensweg Chayyam entsprechendes Horoskop erlauben[7] und uns stattdessen auf die Verlässlichkeit dieser Angaben vollkommen verlassen, erlangen wir ein anderes Ergebnis als das von Tirtha.

---

[5] Die Merkurbahn ist die Planetenbahn mit der größten Exzentrizität und der größten Periheldrehung. Sie wurde erst von Albert Einstein zufriedenstellend modelliert.

[6] Zitiert aus dem Eintrag zu Naßir Din Tußi der *Encyclopædia Iranica*.

[7] Dieser Verdacht kann allerdings nicht leicht ausgeräumt werden. Tirtha hat einen Astrologen konsultiert, der aus diesen Planetenkonstellationen und auf der Basis der überlieferten Gepflogenheiten der Himmelsinterpretation ein ausführliches Horoskop erstellt hat. Dieses Horoskop nun passt erstaunlich gut zu den zur Verfügung stehenden biografischen Informationen über die Person und das Schicksal Omar Chayyams bzw. zu dem, was man sich über ihn berichet. Insbesondere die höchst präzise Angabe, Merkur habe sich weniger als 16 Bogenminuten von der Sonne entfernt, also unsichtbar vor oder hinter der Sonnenscheibe befunden, galt offenbar als ein kräftiges astrologisches Zeichen.

B.2 Der 20. Mai 1025

Suchen wir also in einem anderen Ansatz als jenem von Tirtha nach einem
Tag im 11. Jahrhundert, in dem zunächst die Sonnenbedingung (i) und die
Merkurbedingung (iii) gleichzeitig befriedigt sind. Von den beiden planeta-
ren Angaben iii) und ii ist die iii. ja die präzisere. Ihr soll daher größere Be-
deutung zugemessen werden. Erst danach halten wir nach der Position des
Jupiter Ausschau. Diese Priorisierung entspricht Beyharhis ursprünglicher
Anordnung der Bedingungen.

Wir finden in unserer so neu geordneten Analyse und mithilfe eines hierfür
geeigneten Computerprogramms den Morgen des 20. Mai 1025, an dem Merkur zwischen ca. 1 Uhr und 11 Uhr innerhalb 16′ Elongation der Sonne steht.
Die Abb. B.1 rechts zeigt die Position von Sonne und Merkur im geozentrischen äquatorialen Koordinatengitter um halb sechs Uhr morgens dieses
Tages, lokale Zeit: Die Sonne steht bei 63°50′ ekliptikaler Länge, Merkur bei
63°47′ und Jupiter (nicht abgebildet) bei 331°28′.

In einer umfassenderen Betrachtung stellt man fest, dass dieser Tag im
11. Jahrhundert der einzige ist, an dem die Angaben i und iii gleichzeitig erfüllt
sind.

Zu dieser Konstellation: Mit 63°50′ ekliptikaler Länger steht die Sonne
nicht im 63. Grad, sondern im Grade 63, was aber durchaus im Sinne des Manuskripts ist. Da das Sternzeichen Zwillinge (ekliptikale Länge 60°–90°) an
jenem Morgen von etwa 5 Uhr bis 7 Uhr aufging und in dieser Zeit wie oben
erwähnt Merkur die gesamte Zeit innerhalb von 16′ von der Sonne steht, ist
samim also während des gesamten Morgens jenes Tages gegeben. Bleibt das
Problem Jupiter: Das fünfte Tierkreiszeichen nach oder vor dem Zwilling ist
die Waage (ekliptikale Länge 180°–210°) oder der Wassermann (300°–330°).
Jupiter finden wir am 20. Mai 1025 aber bei 331° ekliptikaler Länge, also nur
beinahe im Wassermann. Dies lässt sich nicht wegdiskutieren, die Diskrepanz
hinsichtlich der Genauigkeit ist aber in diesem Fall sehr viel geringer als jene
in der Analyse von Tirtha.[8]

Für eine Zusammenfassung und Bewertung dieser Ergebnisse gehe man
zurück in den Haupttext, Seite 55.

---

[8] Betrachtet man das Intervall 63° + (120°... 150°) = 303°... 333°, so ist die Jupiterbedingung
jedoch erfüllt, da Jupiters Position mit 331° ekliptikaler Länge in dieses Intervall fällt. Es
besteht also ein Interpretationsfreiraum zugunsten des 25. Mai 1025.

Literaturverzeichnis

Aydüz S. (2011) *Naṣīr al-dīn al-tūsī's influence on ottoman scientific literature (mathematics, astronomy and natural sciences.* Int J Turkish Studies 17(1&2)

Jacob G., Wiedemann E. (1912) *Zu Omer-i-Chajjâm.* Der Islam III:42–62

Katz V. J. (Hrsg.) (2007) *The Mathematics of Egypt, Mesopotomia, China, India, and Islam. A Sourcebook.* Princeton University Press, Princeton, New Jersey

Tirtha S. G. (1941) *The Nectar of Grace. Omar Khayyam's Life and Works.* Allahabad

Anhang C
Berechnung der Quadratwurzel nach der Methode von Kuschyar

An dieser Stelle soll eine zur Zeit Omar Chayyams in der islamischen Welt beliebte Rechenvorschrift zum Ziehen der Quadratwurzel aus Dezimalzahlen wiedergegeben werden, damit, wer dies wünscht, ein Gefühl für die damalige Ausübung von Mathematik entwickeln kann. Der persische Mathematiker Kuschyar (971–1029) präsentierte in seinem Buch *Über das Rechnen mit den indischen Zahlen* Rechenvorschriften für die Addition, die Subtraktion, die Multiplikation, die Division und für das Ziehen der Quadratwurzel. Diese Algorithmen sind optimiert für den Gebrauch auf einer kleinen Tafel, auf der wenig Platz ist, auf der aber gewischt werden kann. Für den modernen Gebrauch mit Papier und Stift erscheinen sie etwas unhandlich, wer jedoch eine kleine Tafel zur Hand hat, sollte sich das Vergnügen des Mitschreibens nicht vorenthalten. Man erkennt auf diese Art sehr schnell den Vorzug von Kuschyars Vorgehensweise, die dem Buch von Katz entnommen ist.[1] Die Methode des Ziehens der Quadratwurzel geht wie folgt.

Schreibe die Zahl, deren Wurzel du ziehen willst, auf deine Tafel.
Zum Beispiel:

$$9\ 8\ 6\ 9\ 6\ 6\ 4$$

---

[1] Katz (2007, Seite 536).

Beginnen mit der ersten Stelle, der 9. Suche eine natürliche Zahl n, deren Quadrat entweder gleich 9 ist oder, wenn dies nicht möglich ist, das größtmögliche n, für das $9 - n^2 < n$ gilt. In diesem Fall ist also $n = 3$. Schreibe die 3 über und unter die 9:

$$3$$
$$9\ 8\ 6\ 9\ 6\ 6\ 4$$
$$3$$

Ziehe von 9 das Quadrat von 3 ab und schreibe den Rest, hier also 0, an seine Stelle. Dann verdoppele die untere 3 – du erhältst 6 – und rücke diese 6 und auch die obere 3 um eine Stelle nach rechts:

$$3$$
$$8\ 6\ 9\ 6\ 6\ 4$$
$$6$$

Suche nun eine natürliche Zahl n, so, dass n multipliziert mit «$6n$» gleich 86 ist, oder, wenn dies nicht möglich ist, das größtmögliche n für das gilt: $86 - n \cdot$«$6n$» $<$ «$6n$». Dies ist in diesem Fall $n = 1$, da $86 - 1 \cdot 61 = 25 < 61$. Schreibe die 1 über und unter die 6:

$$3\ 1$$
$$8\ 6\ 9\ 6\ 6\ 4$$
$$6\ 1$$

Multipliziere 1 mit 61, subtrahiere dies von 86 und schreibe das Ergebnis an die Stelle der 86. Dann verdopple die untere 1 und schiebe die obere 31 und die untere 62 um eine Position nach rechts:

$$3\ 1$$
$$2\ 5\ 9\ 6\ 6\ 4$$
$$6\ 2$$

Suche nun eine natürlich Zahl n so, dass n multipliziert mit «$62n$« gleich 2596 ist oder, wenn dies nicht möglich ist, das größtmögliche n für das gilt: $2596 - n\cdot$«$62n$» $<$ «$62n$». Dies ist in diesem Fall $n = 4$, da $2596 - 4\cdot624 = 100 < 624$ ist. Schreibe 4 über und unter die 6, um im nächsten Schritt zu erhalten:

$$3\ 1\ 4$$
$$2\ 5\ 9\ 6\ 6\ 4$$
$$6\ 2\ 4$$

Multipliziere 4 mit 642, subtrahiere dies von 2596 und schreibe das Ergebnis an die Stelle von 2596. Dann verdoppele die untere 4 und schiebe die obere 314 und die untere 628 um eine Position nach rechts:

$$3\ 1\ 4$$
$$1\ 0\ 0\ 6\ 4$$
$$6\ 2\ 8$$

Suche nun eine Zahl n so, dass n multipliziert mit «$628n$« gleich 10064 ist oder, wenn dies nicht möglich ist, das größtmögliche n für das gilt: $10064 - n\cdot$«$628n$» $<$ «$628n$». Dies ist in diesem Fall $n = 1$, da $10064 - 1\cdot6281 = 3783 < 6281$ ist. Schreibe 1 über und unter die 6:

$$3\ 1\ 4\ 1$$
$$1\ 0\ 0\ 6\ 4$$
$$6\ 2\ 8\ 1$$

Multipliziere 1 mit 6281, subtrahiere dies von 10 064 und schreibe das Ergebnis an die Stelle von 10 064. Schiebe oben und unten um eine Stelle nach rechts und verdopple die hinterste Zahl der unteren 6281. Du erhältst das Endergebnis:

$$3\ 1\ 4\ 1$$
$$3\ 7\ 8\ 3$$
$$6\ 2\ 8\ 2$$

was man als $3141\frac{3783}{6282}$ zu lesen hat.

Literaturverzeichnis

Aydüz S. (2011) *Naṣīr al-dīn al-tūsī's influence on ottoman scientific literature (mathematics, astronomy and natural sciences.* Int J Turkish Studies 17(1&2)

Jacob G., Wiedemann E. (1912) *Zu Omer-i-Chajjâm.* Der Islam III:42–62

Katz V. J. (Hrsg.) (2007) *The Mathematics of Egypt, Mesopotomia, China, India, and Islam. A Sourcebook.* Princeton University Press, Princeton, New Jersey

Tirtha S. G. (1941) *The Nectar of Grace. Omar Khayyam's Life and Works.* Allahabad

Literaturverzeichnis

Chayyam O. (1144) Ms. arabe 2458, Bibliothèque Nationale de France, Paris

Chayyam O. (1460) Ms. Ouseley 140, Bodleian Libraries, Oxford

Alten H.-W., Djafari Naini A., Eick B., Folkerts M., Schlosser H., Schlote K.-H., Wesemüller-Kock H., Wußing H. (2014) *4000 Jahre Algebra*, zweite, aktualisierte und ergänzte Auflage. Springer, Berlin Heidelberg

Aminrazavi M. (2005) *The Wine of Wisdom: The Life, Poetry and Philosophy of Omar Khayyam*. Oneworld Publications, Oxford

Amir-Moéz A. R. (1963) *A paper by Omar Khayyam*. Scripta Math 26:323–337

Appollonius (1967) *Die Kegelschnitte des Apollonios*. Wissenschaftliche Buchgesellschaft, Darmstadt

Arberry A. J. (1952) *Omar Khayyam*. Murray, London

Archimedes (2009) *Abhandlungen*, 3. Auflage. Nr. 201 in Ostwalds Klassiker der exakten Wissenschaften, Harri Deutsch, Frankfurt a.M.

Aristoteles (2009) *Kategorien*. Philipp Reclam jun., Stuttgart

Aydüz S. (2011) *Naṣīr al-dīn al-tūsī's influence on ottoman scientific literature (mathematics, astronomy and natural sciences*. Int J Turkish Studies 17(1&2)

Baysonghori Ms. (1430) Shahnameh. Ms., Golestan Palast, Teheran

Berggren J. L. (2011) *Mathematik im mittelalterlichen Islam*. Springer, Heidelberg

Burton D. M. (2003) *The History of Mathematics*. Mac Graw-Hill, New York

Cardano H. (1545) *Artis Magnae, Sive de Regulis Algebraicis Liber Unus*

Christensen A. (1905) *Recherches sur les Rubā'iyāt d'Omar Ḥayyām*. Carl Winter's Universitätsbuchhandlung, Heidelberg

Corry L. (2015) *A Brief History of Numbers*. Oxford University Press, Oxford

Coumans J. (2010) *The Rubáiyát of Omar Khayyám. Bibliography*. Leiden University Press, Amsterdam

Courant R., Robbins H. (2010) *Was ist Mathematik?*, 5. Auflage. Springer, Heidelberg

Dashti A. (1971) *In Search of Omar Khayyam*. George Allen & Unwin Ltd, London

Drewermann E. (2002) *Im Anfang ... Die moderne Kosmologie und die Frage nach Gott*. Walter Verlag, Düsseldorf und Zürich

Emilia Calvo (2014) *Khāzin: Abū Jafar Muḥammad ibn al-Ḥusayn al-Khāzin al-Khurāsānī*. The Biographical Encyclopedia of Astronomers, Springer Reference 11:1191–1192

FitzGerald E. (1859) *Rubaiyat of Omar Khayyam, the Astronomer-Poet of Persia*. Bernard Quaritch, London

Frankopan P. (2016) *Licht aus dem Osten. Eine neue Geschichte der Welt*. Rowohlt, Berlin

Frye R. N. (1975) *The Golden Age of Persia. The Arabs in the East*. Weidenfeld & Nicolson, London

Halm H. (2007) *Der Islam. Geschichte und Gegenwart*, 7. Auflage. C.H. Beck, München

Hammer-Purgstall J. v. (1818) *Geschichte der schönen Redekünste Persiens*. Wien

Hedayat S. (1934) *Taranehaye Khaijam*. Teheran

Herodot (1979) *Historien. Deutsche Gesamtausgabe*. Stuttgart

Hinz W. (Hrsg.) (1977) *Am Hofe des persischen Großkönigs*. Erdmann, Tübingen, Basel

Hogen H., Conradi E. (2004) *Der Brockhaus, Philosophie: Ideen, Denker und Begriffe*. Brockhaus, Mannheim

Hogendijk J. P. (1987) Abu'l-Jud's answer to a question of al-Biruni concerning the regular heptagon. In: From deferent to equant: a volume of studies in the ancient and medieval near East in honor of E.S. Kennedy, Academy of Sciences, New York, S. 175–184

Hyde T. (1760) *Veterum Persarum et Parthorum et Medorum Religionis Historia*, zweite Auflage. E Typographeo Clarendoniano, Oxford

Ifrah G. (2000) *The Universal History of Numbers: From Prehistory to the Invention of the Computer*. Wiley, New York

Jacob G., Wiedemann E. (1912) *Zu Omer-i-Chajjâm*. Der Islam III:42–62

Jones W. (1771) *A Grammar of the Persian Language*. London

Kasir D. S. (1931) *The Algebra of Omar Khayyam*. New York

Katz V. J. (Hrsg.) (2007) *The Mathematics of Egypt, Mesopotomia, China, India, and Islam. A Sourcebook*. Princeton University Press, Princeton, New Jersey

Kiani M. J. (Hrsg.) (1987/88) *Schahrhaye Iran*, Vol 2. Teheran

Krasnova S. A., Rosenfeld B. A. (1963) *Omar Khayyam pervy algebraicheskiy trakta*. Istoriko-matematicheskie issledovaniya 15:445–472

Maher M. (2004) *Der Koran*, 5. Auflage. Beck, München

Marsh Ms. (1070) Conica. Book 1–7. Ms. Marsh 667, Bodleian Libraries, Oxford

Monteil V.-M. (1998) *Omar Khayyâm: Quatrain, Hâfez: Ballades*. Actes Sud, Arles

Mossaheb G. H. (1961) *Hakim Omare Khayyam as an Algebraist. Texts and Translation of Khayyam's Works on Algebra, with introductory chapters and commentaries.* Society for the Appreciation of Cultural Works and Dignitaries / Iranian National Commission for UNESCO, Teheran

Özdural A. (1995) *Omar Khayyam, Mathematicians, and Conversazioni with Artisans.* Journal of the Society of Architectural Historians 54(1):54–71

Özdural A. (1998) *A Mathematical Sonata for Architecture. Omar Khayyam and the Friday Mosque of Isfahan.* Technology and Culture 39(4):699–715

Ploetz K. (1951) *Auszug aus der Geschichte,* 24. Auflage. A.G. Ploetz, Verlagsbuchhandlung für Aufbau und Wissen, Bieleleld

Potter A. (1929) *A Bibliography of the Rubaiyat of Omar Khayyam.* Ipgen and Grant, London

Rashed R., Djebbar A. (1981) *L'œuvre algébrique d'al-Khayyâm.* Presses de l'Université, Alep

Rashed R., Vahabzadeh B. (1999) *Al-Khayyam Mathématicien.* Albert Blanchard, Paris

Rempis C. H. (1935) *'Omar Chajjām und seine Vierzeiler. Nach den ältesten Handschriften aus dem Persischen verdeutscht.* Verlag der deutschen Chajjām-Gesellschaft, Tübingen

Robson E., Steddal J. (Hrsg.) (2009) *The Oxford Handbook of The History of Mathematics.* Oxford University Press, Oxford

Rosen F. (1831) *The Algebra of Mohammed ben Musa.* Oriental Translation Fund, London

Rosen F. (1909) *Die Sinnsprüche Omars des Zeltmachers. Rubaijat-i Omar-i Khajjam.* Deutsche Verlagsanstalt, Stuttgart und Berlin, 1912 erschien eine II., vermehrte Auflage; 1919 erschien die vom Autor als vollständig angesehene III. Auflage

Rosen F. (1925) *Ein wissenschaftlicher Aufsatz 'Umar-i Khayyaāms.* Zeitschrift der Deutschen Morgenländischen Gesellschaft 79:133–135

Sarton G. (1927) *Introduction to the History of Science. Volume I – From Homer to Omar Khayyam.* The Williams & Wilkins Company for the Carnegie Institution of Washington, Baltimore

Sezgin F. (2003) *Wissenschaft und Technik im Islam I–V.* Institut für Geschichte der Arabisch-Islamischen Wissenschaften an der Johann Wolfgang Goethe-Universität, Frankfurt a.M.

Story W. E. (1919) *Omar Khayyàm as a Mathematician.* Rosemary Press, Needham (MA)

Tirtha S. G. (1941) *The Nectar of Grace. Omar Khayyam's Life and Works.* Allahabad

Unguru S. (1975) *On the need to rewrite the history of Greek mathematics.* Archive for History of Exact Sciences 15(1):67–114

Wantzel P. L. (1837) *Recherches sur les moyens de reconnaître si un problème peut se résoudre avec la règle et le compas.* Journal de Mathématiques Pures et Appliquées 1(2):366–372

Winter H. J. J., Arafat W. (1950) *The Algebra of Umar Khayyam.* Journal of the Royal Asiatic Society of Bengal 16:27–78

Woepcke F. (1851) *L' algèbre d'Omar Khayyam.* Duprat, Paris

Zeuthen H. G. (1896) *Die geometrische Konstruktion als ,Existenzbeweis' in der antiken Geometrie.* Mathematische Annalen 47:222–228

Sachverzeichnis

A

Abbassiden (Abbasids); ʿAbāsyān 23,
28, 29, 31, 33, 40, 41
Abu al-Dschud; Abu al-Jud 46, 67, 97,
134, 141, 143, 173, 187, 188, 244, 245,
253, 254, 256, 272
Abu al-Wafa Busdschani (Buzjani); Abu
al-Wafā Buzjāni 37, 47, 96
Abu Ali Sina (Avicenna); Abu ʿAli Sinā
43–45, 47, 48, 52, 57, 65, 77, 275, 279,
281
Abu Dschafar Chasen (Jafar Khazin); Abu
Jaʿfar Ḥāzen 8, 44, 45, 96, 106, 174,
180, 187
Abu Hamid Sadschani; Abu Hāmid
[al]-Sādschāni 96
Abu Nassr Manßur ebn Irak (Abu Nasr
Mansur ebn Iraq); Abu Naṣr Manṣur
ebn ʿIrāq 31, 45, 96, 173, 180, 187
Abu Reyhan Biruni (Raihan Biruni);
Reyḥān Biruni 31, 43, 45, 46
Abu Sahl Kuhi; Quhi 14, 15, 45, 96, 142,
181, 219, 221
Afghanistan; Afğānestān 30
Afraßiyab (Afrasiab); Afrāsyāb 24
al-Abbas; al-ʿAbās 29
al-Aschari (al-Ashʾari); al-Ašʿari 42
al-Heyßam (al-Haitham/Alhazen);
al-Heyṭam 154, 155, 271
al-Kindi; Abu Yusef Yaʿqub al-Kendi 39
al-Rhaem (Muhammad al-Quaʾim);
Muḥmad al-qāem 32

al-Rhefti (al-Qifti); Qefṭi 56, 57, 62,
64, 65, 76, 276
al-Schanni; al-Šani 46, 143, 256
Aleppo 32
Alexander der Große 30
Alexandria 194
Ali Dashti 4, 66
Alp Arslan; Ālp Arsalān 32
Alp Er Tunga *siehe* Afraßiyab
Amudarya; Āmudaryā *siehe* Oxus
Apollonius von Perge 11, 14, 16, 35, 36,
46, 57, 58, 88, 95, 97, 98, 108, 123,
129, 130, 138, 147, 151, 160, 181, 205,
208–210, 213, 214, 220, 223, 225,
234, 235
  Kegelschnitte (KS) xv, 88, 89, 94, 95,
97, 98, 108–111, 123, 129–131, 138, 147,
151, 165, 172, 180, 208, 210–213, 224,
234, 235, 239, 240, 244, 247
Archimedes 7, 19, 38, 96, 106, 163,
171–173, 179, 197, 225
  Kugel und Zylinder 96, 106, 171, 172,
179, 197, 225
Archimedisches Prinzip 15
Aristoteles 10, 39, 67, 93, 108, 179,
189–191
  Kategorien 108, 179, 189–191, 269
  Metaphysik 108, 179
Aryabhata 7, 183, 201
Asud al-Dohleh (Azud al-Dawla); Ażud
al-Dowle 46, 96, 173, 174
Avicenna *siehe* Abu Ali Sina

B

Bagdad   26, 27, 29–34, 37, 43, 45, 47, 53,
    57, 62, 77, 174, 280, 299
Balch (Balkh); Balḫ   26, 27, 57, 174, 299
Banu Mußa (Banu Musa); Banu Musā
    35, 36
Beyharhi (Bayhaqi); Beyhaqi   51, 55–57,
    59, 60, 62, 63, 65, 70–72, 75, 276, 279,
    283–286, 288, 289
Bosghan (Bozghan); Bozghān, das heutige
    Firuzeh   47
Brahmagupta   201
Buchara (Buxara/Buxoro); Boḫārā
    26, 27, 30, 32, 43, 44, 52, 57, 58, 174,
    280
Burmester-Schablone   219
Buyiden; Buyān   30–32, 43–45, 47, 173
Byzanz   32, 35

C

Cardanische Formeln   206–208
Cardano, Gerolamo   206
Charasm (Kharazm, dt. manchmal auch
    Choresmien); Ḫwārazm   32, 37, 45,
    54, 96
Charasmi (Kh[w]arizmi); Abu Jaʿfar
    Muḥamad ebn Musā Ḫwārazmi   7,
    37, 38, 47, 67, 180–182, 186, 194
Chayyam, Omar   *siehe* Omar Chayyam
Chayyamsches Dreieck   194
Chorasan (Khorasan); Ḫorāsān   29, 30,
    32–35, 44, 47, 52, 56, 62, 280
Chosro Anuschirwan (Khosrau Anushira-
    van); Ḫosrau Anušir[a]vān   24, 25,
    28, 32

D

Damaskus   26, 27, 29, 33, 36
Dandanrhan (Dandanqan); Dandānqān
    32
del Ferro, Scipione   207
Deutsche Omar Chayyam-Gesellschaft
    5
Diophantos von Alexandria   37, 47
Diskriminante
    Kubische Gleichung   207
    Quadratische Gleichung   192

Dschingis Chan (Genghis Khan); Čangiz
    Ḫān   54

E

Einstein, Albert   73
Ellipse
    Mittelpunktgleichung   216
    Scheitelpunktgleichung (9.31)   213
Esfahan (Isfahan); Eṣfahān   x, 26, 27, 44,
    48, 53, 59–63, 167, 168, 276, 279
Euklid   36–38, 45, 88, 89, 93, 96, 99, 100,
    108, 109, 113, 118, 122, 123, 181, 195
    Data (D)   xv, 37, 96, 98, 99, 109, 161,
    203, 226
    Elemente (E)   xv, 7, 11, 36, 37, 45,
    88, 89, 92–95, 97, 99–101, 108–110,
    112, 114, 117–119, 122–124, 175, 186,
    195, 196, 198, 201–203, 205, 226, 227,
    230, 232, 253, 257

F

Faktorisierung von Polynomen   208
Fars   173
Ferdoßi; Ferdowsi   24, 30, 31, 44
    Schahname (Shahnahmeh); Šāhnāme
    30
Ferro (del), Scipione   *siehe* del Ferro,
    Scipione
Firuzeh   *siehe* Bosghan
FitzGerald, Edward   4
Frye, Richard   28

G

Gundischabur, Akademie von (Gondis-
    hapur); Gondišapur   24, 26, 27,
    34

H

Hadiß (Aussprüche des Propheten); Hādiẕ
    41
Hammer-Purgstall, Joseph v.   4
Harun Raschid (Rashid); Hārun Rašid
    33
Haus der Weisheit   29, 34–36, 39, 40,
    42, 43
Hedayat, Sadegh   66
Herat; Herāt   30

Heron von Alexandria 194
Honain ebn Eßhagh (Hunayn ibn
    Ishaq/Johannitius); Ḥonayn ebn
    Esḥāq 36–38
Hyde, Thomas 4
Hyperbel
   als Funktion $y \sim 1/x$ (9.33) 215
   Apollonius' Herleitung 211
   Mittelpunktgleichung (9.32) 215
   Scheitelpunktgleichung (9.30) 213

I

Isfahan *siehe* Esfahan

J

Jerusalem 26, 27, 32
Jones, Sir William 4

K

Kaempfer, Engelbert 60
Karachaniden (Kara-Khanids);
    Qarāḫānyān 32
Kegelschnitte
   des Apollonius 209–218
   Konstruktion der 219–222
Kegelschnittzirkel 15, 46
   Skizze 221
   Funktionsweise 220–222
Kontinuierliches Verhältnis *siehe*
    Mittlere Proportionale
Kreisgleichung 216
Kurosch der Große (Kyros/Cyrus II.);
    Kuruš 25
Kuschyar (Kushyar); Kušyār (Gilāni)
    194, 195, 291

M

Mahani; Māhāni 38, 96, 106, 134, 173,
    181, 187, 240
   Mahanis Gleichung 173, 187, 240
Mahdi; ʿAli (al-)Mahdi 33
Malik-Schah, Dschalal al-Dohleh (Malik-
    Shah, Jalal al-Dawlah); Malekšāh
    32, 48, 53, 54, 57, 59–61, 169, 280, 287
Mamun ([al]-Maʾmun); Maʾmun ebn
    Hārun Rašid 29, 33–35, 37, 40, 42
Mansur; (al-)Manṣur 33

Mantzikert, Schlacht von 32, 53
Marw (Merv); Marv 26, 27, 31, 33–35, 44,
    64
Mekka 62, 277, 280
Menelaos 37, 38
Mittlere Proportionale 123, 197
Motaseleh (Muʿtazila); al-Moʿtazela
    40–43, 63
Motewakel ([al-]Mutawakkil); Motevakel
    42
Mußa ebn Shakir; Musā ebn Šakir 34, 35
Muhamad («Prophet»); Muḥamad 23,
    26, 29, 41, 71, 175
Muhamad al-Bagdadi; Muḥamad
    al-Baġdādi 65, 281

N

Naßir Din Tußi (Nasir al-Din al-Tusi)
    Ḫwājeh Naṣir Ṭusi 284–288
Nadschm al-Din Rasi; Najm al-Din Rāzi
    77
Nesam al-Molk Tußi (Nizam al-Mulk
    Tusi); Neẓām al-Molk 60, 62
Nesami Arusi (Nizami Aruzi); Neẓāmi
    Aruži 64
Neuplatonismus 24, 40
Newtonsches Näherungsverfahren 194
Neyschabur (Nishapur); Neyšābur
    26, 27, 30–32, 44, 51–58, 62–64, 279,
    287
Normalform 182, 183

O

Okkasionalismus 39–42, 47
Omar Chayyam (Khayyam); ʿOmar
    Ḥayām
   als Algebraiker 7
   als Architekt 167–169
   als Poet 3–6
   Horoskop des 55, 289
   mathematische Ausdrucksweise des
    160
   Weltbild des 68–77
Omar Chayyam (Khayyam); ʿOmar
    Ḥayām
   der «Zeltmacher» 51
   Horoskop des 55
Oxus, Transoxanien 30, 32
Özdural, Alpay 14, 168

P

Pakistan   30
Parabel
    Apollonius' Herleitung   209
    Scheitelpunktgleichung (9.25)   210
Pascalsches Dreieck   *siehe* Chayyam-
        sches Dreieck
Platon   39
    Neuplatonismus   24, 40
Ploetz, Karl   31
Ptolemäus, *Almagest* des   45, 102

R

Rempis, Christian Herrnhold   5, 6, 300
Rey; Ray   26, 27, 31, 44, 53
Rhasali ([al-]Ghazali); Ġazāli   42, 47,
        62, 63, 75, 280
Rhasna, Mahmud von (Mahmud Ghazni);
        Maḥmud Ġaznavi   32
Rhasnawiden (Ghaznav(w)iden);
        Ġaznaviān   31, 32, 44, 45
Rhaswini (Zakariya [al-]Qazwini);
        Sakaryā al-Qazwini   63
Romanos IV. Diogenes   32
Rosen, Friedrich   6

S

Sabit ebn Rharreh (Thabit ibn Qurra);
        Ṭābet ebn Qareh   36
Samaniden; Sāmānian   30–32, 43, 47, 52,
        58, 97, 174
Samarkand (Samarghand); Samarqand
        26, 27, 30
Sandtafeln, Verwendung von   195
Sassaniden; Sāsānian   24, 25, 28, 29, 32,
        34
Schiras (Shiraz); Širāz   174
Seldschuken (Seljuq); Saljuqiān   32, 33,
        47, 53, 169
Seleukia-Ktesiphon (Ctesiphon); Tisfun
        29

Seyhoun, Hushang   54
Sidsch (zij); zīj   47, 102, 175
Spinoza   73
Story, William Edwad   5, 14
Sufismus   56
Sultan Sandschar; Solṭān Sanjar   280
Sunna (Gewohnheiten des Propheten)
        41

T

Tabaristan (Tapuria); Tabarestān   45
Talas   30
Tartaglia, Niccolo Fontana   207
Teheran   6, 53, 82
Toghrol Beyk (Tughril, Tugrul Bek);
        Ṭoğrol Beyg   32, 53
Tohidi, Fayegh   53

U

Uklidoßi ([al-]Uqlidisi); Abu al-Hasan
        Oqlidosi   194
Umayyaden (Omayyad); Omavian   26,
        28, 29

V

Vieta
    Sätze von   201, 203
Vogel, Wilhelm   300

W

Wantzel, Pierre Laurent   170
Wiedemann, Eilhard   51
Woepcke, Franz   12, 82, 83, 179, 180, 191,
        200

Z

Zeuthen, Hieronymus   11
Zij   *siehe* Sidsch

Was ist Bagdad? was Balch? sobald ich sterbe?
Sobald das Maß sich füllt, was süß? was herbe?
Trink Wein! Denn dieser Mond wächst noch und schwindet,
wenn wir verwandelt sind zu Topf und Scherbe!